MAKEUP HAIRSTYLE

化妆造型

从入门到精通

安洋 编著

人民邮电出版社

北京

图书在版编目（CIP）数据

化妆造型从入门到精通 / 安洋编著. -- 北京 : 人民邮电出版社，2018.5
ISBN 978-7-115-47838-2

Ⅰ. ①化… Ⅱ. ①安… Ⅲ. ①化妆－造型设计－基本知识 Ⅳ. ①TS974.12

中国版本图书馆CIP数据核字(2018)第029881号

内 容 提 要

本书是一本综合而全面的化妆造型指南。作者从基础知识开始讲解，介绍了大量的理论概念和基础手法，然后带领读者通过实例进行练习，让读者能够将所学知识运用到实际操作中。全书共分为 6 章：妆容基础、妆容搭配案例、造型基础、造型技法搭配案例、综合案例应用，以及饰品制作与佩戴。书中包括大量的实际操作案例和作品赏析，风格全面，手法多样，讲解细致且通俗易懂。初学者通过阅读本书，可以迅速掌握化妆造型的方法，从而创作出完整的作品；有一定基础的读者通过阅读本书，可以在技术上有所提升，并且创作出具有自己独特风格的作品。

本书适合初中级化妆造型师阅读，同时可供相关培训机构作为教材使用。

◆ 编　　著　安　洋
　责任编辑　赵　迟
　责任印制　陈　犇
◆ 人民邮电出版社出版发行　　北京市丰台区成寿寺路 11 号
　邮编　100164　　电子邮件　315@ptpress.com.cn
　网址　http://www.ptpress.com.cn
　北京九天鸿程印刷有限责任公司印刷
◆ 开本：787×1092　1/16
　印张：27　　　　　　2018 年 5 月第 1 版
　字数：895 千字　　　2024 年 9 月北京第24次印刷

定价：169.00 元

读者服务热线：(010) 81055410　印装质量热线：(010) 81055316
反盗版热线：(010) 81055315
广告经营许可证：京东市监广登字 20170147 号

前言

化妆造型的初学者对基础知识的掌握尤为关键。笔者在多年教学中，接触过很多已经开始从事化妆造型工作，但对基础知识反而所知甚少的学生。他们往往会在工作一段时间后会发现难以突破，而基础不够牢固是其中的一部分原因。基础知识是化妆造型师入门必须掌握的内容，就像一栋高楼必须有一个坚实的地基一样。笔者也接触过一些学生，他们有很强的学习兴趣，却追求短期快速提升。欲速则不达，其实知识的储备与积累才是厚积薄发的前提。

在整理编写这本书的时候，笔者所花费的时间比其他书籍要长很多，因为这本书要从各个角度、各个层面对细节进行划分，而包含的内容也更加翔实。本书最终确定的思路是：入门即基础知识的分解，这其中有对妆容造型基础的逐层分解以及基础技法在妆容与造型中的应用；精通妆容与造型搭配的整合，书中对各类妆容造型相互结合进行综合应用；还有很多饰品的制作及搭配方面的知识。将一些在化妆造型师工作中可以用到的、作者思路范围中能想到的内容和盘托出，分享给大家。

书籍是学习的辅助工具，写这本书的初衷是帮助读者在化妆造型的道路上走得更好、更远。但仅仅靠一本书达到飞跃是不太可能的，老师的言传身教及自身的不断学习和积累必不可少。这就像我们在读书的时候虽然有教材，但还是需要老师的指导。所以我们要以正确的心态去阅读此书。希望书中的内容可以在读者的职业生涯中起到一些辅助作用，这也是它存在的意义。

感谢参与本书创作的每一位模特、学生和工作人员。

最后感谢人民邮电出版社的编辑对本书编写工作的付出，相识多年，感谢一路有你。

资源下载说明

本书第03章附带8个教学视频，扫描标题右侧或下方的二维码，即可在线观看视频。您也可以扫描“资源下载”二维码，关注我们的微信公众号，即可获得视频文件的下载方式。资源下载过程中如有疑问，可发送邮件至szys@ptpress.com.cn，我们将尽力为您解答。

资源下载

扫描二维码
下载本书配套资源

目录

CHAPTER 01 妆容基础

CHAPTER 02
妆容搭配案例

CHAPTER 03

造型基础

CHAPTER 04

造型技法搭配案例

CHAPTER 05

综合案例应用

CHAPTER 06

饰品制作与佩戴

CHAPTER

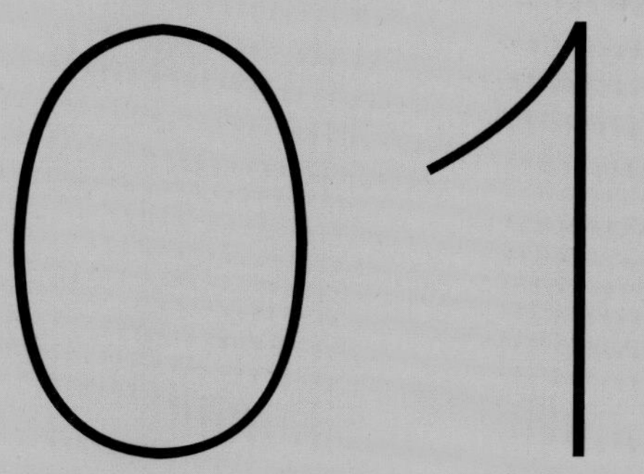

妆容基础

在深入地研究如何化妆的时候，要对妆容的基础知识有较为深入的了解，掌握化妆的分类、工具与材料的作用、色彩知识……只有这样，我们才能知道自己每一步操作的意义。
基础知识就像高楼的地基，没有根基的建筑无法长存，没有对基础知识的掌握，化妆也经不起推敲。

01

妆容造型的概念与分类

妆容造型的概念

在原始的蛮荒时期，人类的祖先在茹毛饮血的残酷环境下，由于御寒遮羞的需求而发明了最原始的“服装”。在追捕猎物的过程中，他们为了隐藏自己，将树枝、羽毛等戴在头上，在脸上涂抹有色彩的植物颜料，以伪装自己，这成了最早的妆容造型。环境在不断发展变化，妆容造型逐渐成为一种礼仪形式。虽然妆容造型的原始用途已经随着历史的车轮渐渐消散，但是现今社会的发展给了妆容造型艺术新的生命，使其用途更加广泛。妆容造型与服装之间的融合很巧妙，悠久的服装文化扩大了妆容造型艺术的发展空间。

随着社会的发展，妆容造型越来越受人们的重视。妆容造型不仅运用在日常生活中，而且被分为很多门类，被充分运用到各个领域。在不同的领域中，妆容造型又会细分为各种妆型，每种妆型都具有其独特性。以下为妆容造型的主要类型。

妆容造型的分类

（一）生活类妆容造型

生活类妆容造型是被人们熟知的一个妆容造型门类，而生活类的妆容造型并不仅仅是简单的、普通的淡妆所能概括的，其中也可以分为日常妆容造型、晚宴妆容造型、职场妆容造型等。

（二）新娘平面拍摄妆容造型

新娘平面拍摄妆容造型又称影楼妆容造型，是日常妆容造型之外另一个与人们生活联系比较密切的妆容造型门类。新娘平面拍摄妆容造型因服装和客户群体的不同而分为多种风格。韩式、欧式、日式、森系的白纱妆容造型，浪漫、时尚、可爱、优雅的晚礼妆容造型，这些都是新娘平面拍摄妆容造型常用的风格。

（三）当日新娘妆容造型

当日新娘妆容造型可以说是一个比较特殊的门类，不管是作为单独的门类，还是作为日常、影楼，甚至时尚妆容造型来归类，都是可以的。新娘妆容造型一般分为华美端庄、简约气质、浪漫唯美、时尚大气、甜美可爱等风格的白纱妆容造型和时尚冷艳、性感妩媚、唯美优雅、端庄喜庆的晚礼妆容造型等。

（四）古典妆容造型

古典妆容造型按不同历史时期进行划分，比较常见的有汉代、唐代、清代、民国等时期的妆容造型表现形式。在处理古典妆容造型的时候，化妆造型师一般会保留相应的历史特点，并结合现代审美来完成。古典妆容造型运用的范围很广泛，在影视、舞台、新娘、写真、秀场等范围内都会有所涉及。根据不同的场合，在细节的处理上也会有所不同。

（五）时尚创意妆容造型

一种妆容造型形式可以繁衍出很多类型。时尚创意妆容造型从实用性角度来分析，一般适用于杂志、T台、广告、红毯、写真拍摄等。有些创意妆容造型则是化妆造型师对自我风格以及内心世界的一种诠释。时尚创意妆容造型一般分为杂志妆容造型、服装画册妆容造型、时尚T台妆容造型、广告妆容造型、红毯妆容造型、写真妆容造型和创意大片妆容造型等。

（六）影视妆容造型

影视妆容造型是通过化妆的手段，赋予剧中人物性格、年龄、身份、职业、命运等不同特征。要完成一部成功的影视作品，化妆是一个重要的环节。影视妆容造型一般分为性格妆容造型、肖像妆容造型、模拟妆容造型、年龄感妆容造型、气氛感妆容造型和伤效妆容造型等。有些妆容造型彼此存在着渗透交叉，有些还可以做更细致的分类。

（七）其他妆容造型

1. 戏曲妆容造型

戏曲妆容造型是通过妆容造型塑造戏曲表演中的人物形象，例如，京剧中的花旦、老生、花脸等。戏曲妆容造型的人物形象相对比较固定，但是对专业能力要求较高，并且有很多需要遵守的妆容造型规则和技巧。

2. 主持人妆容造型

主持人的妆容造型根据节目的不同会有所区别，一般分为新闻节目主持人妆容造型、综艺节目主持人妆容造型、访谈类节目主持人妆容造型等。那些反映国家政策、民生等问题的新闻节目主持人，他们的妆容造型会比较端庄保守；而综艺类节目主持人的妆容造型会比较时尚。

3.COSPLAY 妆容造型

COSPLAY 妆容造型是模仿动画片、漫画、网络游戏中的人物形象的妆容造型，需要将角色形象地表现出来。这种妆容造型通常需要与服装进行很好的配合，这样才能与被模仿人物的相似度更高。

当然，还有一些其他的妆容造型分类。随着人们对妆容造型的重视程度的提高以及需求的增大，还会有更多的妆容造型门类出现，而我们要做的是对相关知识有全面的掌握，让自己在面对各种妆容造型工作时都能游刃有余。本书主要对一些必修基础知识、常用妆型以及实用性较强的特色妆型做具体的分析和讲解。希望大家能够举一反三，通过对书中内容的学习，可以在实践中掌握更多的妆容造型技能。

02 化妆工具与材料

化妆刷

化妆刷是化妆中必备的工具之一，化妆刷的材质一般分为动物毛和纤维两种。相比之下，动物毛的刷子亲肤感更好，更利于上色；纤维材质的比较适合做大面积的色块晕染，可用来刷彩绘的油彩。

粉底液刷

粉底液刷主要用来刷粉底液。在使用时要明白刷子的特性，要注意将粉底液涂刷均匀，并且不要留下死角。要充分掌握涂刷的角度。

散粉刷

散粉刷是用来定妆的，具体的操作方法是：用散粉刷蘸取散粉，轻柔而均匀地对面部进行定妆，并扫去多余的散粉。（对鼻窝、眼角等不容易扫到的地方，可以用蜜粉扑进行细致的定妆。）

扁平眼影刷

扁平眼影刷有大小不等的型号，一般每一支刷子会对应相应色系的眼影。大号的眼影刷用来涂刷大面积的色彩，小号的眼影刷用来对细致位置进行处理。

腮红刷

斜口腮红刷的设计有利于打造腮红的结构感，一些大小适中的圆头刷子也可以用来涂刷腮红或暗影。涂刷腮红的关键是对手法的掌握。

松粉刷

松粉刷的作用是清除面部残留的浮粉，在化妆的过程中使多余的粉末脱落。松粉刷也可以用来蘸取定妆粉，进行定妆，还可以用来涂刷粉底液等，其用途比较广泛。

眉睫刷

眉睫刷是双面设计的。梳齿面用来梳理眉形，便于修眉，也可以用来梳理睫毛；梳毛面用来清除眉毛内部的残余毛发和杂质。

无痕眼影刷

无痕眼影刷的毛质柔软，刷头为圆形，适合对眼影边缘做晕染，使边缘过渡得更加柔和、自然。

唇刷

唇刷的毛质一般较硬，刷头较小，这种结构能更好地描画嘴唇的轮廓，并有利于细致刻画。

眉刷

眉刷的斜口设计有利于蘸取眉粉，描画眉形。

遮瑕刷

遮瑕刷的刷头很小，其主要用来蘸取粉底液，进行遮瑕，也可以用来对妆容处理不当的位置进行修饰。

眼线刷

眼线刷的刷毛细长，可以描画眼线。它可以用 0 号美工画笔来替代。

螺旋扫

螺旋扫可以清理眉毛中的残粉及睫毛上的浮粉。

眼影轮廓刷

眼影轮廓刷可以处理眼影轮廓边缘。也可以用眼影轮廓刷蘸取提亮粉，对局部进行适当提亮。

阴影刷

阴影刷可用来蘸取暗影粉，以修饰妆容的轮廓，使妆容更加立体。

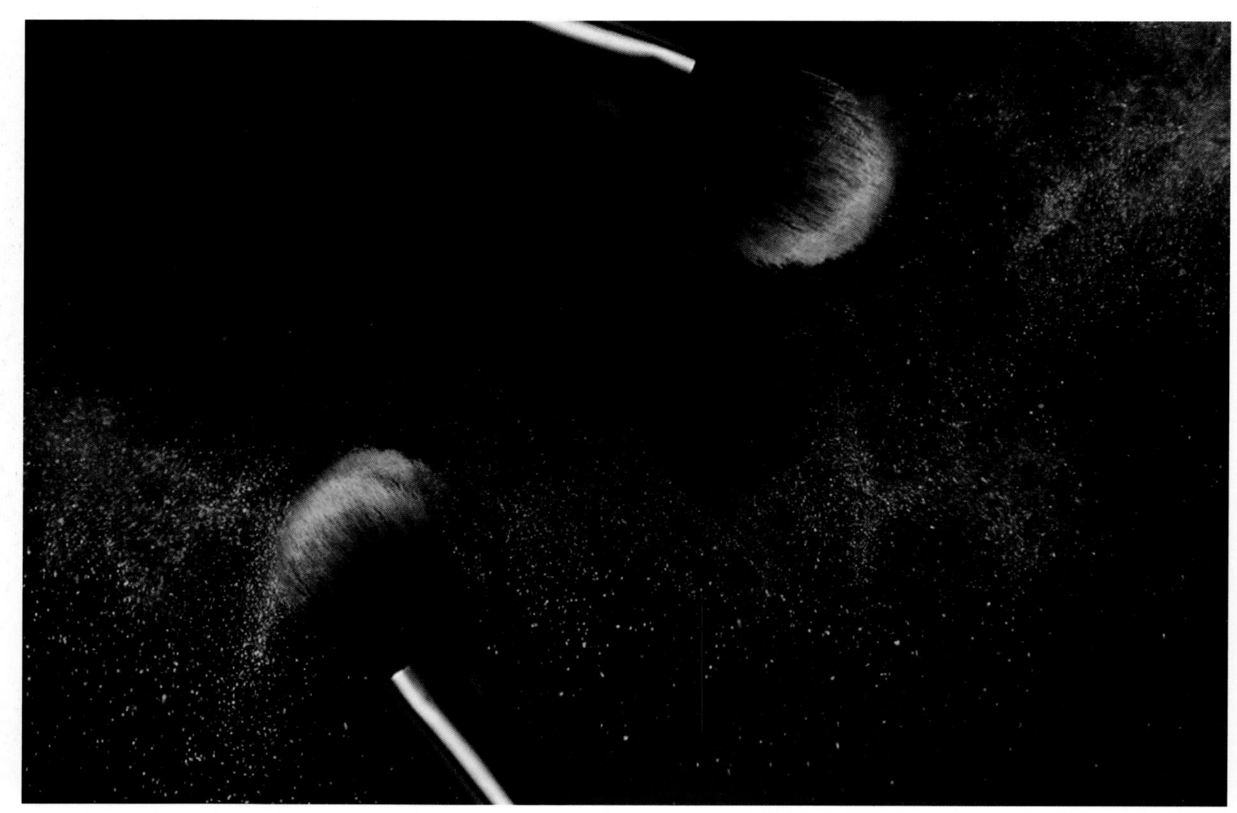

化妆辅助工具

在处理妆容的时候，我们会用到一些辅助工具来处理细节，使妆容更加精致。

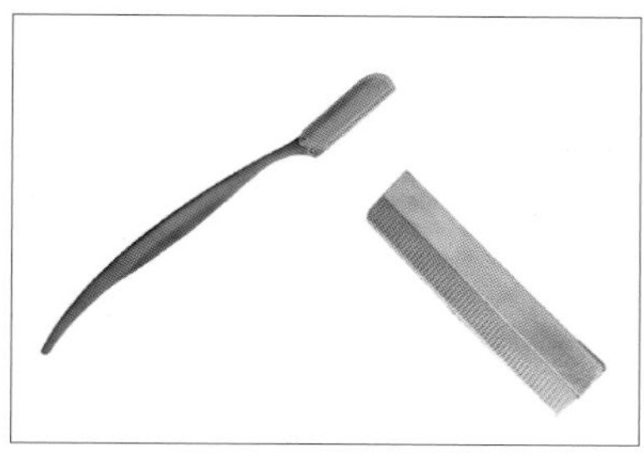

眉刀

眉刀可以用来修理杂乱的眉毛，还可用来修理眉毛的宽窄，塑造眉形轮廓。

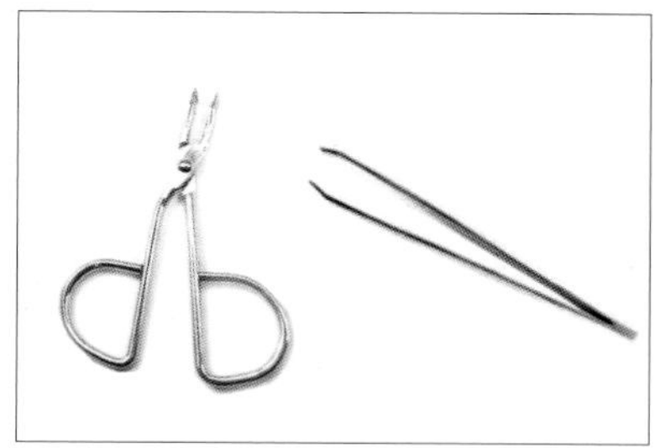

眉钳、镊子

眉钳的作用是拔除杂眉。镊子的作用比较多，不但可以拔除杂眉，还可以夹住一些细小的东西，使其固定得更加牢固。

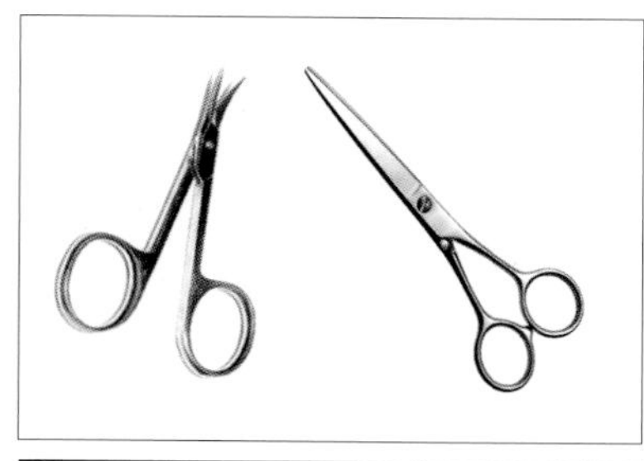

剪刀

剪刀的作用很多，可以剪美目贴、假睫毛及过长的眉毛等。

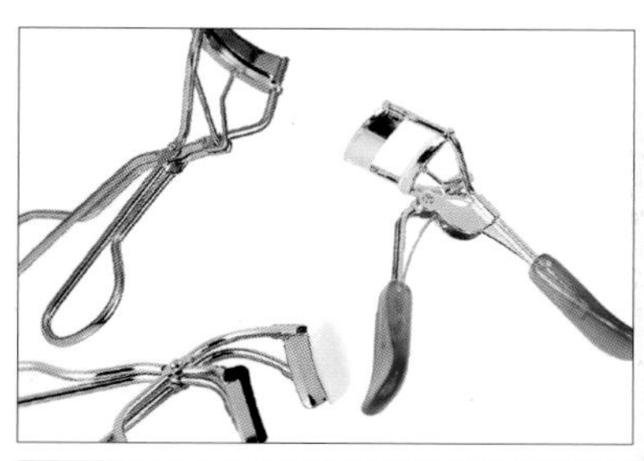

睫毛夹

睫毛夹的作用是将上睫毛夹得自然卷翘，使其呈现更加优美的弧度。比较窄的局部睫毛夹可以用来夹一些不易夹到的睫毛。

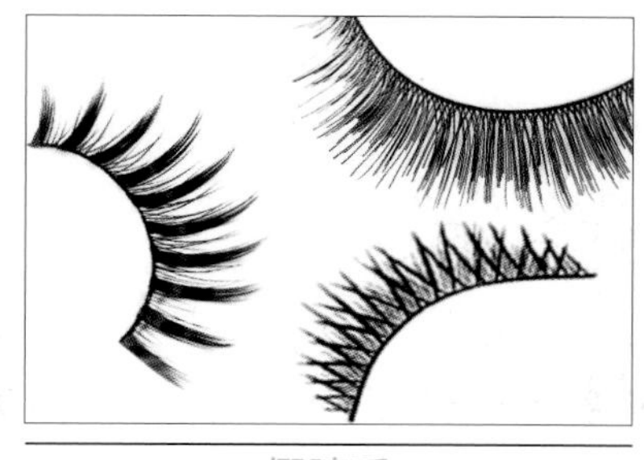

假睫毛

假睫毛的作用一般是使睫毛看上去更加浓密，使眼睛更加有神。假睫毛的种类很多，笔者在本书P64进行了具体介绍。

睫毛胶水

睫毛胶水可用来粘贴假睫毛以及妆容上的装饰物等。

美目贴

将美目贴剪出适当的形状，粘贴在上眼睑合适的位置，可以塑造出双眼皮效果，同时可调整双眼皮的宽窄和两眼不对称的情况。

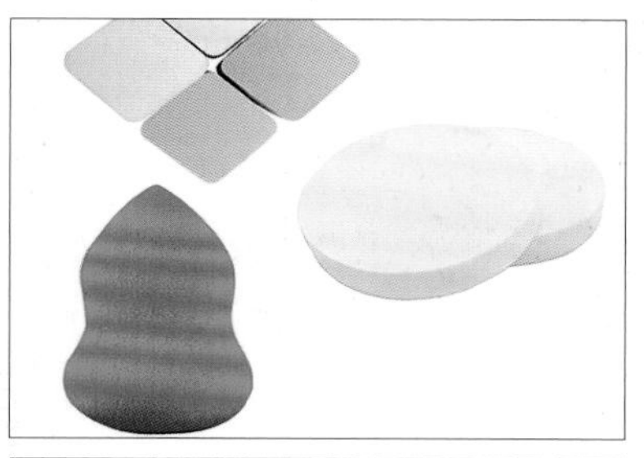

粉底扑

粉底扑一般有圆形、葫芦形、菱形、方形等。一般可以用密度较大的粉底扑打粉底液，用密度较小的粉底扑打粉底膏。

蜜粉扑

蜜粉扑又称定妆粉扑，可以用来蘸取定妆粉，按压定妆。比较小的定妆粉扑除了可以给眼周等位置定妆外，还可以勾在手指上，防止手与脸部皮肤直接接触。

化妆品

化妆品的种类很多，打造一款完整的妆容一般需要哪些化妆品呢？下面我们来具体介绍一下。

洁颜油

洁颜油用来深层次卸妆。卸妆产品一般分为油状、乳状和水状。

妆前保湿喷雾

妆前保湿喷雾的作用是锁住皮肤的水分，使皮肤更加滋润，有利于上妆，使粉底与皮肤更加贴合。

妆前零毛孔霜

妆前零毛孔霜可平滑毛孔，使皮肤更加光滑，使底妆更加伏贴。

粉膏

粉膏遮瑕效果比较好，较浅的粉膏可用于局部的提亮打底，深色的粉膏可作为暗影膏使用。粉膏的细腻程度对妆面的质感影响很大。

粉底液

相对于粉膏而言，粉底液更加细腻、轻薄。粉底液可以更好地贴合皮肤，能表现出皮肤清透的质感。

蜜粉

蜜粉也就是俗称的定妆粉。蜜粉的色号很多，有粉嫩色、透明色、深肤色、象牙白色、小麦色等，可根据肤色的需求选择合适的蜜粉。

BB 霜

BB霜的质感介于粉膏与粉底液之间。其优点是比较自然，操作方便；缺点是遮盖力一般。

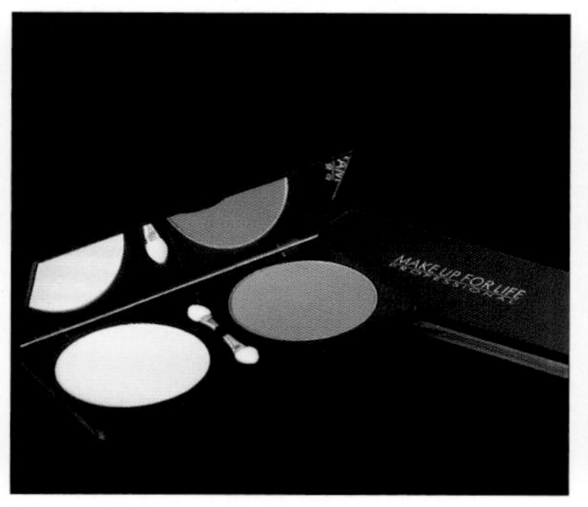

双修粉

双修粉包括暗影粉和提亮粉。暗影粉用来修饰面颊、下陷的颧骨、鼻根等位置；提亮粉用来提亮鼻梁、眉骨、下眼睑、下巴等位置。

亚光眼影

亚光眼影在描画眼影时很常用，大部分的眼妆都是以亚光眼影为主要材料的，其色彩多种多样。

干湿两用眼影

干湿两用眼影比珠光眼影更有质感，湿用的时候色彩更具光泽感，并且能和皮肤很好地贴合在一起。

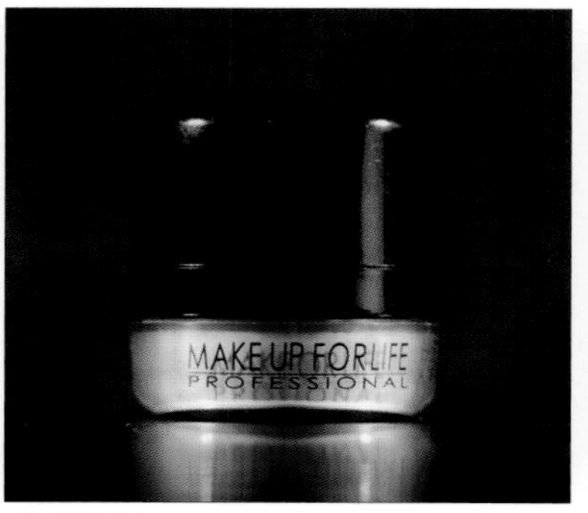

珠光眼影

珠光眼影具有丰富的光泽感，一般粉末的材质比较多，主要用来表现有特点的眼妆，有时会与亚光眼影结合使用。

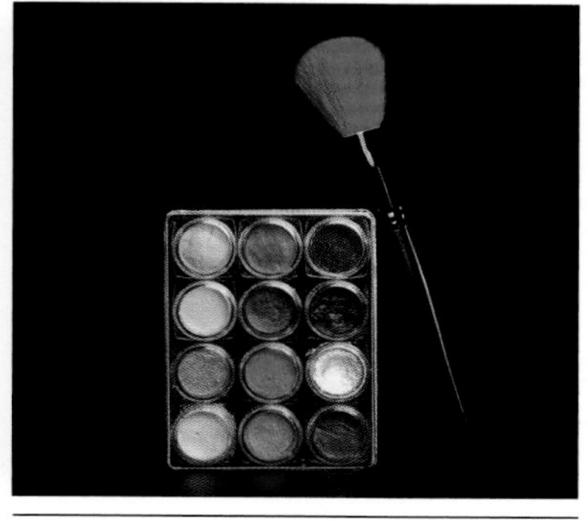

眼影膏

眼影膏比较适合表现有质感的眼影效果，其亲肤感强，更适合打造一些比较时尚的妆容。

眉笔

眉笔一般有深棕、浅棕、灰色、黑色等色彩。在表现眉毛的线条感时用眉笔会更合适一些。

眼线笔

眼线笔是画眼线的常用工具，用它描画出的眼线，色彩自然而均匀。

眼线液笔

眼线液笔易上色，描画出的眼线较为流畅、自然，但对手的控制力要求较高。

眉粉

眉粉一般有灰色、深棕、浅棕等色彩。需要用眉粉刷将其涂刷于眉毛上，这主要用来调整眉毛的深浅和宽窄。

眼线膏

眼线膏适合表现自然的眼线效果，如烟熏妆中自然晕染开的眼线。

水溶性眼线粉

水溶性眼线粉需要用水调和，与眼线刷配合使用，适合打造比较夸张的眼线效果。

亚光腮红

亚光腮红是非常常用的晕染腮红的化妆品，主要有粉嫩色、橘色、玫红色、棕红色等色彩。

烤粉腮红

烤粉腮红具有特别的光感，而且容易上色。

液体腮红

液体腮红一般会用在定妆粉之前，其效果犹如肌肤透出的自然红润感，可以用来打造面部通透自然的好气色。

睫毛膏

睫毛膏的类型比较多样，如浓密型、纤长型、自然型，要根据妆容的需求来选择合适的睫毛膏。睫毛膏比较常用的色彩是黑色和深棕色；也有彩色的睫毛膏，它适合打造比较有创意感的妆容。

唇膏

亚光唇膏主要用来描画立体感强、轮廓清晰的唇形，其特点是有厚重感，比较适合表现以唇为重点的妆容。光泽感唇膏相对于亚光唇膏而言更莹润亮泽，不那么厚重。

唇蜜

唇蜜相对比较黏腻，密度较高，正因如此，可以使嘴唇看上去更立体、滋润。在表现可爱感的妆容时，可以用淡雅色彩的唇蜜；在表现妖艳的妆容时，可以用颜色艳丽的唇蜜。

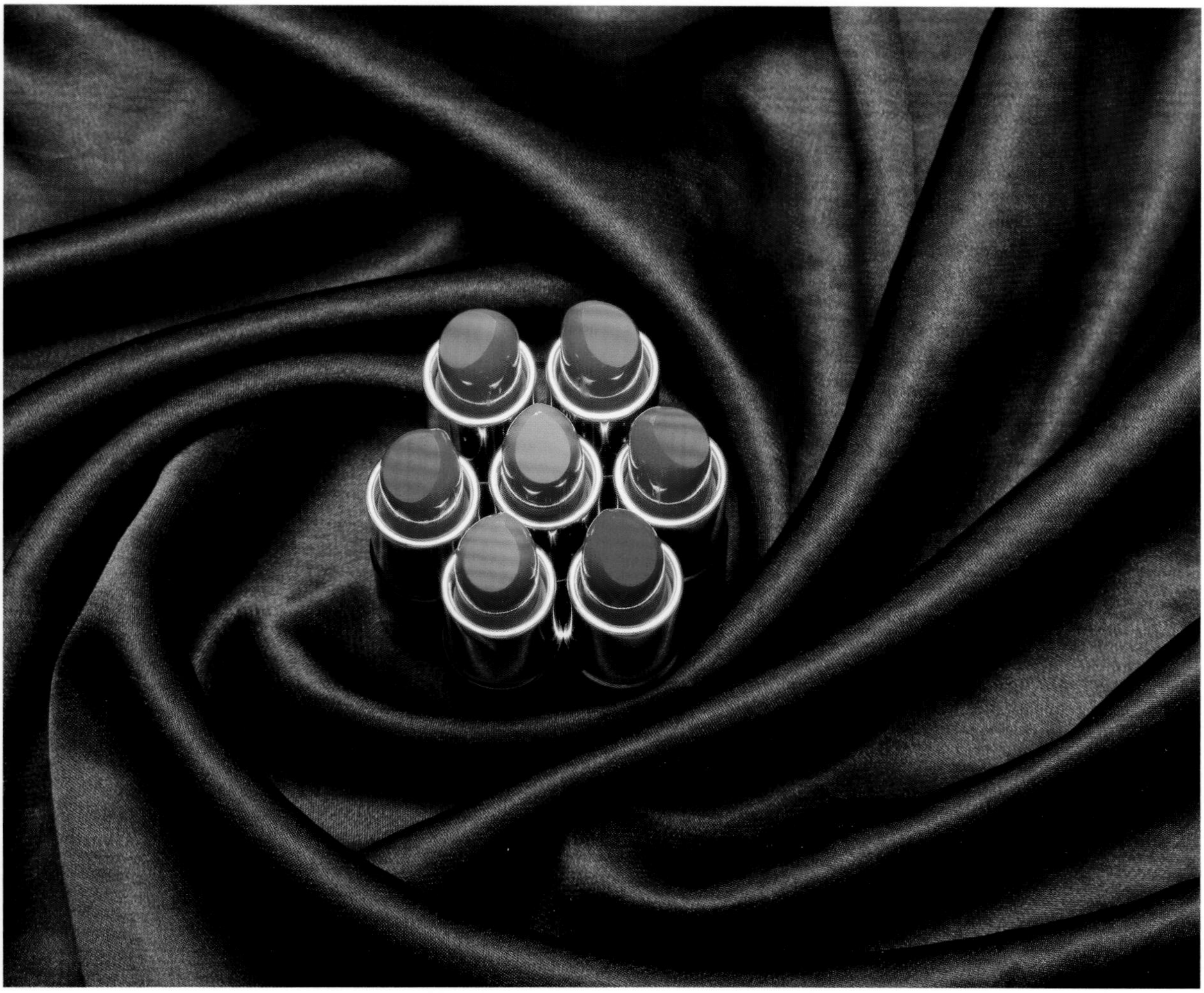

03 知妆先识色——色彩搭配原理

色彩的分类

色彩可分为无彩色系和有彩色系两大类。

1. 无彩色系

无彩色是指黑色、白色及不同深浅的灰色。

2. 有彩色系

有彩色是指红、橙、黄、绿、青、蓝、紫，以及它们所衍生出的其他色彩。

根据心理感受，色彩可分为冷色系和暖色系。

1. 冷色系

蓝、蓝紫等色彩使人感到寒冷，所以被称为冷色。

2. 暖色系

红、橙、黄等色彩使人感到温暖，所以被称为暖色。

色彩的冷暖不是绝对的，而是相对的。同一色相也有冷暖之分，例如，蓝紫色与蓝色相比显得较暖，而与紫红色相比则显得较冷。

色彩的三要素

色相、明度、饱和度被称为色彩的三要素。

1. 色相

色相是指色彩的相貌，就像人的相貌一样。通过色相可以区分色彩。光谱上的红、橙、黄、绿、青、蓝、紫通常用来作为基础色相。而人眼能够辨别出的色相还不止于此，红色系中的紫红、橙红，绿色系中的黄绿、蓝绿等色彩，都是人眼可辨别的色彩。

原色

原色也称“第一次色”，是指能配出其他颜色的基础色。颜料的三原色是红、黄、蓝，将它们按不同的比例相互调配，可以调配出很多种色彩。

间色

间色由原色混合而成。如黄与蓝混合成绿色，红与黄混合成橙色，红与蓝混合成紫色。

复色

复色是指两种间色混合所得到的色彩。

2. 明度

明度是指色彩的明暗程度，也就是我们平时所说的深浅程度。同一种颜色因其明度不同，可以区分出多种深浅不同的颜色；将其由浅到深依次排列，也就是我们所说的色阶。

3. 饱和度

饱和度是指色彩的鲜艳程度，也称为纯度。色彩越纯，饱和度就越高，色彩也就越艳丽。饱和度高的色彩加上灰色就可以降低饱和度。

色彩的搭配

1. 色调

色调也被称为“色彩的调子”。色调是色彩的基本倾向，需要对明度、饱和度、色相综合考虑。从色相上划分，有红色调、橙色调等；从明度上划分，有亮色调、暗色调、灰色调等；从饱和度上划分，有艳色调、浊色调等；从色性上划分，有冷色调、暖色调等。

2. 同类色

同类色是指在色相环上取任何一色，加黑、加白或加灰而形成的颜色。同类色是一种稳定、温和的配色组合，如红色、玫红色、粉红色就是同类色。

3. 邻近色

邻近色是指在色相环中相距 90° 以内的颜色。例如，红色和橙色就是邻近色。

4. 对比色

对比色是指在色相环中相距120°~180°的两种颜色，对比色具有活泼、明快的效果。原色的对比色比较强烈。可以通过明度、饱和度及面积来调整色彩之间的对比关系。

5. 互补色

色相环直径两端的色彩称为互补色。互补色是对比最强烈的色彩，容易造成炫目的不协调感。在用互补色打造妆容时，需要调整好明度和饱和度的关系。

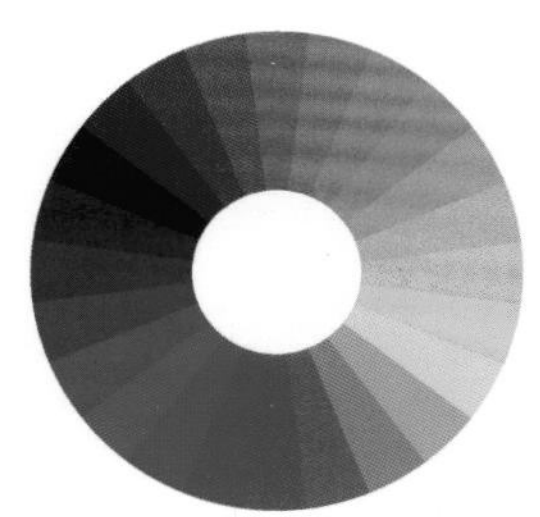

色彩的联想

我们的世界不能缺少色彩，如果世界只是单一的颜色，就像我们所说的“生活失去了色彩”一样。色彩可以通过视觉感官带给我们很多联想，就像我们看到红色的血液时会有恐怖感，看到绿色的植物时会有生机感。而色彩带给我们的联想与个人的年龄和阅历也有很大的关系。色彩会让人产生具体的和抽象的联想，这些都与我们设计妆容有很大的关系。

红色

具体联想：血、火、心脏、苹果。

抽象感觉：热情、喜庆、危险、温暖。

橙色

具体联想：橘子、秋天的树叶、晚霞、成熟的麦子。

抽象感觉：积极、快乐、活力、收获、明朗。

黄色

具体联想：黄金、香蕉、黄色的菊花。

抽象感觉：光明、明快、活泼、不安。

绿色

具体联想：树叶、草坪、树林。

抽象感觉：新鲜、环保、希望、安全、理想。

蓝色

具体联想：海洋、蓝天、湖泊。

抽象感觉：理智、沉静、开朗、自由。

紫色

具体联想：茄子、紫罗兰、葡萄。

抽象感觉：高贵、神秘、优雅、浪漫。

褐色

具体联想：咖啡、木头、褐色的眼球。

抽象感觉：自然、朴素、老练、沉稳。

黑色

具体联想：头发、墨汁、夜晚。

抽象感觉：孤独、死亡、恐怖、邪恶。

白色

具体联想：白云、白雪、婚纱。

抽象感觉：纯洁、神圣、柔弱、脱俗。

灰色

具体联想：水泥、沙石、阴天、钢铁。

抽象感觉：消极、空虚、失望、诚实。

色彩给人的心理感受

色彩除了能带给我们联想，同时也会给我们带来心理上更深层次的感受，而大部分人对同样的色彩会产生同样的感受。

1. 冷暖感

冷暖感与温度并没有直接的关系。在同样的温度下，穿着红色的服装和白色的服装带给我们的心理感受是不一样的，而这种心理上的冷暖感会对身体机能造成影响。

2. 前进感与后退感

同样的背景中，面积相同的物体会因色彩的不同带给人们凸起或凹陷的感觉。一般来说，亮色和暖色有前进感，暗色和冷色有后退感。

3. 轻重感

一般来说，明度越高的颜色给人感觉越轻，明度越低的颜色给人感觉越重。

4. 味觉感

这种感觉一般是由于人们对日常生活中所接触的事物产生联想而来的。例如，绿色会给我们酸味感，冰淇淋的粉红色、象牙白色则会给我们带来一种甜味的感觉。

我们可以将色彩的属性充分运用到妆容的设计中，使妆容更具有设计感且更加合理。

04

五官的标准比例及脸形

五官的比例

化妆通常以将别人或自己变美为终极目的。要达到什么样的效果才算美呢？这需要一个标准去衡量。东方人的五官普遍趋于扁平，但这并不影响我们对五官比例的审美标准，只是在某些细节的结构感上要求更加立体。

受遗传等因素的影响，每个人都有自己独特的五官，长得再像的人也会有所区别。大部分人的五官比例都会与标准的五官比例存在一定的差异，而化妆师要做的是通过自己的调整，让妆容更接近于这种标准，使其达到美的效果。五官是内收式的轮廓，在横向、纵向及侧面的轮廓达到一定的比例时，能让这个轮廓更加完美。

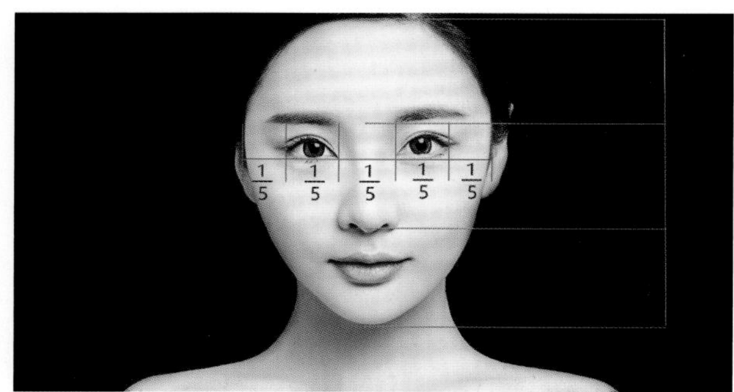

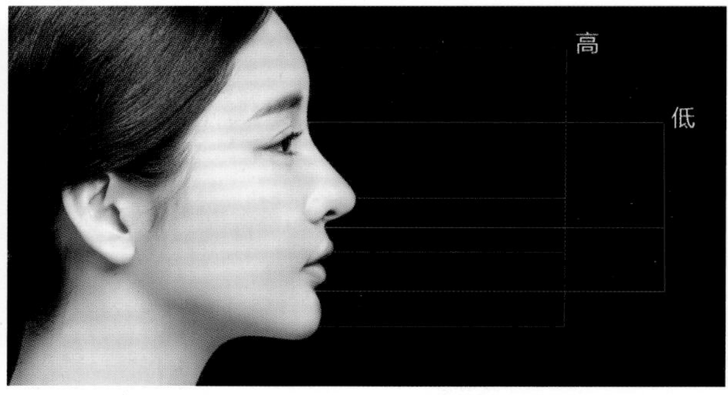

在传统意义上，“三庭五眼”是评价一个人的五官标准的基本概念。有的人五官单独看很漂亮，合在一起就不那么耐看了；而有的人五官长得一般，合在一起却很耐看，很有气质，这往往取决于五官比例是否合理。人的面部轮廓正面横向以眼睛为基准形成五眼。如果两眼之间的距离刚好等于一只眼睛的长度，外眼角至鬓侧发际线的长度也刚好等于一只眼睛的长度，在横向的比例上形成 1：1：1：1：1 的比例时，五眼的比例就达到了标准比例。

仅仅达到三庭五眼的标准还不够，侧面的轮廓对一个人的五官效果同样起到至关重要的作用。三庭五眼仅仅是从平面的感觉上去评定五官是否标准，而侧面轮廓清晰明了，人的五官才会显得立体。从侧面的轮廓上讲，高低起伏的错落感才能使五官的曲线更优美。额头、鼻尖、唇珠、下巴尖都是微微突起的；而鼻额的交界处、鼻下人中沟、唇与下巴的交界处都是较低的。

如果五官按以上比例排列，那么五官比例基本趋于标准。不过，眼睛、脸形等因素也至关重要，每一个细节的差别都会改变面部的效果。我们要更深层次地去剖析这些细节，通过矫正化妆的手法去弥补面部的不足。

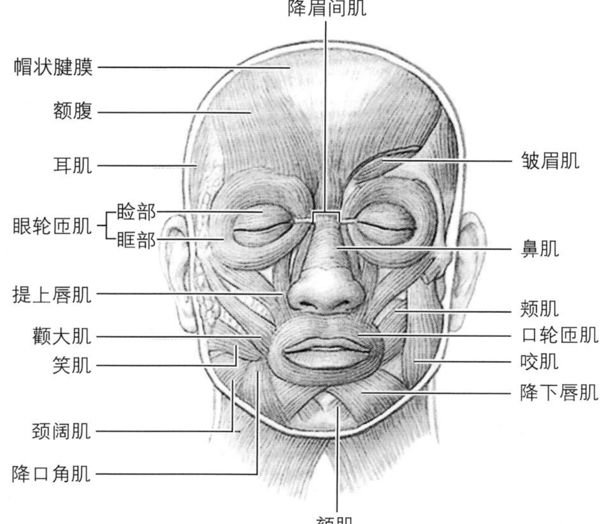

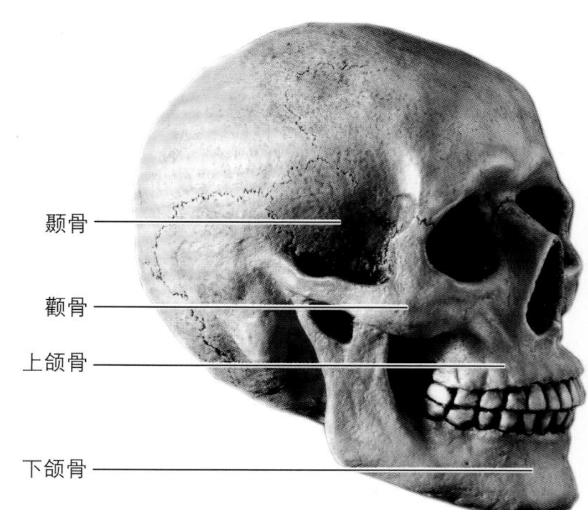

脸形的介绍

脸部的轮廓非常重要。在生活中，不是每个人都能拥有标准的脸形，改变脸形的方式有很多种，有些人通过医疗手段来改善脸形，如磨骨、注射肉毒素、去脂肪垫等。这些手段虽然对脸形有很大的改善效果，同时也存在很大的风险，有些问题其实可以通过化妆来进行矫正。在用化妆矫正之前，首先要明白每种脸形的特点以及需要矫正的位置，否则没有办法很好地进行矫正。

浅色在视觉上有膨胀的感觉，深色在视觉上有收缩的感觉，这也是穿浅色的衣服会比深色的服装显得胖的原因。在矫正脸形的时候可以利用这一原理，用暗影膏和浅色粉底对脸形进行矫正。

下面先来认识一下各种脸形以及矫正的方法。

椭圆形脸

椭圆形脸是标准的东方美人脸形，又称鹅蛋形脸，脸形饱满圆润并且不会显大，基本上不需要对这种脸形进行矫正。

圆形脸

圆形脸又称娃娃脸，这种脸形比较可爱，但看上去会显得不成熟。对这种脸形进行修饰的时候要适当，不要过分强调立体感，以免与人物的气质产生冲突。

菱形脸

菱形脸又称钻石形脸，上下窄中间宽。矫正方法是在比较宽的位置用暗影膏进行收缩处理，在比较窄的位置用浅于粉底基础色的粉底膏进行提亮修饰。

正三角形脸

这种脸形上窄下宽，要用浅色粉底对较窄的位置进行提亮，用暗影膏对较突出的位置进行收缩处理，尽量使脸形比例协调。

长形脸

长形脸会有横向上比较窄的状况。修饰这种脸形时，需要适当用暗影膏修饰额头及下巴的位置，眉毛要平缓，腮红要在横向上进行晕染，这样会使脸形看上去有缩短的感觉。

瓜子形脸

瓜子形脸比较瘦小，上宽下窄，是近些年来比较受欢迎的一种脸形。这种脸形的缺点是额头位置常常有比较秃的感觉，如果是额头两侧发际线比较靠后，需要用暗影膏适当地进行修饰。

国字形脸

这种脸形的下颌角比较突出，男性化特征比较明显，会显得人比较硬朗，缺少柔美的感觉。为了削弱这种脸形过于硬朗的感觉，在化妆时需要对过于突出的棱角处用暗影膏修饰，以削弱视觉上的棱角感。

梨形脸

这种脸形上部偏窄，下部偏宽，同时有不对称、轮廓不清晰的感觉。矫正时用暗影膏与提亮粉底相互结合的手法进行收缩和提亮处理，使脸形更对称，并具有轮廓感。

05 无瑕美肌——专业底妆处理技法

底妆的作用

在化妆中做好妆前护理工作后，上妆的第一步就是打粉底，而打粉底也是化妆中非常重要的一个环节。就像画家准备作画之前要选择一张干净的画纸一样，只有这样才能在画纸上展现自己的绘画技艺。假设在一张色彩杂乱的画纸上作画，再高超的技艺也无法得到发挥。化妆也是如此，只是这张“画纸”需要运用打底技术创造出来。

人的皮肤都会有或多或少的瑕疵，如痘印、色斑等。这些瑕疵需要通过打粉底的方式进行遮盖，使肤色均匀统一，妆面更干净。打粉底除了能够使肤色协调，运用立体打底的方式还可以让妆容更加立体精致。拥有一个成功的底妆，妆容就成功了大半。

如何鉴定底妆的品质

(1) 看粉底是否均匀。均匀的底色能够让描画后的五官看上去更立体，妆面更干净。

(2) 看粉底的薄厚是否合适。过厚的粉底会让底妆显得浮，不通透，有种面具的感觉；而底妆过薄又会让脸上的瑕疵过于明显；薄厚适中的底妆加上对局部瑕疵的修饰，会让底妆更精致。

(3) 看粉底的色彩是否符合妆面需求。例如，新娘妆的底妆以粉嫩自然为宜，而有些时尚妆容的底妆要处理成健康的小麦色。

粉底的种类

粉底膏： 粉底膏的优点是遮瑕效果比较好，缺点是处理不好就会显得比较厚重。不同品牌的粉底膏的品质也有很大差别。粉底膏的细腻程度对妆面的质感影响很大。

粉底液： 相对于粉底膏而言，粉底液更加细腻、轻薄。粉底液可以更好地贴合皮肤，能表现清透的皮肤质感。

BB 霜： 很多人用 BB 霜代替粉底液，很多品牌的 BB 霜打在脸上后会发灰，所以需要挑选合适的品牌。BB 霜的质感介于粉底膏与粉底液之间。

不管是用粉底液还是粉底膏打底，都需要利用工具，并与一些化妆手法相结合，而化妆师手法的熟练程度及正确性对底妆处理得是否完美起到决定性的作用，所以要选择正确的方式并多加练习才能有更好的效果。

如何选择合适的粉底

选择粉底首先要考虑的因素是肤色。过浅的粉底打在脸上叠合本身的肤色，很容易使肤色发青，有病态感；而过深的粉底又会使肤色显得暗沉。如果想让肤色看起来自然白皙，可以选择比肤色略白一号的粉底，色号不要差太多。

根据自己想表现的质感来选择粉底。如果面部的瑕疵比较多，可以选择粉底膏作为基础的底妆；如果想体现自然通透的感觉，可以选择粉底液作为底妆；如果只是想调整肤色，可以选择适合个人肤色的 BB 霜。其实，选择什么材质的粉底是有相对性的，有时品质好的粉底膏比品质差的粉底液打造的妆感更通透。

粉底液的涂抹方式

涂抹粉底液的方式比较多样，而每一种方式都有优缺点。

手打：手指和面部皮肤具有同样的温度，可以使粉底液与皮肤很好地贴合，在使用少量粉底液的情况下就能将整个面部的底妆处理得自然通透。其缺点是用手涂抹粉底液时，手指的纹路要细腻，没有粗糙感。但有些人会觉得用手涂不卫生，因此用此手法前尽量先沟通好。

用粉底刷涂抹：用粉底刷处理粉底液是目前常用的方法，其缺点是手法不够熟练的话，粉底液容易涂抹得过厚，或者产生不均匀的纹路。

用粉扑涂抹：在选择粉扑时，一般会选择密度大的湿粉扑来处理粉底液，因为密度小的粉扑很容易浪费粉底液，并且很难控制粉底液的均匀程度。

用粉底膏打底

用粉底膏打底时，要注意在不同的位置运用不用的手法，一般会用滚动按压、点压、轻擦、揉擦这些手法。那么这些手法都会运用在什么位置呢？下面来做一下具体的介绍。

（1）在面部大面积打底的时候，可以用滚动按压的形式。当处理一些容易起皮的皮肤或者不宜使用滚动按压的角度时，可以用点压的手法来打底。

（2）上眼睑位置应采用轻擦的手法打底。

（3）下眼睑的眼周位置同样采用轻擦的手法打底。因为眼周的皮肤比较脆弱，所以轻擦的手法更合适。

（4）鼻窝位置容易打不到粉底，所以用揉擦的手法打底能更好地避免这个问题。

（5）唇角位置可以用轻擦和揉擦相互结合的手法打底。

（6）面颊侧面的暗影位置可以采用轻擦、点压的手法打底。

底妆对五官的矫正

浅色有膨胀的效果，深色有收缩的效果。底妆矫正是通过粉底的深浅变化来打造拉长、缩短、膨胀、收缩的效果，使面部结构显得更立体、更标准。依据五官的标准比例，将浅色粉底涂抹于想要拉长或凸起的地方，将深色粉底涂抹于想要收缩或变短的位置。为了打造更好的立体感，一般会在T字区、眉骨、下眼睑、下巴、法令纹等位置涂抹浅色粉底，在脸颊轮廓、鼻侧等位置涂抹深色粉底。鼻侧影不要连到鼻翼上，否则容易造成铁轨一样的感觉，影响妆面的干净度。

鼻子过长：尽量缩短鼻子提亮区域的长度，一般只涂于鼻根部位。

鼻子过短：加长鼻子提亮区域的长度，一般不要超过鼻根至鼻尖长度的三分之二，切忌做出“通天鼻”的感觉，否则容易使三庭层次不清晰。

鼻子歪：如果鼻子歪向一边，可以用浅色粉底提亮鼻梁，用深色粉底加深鼻侧，并且用位移的手法使其端正。

鼻头过大：适当运用深色粉底修饰，但不宜过重，过重会使缺陷处更加明显。

鼻翼过窄：可以用浅色粉底适当提亮鼻翼。

脸形过宽：用深色粉底修饰面颊，使其弧度更加优美。要根据妆面的浓淡程度确定调整的尺度。

脸形过小：如果面部没有凹陷感，一般不需要调整，小脸形有很好的镜头感；如果有凹陷感，用浅色粉底提亮，使凹陷处膨胀起来。

颧骨、下巴等位置根据比例标准确定是否需要做修饰，所有的修饰必须以自然过渡为标准。过于生硬的修饰容易产生夸张效果。底妆的矫正有时需要三种甚至三种以上色号的粉底，因此很容易造成底妆过厚的感觉，为了表现更通透且立体的底妆效果，可以在定妆前和定妆后分次矫正底妆。化妆是将所有的环节结合在一起，最终达到理想的效果。切忌固守一个步骤，应该把难题分散处理，再逐一击破，方能事半功倍，否则很容易使粉底过厚，妆面过浓。

鼻梁调整

鼻侧影调整

面颊侧影调整

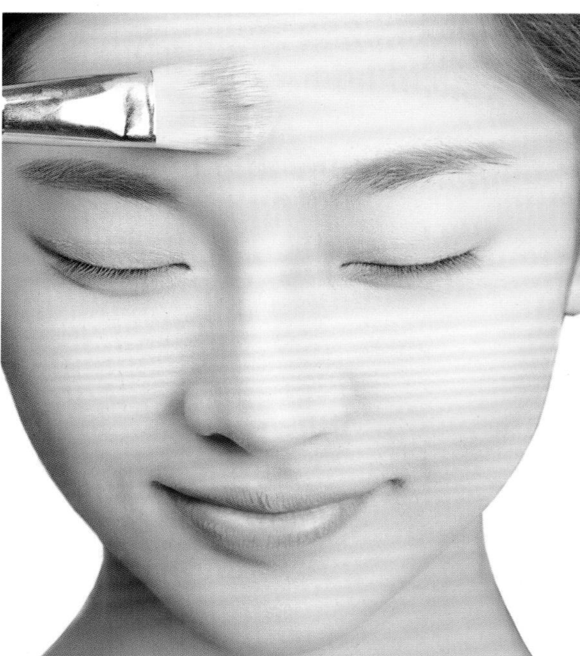
T 字区调整

下面选择三款具有代表性的底妆，为大家做具体的操作讲解。

莹润透亮滋润底妆

底妆特点： 将贝壳提亮液与粉底液相互混合，使粉底更加滋润亮泽，贴合皮肤。用提亮棒对局部位置提亮，提升整体妆容的光泽感。除此之外，用橘色遮瑕膏对黑眼圈进行有效遮瑕，使底妆更加通透。

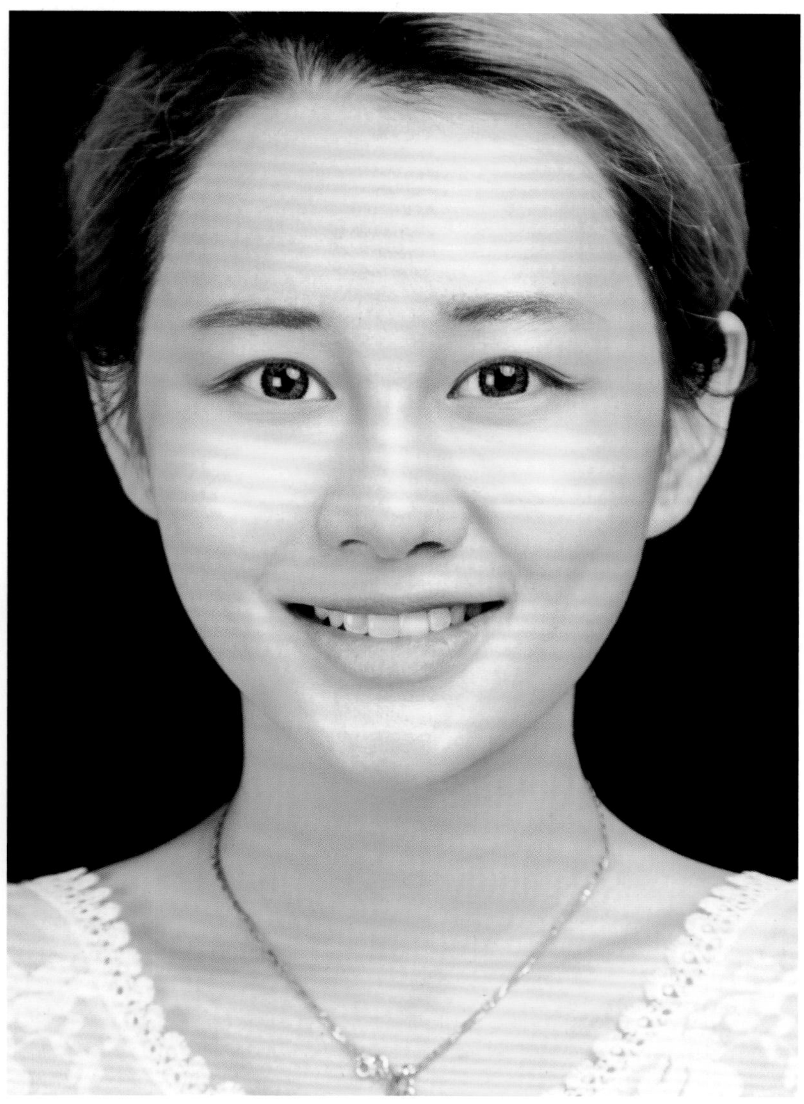

01 首先将贝壳提亮液和粉底液以 1：1 的比例混合。

02 用粉底刷在额头位置涂刷粉底液，要注意以接近横向的角度涂刷。

03 用粉底刷在面颊位置涂刷粉底液，要注意以斜向下的角度涂刷。

04 用粉底刷在上眼睑位置涂刷粉底液，呈横向的角度涂刷。

05 用粉底刷在下眼睑 V 字区涂刷粉底液，在下眼睑周围顺着眼轮匝肌的生长角度涂刷。

06 用粉底刷在鼻翼两侧呈斜向下的角度涂刷粉底液。

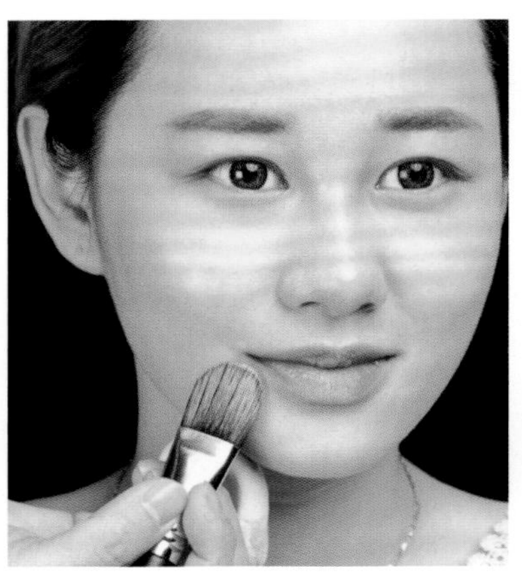

07 用粉底刷在唇周涂刷粉底液。

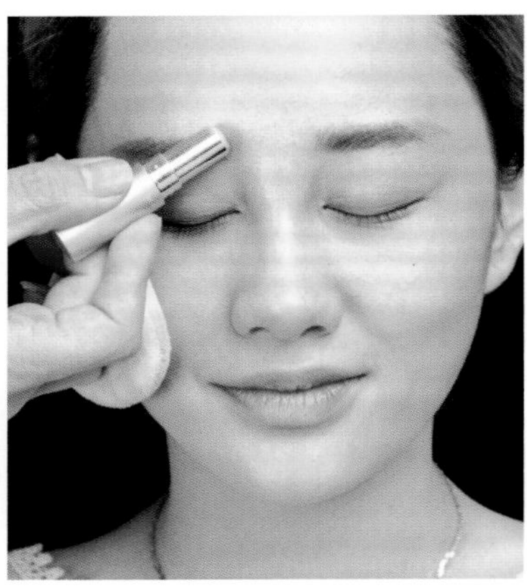

08 用提亮棒对 T 字区进行提亮。

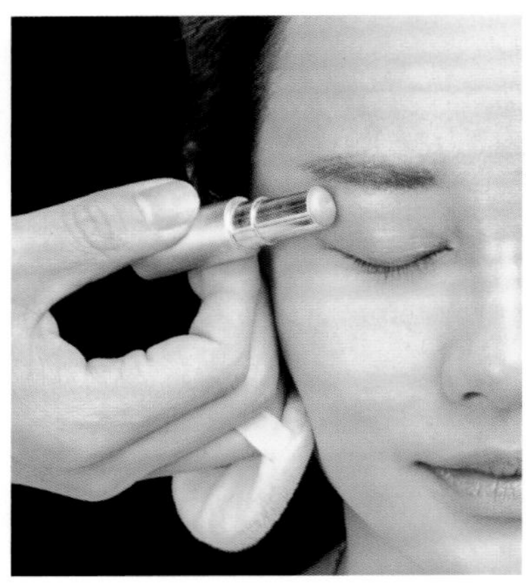

09 用提亮棒对上眼睑位置进行提亮。

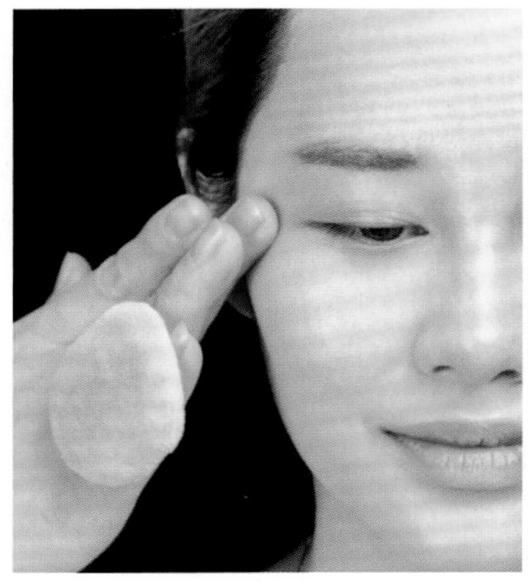

10 用手指将提亮棒的膏体涂抹均匀，使其与粉底融合在一起。

11 用提亮棒对下巴位置进行提亮。

12 在下眼睑位置涂刷橘色遮瑕膏，以遮盖黑眼圈。

13 用刷子将遮瑕膏涂刷均匀。

14 用散粉刷蘸取散粉，对整个面部进行轻扫定妆。

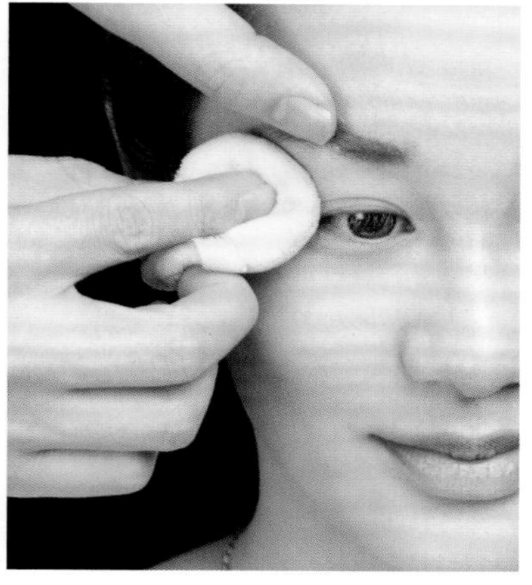

15 用蜜粉扑蘸取散粉，对眼周、鼻翼两侧等不易定妆的位置进行定妆。

16 在面颊两侧适量扫暗影粉。

17 暗影粉要均匀，过渡自然。

18 在鼻根位置轻柔地扫少量暗影粉，以增加妆容的立体感。

19 用提亮粉对上眼睑位置进行提亮。

20 用提亮粉对下眼睑周围进行提亮。

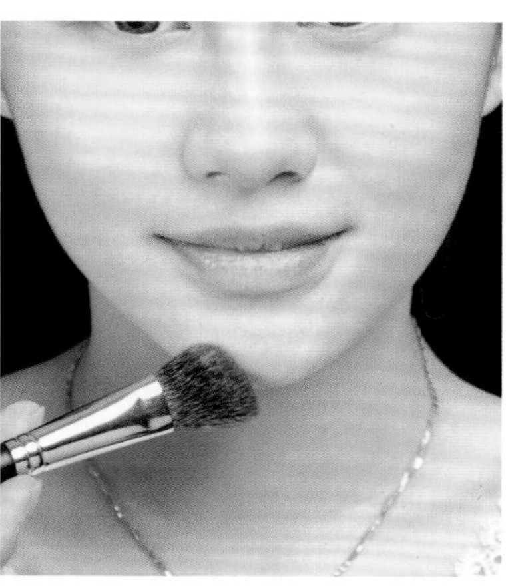

21 用提亮粉对下巴位置进行提亮。

无瑕美肌立体底妆

底妆特点： 此款底妆通过粉底的明暗变化，细致地进行衔接过渡，提升脸部轮廓，使底妆具有立体感。

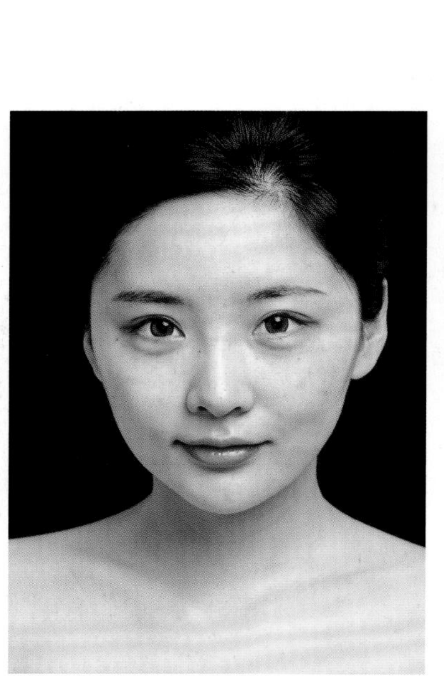

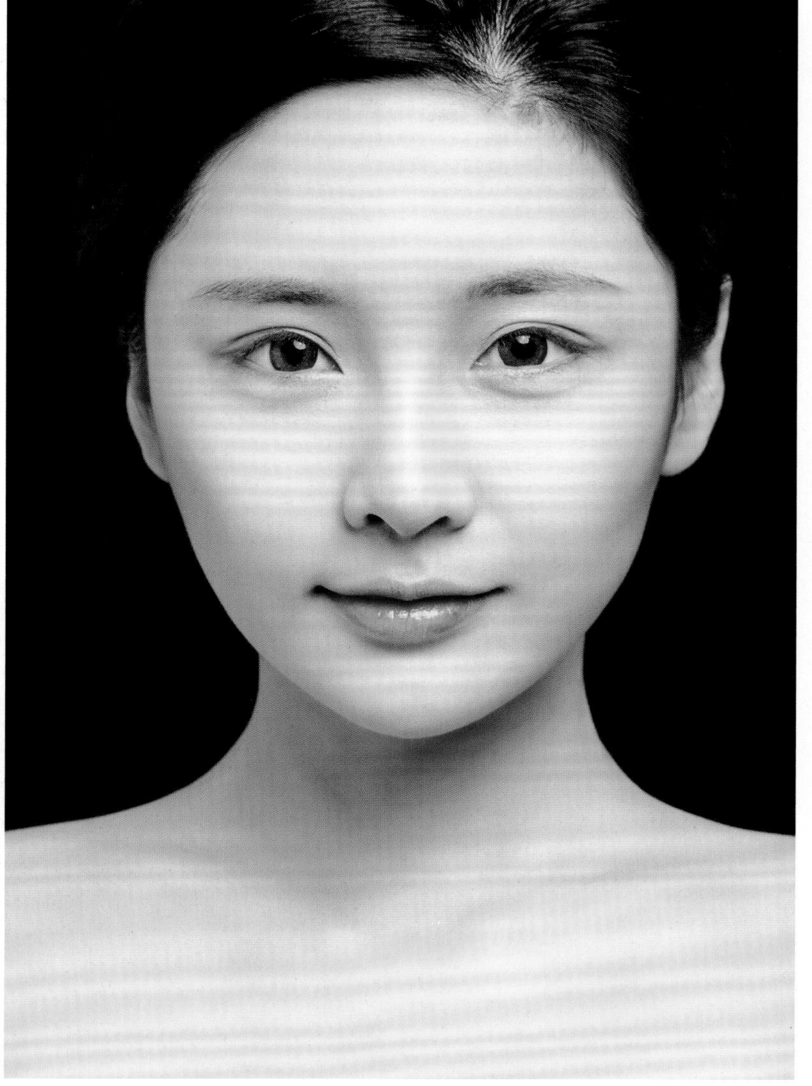

01 用粉底刷蘸取粉底液，在整个面部进行打底。

02 打底时，要尽量避免在皮肤上留下刷痕。

03 在上眼睑位置涂刷粉底液要到位，尤其是靠近睫毛根部的位置。

04 在下眼睑周围，粉底液要涂刷到位，注意在靠近眼睑边缘的位置涂刷力度要柔和。

05 用大号眼影刷将比面部粉底液浅一个号色的粉底膏均匀涂刷在上眼睑位置。

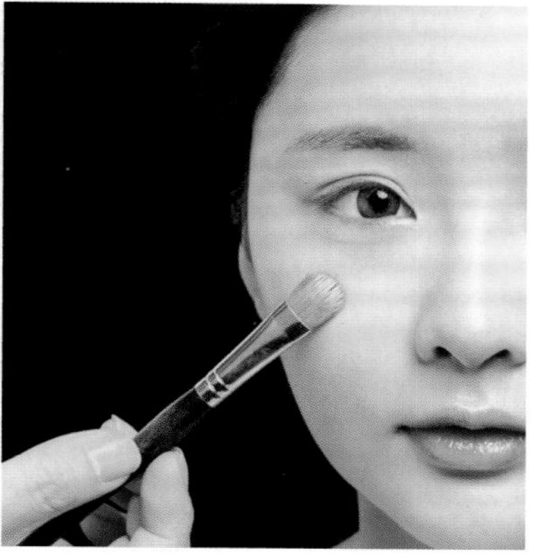

06 用大号眼影刷将浅于面部粉底液一个号色的粉底膏均匀涂刷在下眼睑位置及 V 字区。

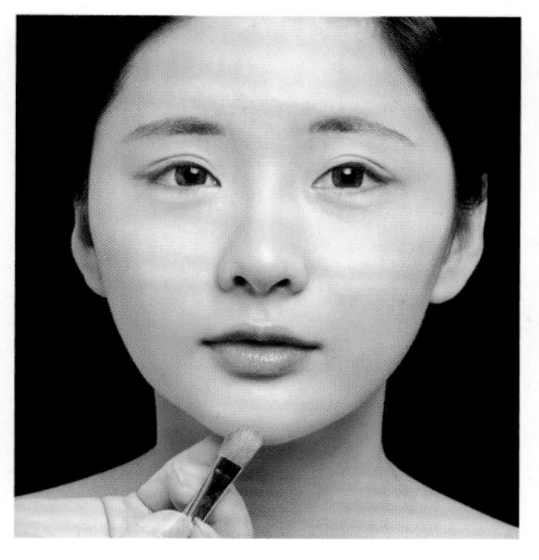

07 用大号眼影刷将比面部粉底液浅一个号色的粉底膏均匀涂刷在下巴位置。

08 用大号眼影刷将比面部粉底液浅一个号色的粉底膏均匀涂刷在鼻梁位置。

09 在鼻根位置涂刷少量的暗影膏，以增加鼻子的立体感。

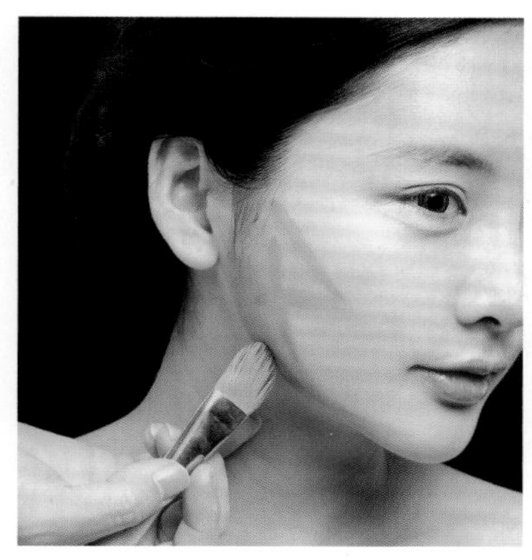

10 在脸颊侧面的位置用刷子将暗影膏的涂刷区域描画出来。

11 用刷子在描画好的区域将暗影膏涂刷均匀。

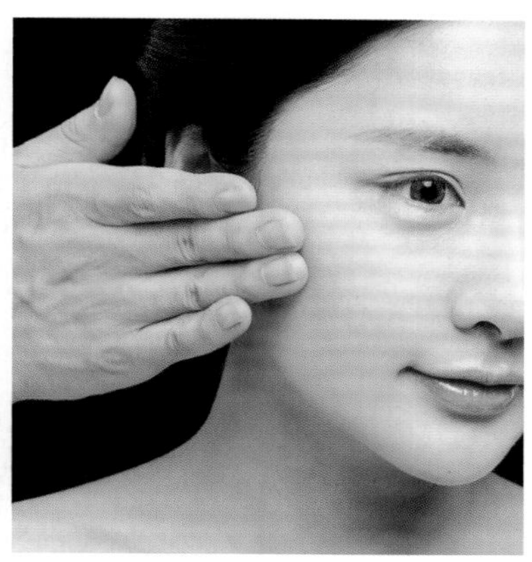

12 在暗影与肤色衔接的位置用手轻拍，使两者之间过渡自然。

13 用散粉刷蘸取蜜粉，在面部轻扫，进行定妆。

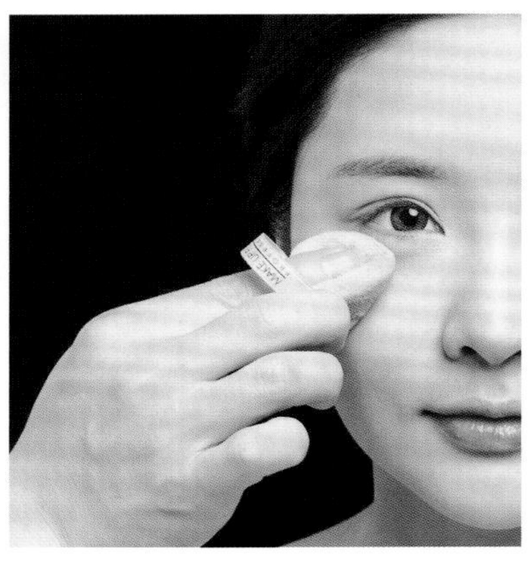

14 用蜜粉扑蘸取蜜粉，对下眼睑位置进行定妆。

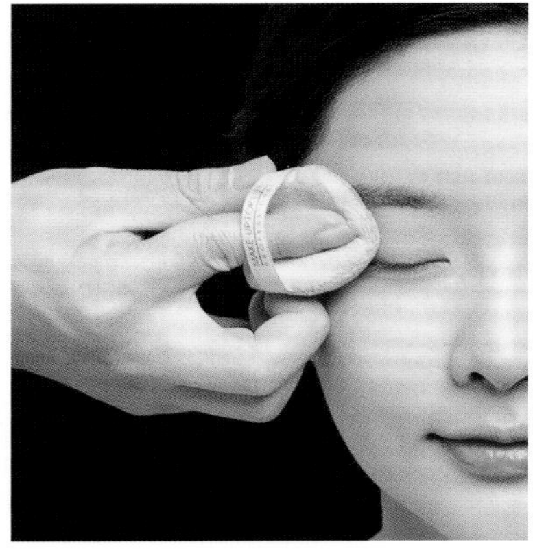

15 用蜜粉扑蘸取蜜粉，对上眼睑位置进行定妆。注意靠近睫毛根部的位置定妆要到位。

16 用提亮粉对上眼睑进行提亮。

17 用提亮粉对下眼睑及 V 字区进行提亮。

18 用提亮粉对鼻梁位置进行提亮。

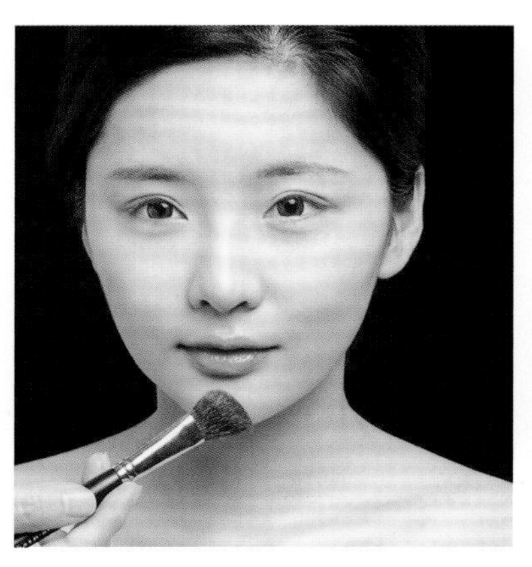

19 用提亮粉对下巴位置进行提亮。

20 在暗影区域涂刷暗影粉，使面部更加立体。

21 在鼻根位置轻扫暗影粉，使鼻梁更加高挺。

好气色美肌底妆

底妆特点： 此款底妆用粉底膏进行打底，可有效遮盖皮肤瑕疵。用唇膏代替腮红膏，以塑造自然红润的效果，提亮暗沉的肤色，使肤色更加通透自然。

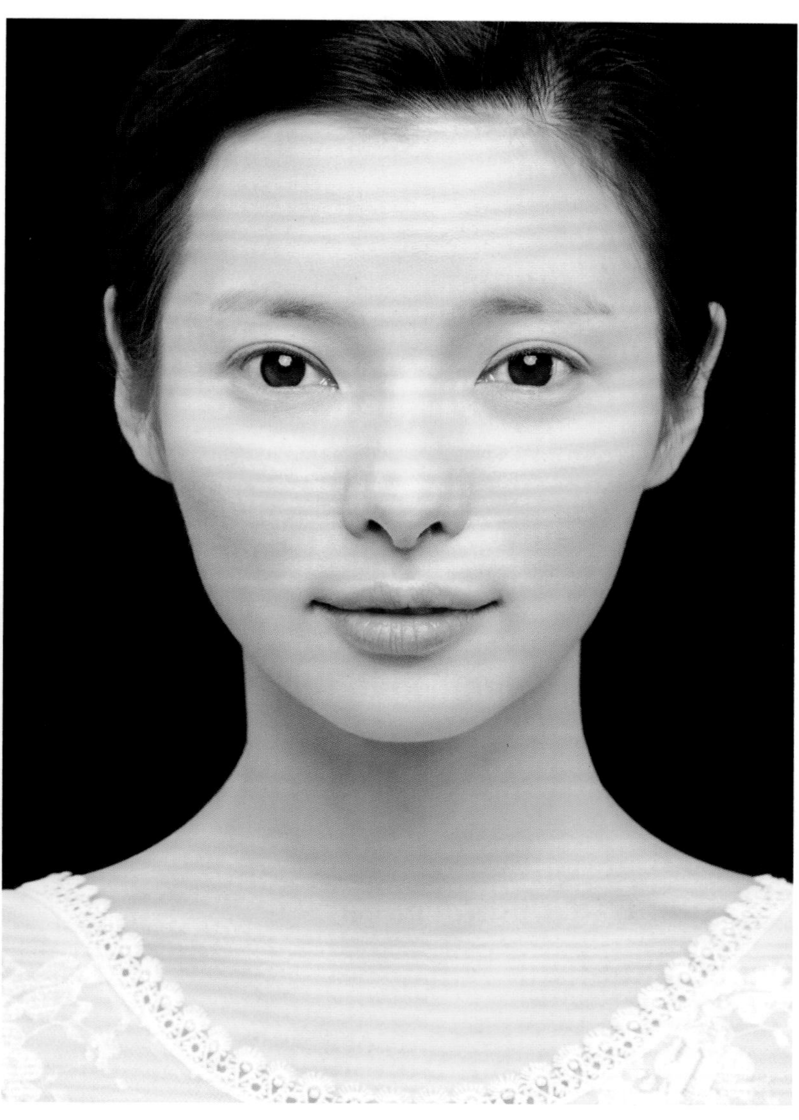

01 用粉扑蘸取粉底膏，用滚动按压的手法对额头区域进行打底。

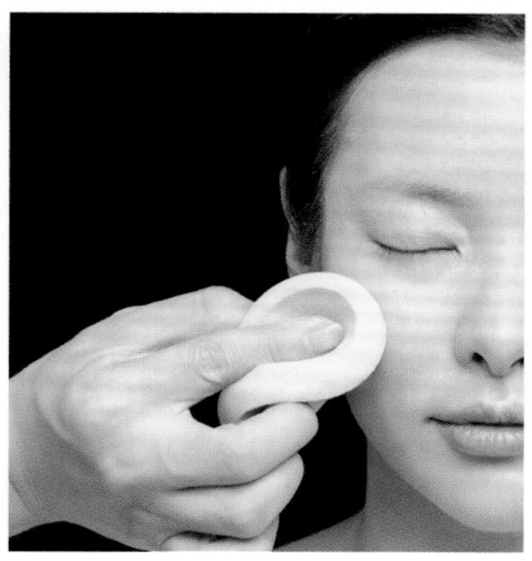

02 用滚动按压的手法对面部进行打底。注意面部打底也可以使用点压的手法。

03 用揉擦的手法对唇角及鼻窝位置进行打底。

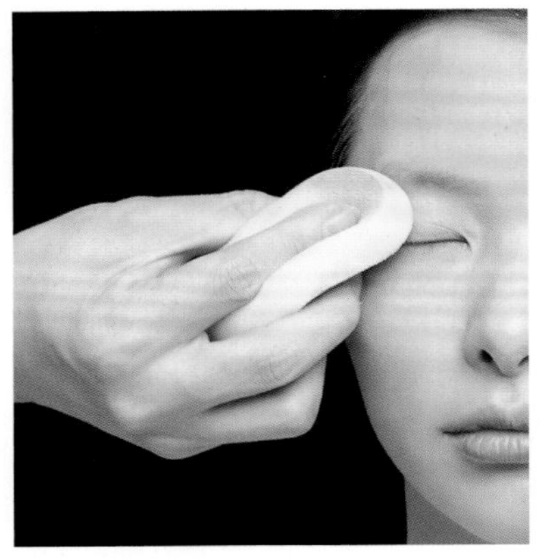

04 用轻擦的手法对上眼睑进行打底。打底要到位，手法要轻柔。

05 用轻擦的手法对下眼睑进行打底。打底要到位，手法要轻柔。

06 在额头位置用点压的手法打底，使粉底膏更加伏贴。

07 在面部用点压的手法打底，使粉底膏更加伏贴。

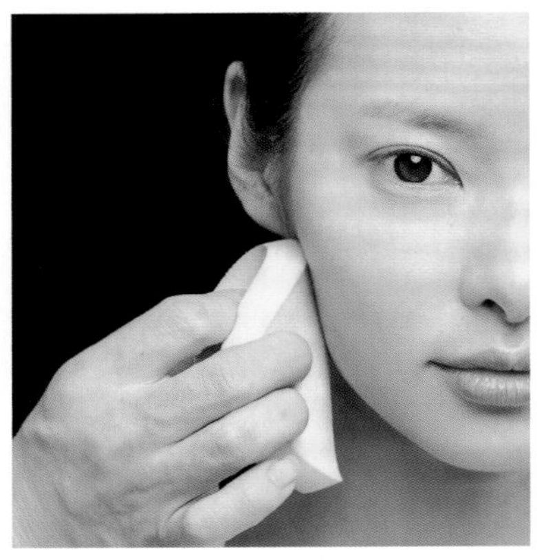

08 在面颊处用滚动按压的手法涂抹适量暗影膏，以使面颊自然柔和。

09 在下巴位置用轻擦法涂抹适量暗影膏，使面部轮廓更加立体。

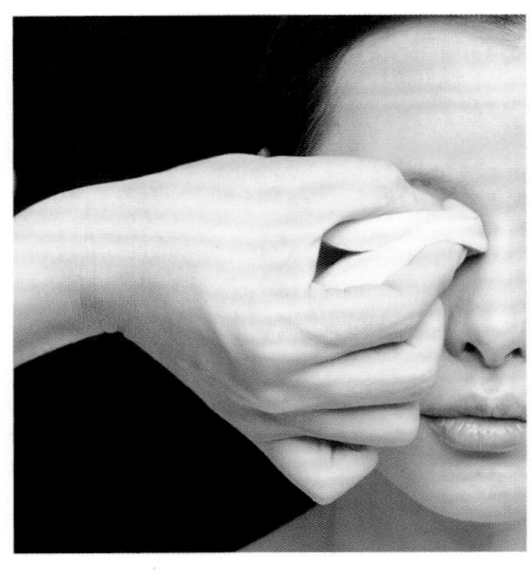

10 在鼻根位置用轻擦法涂抹少量暗影膏，使鼻子更加立体。

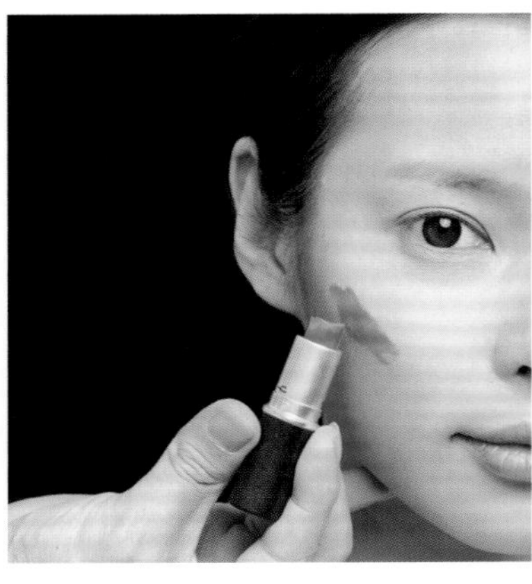

11 在笑肌位置涂抹玫红色唇膏。

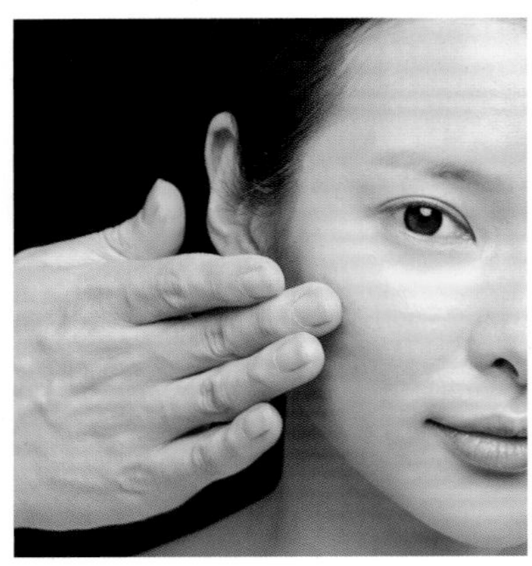

12 用手轻拍，将唇膏揉开。

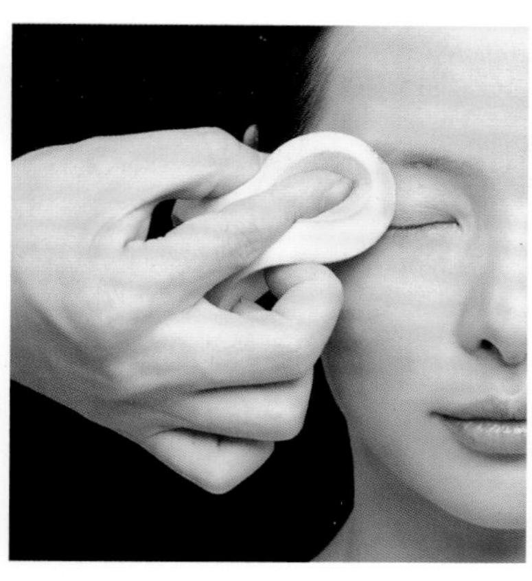

13 用浅一号的粉底膏对上眼睑位置进行提亮。

14 用浅一号的粉底膏对鼻梁位置进行提亮。

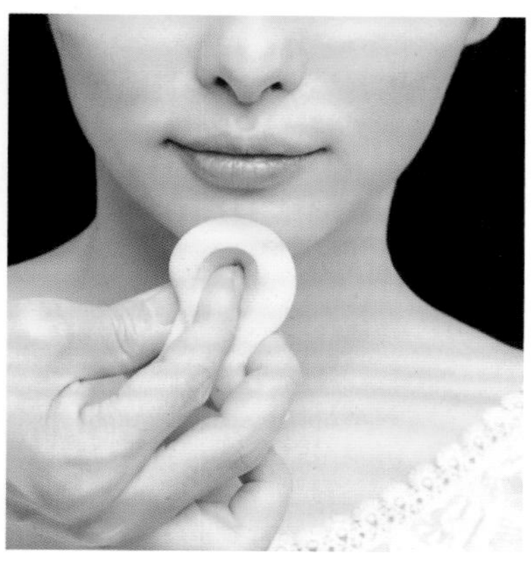

15 用浅一号的粉底膏对下巴位置进行提亮。

16 用散粉刷蘸取透明散粉，对面部进行定妆。在眼周位置可用小号刷子或蜜粉扑蘸取散粉，进行定妆。

17 在面颊处涂刷适量暗影粉，使面部轮廓更加立体。

06 美目贴的类型与粘贴法

在化妆的时候，有时会用美目贴来调整眼睛的形状，使其达到更好的效果。下面对美目贴的类型及具体的粘贴方式进行介绍。

美目贴的类型

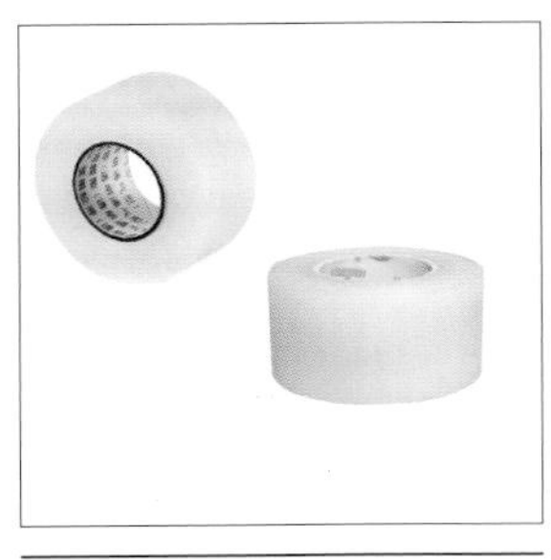

胶质美目贴

胶质美目贴是一种医用的透气胶带，这种美目贴支撑力比较好，但容易反光。

纸质美目贴

纸质美目贴的颜色接近于肤色，隐藏效果比较好，不反光。但胶性和支撑力一般，易脱落。

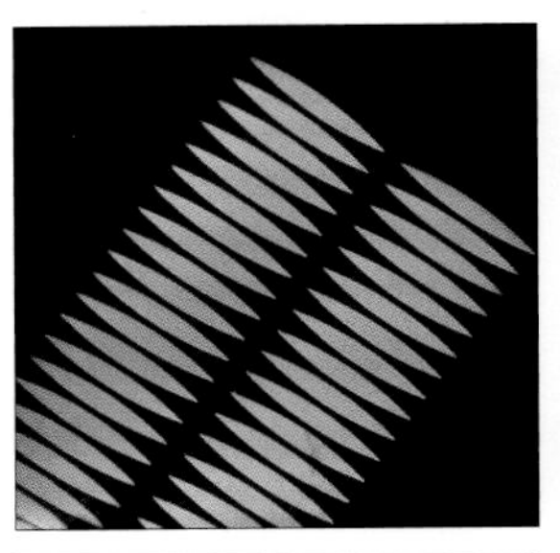

成形美目贴

成形美目贴是剪好形状的美目贴，它粘贴起来比较方便。

蕾丝美目贴

蕾丝美目贴的隐藏效果很好，很真实，不易被发现。粘贴时要注意找好粘贴位置，尽量做到一次成功。

胶质美目贴和纸质美目贴是常用的美目贴，都需要用小剪刀剪出合适的形状。在修剪时，要注意弧度圆润，另外要注意手部的清洁，不要让美目贴粘上粉质或油质的东西，以免影响胶性。剪美目贴要多加练习，熟能生巧。

美目贴基本粘贴法

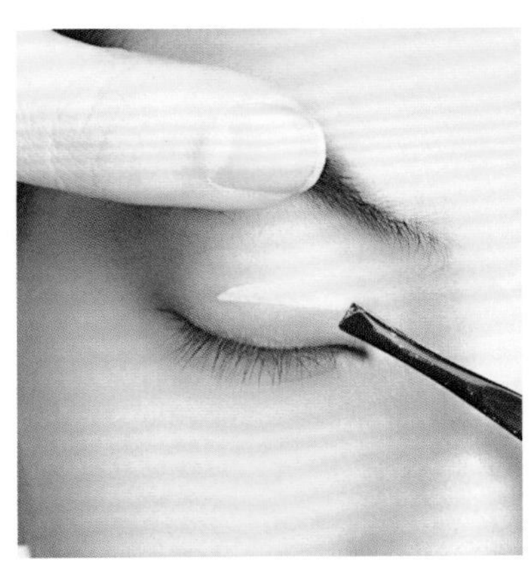

01 首先用镊子夹住美目贴，选择合适的粘贴位置。一般美目贴粘贴的位置会压住原双眼皮褶皱线，使美目贴上边缘线形成新的双眼皮褶皱线。

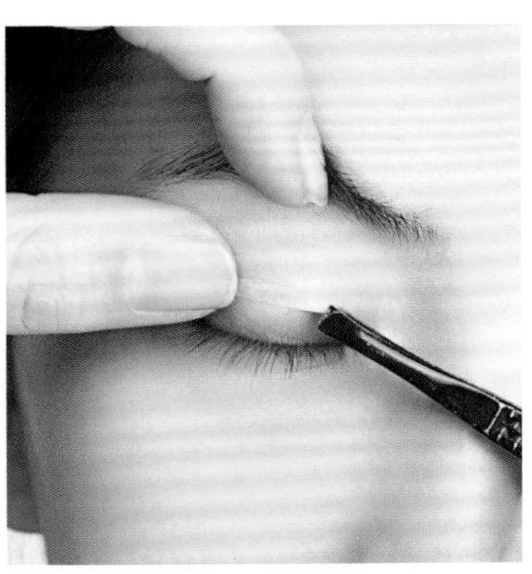

02 用手压住美目贴的一端，使其粘贴在皮肤上。

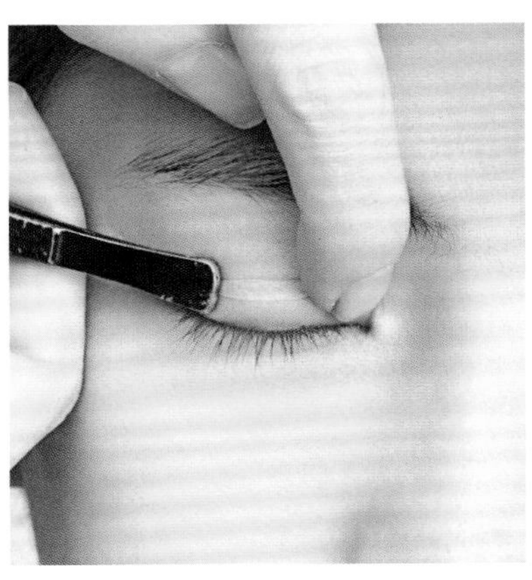

03 用镊子和手指辅助将美目贴粘贴牢固。

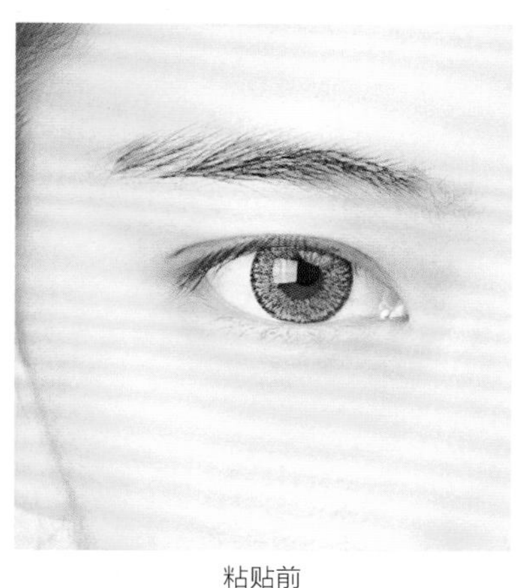
粘贴前

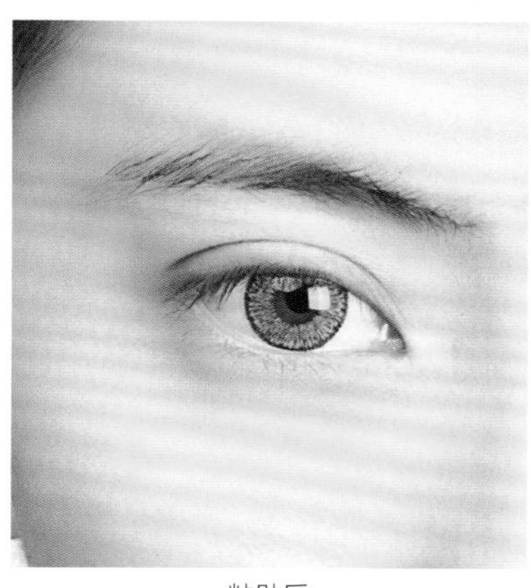
粘贴后

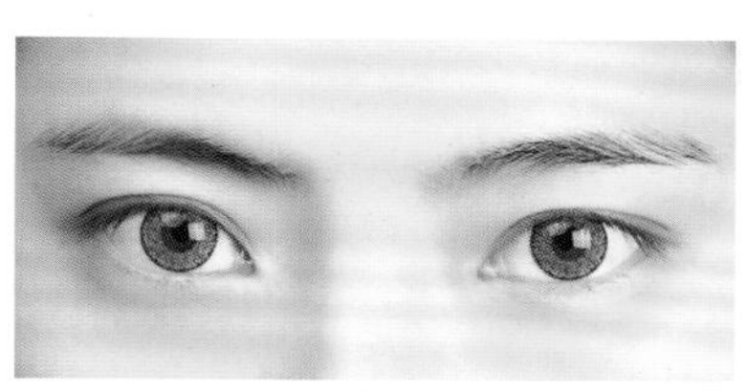
双眼粘贴前

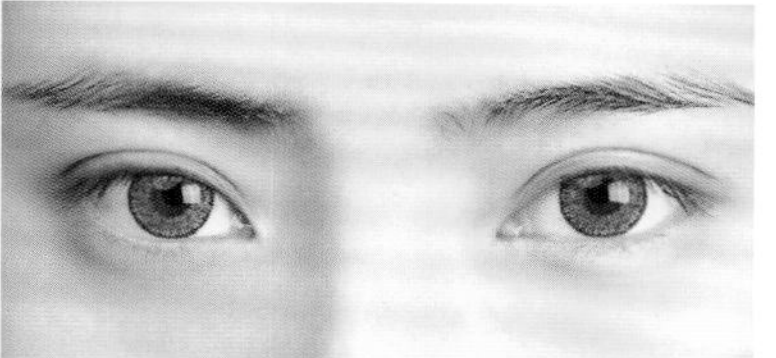
双眼粘贴后

美目贴调整眼形粘贴法

有些眼形需要将美目贴剪出比较特殊的形状进行粘贴，下面介绍几种常见的需要调整眼形的粘贴方式。

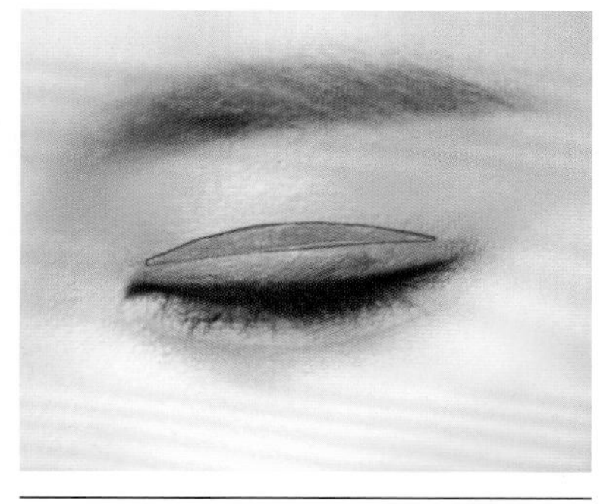

正常眼形贴法

正常眼形的美目贴一般呈月牙形，中间宽两边窄。

上吊眼贴法

上吊眼的美目贴在靠近内眼角位置的一端比较宽，靠眼尾位置的一端比较窄，这样可以平衡眼形。

下垂眼贴法

下垂眼的美目贴在靠近眼尾位置的一端比较宽，这样可以使眼尾位置的双眼皮更宽，有利于通过眼妆来调整眼形。

肿单眼皮贴法

肿单眼皮的美目贴弧度更大，其目的是使上眼睑中间位置的皮肤得到更好的支撑。

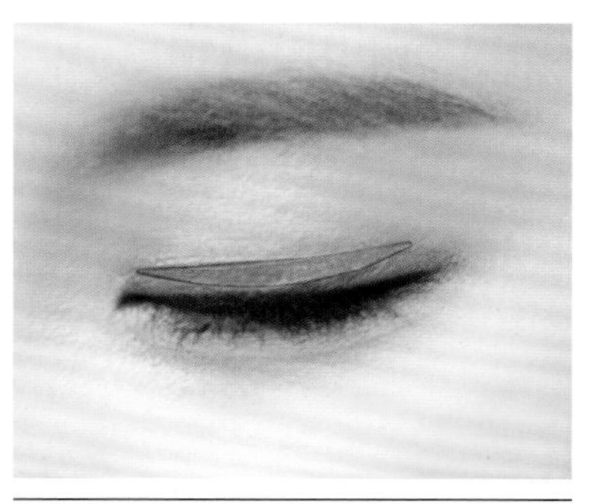

浮肿眼贴法

浮肿眼的上眼睑脂肪比较厚，倒贴美目贴可以使眼睛的形状在一定范围内得到调整。

07

点睛之笔——眼线的形式与描画技法

眼线的基本“美”

描画眼妆的时候，眼线往往起到至关重要的作用。好的眼线可以使眼睛更有神，眼线还可以确定妆容的风格。

什么样的眼线算成功呢？因为妆面要求不同，所以无法用一个基本的概念去概括所有形式的眼线的美学标准。不过以基本的大众审美观点来衡量，睁开眼睛的时候刚好可以露出一条窄窄的流畅的线条就是标准的眼线。太窄的眼线，如果睁开眼睛不能被看见，画上去也没有意义；太宽的眼线又会使妆容显得浓重。

描画眼线的工具

眼线笔：这是描画眼线的基本工具，眼线笔的铅芯一般不会太硬，因为眼部皮肤很脆弱，太硬的眼线笔容易弄伤眼部皮肤。眼线笔基本的色彩是黑色，也有棕色等。眼线笔的颜色可根据不同的妆容需求来选择。眼线笔一般分为撕线、削式、扭转式等类型。

水溶性眼线粉：水溶性眼线粉搭配眼线刷使用，在描画的时候需要蘸取适量的水。水溶性眼线粉的优点是描画出来的眼线线条流畅，色彩比较实；缺点是不容易控制，并且有些地方不适合使用，如下眼线、内眼线等。

眼线膏：眼线膏与水溶性眼线粉一样，需要用眼线刷描画，不一样的是眼线膏不需要用水。眼线膏有一定的油性成分，很容易上色，同时也很容易晕妆，一些内双眼就不太适合用眼线膏描画眼线。

眼线液：眼线液很容易描画，不过质量不好的眼线液容易反光、开裂。使用眼线液描画眼线时，要求手法精准，因为修改起来比较困难。

眼线刷：搭配水溶性眼线粉和眼线膏使用。水溶性眼线粉的眼线刷以细长为好，眼线膏的刷子可以短平一些。

眼线的描画方法

首先让客人睁开眼睛，通过观察确定描画眼线的位置，然后让客人闭上眼睛，开始描画眼线。可以适当用手提拉上眼睑的皮肤，目的是将眼线填满，以便在睁开眼睛的时候不会留白。描画眼线可以从中间向后描画，然后描画前半段的眼线。当然如果已经熟练掌握各种眼线的描画方法，则从哪里开始描画并不是绝对的，只要画出的眼线效果好就可以了。

下面对各种眼线的画法做一下具体的介绍。

上眼线基础画法

描画重点：眼线描画以紧贴睫毛根部、自然流畅为佳，宽窄可根据妆容需要来调整，眼线整体呈一条自然流畅的线。

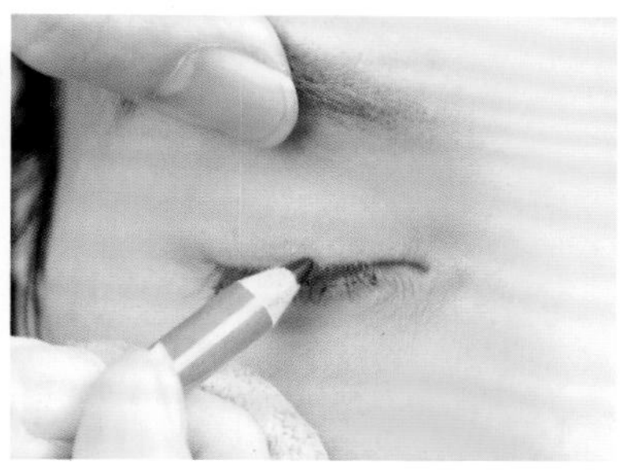

01 轻提上眼睑的皮肤，在上眼睑中间靠近睫毛根部找到落笔点。

02 从中间开始向后描画眼线。

03 到眼尾位置轻轻收笔，使眼线在眼尾处自然结束。

04 沿着眼线中间起笔的位置向前描画一点。

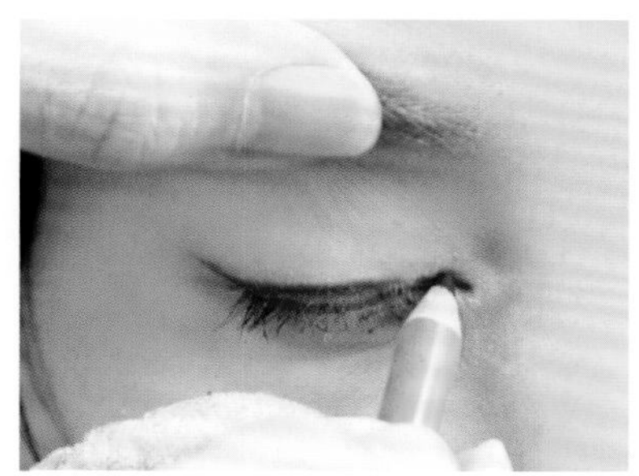

05 从内眼角位置向后描画眼线。

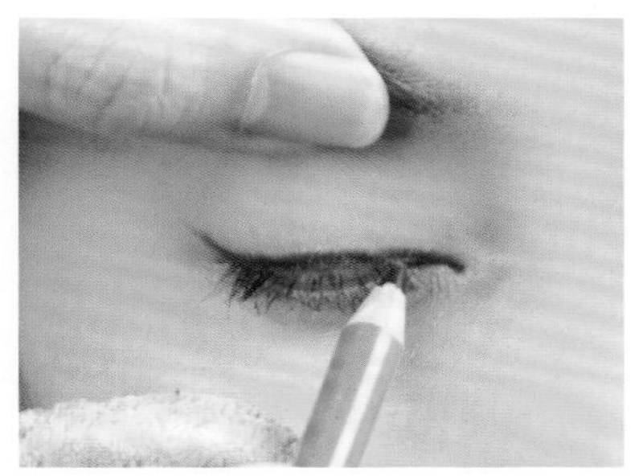

06 将整个上眼睑的眼线连成一条线。

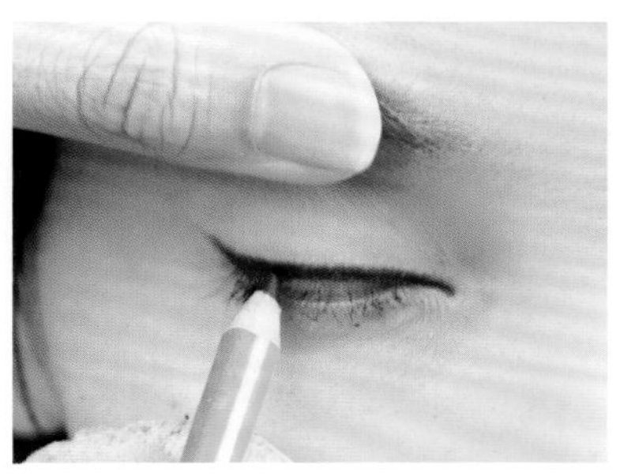

07 顺着这条线反复描画几次，加深眼线，使其更黑、更流畅。

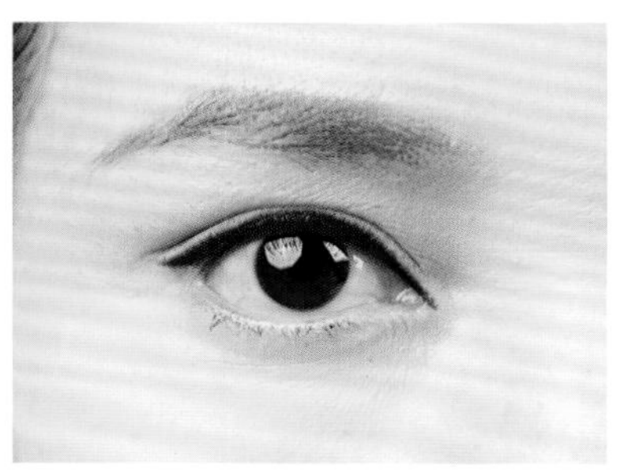

08 眼线描画完成后的效果。

粗宽拉长型上眼线

描画重点： 粗宽拉长型上眼线的眼尾呈现自然上扬的感觉，比较妖媚，可以用眼线笔和水溶性眼线液笔结合完成。

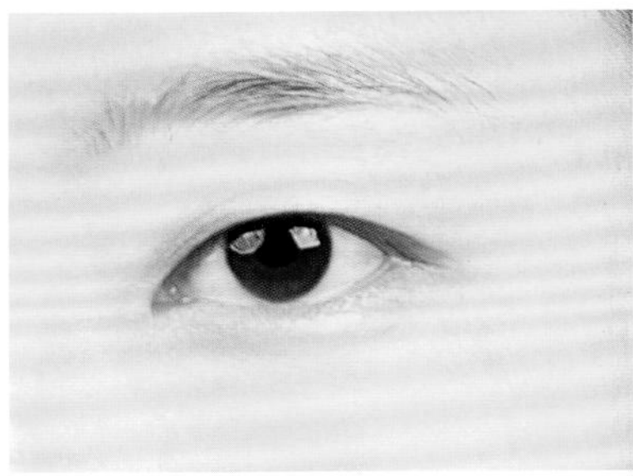

01 描画眼线前眼睛的效果。可粘贴美目贴，以增加双眼皮的宽度。

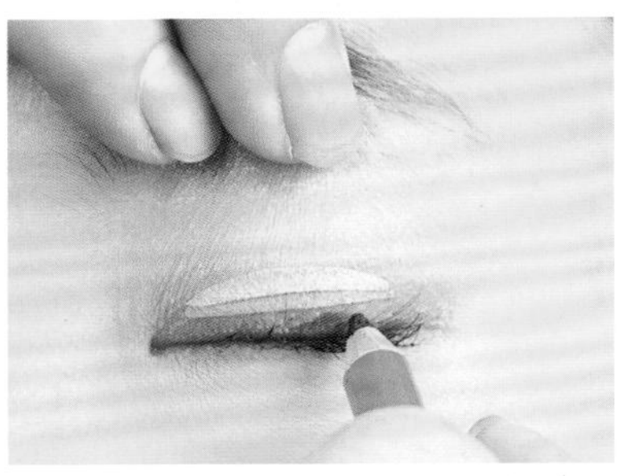

02 粘贴美目贴后，提拉上眼睑的皮肤，从眼尾向前描画眼线。

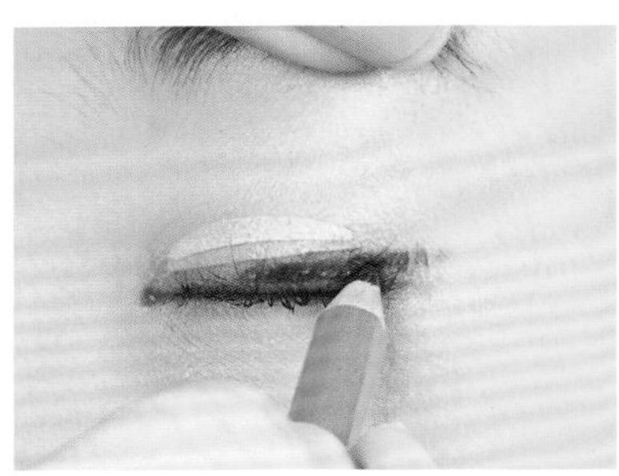

03 眼线可以画得粗一些，将里边填实。

04 继续向内眼角方向描画眼线，使整条眼线连成一条线。

05 在美目贴上方再画一条眼线，使两条眼线在内眼角位置连接好。

06 用水溶性眼线液笔在两条眼线之间的空白区域内描画。

07 将空白区域用水溶性眼线液笔填满。

08 粗宽拉长型上眼线完成后的效果。

拱形上眼线

描画重点： 拱形上眼线是指中间宽两头窄的眼线，这种眼线会显得眼睛比较大、比较圆，在打造可爱感觉的眼妆时，这种眼线用得比较多。

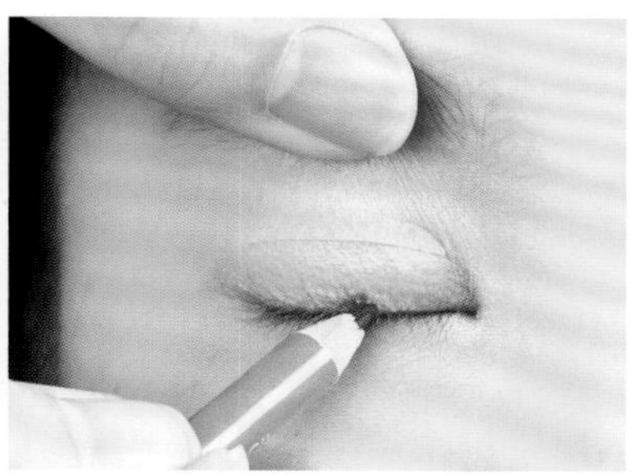

01 提拉上眼睑皮肤，在上眼睑中间位置落笔。

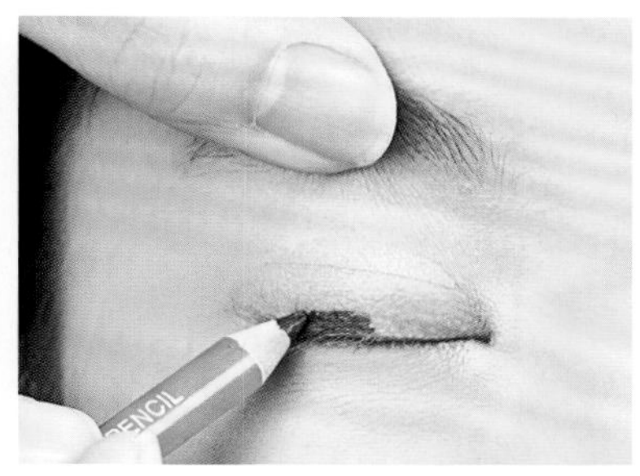

02 紧贴睫毛根部继续向眼尾方向描画。

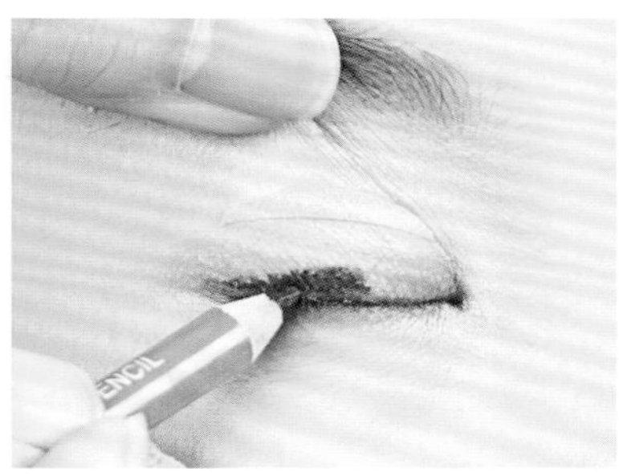

03 将眼线填实。

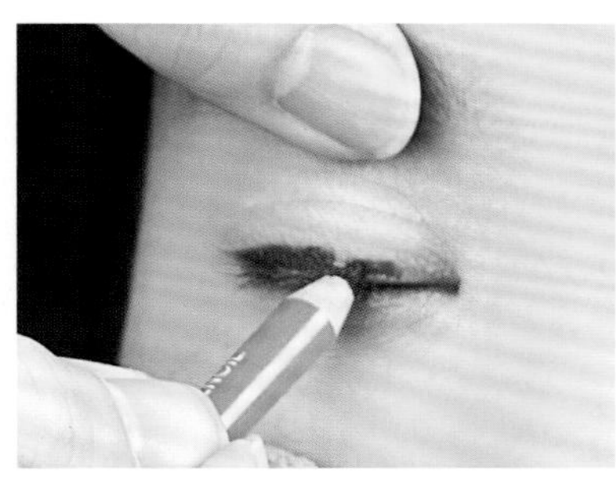

04 描画眼线前半段，使眼线连成一条线。

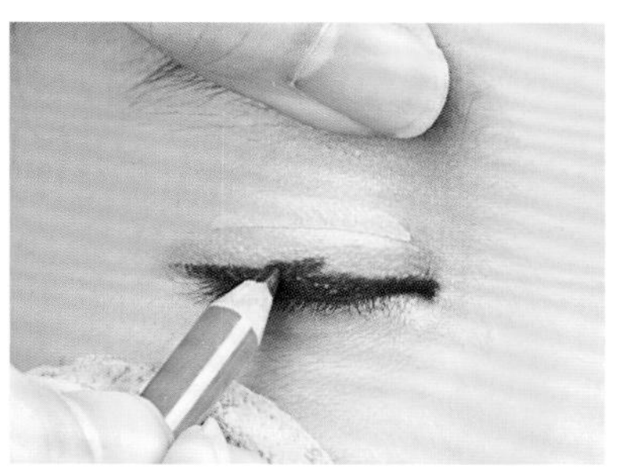

05 在眼线中间位置将眼线加宽描画。

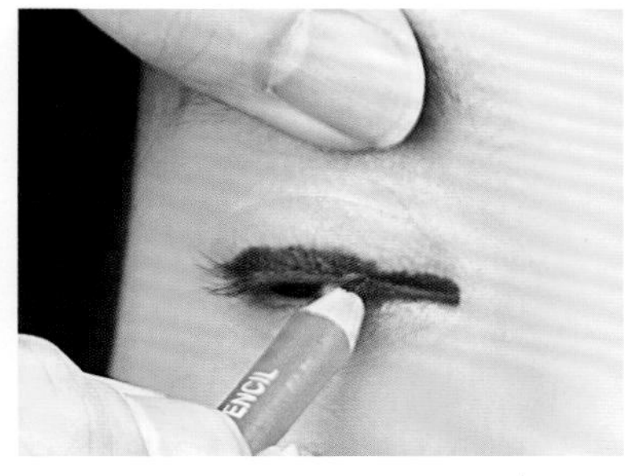

06 将眼线向内外眼角方向平缓地变窄，过渡要自然，起伏不要过大。

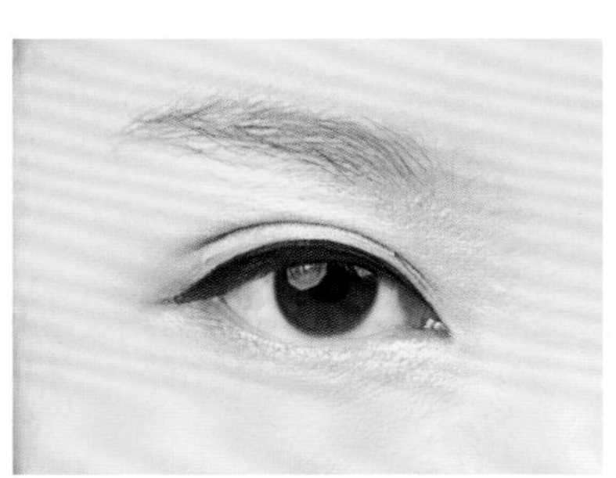

07 拱形上眼线完成后的效果。

垂眼尾上眼线

描画重点：垂眼尾上眼线是指上眼线的眼尾下垂，眼尾下垂的眼线会让人看起来缺少活力，但同时也可以打造出无辜感，给人楚楚动人的感觉。

01 眼线描画前的效果。

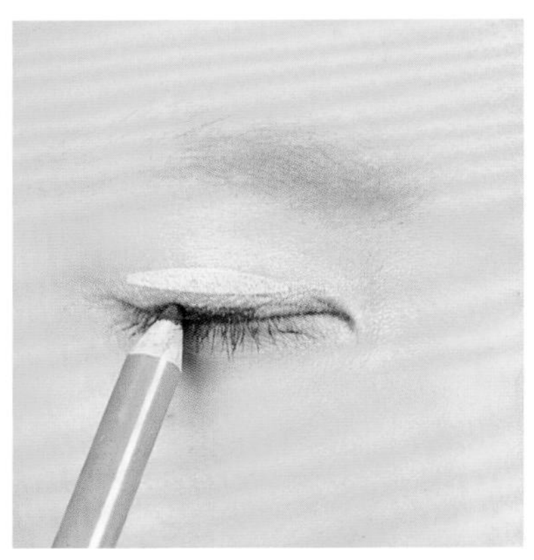

02 从上眼睑中间位置向后描画眼线。

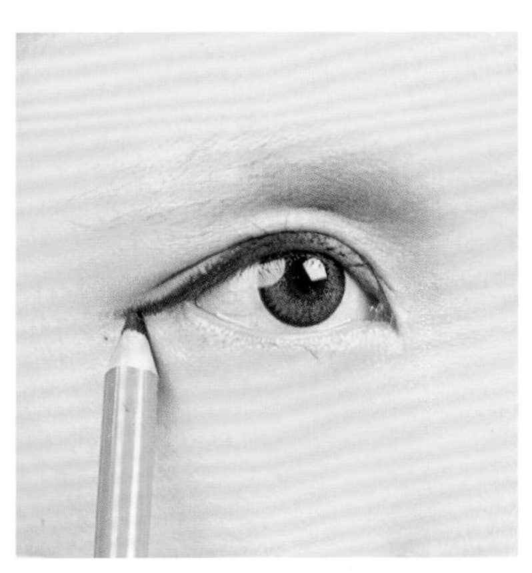

03 描画接近眼尾位置时，让模特睁开眼睛，将眼尾的眼线描画成下耷状。

04 向内眼角方向描画，完成整条眼线。

05 垂眼尾上眼线描画完成后的效果。

开眼角眼线

描画重点：开眼角眼线有拉长眼形的效果。在描画时注意角度，一般呈平行向前或微向下的感觉，不要呈向上翘的感觉。

01 首先找好勾画内眼角眼线的角度并确定其长度。

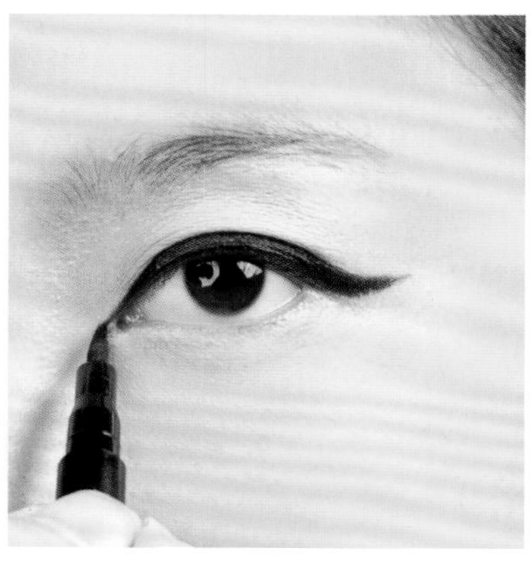

02 用水溶性眼线液笔描画眼线，以确定基础。

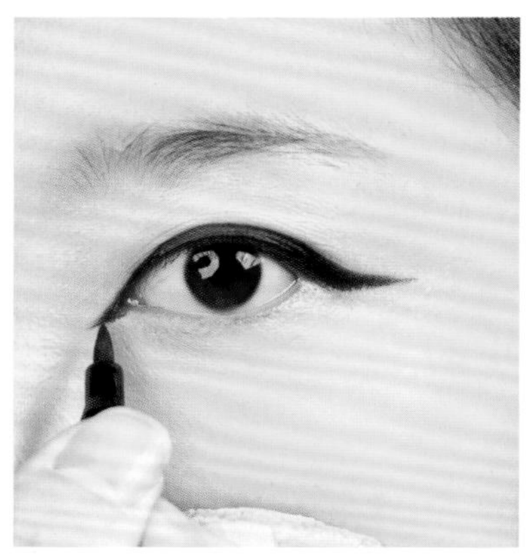

03 加深对内眼角眼线的描画。

04 让模特闭上眼睛，描画眼线，使整条眼线衔接自然。

05 开眼角眼线描画完成后的效果。

下眼线基础画法

描画重点：描画下眼线时，注意手法要轻柔，尽量不要用眼线笔的笔尖直接接触下眼睑，以减少对眼部皮肤的刺激。

01 在下眼睑距离眼尾大概 5mm 处落笔，向内眼角方向描画。

02 回到开始的落笔点，向外眼角方向描画。

03 注意手法要轻柔，不要描画得过于生硬。

04 用小号眼影刷涂刷眼线，使下眼线柔和一些。

05 下眼线描画完成后的效果。

二分之一下眼线

描画重点：用眼线笔描画好眼线轮廓后，要用小号眼影刷将其晕染开，使下眼线更加自然。

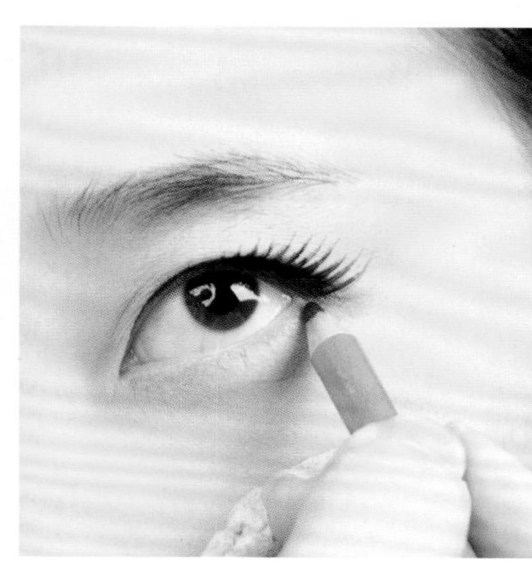

01 在下眼睑靠近眼尾的位置落笔。

02 从眼尾处向前描画眼线，在下眼睑二分之一处收笔。

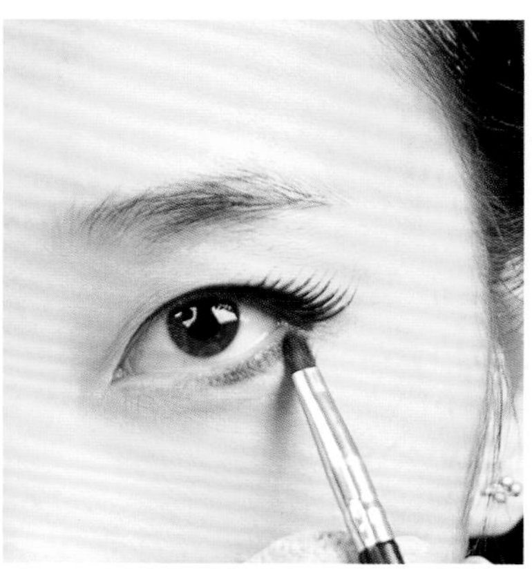

03 将眼线用小号眼影刷轻柔地涂刷开。

04 二分之一眼线完成后的效果。

全框式下眼线

描画重点：全框式下眼线是指下眼线填满整个下眼睑。一般这种眼线用在比较时尚的妆容上，如时尚的小烟熏眼妆。

01 从下眼睑眼尾处向前描画眼线。

02 大概描画到下眼睑二分之一的位置。可反复描画，使眼线更加流畅。

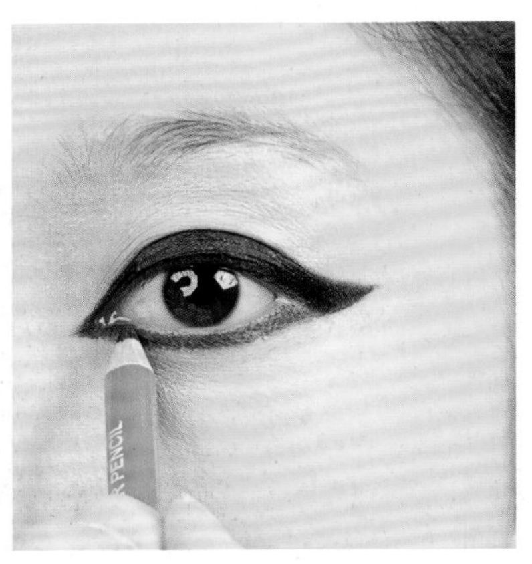

03 从中间位置向内眼角方向描画，将眼线画满整个下眼睑。注意内眼角位置的描画要到位。

04 用眼线笔轻柔地在下眼睑睫毛上方的皮肤处描画，以加深整条下眼线。

05 全框式下眼线完成后的效果。

08 妆点睛彩——眼妆基础画法

眼妆处理技巧

在化妆时，眼妆的处理需要花费的时间最多。都说眼睛是心灵的窗户，很显然眼妆是处理妆面最重要的一个环节。其实不管眼妆怎样变化，都是从一些基本的眼妆表现形式演变而来的。所以不管想打造多么炫目个性的眼妆，对基本技法的掌握都是非常有必要的。

在选择某种眼妆之前，首先要考虑一些必要的因素，选择正确的眼妆表现形式才能得到理想的妆面效果。就像一些外模演绎的时尚大片，妆面非常漂亮时尚，但是这种妆容用在中国模特或者普通人的脸上时却与外模的感觉大相径庭。主要是外模的五官一般都比较立体，而东方人的五官相对较平。对于同一种群的人也是同样的道理，个体之间存在很大的差异，所以妆容的表现形式也要有所区别。在确定眼妆表现形式之前，要考虑以下因素。

（1）眼妆是否适合所要表达的妆面的整体风格。例如，有些眼妆比较夸张，而想要表现淡雅自然的妆容时，就要避免选择这样的眼妆。

（2）眼妆是否适合客人眼部的比例和皮肤的组织结构。例如，有些人眉眼间距过短或者肿眼泡，那么有些眼妆就不是很合适，得到的效果也不会理想。

（3）眼妆与客人的气质是不是吻合。例如，在色彩和形态上比较妩媚且显成熟的眼妆就不适合用在脸形和气质都比较显小的人的脸上。

当然还会有其他问题需要考虑，如客人的偏好等。而化妆师所要面对的情况不一而足，所以当面对具体情况时，要全方位地去思考问题。下面对一些眼妆的画法做一下详细的讲解。

平涂眼妆

平涂是眼妆最基本的一种表现形式。平涂就是在上眼睑均匀地涂一层眼影，色彩要保持一致，面积和色彩根据自己想表现的妆感而定。平涂眼妆一般用在一些淡雅的妆面上，也可以用在眼睛形状比较完美，需要通过色彩对眼部加以润色的妆容上。眼睛比较肿的人不适合这种眼妆，因为平涂眼妆缺少层次感，暖色的平涂还会造成眼部更肿的感觉。

01 在上眼睑位置用珠光白色眼影提亮。

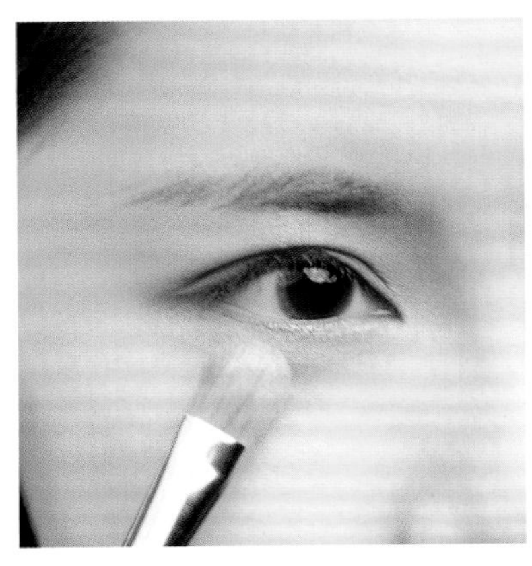

02 在下眼睑位置用珠光白色眼影提亮。

03 在上眼睑位置淡淡地晕染一层金棕色眼影。

04 在整个下眼睑位置淡淡晕染一层金棕色眼影。

05 在上眼睑眉骨位置用少量珠光白色眼影进行提亮。

06 在下眼睑眼影边缘用少量珠光白色眼影晕染，使眼影边缘更加自然。

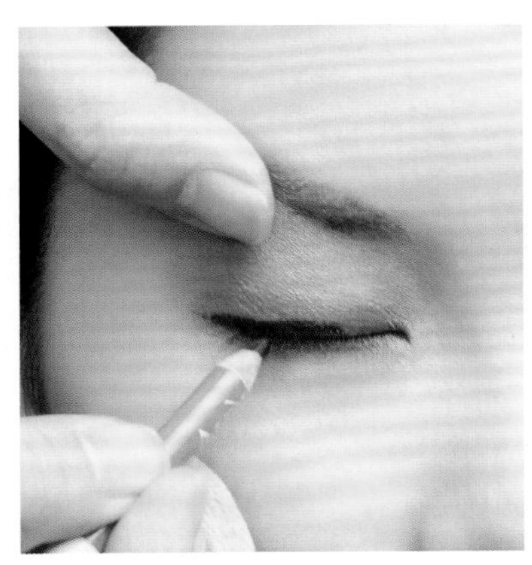

07 提拉上眼睑的皮肤，用铅质眼线笔描画上眼线。

08 将内眼角处的眼线描画完整，使上眼线更加流畅、自然。

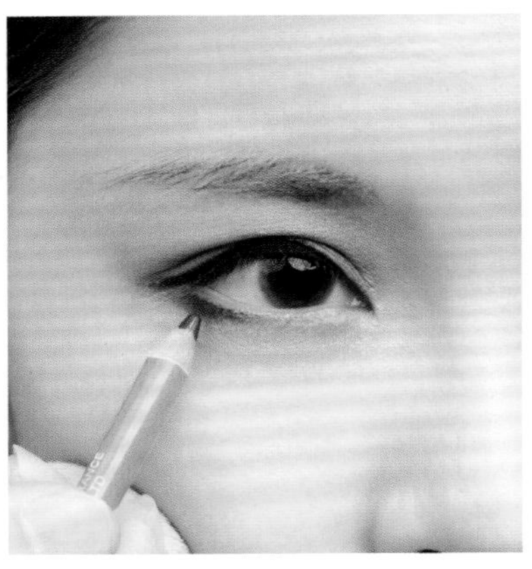

09 在下眼睑后三分之一的位置描画下眼线。

10 用金棕色眼影将下眼线晕染得自然、柔和。

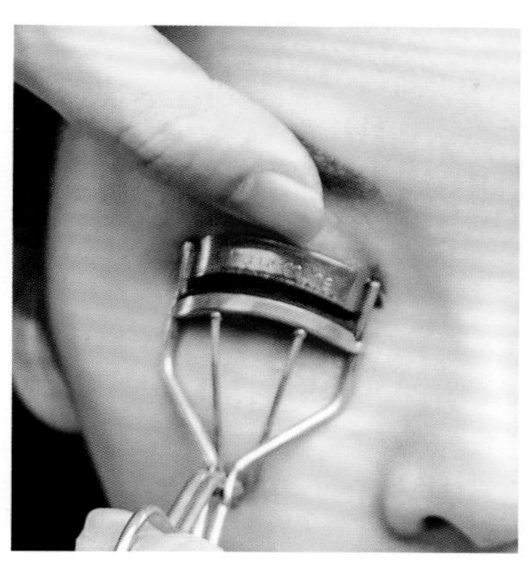
11 提拉上眼睑的皮肤，夹翘上睫毛。

12 提拉上眼睑的皮肤，涂刷睫毛膏。

13 用睫毛刷自然地涂刷下睫毛。

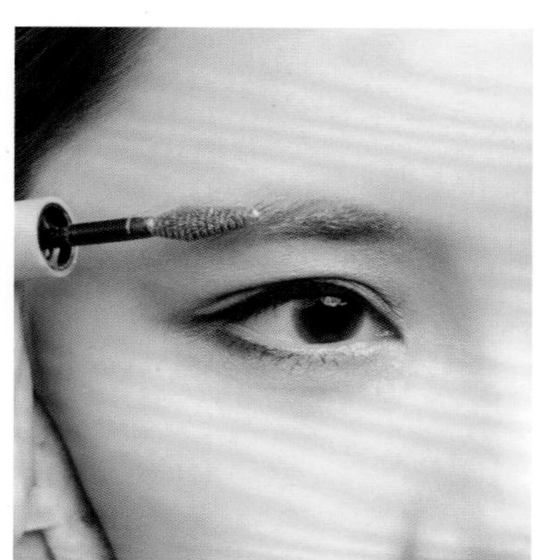
14 用染眉膏将眉色染淡。

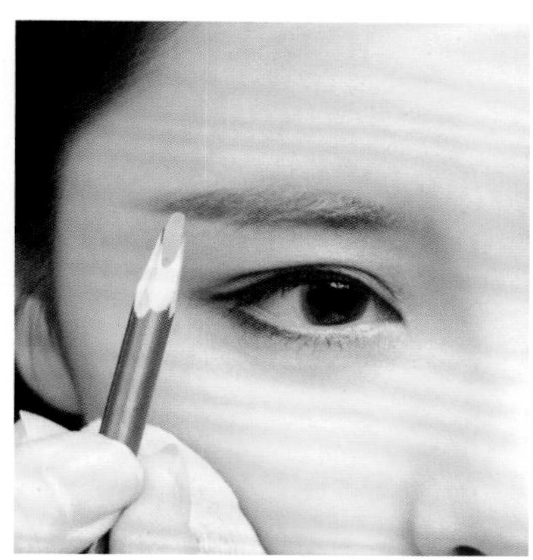
15 用棕色眉笔描画眉毛，完整眉形。

16 画眉毛时，在眉头的位置下笔要轻柔，淡淡描画。

眼妆完成睁眼图

眼妆完成闭眼图

渐层眼妆

渐层眼妆是在平涂的基础之上，由睫毛根部开始用同色系较深的色彩向上过渡，形成自然渐变的效果。有时也用融合后能够产生新色彩的较深的颜色加以过渡，而这种方式多采用原色与间色之间的结合，如黄色与绿色结合、绿色与蓝色结合。

渐层的效果相对于平涂更有层次感，比较适合一些眼睛相对不够立体的人，或者想让眼部更生动、更有层次感的妆容。

01 在上眼睑位置用珠光白色眼影提亮。

02 在下眼睑眼周用珠光白色眼影提亮。

03 在上眼睑晕染金棕色眼影。

04 在下眼睑位置晕染金棕色眼影。

05 在下眼睑位置自睫毛根部向上晕染亚光咖啡色眼影，其面积小于金棕色眼影。

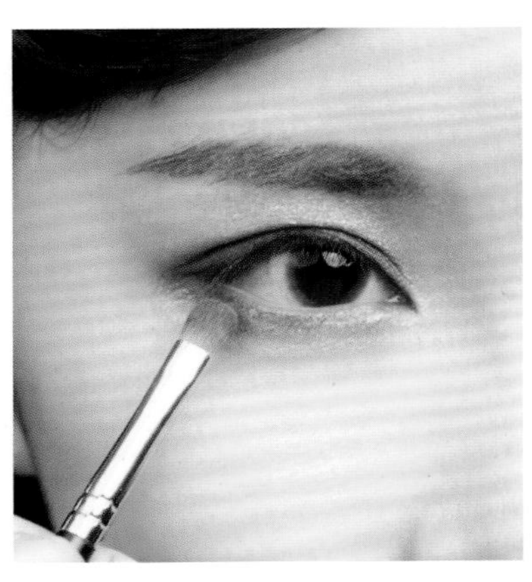

06 在下眼睑后半段用亚光咖啡色眼影加深晕染。

07 在上眼睑自睫毛根部开始用亚光黑色眼影晕染，其面积小于亚光咖啡色眼影。

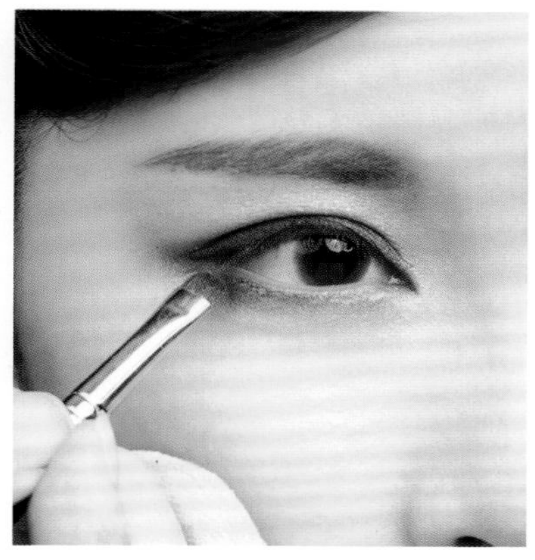

08 在下眼睑位置用亚光黑色眼影晕染，其面积小于亚光咖啡色眼影。

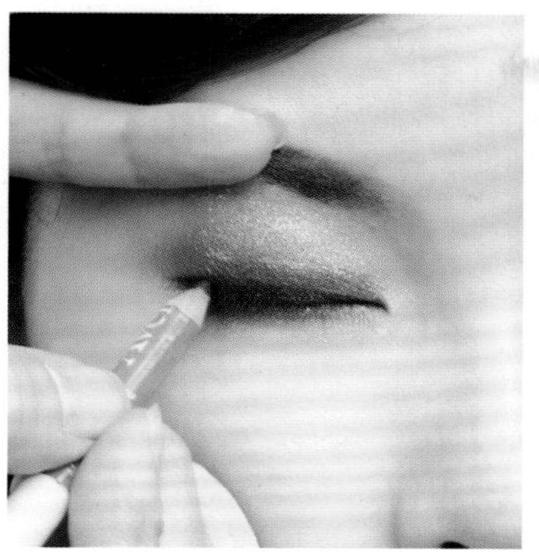

09 提拉上眼睑的皮肤，用铅质眼线笔描画眼线。

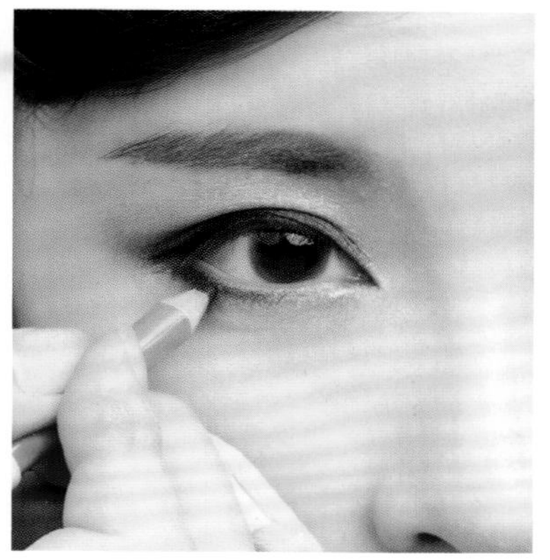

10 用铅质眼线笔在下眼睑大概后三分之一的区域描画眼线。

11 用水溶性眼线液笔加深描画上眼线。

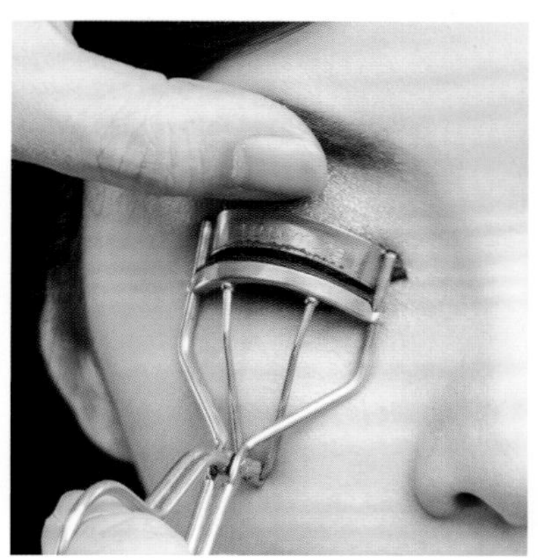

12 提拉上眼睑的皮肤，用睫毛夹将上睫毛夹翘。

13 用睫毛膏涂刷上下睫毛。

14 紧贴着上眼睑真睫毛的根部粘贴假睫毛。

眼妆完成睁眼图

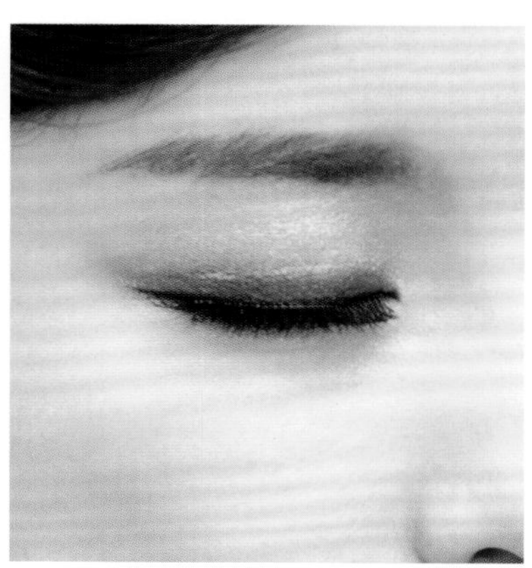

眼妆完成闭眼图

局部修饰眼妆

一般局部修饰的眼妆看起来很自然，只是在眼尾位置向内眼角方向涂抹，大概在眼球中轴线位置以渐淡形式结束。这种眼妆比较适合眼睛形状比较好、希望让眼部更加立体的人。双眼皮褶皱线比较明显的人比较适合这种眼妆，单眼皮的人不是很适合，因为眼影的面积很有限，描画不当甚至会造成眼妆不够完整。

01 在上眼睑位置用珠光白色眼影提亮。

02 在上眼睑晕染一层金棕色眼影。

03 在下眼睑后三分之一处晕染一层金棕色眼影。

04 在上眼睑后半段小面积加深晕染亚光咖啡色眼影。

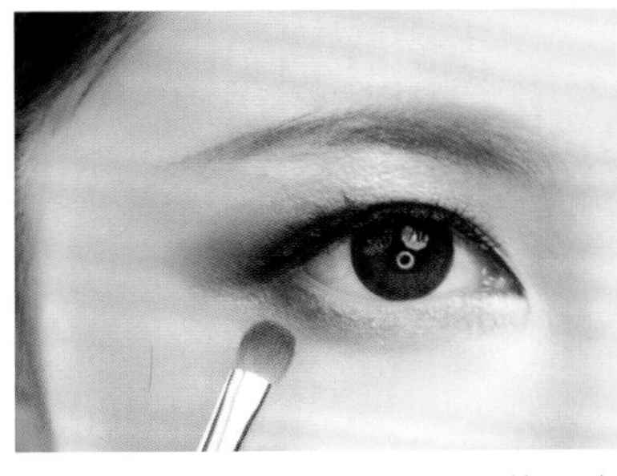

05 在下眼睑后半段小面积晕染亚光咖啡色眼影。

06 在上眼睑位置用水溶性眼线液笔描画上眼线，眼尾要自然上扬。

07 用水溶性眼线液笔描画下眼线，在眼尾位置与上眼线相互衔接。

08 在上眼睑前半段及眉骨位置晕染珠光白色眼影，进行提亮。

09 用亚光咖啡色眼影在下眼线的下方晕染，使其过渡自然。

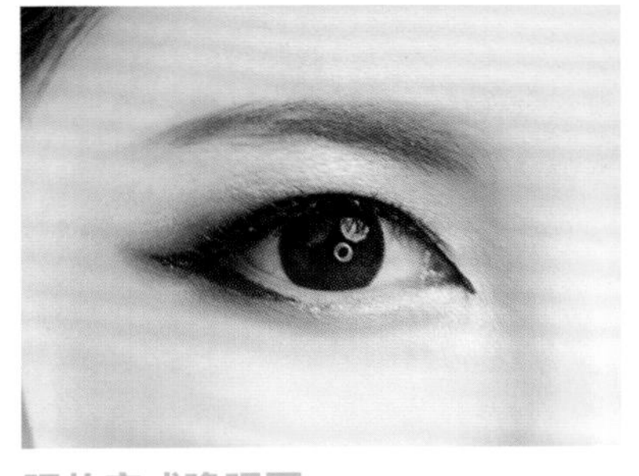

眼妆完成睁眼图

眼妆完成闭眼图

段式眼妆

段式眼妆主要分为两段式和三段式。常用的是原色之间的对比，这样产生的效果最为强烈。红色和蓝色之间的对比形成两段式。红、黄、蓝三色之间的对比形成三段式。段式眼妆能表现眼妆的色彩感，不适合一些要求比较简约、端庄的妆面，适合用在一些想表现色彩感的彩妆以及比较浪漫、活泼的妆容上。

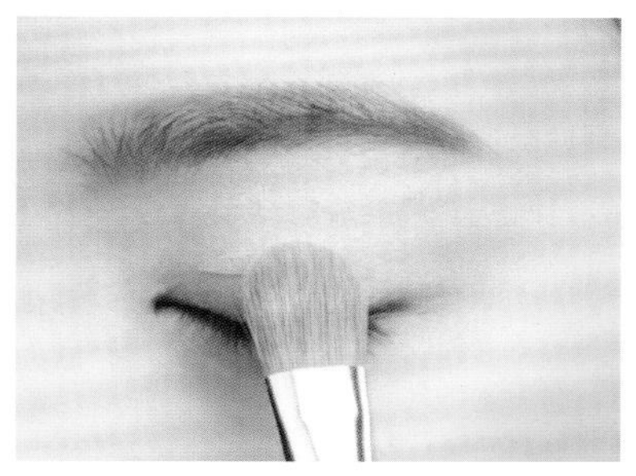

01 在上眼睑位置用珠光白色眼影提亮。

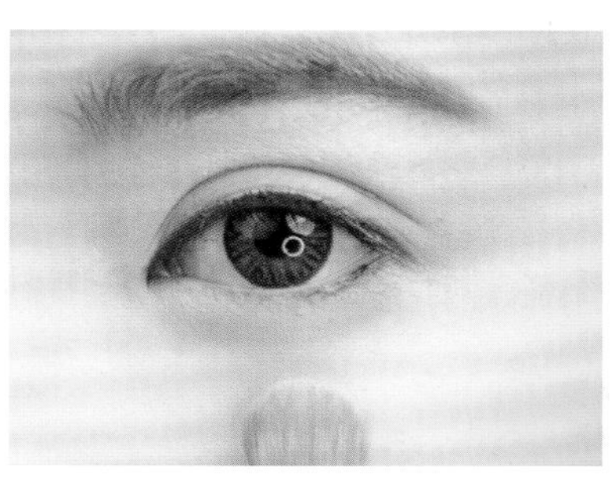

02 在下眼睑眼周用亚光白色眼影提亮。

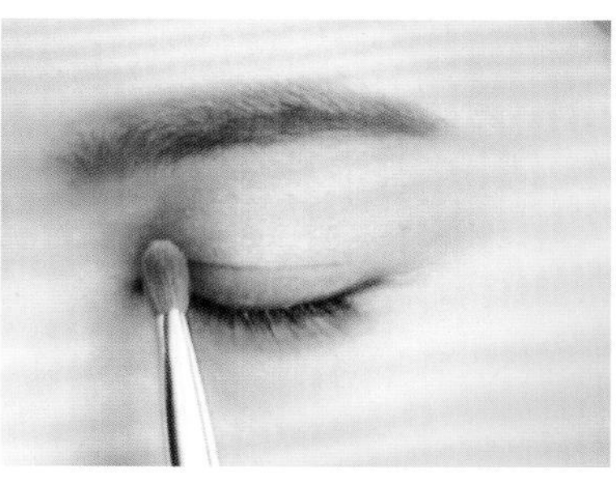

03 在上眼睑前三分之一的位置用亚光红色眼影晕染。

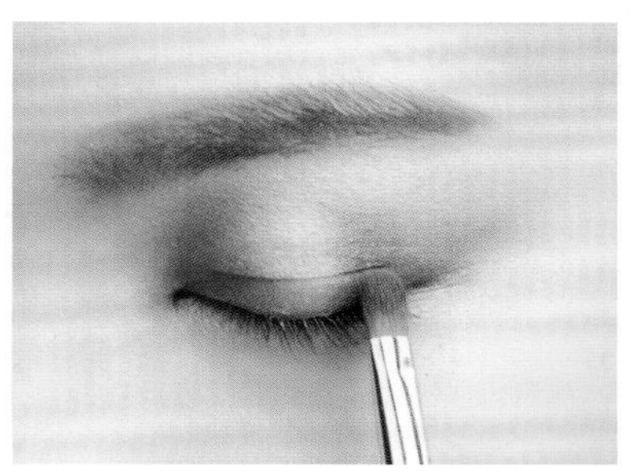

04 在上眼睑后三分之一的位置用亚光蓝色眼影晕染。

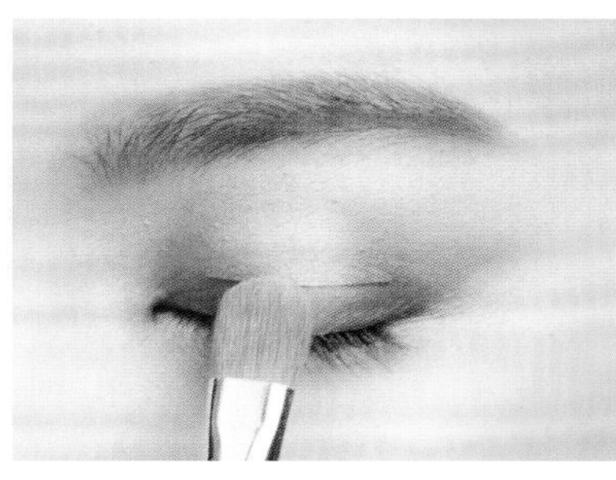

05 在上眼睑中间位置用亚光黄色眼影晕染。

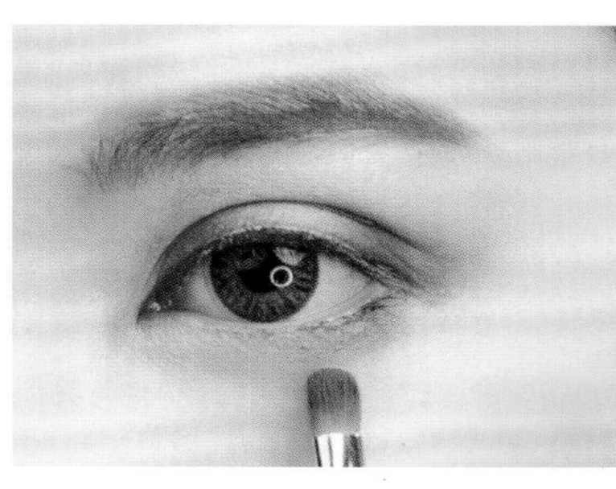

06 在下眼睑后半段用亚光蓝色眼影进行晕染。

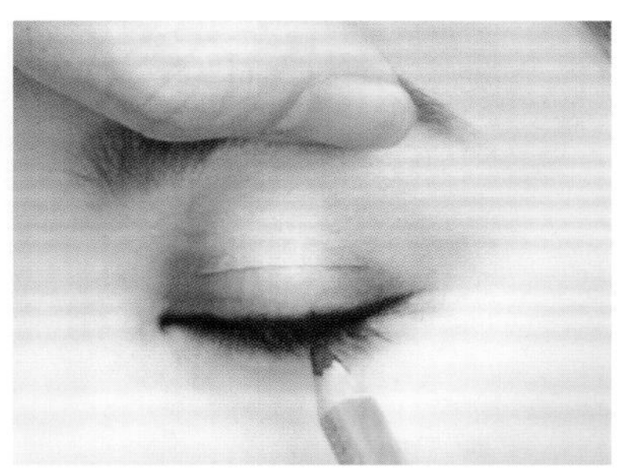

07 提拉上眼睑的皮肤，用铅质眼线笔描画一条眼线。

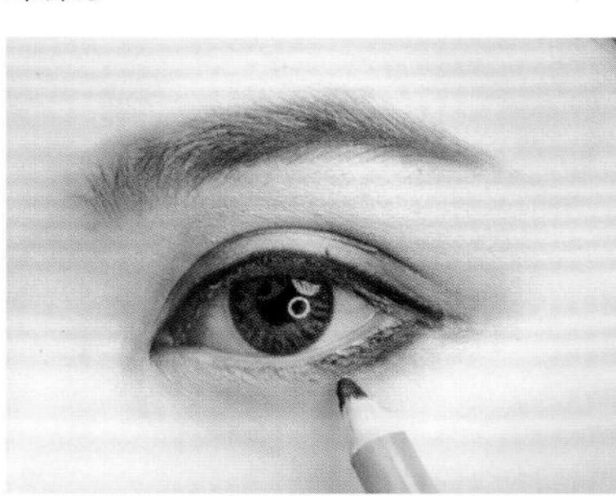

08 在下眼睑蓝色眼影晕染区域用铅质眼线笔描画眼线。

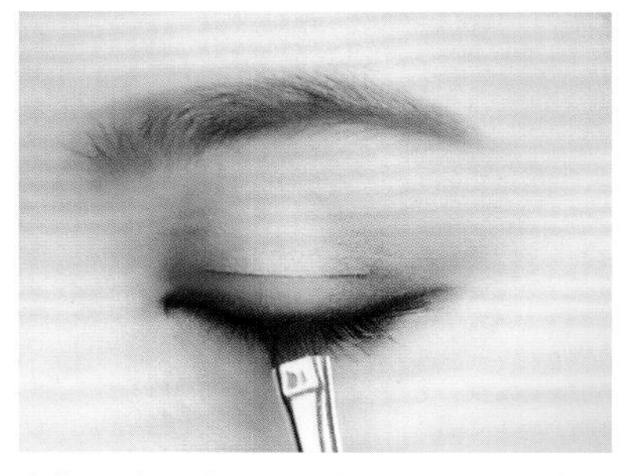

09 用小号的眼影刷将上下眼线晕染得自然而柔和。

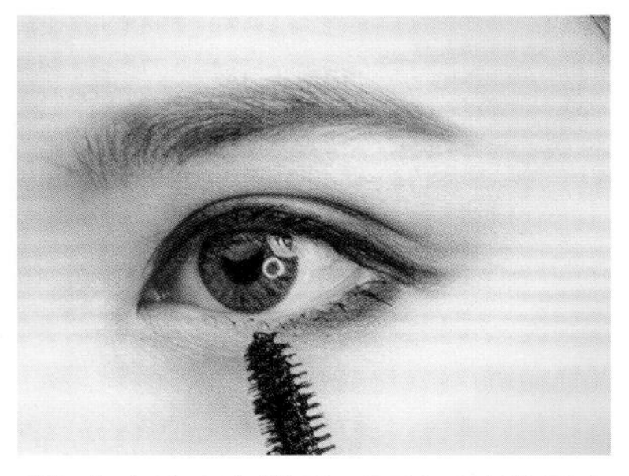

10 将上睫毛夹翘后，用睫毛膏涂刷上下睫毛。

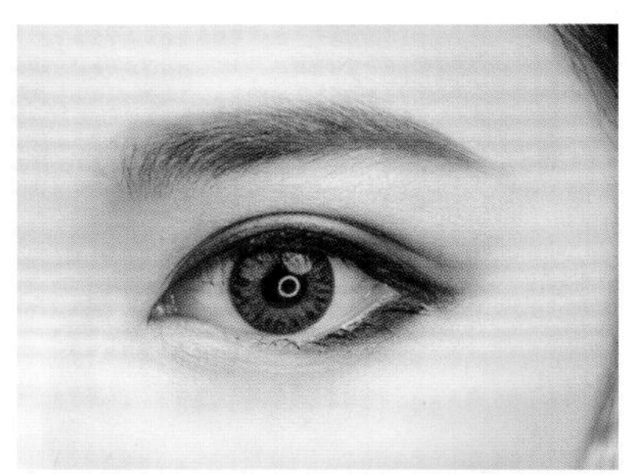

眼妆完成睁眼图

眼妆完成闭眼图

小欧式眼妆

小欧式眼妆又名小倒钩，从眼尾位置开始，经双眼皮褶皱线位置向内眼角画一条结构线，到眼球中轴线位置自然地消失，以结构线为基准做层次过渡。不能采用颜色过浅的眼影做过渡，否则会显脏，而且不容易打造层次感。

01 提拉上眼睑皮肤，用铅质眼线笔描画一条上眼线。

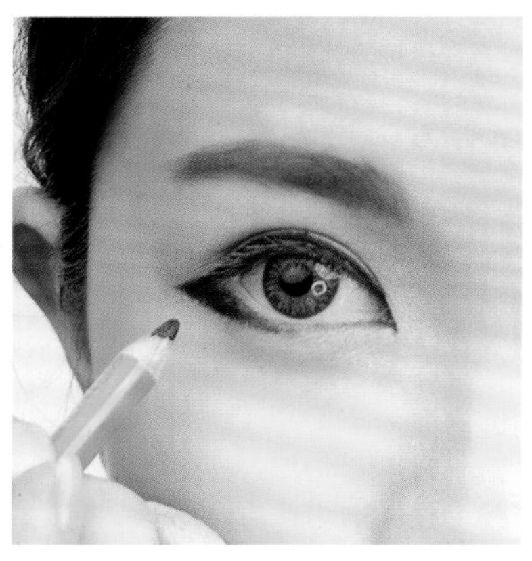

02 描画下眼线。下眼线的面积较大，可起到放大眼睛的作用。

03 沿双眼皮褶皱线位置用水溶性眼线液笔描画一条线，与眼尾的眼线衔接。

04 提拉上眼睑皮肤，用水溶性眼线液笔加深描画上眼线。

05 用黑色眼影在眼尾位置沿结构线斜向上晕染。

06 用珠光白色眼影对眉骨及上眼睑前半段进行提亮。

07 提拉上眼睑皮肤，涂刷睫毛膏，使睫毛自然卷翘。

眼妆完成睁眼图

眼妆完成闭眼图

大欧式眼妆

大欧式又名大倒钩，是在眼窝凹陷的位置自眼尾向内画一条结构线，以结构线为基准做层次的过渡。经常采用墨绿色、棕色、黑色作为过渡的颜色，这几种颜色能打造出眼窝凹陷的感觉，适合表现欧式感的华丽大气妆容，也适合在一些创作中使用，在表现时尚感的旗袍造型中也可以使用。大欧式眼妆一般搭配比较高挑的眉形。眉眼间距过近的人不适合这种眼妆，否则会显得眉眼间距更近；眼睛过肿的人也不适合这种眼妆，因其不容易打造出立体感，还会使眼部显得比较脏。

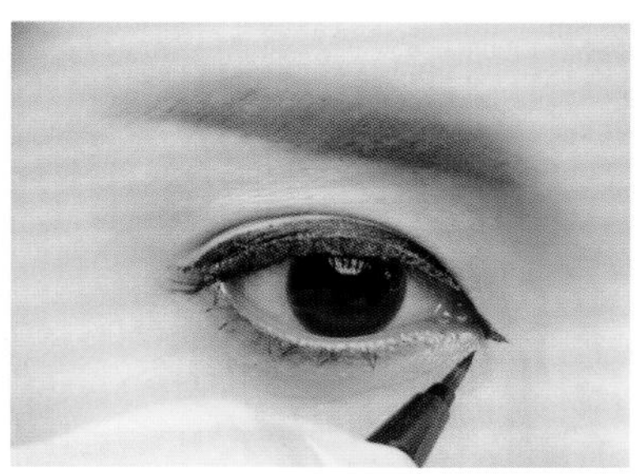

01 用水溶性眼线液笔描画上眼线。勾画内眼角眼线。

02 在眼窝凹陷处找好合适的位置，描画一条欧式结构线。

03 用咖啡色眼影自结构线向外进行晕染。

04 眼影边缘要晕染柔和。

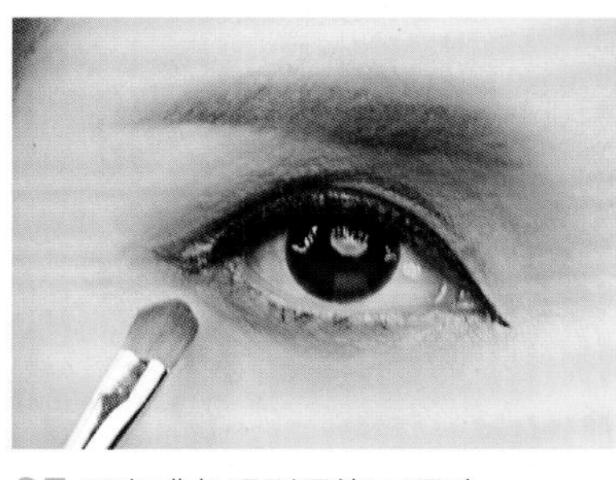

05 用咖啡色眼影晕染下眼睑。

06 用黑色眼影自结构线向外晕染，注意晕染面积小于咖啡色眼影。

07 在下眼睑位置晕染黑色眼影。

08 在结构线的内部涂刷珠光白色眼影膏。

09 在下眼睑眼头位置用珠光白色眼影提亮。

10 在眉骨位置用珠光白色眼影提亮。

眼妆完成睁眼图

眼妆完成闭眼图

假双眼妆

假双眼妆主要是针对一些单眼皮或双眼皮褶皱线非常浅的人，无法通过美目贴等化妆手段调整，却还想打造双眼皮的效果。通过假双画法，能在视觉上打造一种双眼皮的假象。注意这种眼妆不适合近距离摄影，更不适合作为日常妆容以及新娘结婚当天的妆容，因为非常容易穿帮。

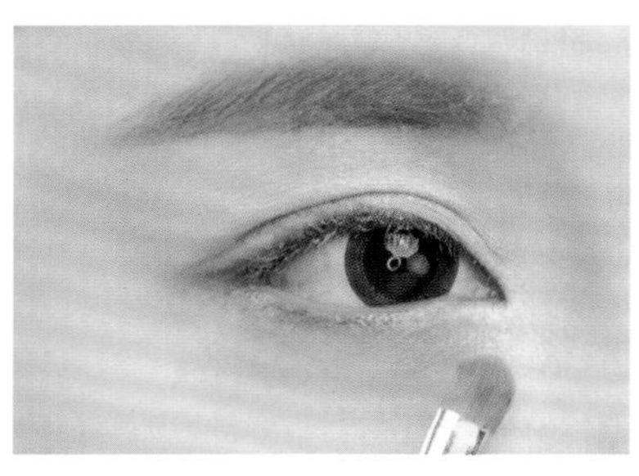

01 在上眼睑位置和眼头位置用珠光白色眼影提亮。

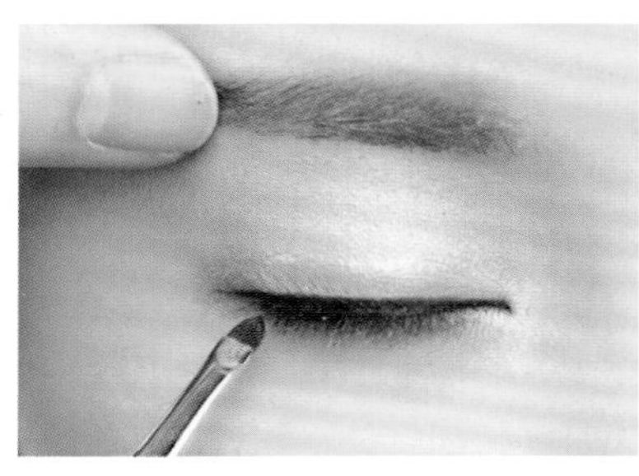

02 提拉上眼睑皮肤，用眼线膏紧贴着睫毛根部描画一条自然的眼线。

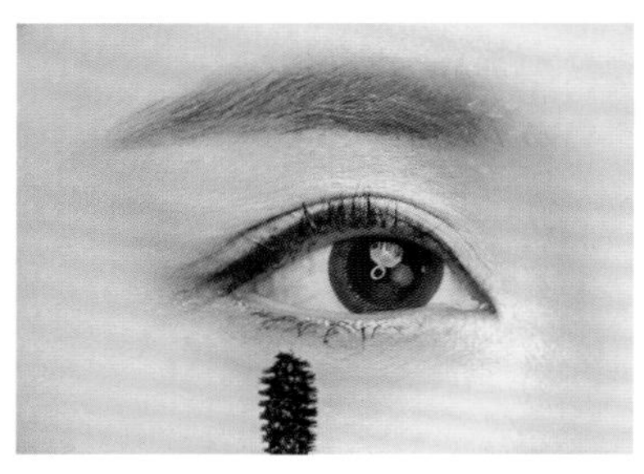

03 夹翘上睫毛，涂刷睫毛膏。

04 用水溶性眼线液笔在适当的位置描画一条流畅的线条。

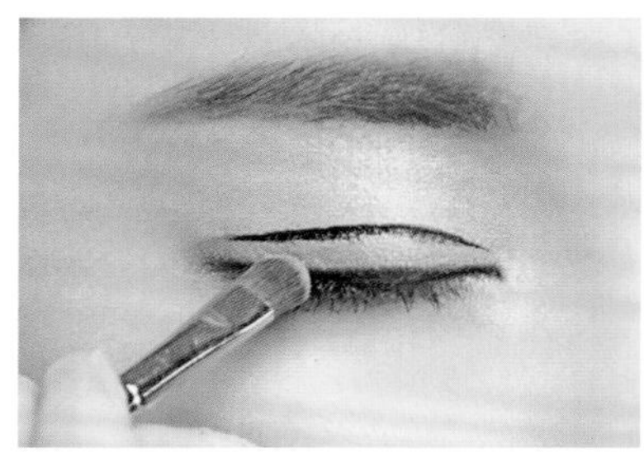

05 在线条与眼线之间晕染亚光白色眼影。

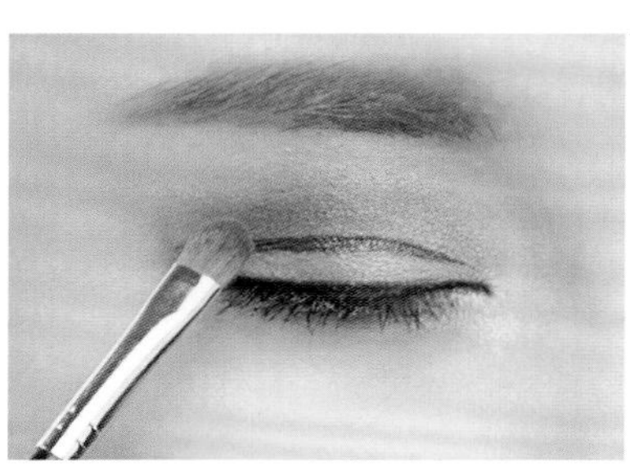

06 在线条上方晕染亚光咖啡色眼影。用手指将眼影边缘晕染得柔和自然。

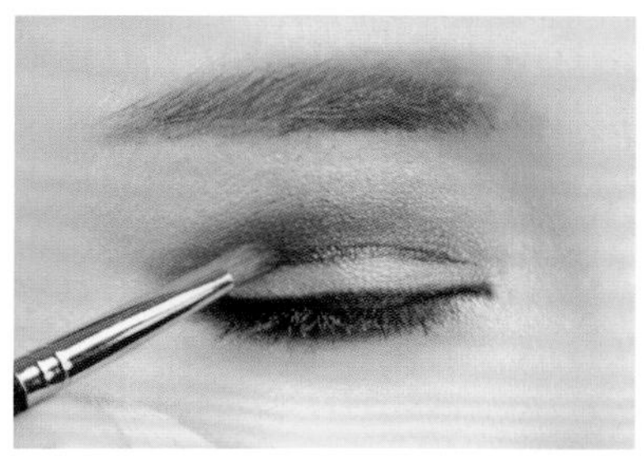

07 用深咖啡色眼影在上眼睑线条的上方晕染，注意面积应小于上一层眼影。

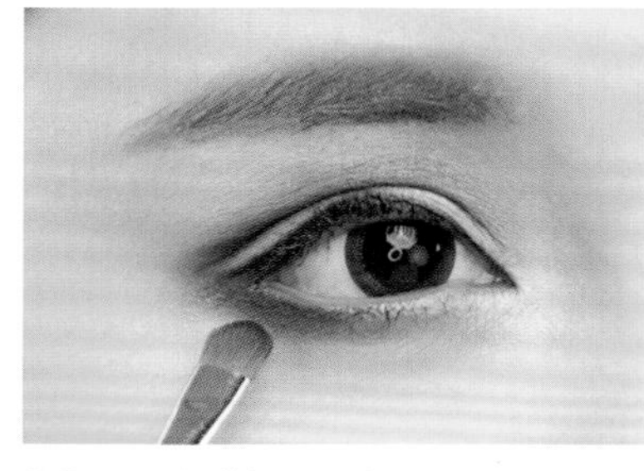

08 用深咖啡色眼影在下眼睑位置进行晕染。

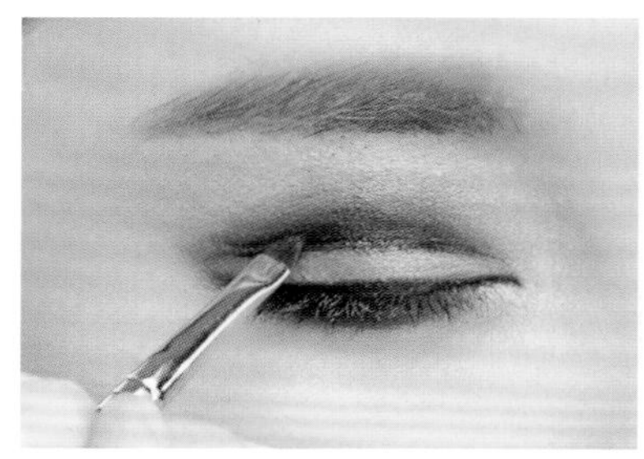

09 用小号眼影刷蘸取黑色眼影，在靠近线条的位置加深晕染。

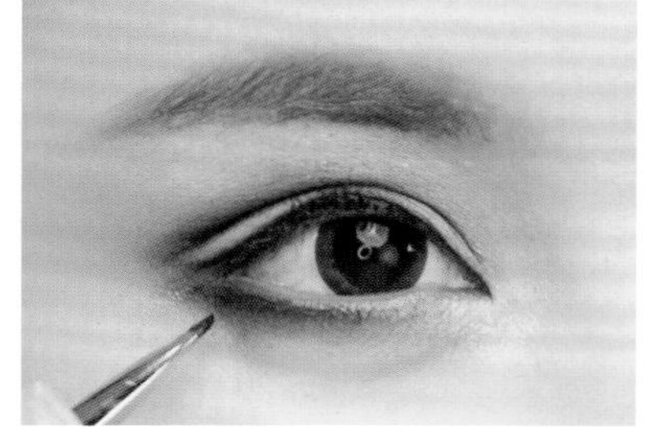

10 在下眼睑位置用黑色眼影晕染，使其更具有层次感。

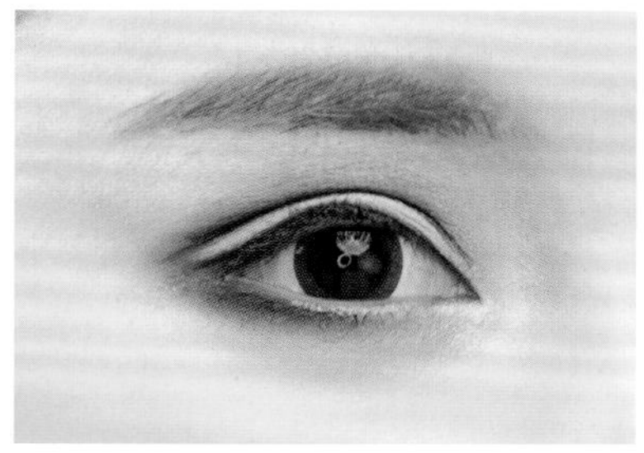

眼妆完成静眼图

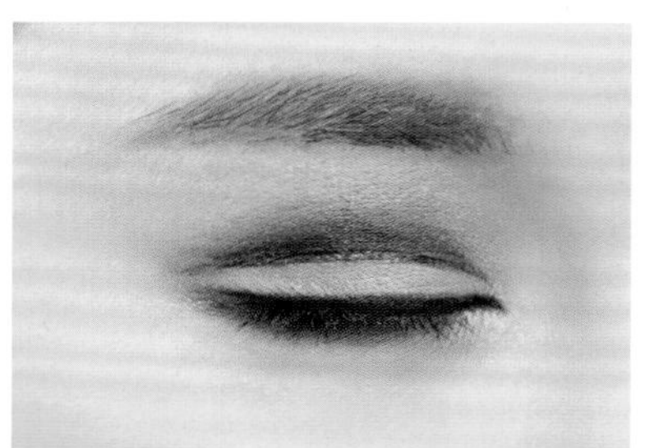

眼妆完成闭眼图

小烟熏眼妆

小烟熏眼妆和渐层眼妆在眼影的处理方法上有相似之处，小烟熏眼妆的层次渐进感更强烈，没有明显的眼线，面积不超过眼窝。越靠近睫毛根部眼影的颜色越深，自睫毛根部向上如烟雾扩散般渐淡，直至消失。一般情况下，黑色是在表现烟熏式眼妆时不可或缺的颜色，它可使渐进感更强烈。紫色、金棕色、黑色都是小烟熏眼妆的常用色。

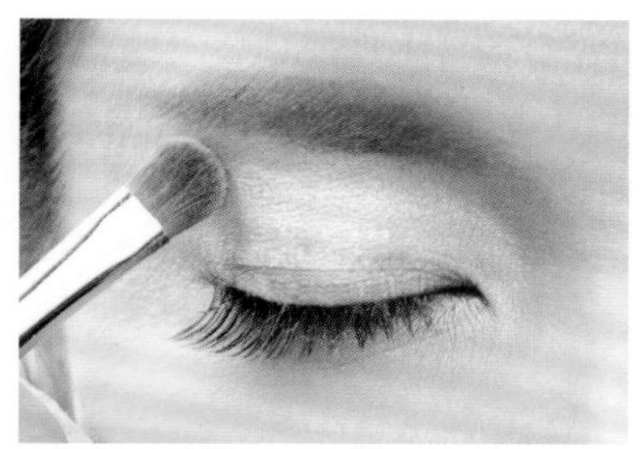

01 用珠光白色眼影对上眼睑位置的皮肤进行晕染提亮。

02 用铅质眼线笔描画出比较粗的上眼线。

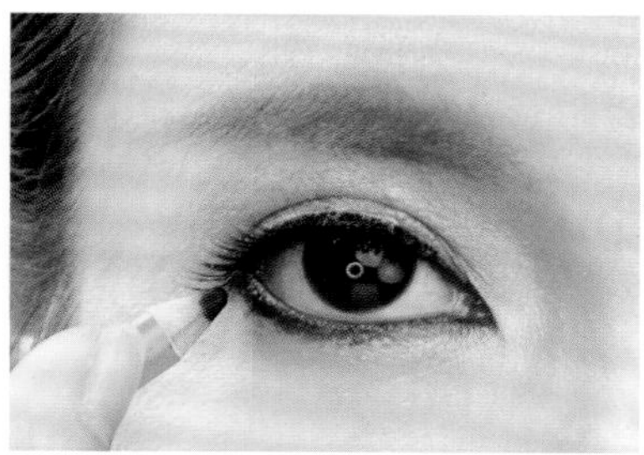

03 用铅质眼线笔全框式描画下眼线。

04 用少量眼线膏将上眼线晕染开。

05 用珠光暗红色眼影对上眼睑位置进行晕染，将眼线柔和地晕染开。

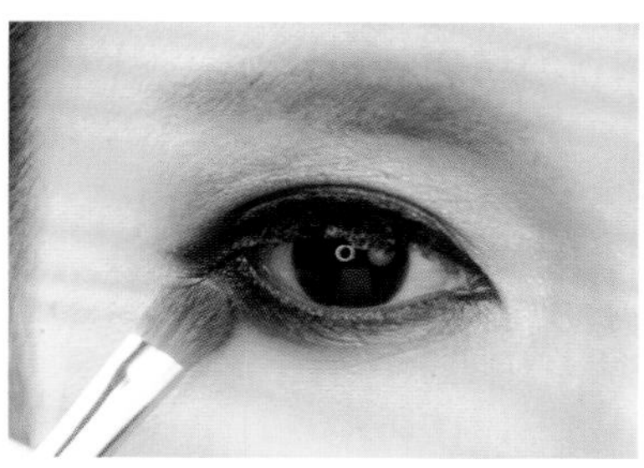

06 用珠光暗红色眼影晕染下眼睑，将下眼线晕染开。

07 用少量金棕色眼影将暗红色眼影晕染开。

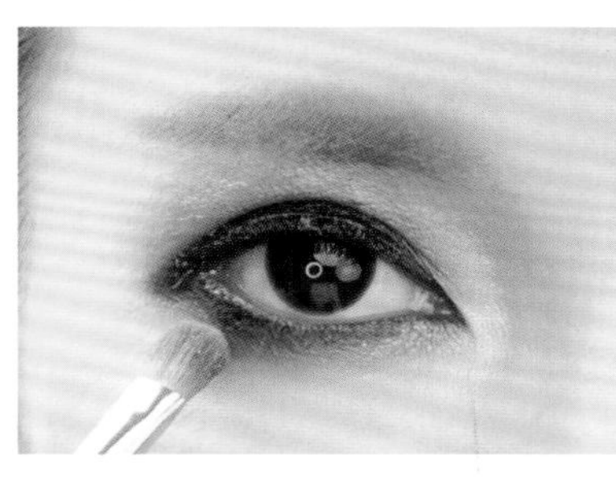

08 下眼睑同样用金棕色眼影晕染。

09 用珠光白色眼影对上眼睑眉骨位置进行提亮。

10 用黑色眼影晕染眼线与暗红色眼影相交处，使其更加柔和自然。

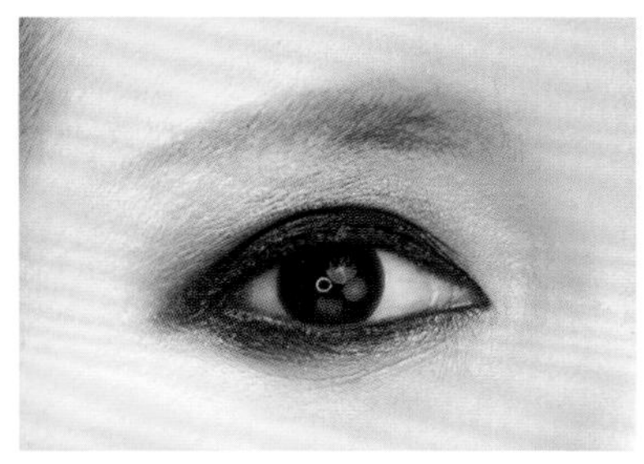

眼妆完成睁眼图

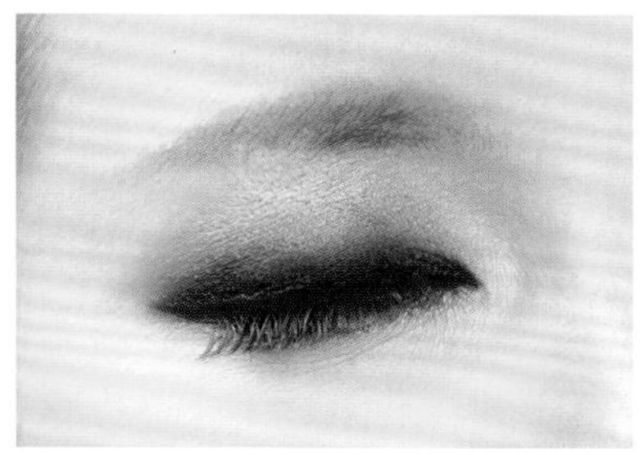

眼妆完成闭眼图

大烟熏眼妆

与小烟熏相比，大烟熏晕染面积更大，甚至扩散到整个眉眼之间。除了正常的处理方法，为了表现酷酷的妆感，将眼影扩散至鼻根位置的前移式烟熏以及拉长眼尾的后移式烟熏都是大烟熏的创意表现形式。这种眼妆比较夸张，很少在影楼化妆中使用，它一般用在一些时尚化妆和创意类化妆中。

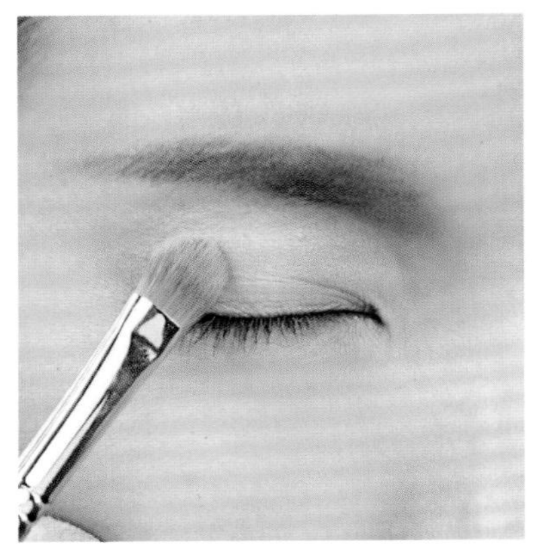

01 在上眼睑位置用白色眼影提亮。

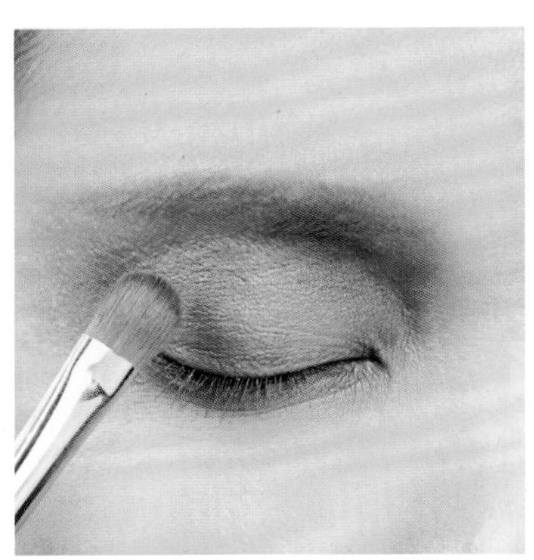

02 在整个上眼睑晕染金棕色眼影。

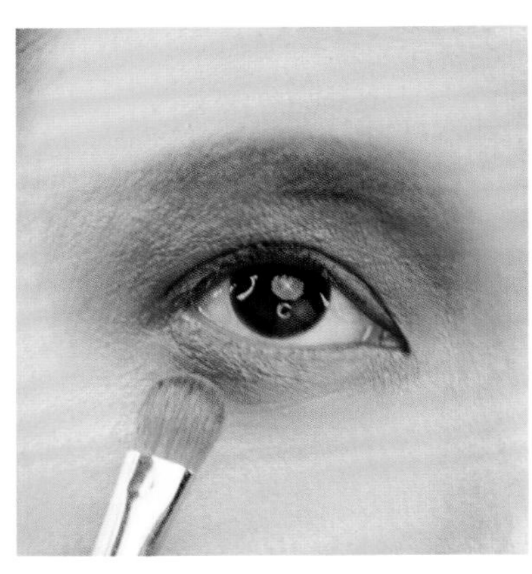

03 在整个下眼睑晕染金棕色眼影。

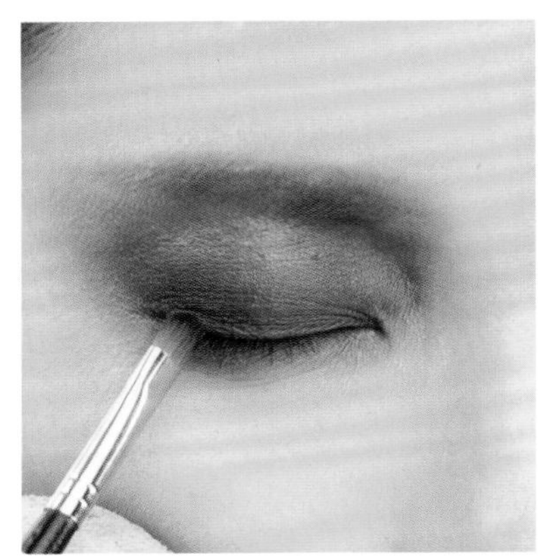

04 在上眼睑位置用黑色眼影自睫毛根部向上晕染。

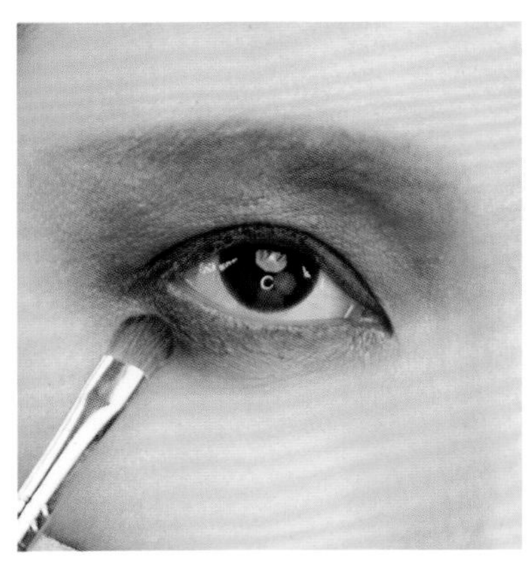

05 在下眼睑位置用黑色眼影晕染。

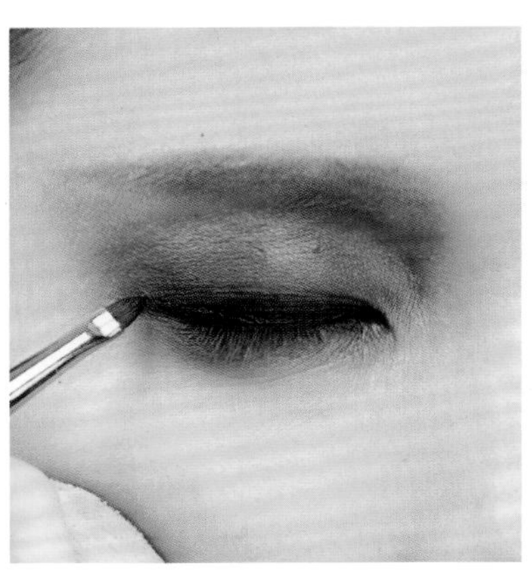

06 在上眼睑用黑色眼线膏描画眼线。

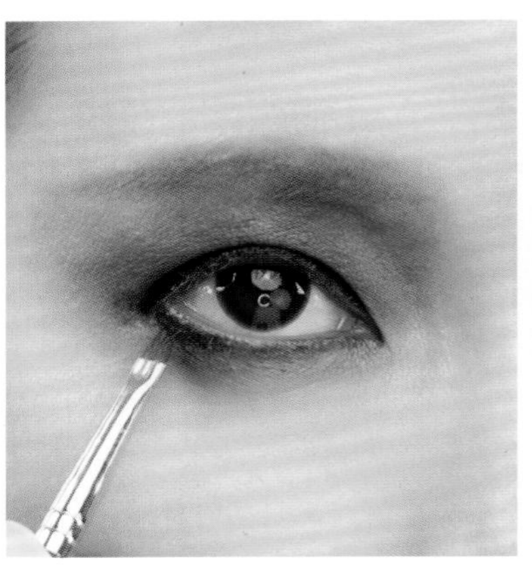

07 在下眼睑位置用黑色眼线膏描画眼线。

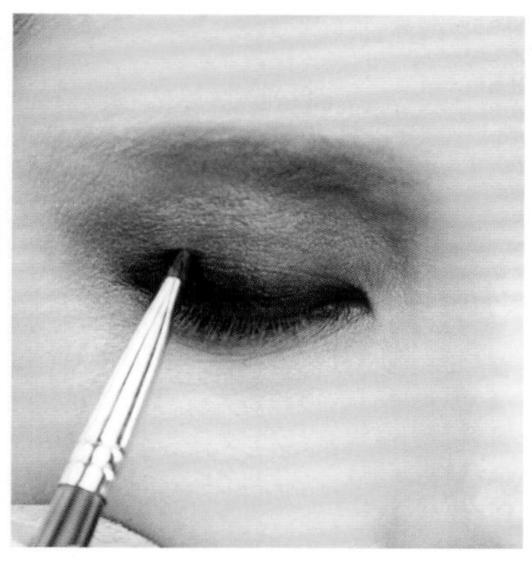

08 用黑色眼影将上眼线边缘晕染开。

09 用黑色眼影将下眼线晕染开。

10 用金棕色眼影晕染上眼睑，使黑色与金棕色之间的结合更加自然。

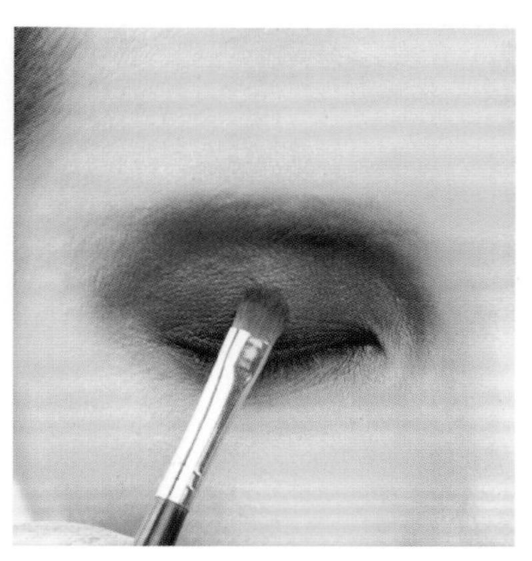

11 继续晕染适当的黑色眼影，以增加眼妆的立体感。

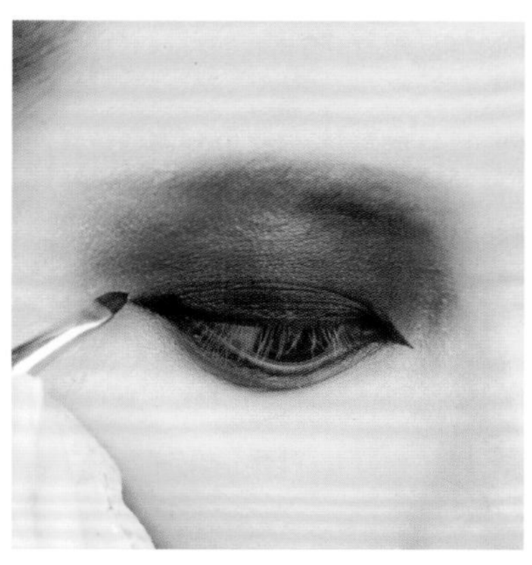

12 用眼线膏描画眼尾的眼线。

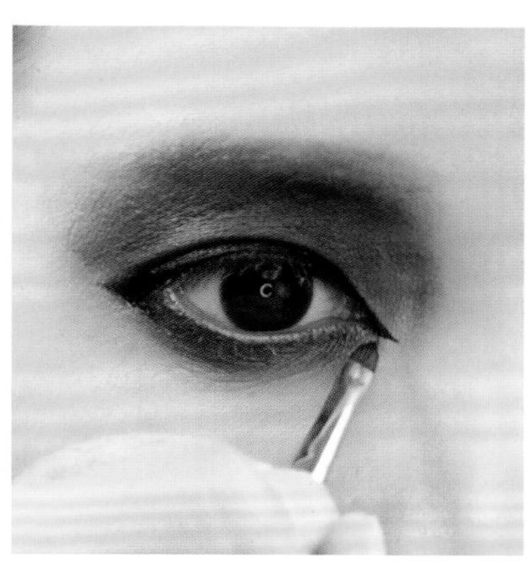

13 用眼线膏描画内眼角的眼线。

14 夹翘上睫毛，用睫毛膏涂刷上下睫毛。

眼妆完成睁眼图

眼妆完成闭眼图

蝶式眼妆

蝶式眼妆又称叠式、炫彩，用三原色、三间色这些饱和度比较高的色彩打造出眼部妆容斑斓多彩的效果。正是因为这种眼妆过于突出，所以在表现整体造型的时候要谨慎使用。在拍摄表现妆容的片子时可以使用，可以体现妆容华丽的视觉效果。

01 在上眼睑位置用珠光白色眼影晕染，使上眼睑皮肤更加干净。

02 用亚光黄色眼影在整个上眼睑进行晕染。

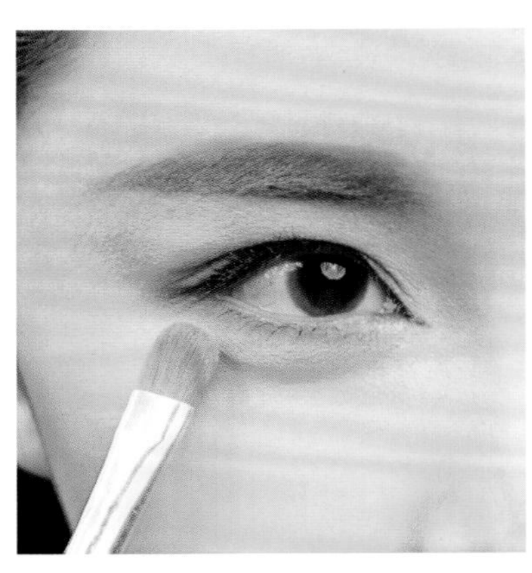

03 用亚光黄色眼影在下眼睑进行晕染。

04 用绿色眼影从上眼睑睫毛根部向上进行小面积晕染。

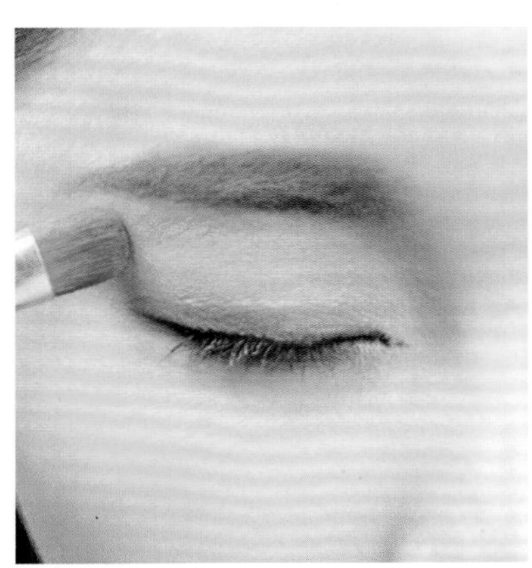

05 用橘色眼影在上眼睑后半段及鼻根位置晕染。

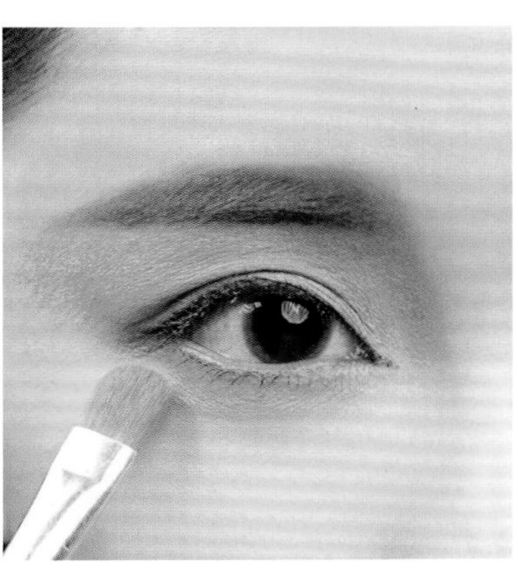

06 在下眼睑后半段用橘色眼影晕染。

07 在上眼睑后三分之一位置斜向上晕染红色眼影。

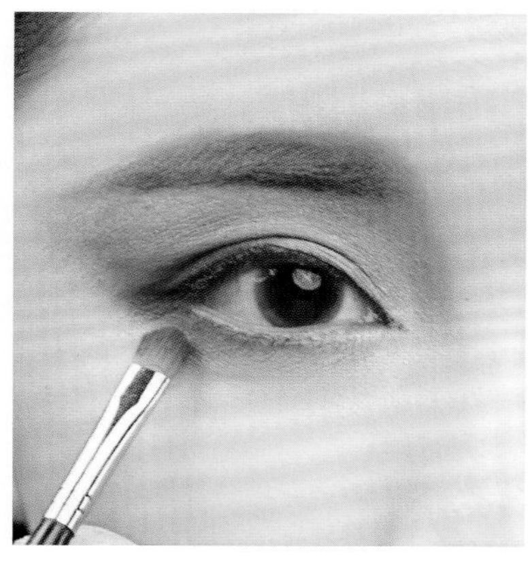

08 在下眼睑后半段晕染红色眼影。

09 在眼头位置用亚光蓝色眼影晕染。

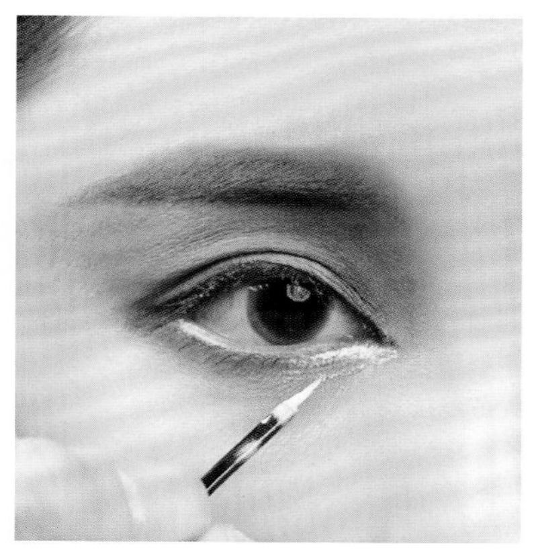

10 在下眼睑眼头位置用珠光白色眼线液笔描画，进行提亮。

11 在上眼睑眼球凸起的位置晕染少量金色眼影。

12 用眼线膏描画上眼线，使眼尾上扬。注意勾画内眼角。

13 用眼影刷将眼线晕染柔和。

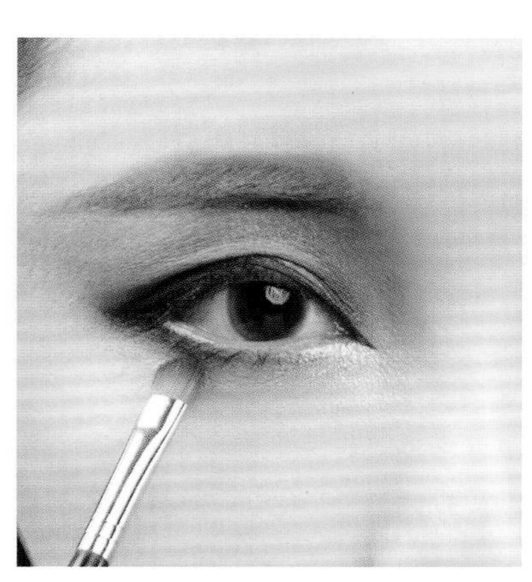

14 在下眼睑位置晕染黑色眼影，使眼妆更加立体。

眼妆完成睁眼图

眼妆完成闭眼图

09

明眸善睐——星级美睫处理解密

假睫毛及粘贴工具

假睫毛的种类多种多样，每一种都有自己不同的特点，以满足不同的眼妆需要。下面对一些常见类型的假睫毛和相关的工具做一下介绍。

弧形假睫毛

弧形假睫毛中间长，向两端自然过渡，越来越短。这种假睫毛适合用于将眼睛画得比较圆、比较大的眼妆，不适合用于拉长眼形的妩媚眼妆。

交叉型假睫毛

交叉型假睫毛的特点是可以使睫毛更具有层次感和灵动性，但不符合睫毛的正常生长走向，是一种比较有特点的假睫毛。

自然型假睫毛

自然型假睫毛的疏密程度较为自然，可以与真睫毛更好地贴合。一般自然型鱼线梗假睫毛的真实度会更好。

前短后长型假睫毛

这种假睫毛适合处理一些妩媚型眼妆，可使眼尾的睫毛呈现自然卷翘感，起到拉长眼形的作用。

浓密型假睫毛

浓密型假睫毛相对较为夸张，适合处理一些妆感比较重的妆容，如舞台妆、创意妆等。

局部浓密型假睫毛

局部浓密型假睫毛兼具自然和浓密两个特点，独特的设计感不仅自然，而且能对眼形起到很好的调整作用。

纤长型假睫毛

纤长型假睫毛一般用在要重点表现睫毛的夸张感的妆容中，也可以用在时尚感妆容中。

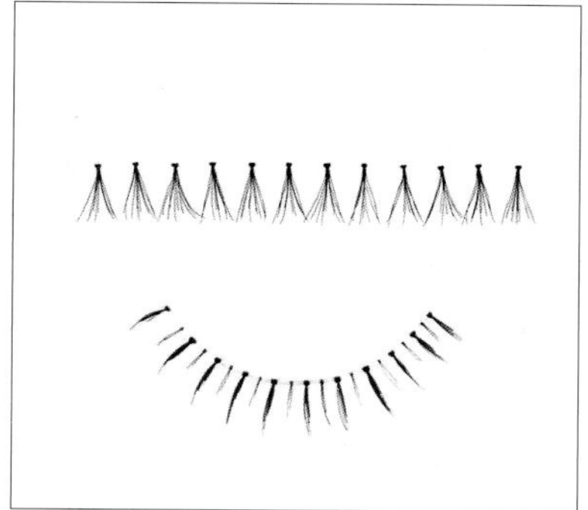

下假睫毛

下假睫毛一般分为整条、簇状、根状等。整条的下睫毛大多是鱼线梗假睫毛，这样粘贴出来的效果更自然；簇状和根状的下假睫毛一般能呈现更加自然的效果，只是粘贴起来比较费时，对手法要求较高。

羽毛假睫毛

羽毛假睫毛是一种比较夸张的假睫毛，一般用来打造舞台妆和创意妆。

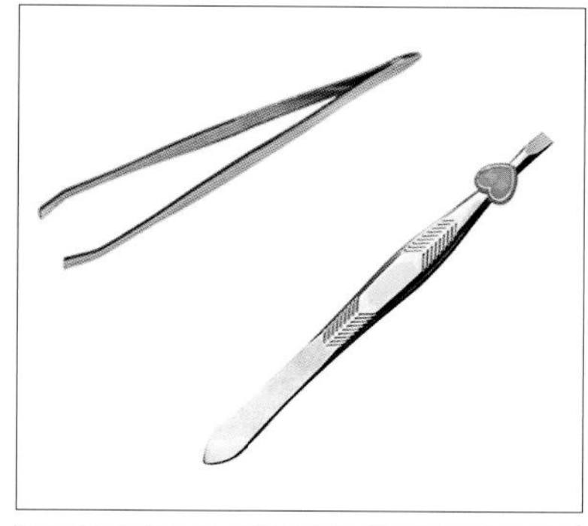

镊子

在粘贴假睫毛时，镊子用来夹住假睫毛和加固假睫毛。当徒手操作不好完成时，可用镊子来完成相应的动作。

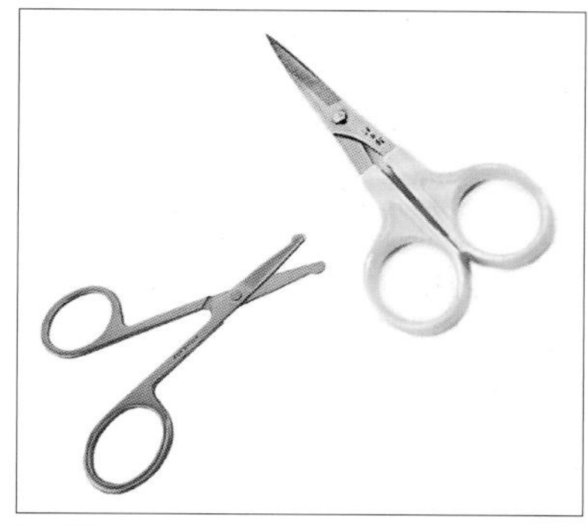

小剪刀

小剪刀可以用来修剪假睫毛的长短和层次。

睫毛胶水

睫毛胶水是粘贴假睫毛的必备工具，每一种睫毛胶水的特性略有不同。胶水干燥速度有快慢之分，多尝试，以选择最佳时间进行粘贴，过干和过湿都会影响粘贴假睫毛的牢固度。

粘贴假睫毛的注意事项

（1）在粘贴假睫毛之前，一定要处理好真睫毛，要避免出现真假睫毛弧度不一致的现象。

（2）假睫毛可以根据需要来修剪层次。如果要修剪假睫毛层次，则尽量在粘贴之前进行，因为粘贴后修剪会有一定的危险性。

（3）有些假睫毛可以根据需要剪出合适的部位并使用。

（4）上假睫毛的睫毛胶水一般刷在线梗的侧面，涂刷太靠上会使假睫毛过于卷翘，涂刷太靠下会使假睫毛下耷。

（5）下假睫毛的粘贴要符合真睫毛的生长角度，不要平贴在眼睑上，否则会给人一种惊悚的感觉。

睫毛基础处理

在粘贴假睫毛之前，要将真睫毛处理好，处理真睫毛一般需要夹睫毛和涂刷睫毛膏。

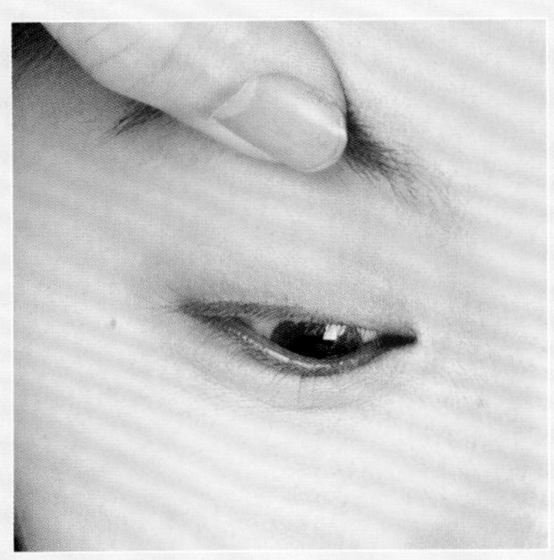

01 提拉上眼睑皮肤，让睫毛根部显露出来。

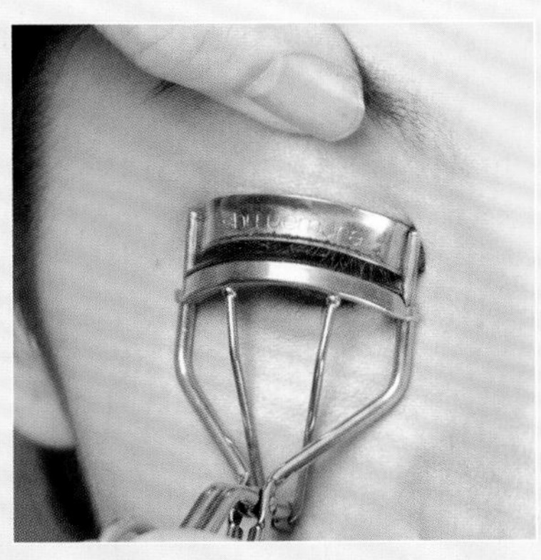

02 将睫毛夹放置在睫毛根部。

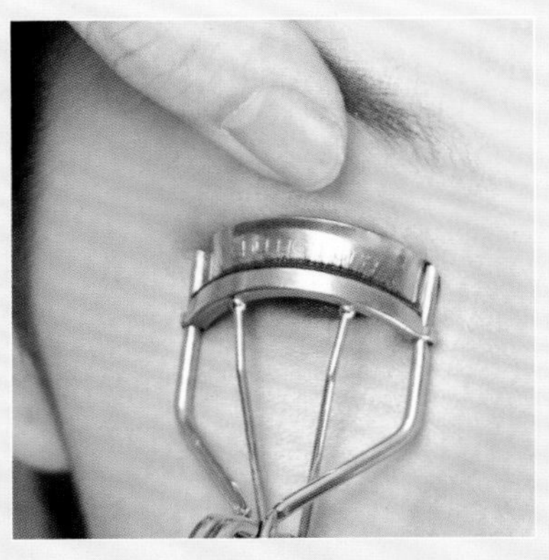

03 第一次轻夹，确认没有夹到皮肤后可增加力度，多夹几次。

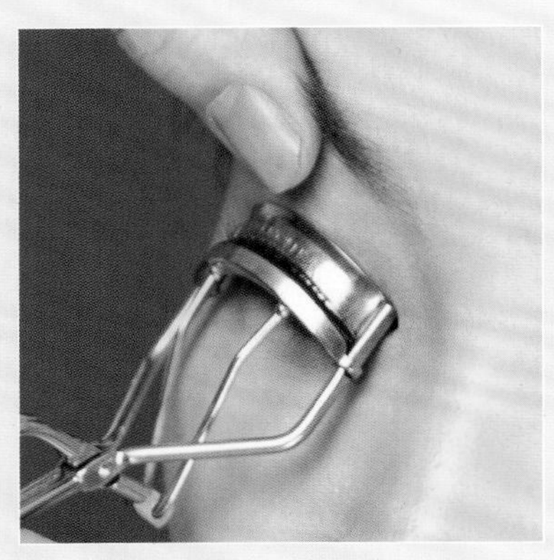

04 在夹睫毛的时候先夹根部，可将睫毛夹的把手适当上提，以增加睫毛卷翘度。然后夹中段，最后夹末端，以使睫毛卷翘。

05 提拉上眼睑皮肤，将睫毛膏刷头从睫毛根部向上涂刷。为了使膏体更多地留在睫毛上，可在睫毛根部呈 Z 字形涂刷。

06 在细节位置可用睫毛膏刷头的尖端纵向向上提拉涂刷，以达到更自然的效果。

07 纵向涂刷下睫毛，可使下睫毛呈现比较分明的效果。

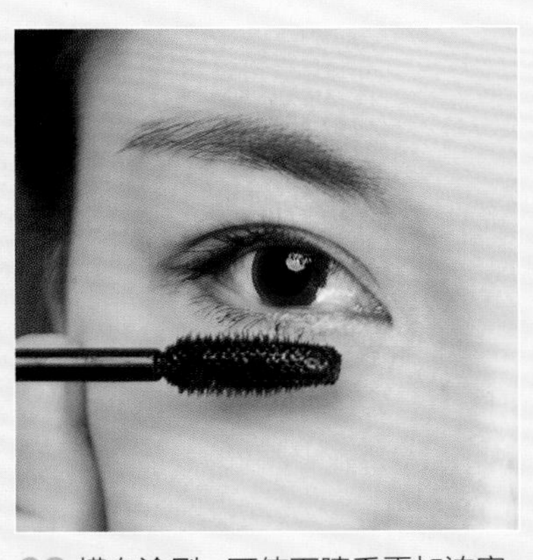

08 横向涂刷，可使下睫毛更加浓密。

完成

假睫毛基础粘贴法

01 提拉上眼睑皮肤，用铅质眼线笔描画一条自然眼线。

02 提拉上眼睑皮肤，将涂刷好胶水的睫毛用镊子夹住，准备粘贴。

03 将假睫毛粘贴在真睫毛的根部，先后眼尾位置粘贴牢固。

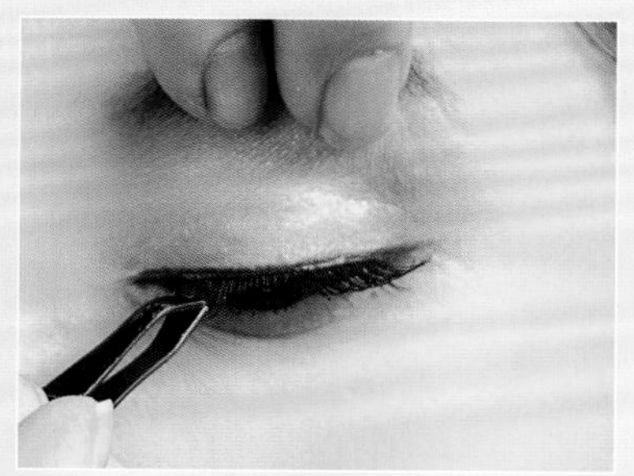

04 提拉上眼睑皮肤，将内眼角位置粘贴牢固。

05 轻按内眼角位置，用镊子将睫毛适当上推，使其整体粘贴牢固。

06 用镊子多点轻轻按压，使整体睫毛粘贴牢固。

07 第一层粘贴完成后的效果。

08 将一段假睫毛粘贴在第一层假睫毛的上方。

09 有间隔地多段粘贴假睫毛。

10 用镊子适当按压，使粘贴的假睫毛与第一层假睫毛更好地结合。

11 完成后的效果。

全贴式上睫毛

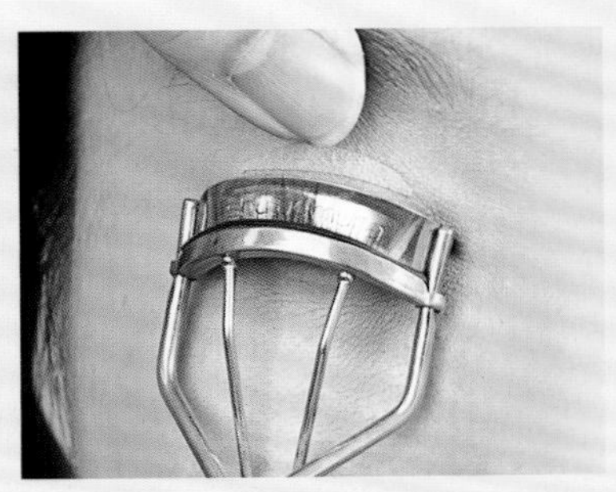

01 提拉上眼睑皮肤，用睫毛夹将真睫毛夹翘，使其更符合假睫毛的角度。

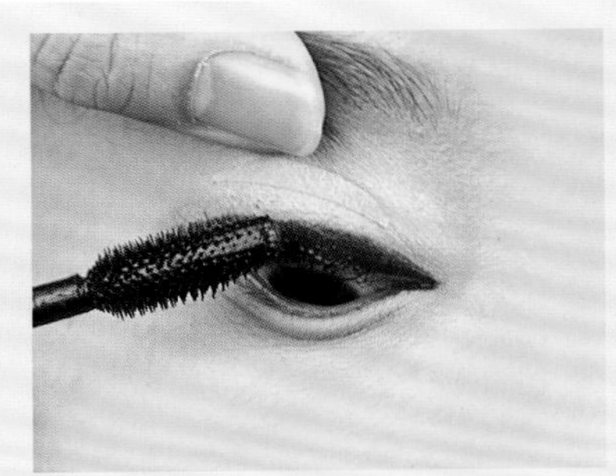

02 用睫毛膏将真睫毛刷卷翘。

03 用镊子夹住刷好胶的假睫毛，让模特的眼睛向下看或轻轻闭合。切忌紧闭眼睛，以免使假睫毛粘贴不牢。

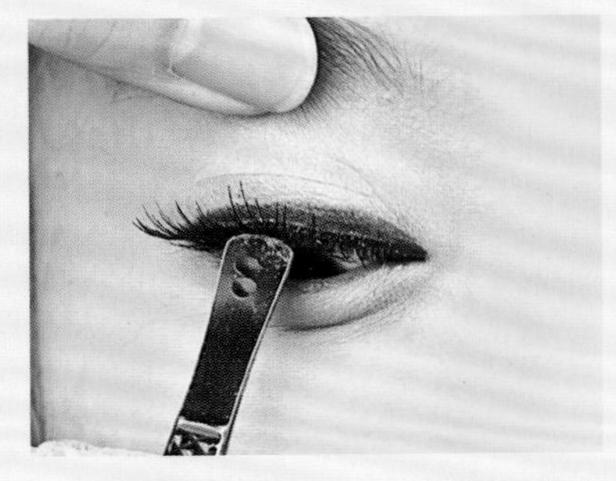

04 粘贴好假睫毛之后，用镊子将真睫毛向上推，使其与假睫毛形成一致的弧度。

完成

妩媚型上睫毛

01 将真睫毛夹翘后用睫毛膏涂刷睫毛，注意对靠近眼尾位置睫毛的涂刷，要使其呈现更加纤长的效果。

02 用镊子夹住刷好胶的半段假睫毛，准备粘贴。

03 将假睫毛粘贴在上眼睑后半段。

04 用镊子向上轻推真睫毛，使真假睫毛形成一致的弧度。

完成

簇状上睫毛

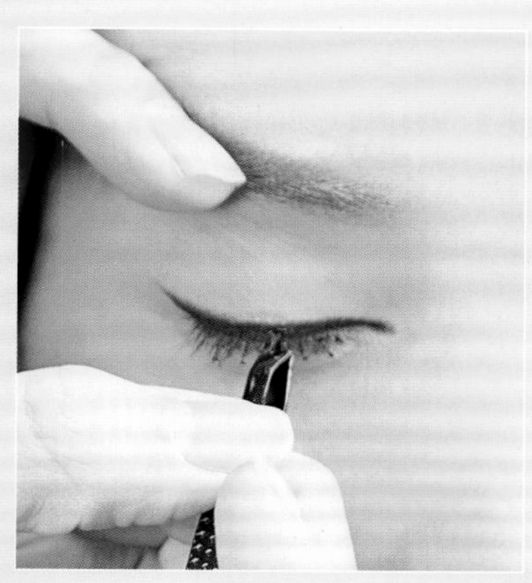

01 用镊子夹住一小段刷好胶的假睫毛，从上眼睑中间位置进行粘贴。

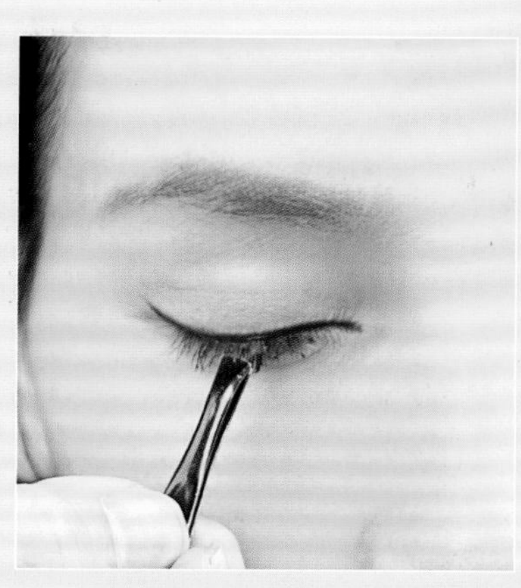

02 粘贴时要顺应真睫毛的卷翘角度，要注意粘贴牢固。

03 继续取一段假睫毛，向内眼角方向粘贴。

04 以同样的方法进行操作，越靠近内眼角位置的睫毛越短。

05 取一段假睫毛，在外眼角处粘贴。

06 以同样的方法进行操作，越靠近外眼角位置的睫毛越长。

07 假睫毛粘贴完成后的闭眼效果。

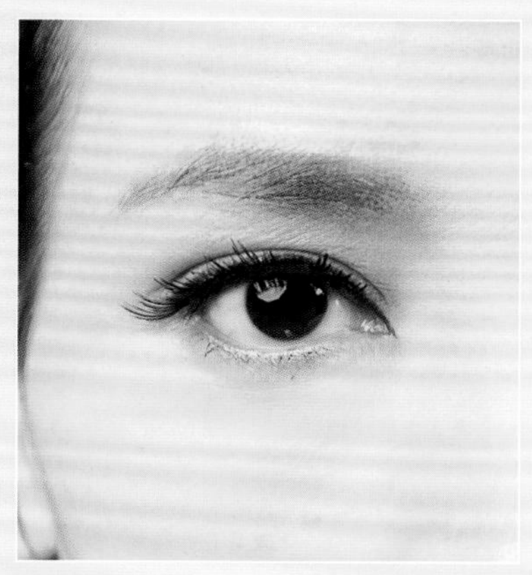

完成

点状重点上睫毛

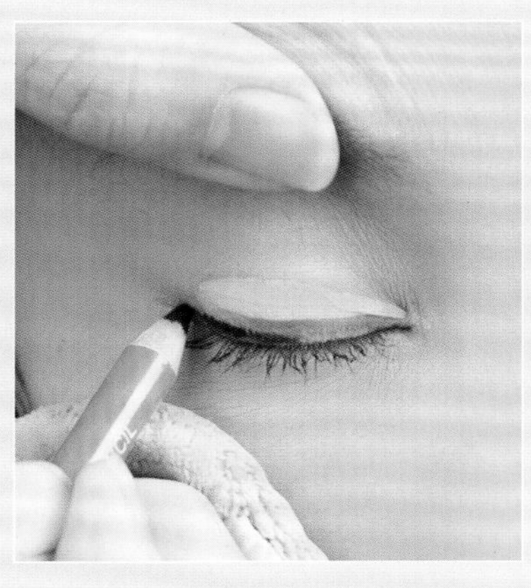

01 提拉上眼睑皮肤，用铅质眼线笔描画眼线。

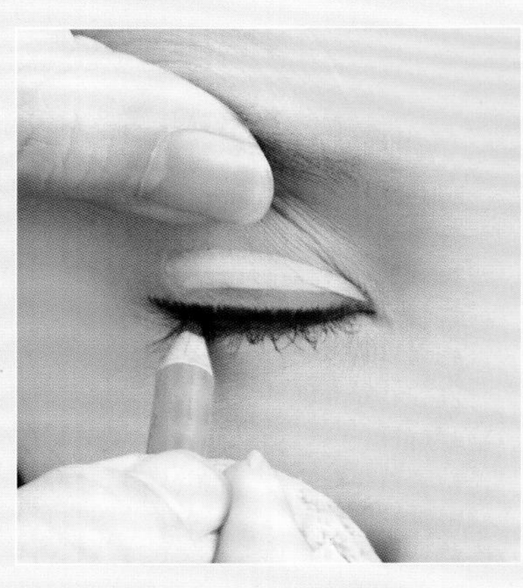

02 注意将眼线描画得流畅自然。

03 用镊子夹住一段刷好胶的假睫毛，提拉上眼睑皮肤，准备粘贴。

04 紧贴着真睫毛的根部粘贴假睫毛。

05 第一层假睫毛粘贴完成后的效果。

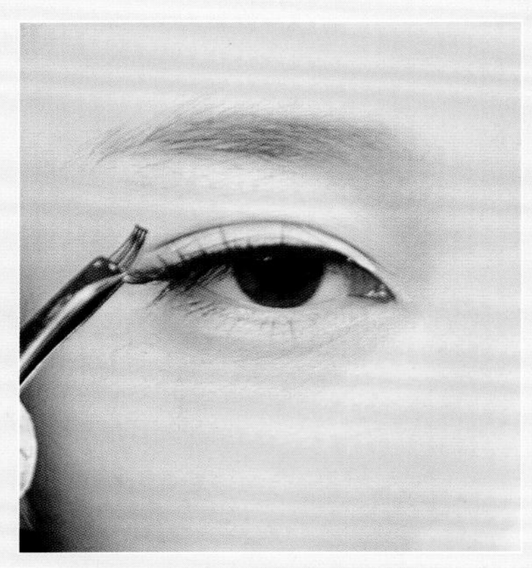

06 用镊子夹住一段刷好胶的假睫毛，准备在上眼睑后半段进行局部重点粘贴。

07 从上眼睑中间开始向后半段重点粘贴假睫毛。

08 越靠近眼尾粘贴的假睫毛越长。

完成

中段重点粘贴式

上睫毛

01 在上眼睑粘贴第一段假睫毛，再将另一段假睫毛的头尾各剪掉一截，准备粘贴。

02 将剪好的假睫毛粘贴在上眼睑的中间位置。

03 用镊子整理真睫毛和两层假睫毛，使其卷翘角度相同。

完成

全贴式下睫毛

01 在下眼睑晕染一层金棕色眼影。

02 用镊子夹住一段刷好胶的下假睫毛，在下眼睑中间位置进行粘贴。

03 用镊子轻轻按压下眼睑后半部分的假睫毛，使其粘贴牢固。

04 用镊子轻轻按压下眼睑前半部分的假睫毛，使其粘贴牢固。

完成

半贴式下睫毛

01 用镊子夹住刷好胶的半段假睫毛。

02 用镊子将假睫毛粘贴在下眼睑描画眼线的位置。

03 用镊子按压假睫毛根部，使其粘贴得更加牢固。

04 用睫毛膏轻刷下眼睑的睫毛。

完成

稀疏型根状下睫毛

01 首先在下眼睑涂刷一些黑色眼影。

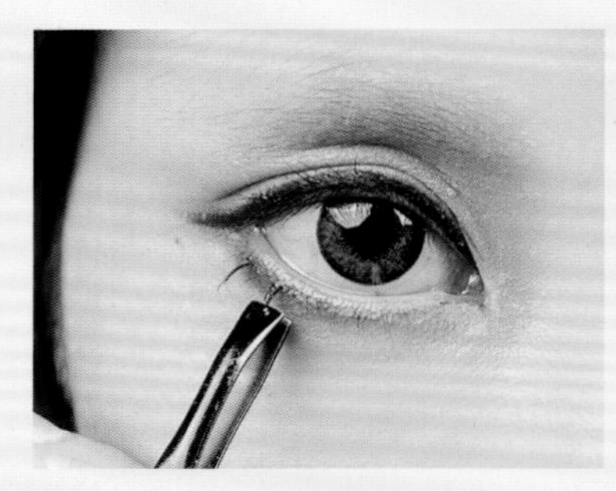

02 在下眼睑距离眼尾一定距离的位置粘贴一根假睫毛，再继续向前粘贴。

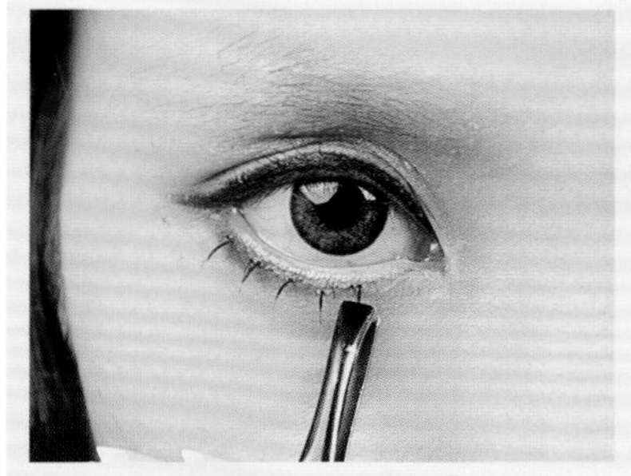

03 用同样的手法向前粘贴假睫毛，注意假睫毛不要平贴在下眼睑处。

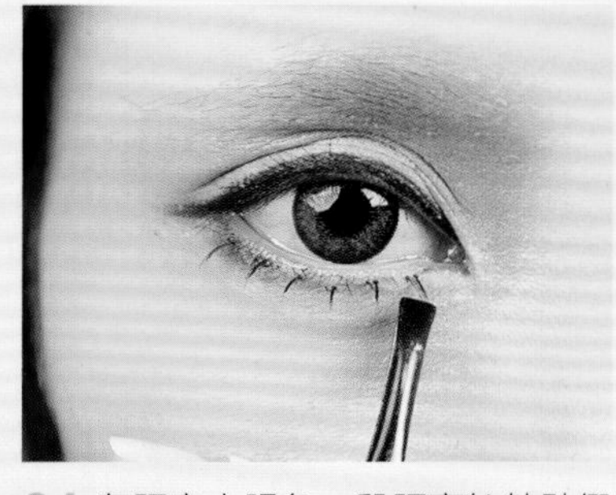

04 在距离内眼角一段距离处粘贴假睫毛，其角度要顺应下眼睑的弧度。

完成

浓密型根状下睫毛

01 在下眼睑晕染金棕色眼影。

02 在下眼睑距离眼尾一定距离处粘贴一根假睫毛。

03 继续以同样的手法向前粘贴假睫毛。

04 向内眼角方向粘贴假睫毛。

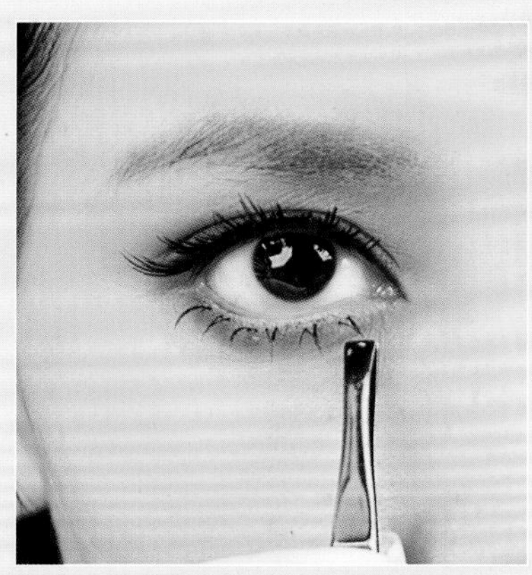

05 以同样的手法继续向内眼角方向粘贴假睫毛。

06 在距离内眼角一定距离的位置粘贴最后一根假睫毛。

07 在每两根粘贴好的假睫毛之间粘贴一根更细的假睫毛。

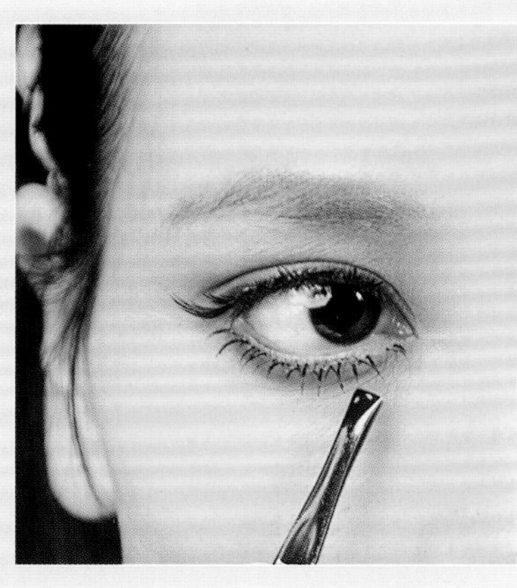

08 以同样的方式操作，一直粘贴至内眼角附近。

完成

10 眉毛的类型与处理方法

如果说眼睛是心灵的窗户，那么眉毛就是装饰这扇窗户的窗框。这个比喻也许美感不足，但是十分形象。眉形处理不当，往往会使已经处理得很漂亮的眼妆失色很多。眉毛也具有自己的灵魂，不同的眉形有不同的视觉效果。眉形同时也传达了人的情感，不同的眉形能够展现不同的性格以及年龄特点。可以利用这一特性来烘托妆容效果。

眉形的标准比例

眉毛分为眉头、眉峰和眉尾。眉头的位置比内眼角的位置微靠前，眉尾的位置不超过鼻翼至外眼角的延长线，眉峰在整条眉毛的三分之二的位置。眉峰微挑，眉毛前宽后窄。

眉形的种类

标准眉

标准眉基本适合各种脸形，不容易出错，但同时也缺乏个性。

细平眉

细平眉展现的是年轻、可爱、稚嫩的感觉，就像小孩子的眉毛都是比较平缓自然的，基本没有挑起的眉毛。细平眉比较适合用于表现天真感、可爱感的妆容。

剑眉

剑眉没有眉峰，以 15°~30° 斜向上。眉形硬朗英气，适合比较中性的妆容。

一字眉

一字眉没有眉峰，与剑眉相比较短，眉尾比较扎实，是很男性化的眉形。这种眉形可以表现桀骜不驯的气质。

小弧形眉

小弧形眉的眉峰在整条眉毛的二分之一处，眉毛粗细基本一致，眉形一般处理得很细，主要用来表现古典美的妆容效果。

大弧形眉

大弧形眉与小弧形眉的差别是隆起的高度高，适合表现比较夸张的艺术效果。这种眉形的线条感比较强，是表现欧式妆容的一个不错的选择。

高挑眉

高挑眉的眉峰一般比标准眉要靠前，眉毛偏细，具有戏剧性的效果，比较适合表现成熟妖娆、性感冶艳的妆容，同时会给人成熟感，不太适合年龄比较小的人。

修眉

修眉一般在打底之前进行，因为打底之前修整好眉形便于清理，方便其他步骤的操作。

用刀片修眉的方法

我们的皮肤都是有褶皱的，没有谁的皮肤像纸一样平滑，所以在修眉时一定要拉平皮肤，以免刮伤皮肤，造成流血事件。修眉时要掌握好刀片的角度，一般刀片与皮肤之间的角度控制在 15° 之内。其实不管是大面积还是小面积地修理眉形，刀片都能达到很好的效果，只是需要掌握比较娴熟的技术。刀片一般只用于修整眉毛的轮廓。

用修眉剪刀修眉的方法

修眉剪刀需要搭配眉梳，用眉梳梳理眉毛，然后把过长的眉毛用剪刀修剪掉。除了修理过长的眉毛之外，剪刀还能修理眉毛的密度，对眉毛进行打薄，使眉毛看起来更自然，如可以修整生硬的眉头，使其更自然。

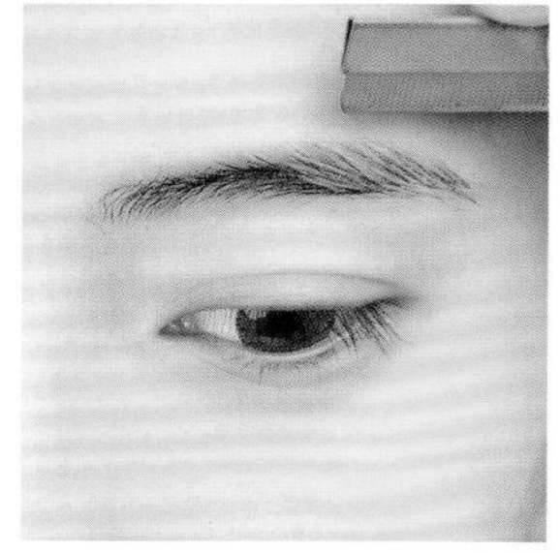

01 用刀片修整眉尾位置眉毛的宽度。

02 用刀片修整眉头位置的杂眉。

03 用刀片修整眉毛下方的杂眉。

04 用剪刀修剪过长的眉毛。

画眉方法（一）：先用眉笔后用眉粉

重点提示：这种画法适合本身有一些眉毛但眉毛有残缺的人。

画眉前

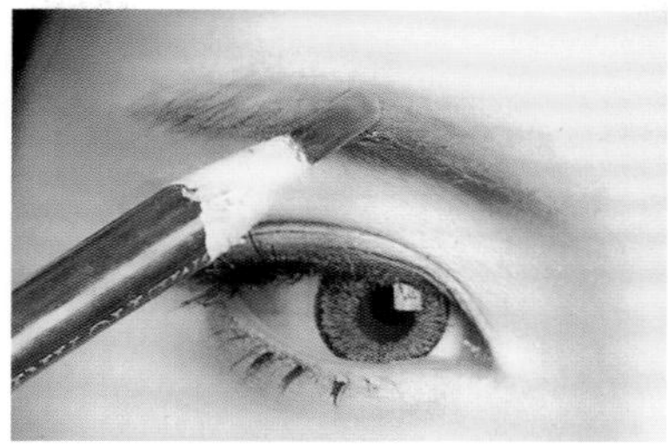

01 首先用咖啡色眉笔描画眉头，加宽眉头的宽度。

02 从眉峰位置向后描画眉形，使眉形呈现完整的轮廓。

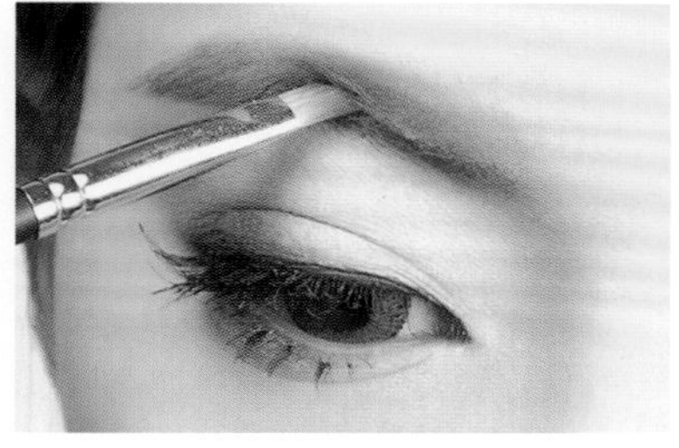

03 用眉粉刷蘸取咖啡色眉粉，涂刷整个眉形，使眉色均匀。

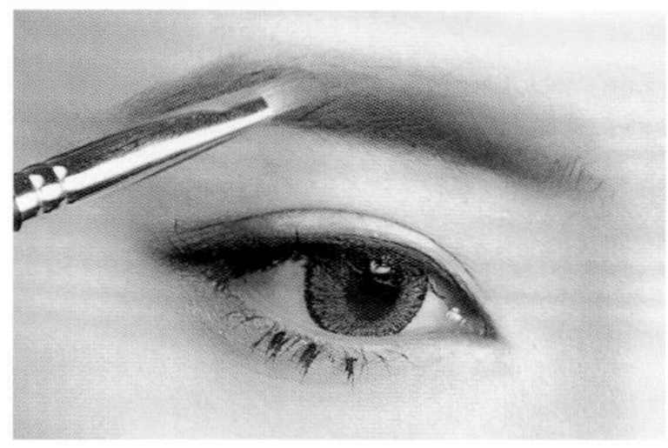

04 用眉粉刷加深眉毛局部的颜色，使眉形更加立体。

画眉后

画眉方法（二）：先用眉粉后用眉笔

重点提示：这种画法适合本身眉毛比较少的人。

画眉前

01 首先用咖啡色眉粉从眉头位置向后涂刷，确定眉毛的轮廓。

02 用咖啡色眉笔描画眉形的基本轮廓。轻轻描画眉头位置，使其更加自然。

03 用咖啡色眉笔对眉峰位置加深描画，使眉形更加立体。

04 用眉粉刷涂刷画好的眉毛，使眉形更加自然柔和。

画眉后

画眉方法（三）：先用染眉膏后用眉笔

重点提示：这种画法适合本身眉毛过浓、眉色过深的人。

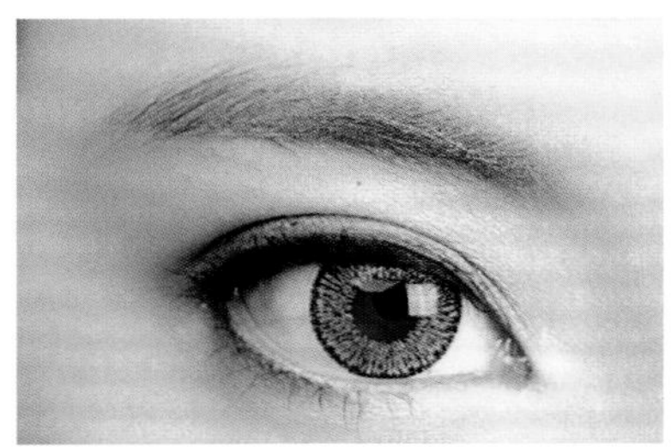
画眉前

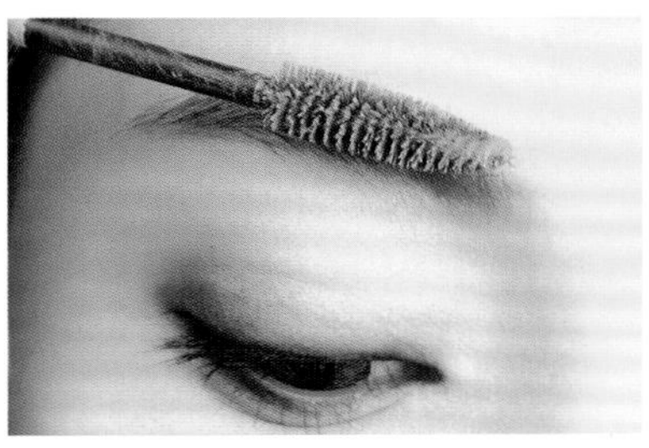
01 用染眉膏将过深的眉色染淡。

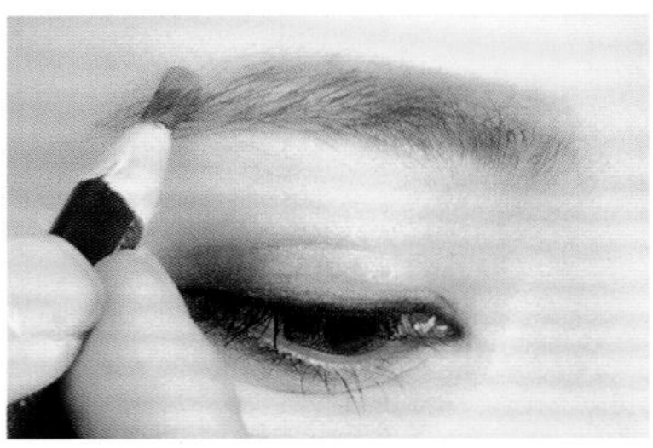
02 用咖啡色眉笔描画眉形，从眉峰向眉尾位置描画，使眉形更加完整。

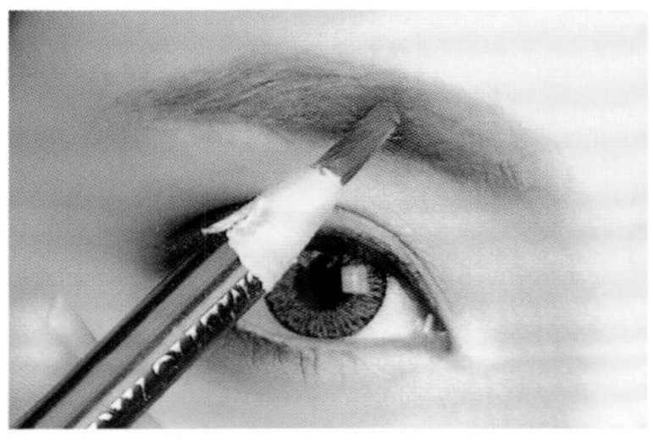
03 用咖啡色眉笔对眉形细节进行描画，使眉形更加立体。

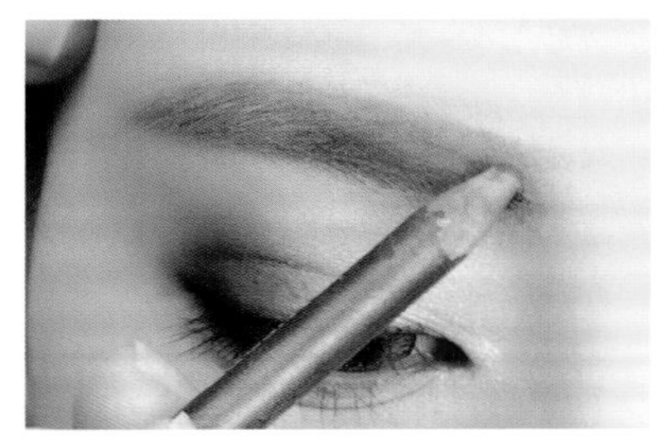
04 用灰色眉笔对眉毛的局部进行描画，使眉形更加自然。

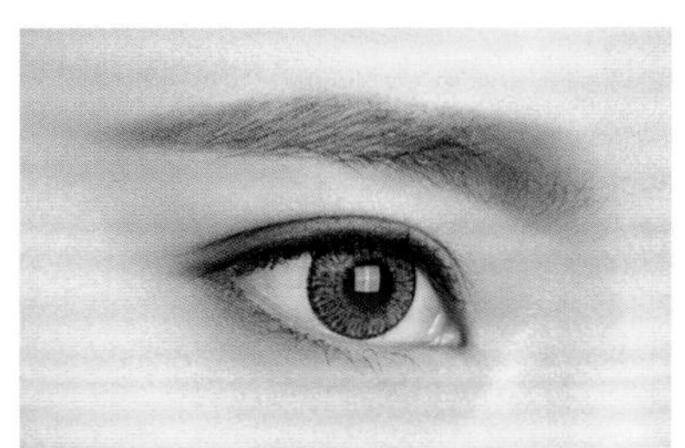
画眉后

画眉方法（四）：平衡眉形

重点提示：过于上扬和下垂的眉形可以通过找平衡的方式弥补不足，使眉毛呈现较为平衡的感觉。

画眉前

01 用眉粉对眉头位置过窄的地方进行加宽晕染，确定眉形。

02 用眉粉对眉毛的局部进行重点晕染，使眉粉和本身的眉毛过渡自然。

03 用灰色眉笔加深眉形，使眉毛更加立体。

04 用灰色眉笔描画眉峰及眉尾，使眉形更加清晰。

05 用咖啡色眉笔对眉峰位置进行加深处理，使眉形更加立体。

不同脸形适合的眉形

椭圆形脸

椭圆形脸是标准脸形，基本适合与各种眉形进行搭配。

瓜子形脸

瓜子形脸一般画各种眉形都不会出错。瓜子形脸上宽下窄，可以在画眉毛的时候将眉峰适当前移。

圆形脸

圆形脸在画眉的时候可以将眉峰提高一些，以拉长脸形。也可以画标准眉形。

长形脸

长形脸不要画过于明显的眉峰，比较平的眉毛可以有效缩短脸形。

菱形脸

对于菱形脸，不要将眉毛画得过长，以免从正面看上去像断眉一样，可适当缩短眉毛。

正三角形脸

正三角形脸在画眉的时候，将眉峰适当后移，以拉宽眉毛在视觉上的宽度，使其与下边过大的脸形平衡。

国字形脸

国字形脸描画眉形时眉峰要圆润，不要画过于硬朗的眉形，以免使人看上去太男性化。

梨形脸

梨形脸在描画眉形的时候，眉峰可以有一些棱角，以使脸形看上去更加立体。

11 眼形矫正

眼妆是妆容的重点，也是最需要花时间的部分。调整好了眼睛的形状，完美的妆面就成功了一大半。所以矫正好眼睛的形状是非常重要的一步。

下面总结一些眼部的常见问题，以标准比例为矫正依据，做具体的调整解析。为了让大家能更清楚地认识到调整的重点，在演示中眼妆的妆感都比较重，在具体实操中可根据具体情况来调整眼妆的轻重程度。

单眼皮的矫正

眼形解析：单眼皮不易粘贴出双眼皮，因为没有褶皱痕迹的存在，但可以通过睫毛的支撑，以及眼线、眼影的结合使眼睛变大。有些单眼皮本身就很好看，不一定非要做过多的调整，保持原有的特点也很好。

矫正重点：通过假睫毛的支撑，眼形可以得到很大的改善，假双画法可塑造双眼皮效果，使眼睛看上去更大。假双画法一般可以在舞台妆、创意妆中调整眼形，不太适合用于生活妆和新娘妆中。

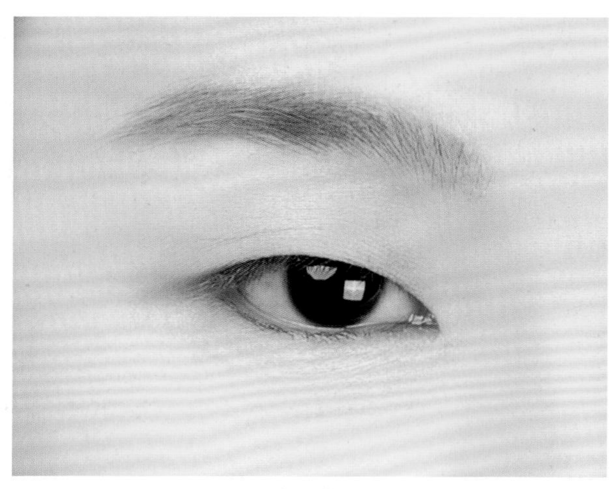

矫正前

矫正后

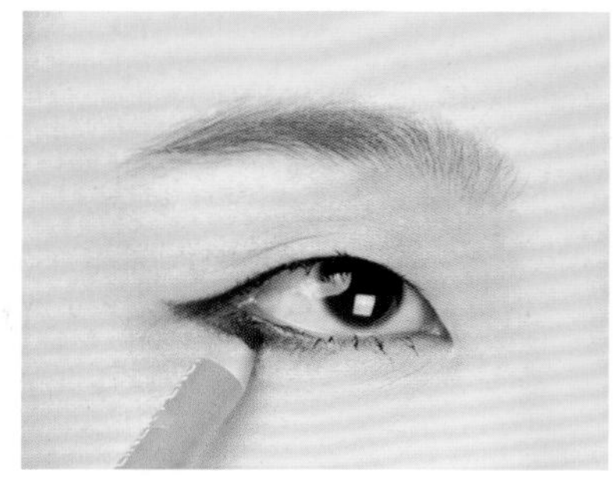

01 用铅质眼线笔描画上下眼线，下眼线可适当加宽，然后在眼尾位置与上眼线相互衔接。

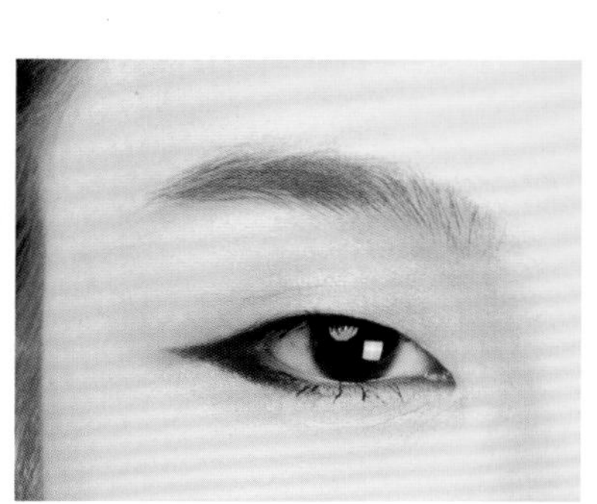

02 眼线描画完成的效果。

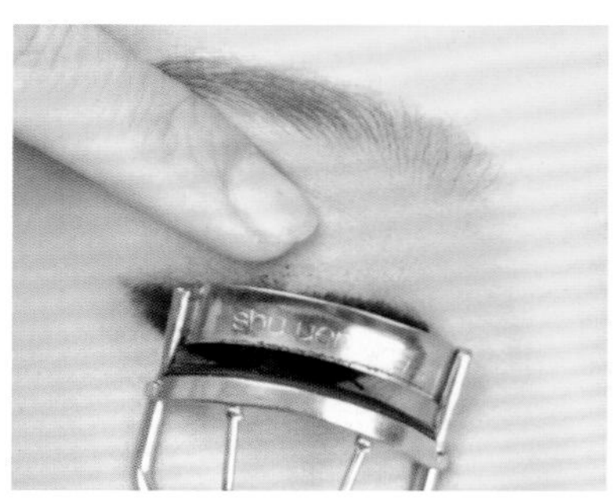

03 提拉上眼睑皮肤，用睫毛夹将上睫毛夹翘。

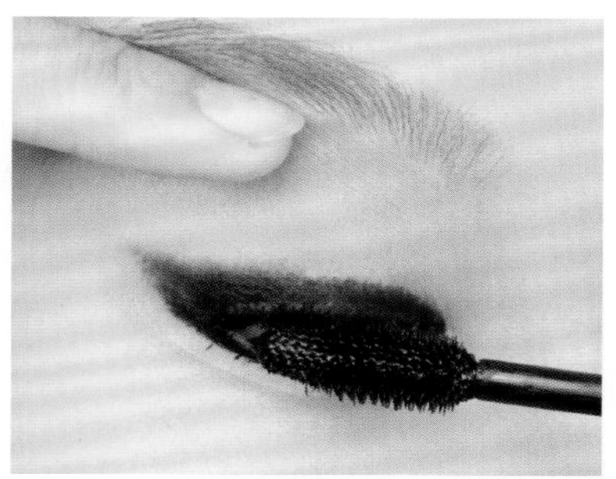

04 提拉上眼睑皮肤，涂刷睫毛膏。

05 在上眼睑靠近睫毛根部粘贴较为浓密的假睫毛。

06 假睫毛粘贴完成后的效果。

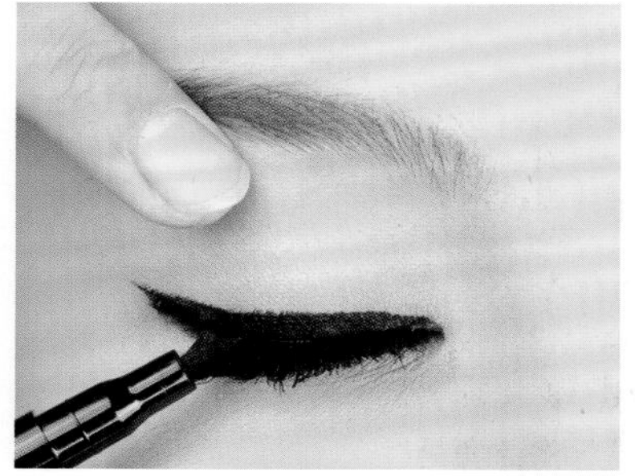

07 用水溶性眼线液笔描画上眼线，使其呈现更粗、更黑、更流畅的效果。

08 根据妆容的需要找好合适的位置，用水溶性眼线液笔描画一条假双线。

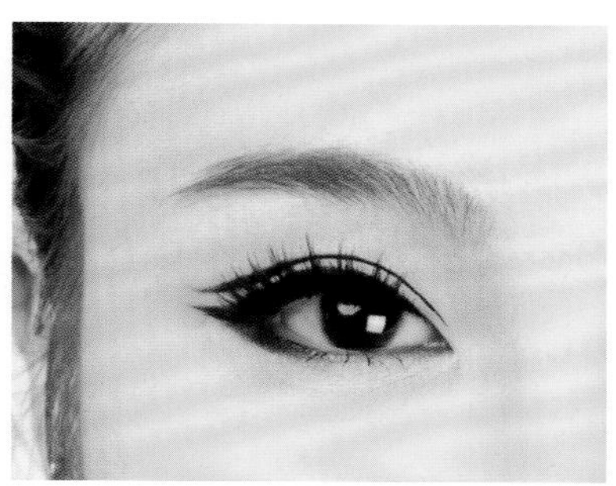

09 描画好假双线，睁开眼睛时的效果。

10 用墨绿色眼影自假双线向上晕染，可在靠近假双线处适当用亚光黑色眼影晕染。

11 在下眼睑位置用墨绿色眼影晕染。

12 用水溶性眼线液笔在下眼睑位置描画几根仿真的假睫毛。

13 用水溶性眼线液笔勾画内眼角的眼线。

14 用灰色眉笔描画眉形。

15 用眉粉刷将眉头位置晕染得自然柔和。

大小眼的矫正

眼形解析：大小眼与高低眼解决的方式比较类似，有些大小眼是因为眼皮有单双之分，可以用美目贴来调整眼形，使其尽量一致。

矫正重点：将美目贴、眼影、眼线相互结合，每一种都起到一定调整两眼比例的作用，最后使两眼大小基本一致。

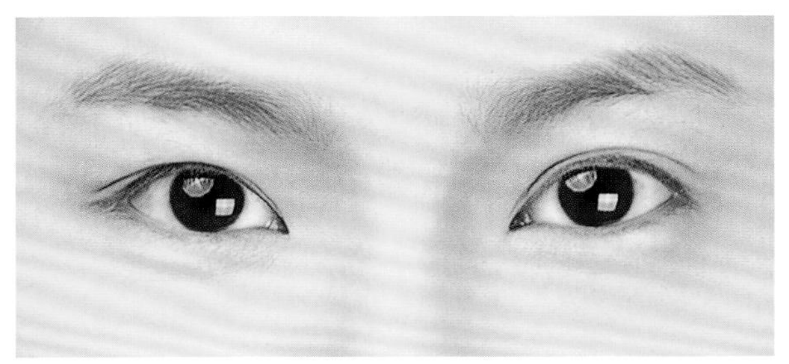

矫正前

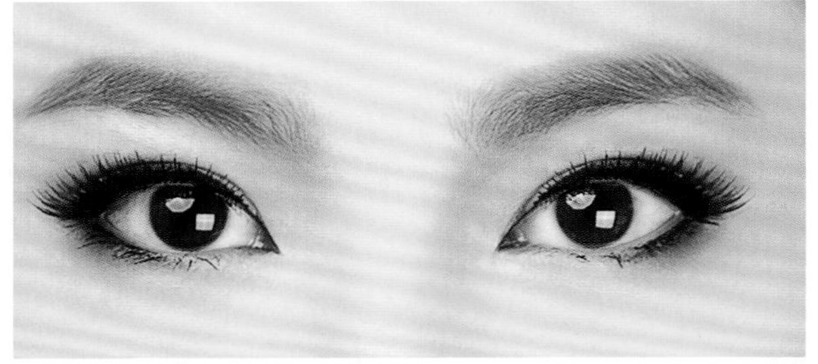

矫正后

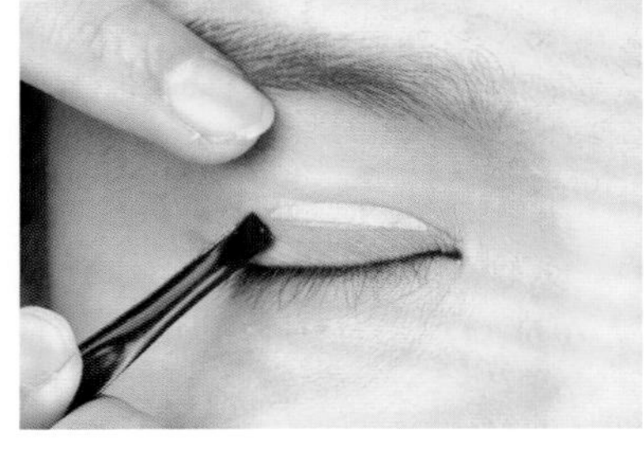

01 粘贴美目贴，加宽窄双眼皮的宽度。

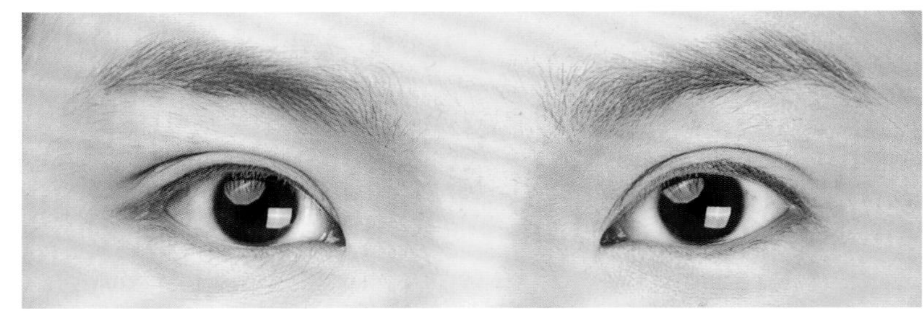

02 双眼皮粘贴完成后的效果。

03 提拉上眼睑皮肤，描画一条前窄后宽的眼线。

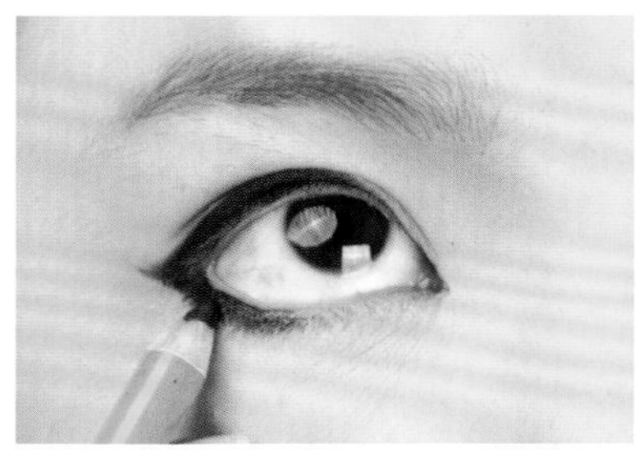

04 描画下眼线。在描画眼线时，注意观察两眼大小的差距，据此适当调整两边眼线的宽窄。

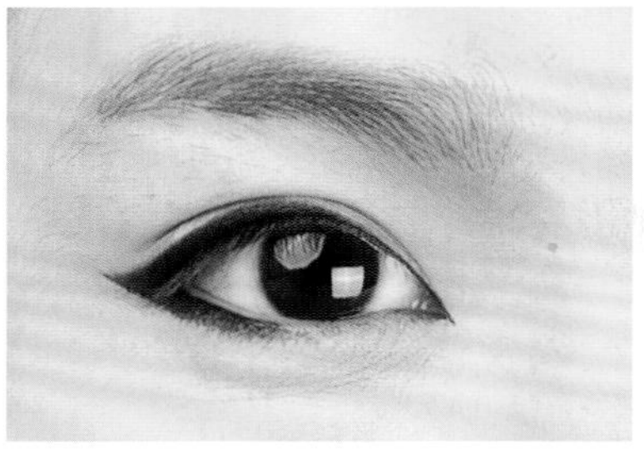

05 眼线描画完成后的效果。

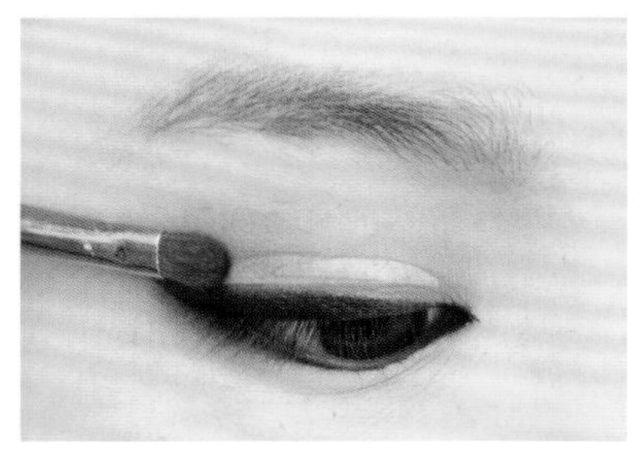

06 在上眼睑位置用自然的金棕色眼影晕染，重点晕染靠近眼尾的位置。

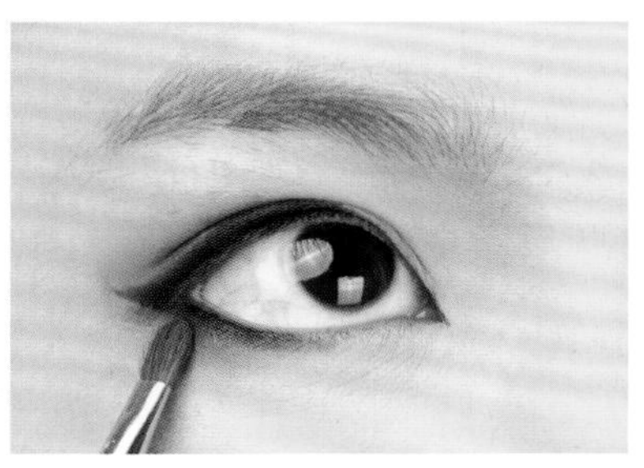

07 在下眼睑位置晕染金棕色眼影。

08 在上眼睑位置粘贴前短后长的假睫毛。

09 用水溶性眼线液笔勾画内眼角眼线。

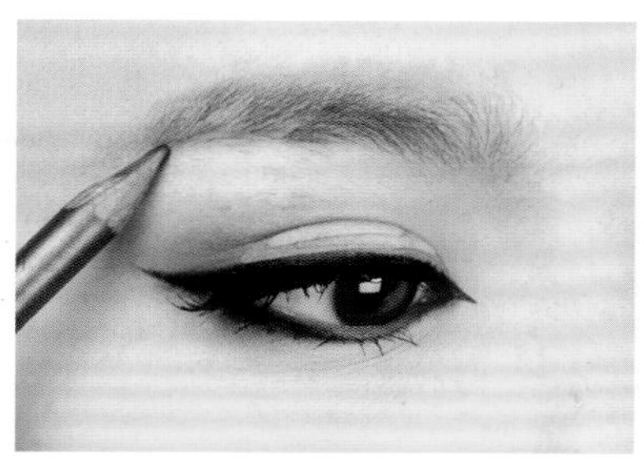

10 用灰色眉笔描画眉形。

11 继续描画眉毛，使其更加自然。

两眼间距过宽的矫正

眼形解析：两眼间距过宽容易使人产生幼稚、无神、呆板的感觉，在调整的时候尽量拉近两眼之间的距离，适当前移眼妆的重点位置，也可以适当拉长眼线，以拉近两眼之间的距离，使眼睛更有神。

矫正重点：开眼角眼线可拉近两眼之间的距离，同时用眼影和眼线结合的方式调整下垂眼形。

矫正前

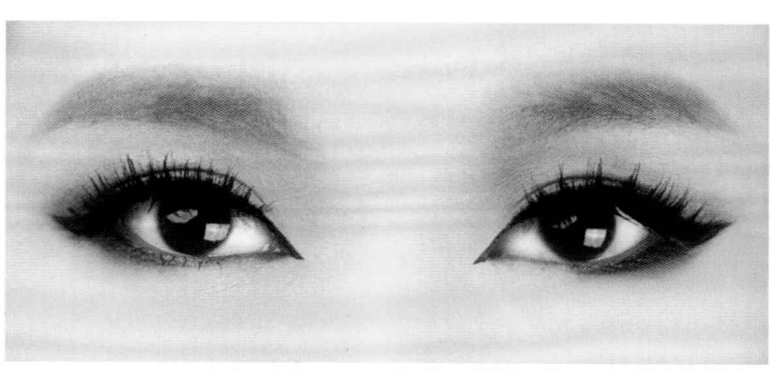

矫正后

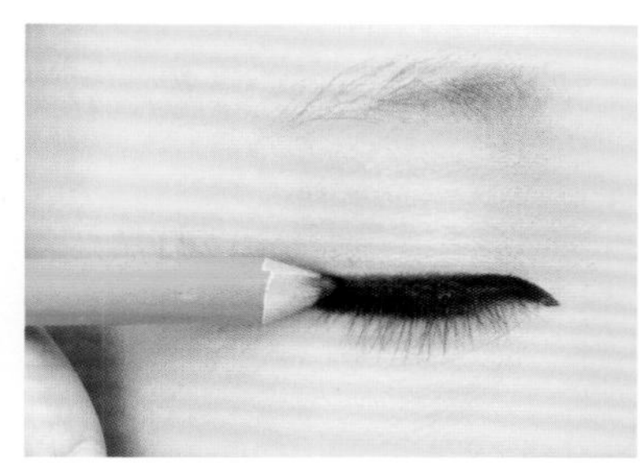

01 用铅质眼线笔在上眼睑描画眼线。

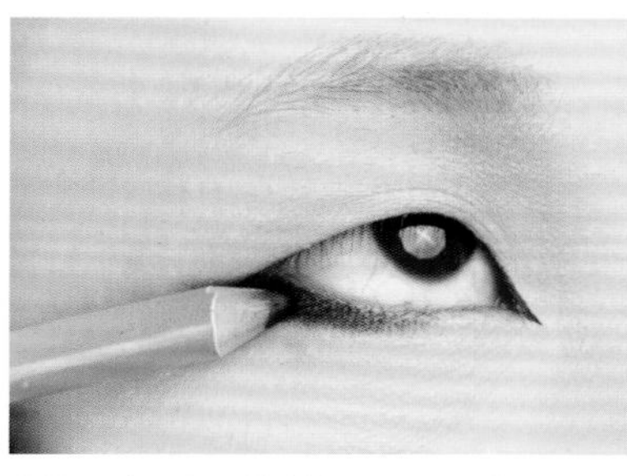

02 用铅质眼线笔描画下眼线。注意下眼线呈前窄后宽的效果。

03 用水溶性眼线液笔勾画内眼角眼线，以拉近两眼的距离。

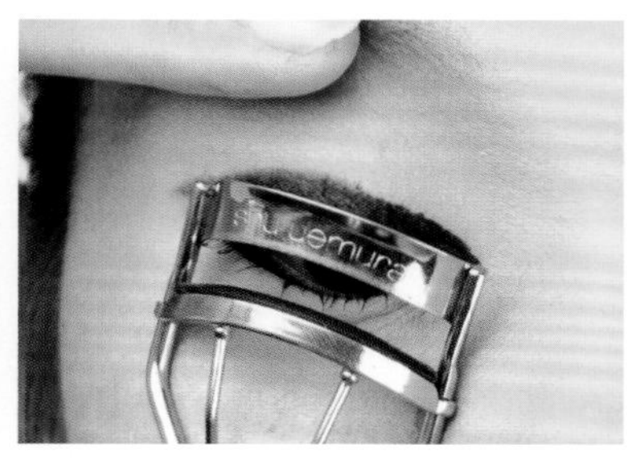

04 提拉上眼睑皮肤，将睫毛夹翘。

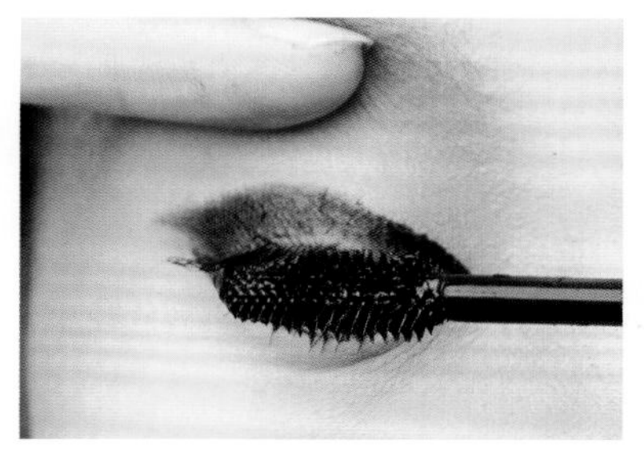

05 提拉上眼睑皮肤，涂刷睫毛膏。

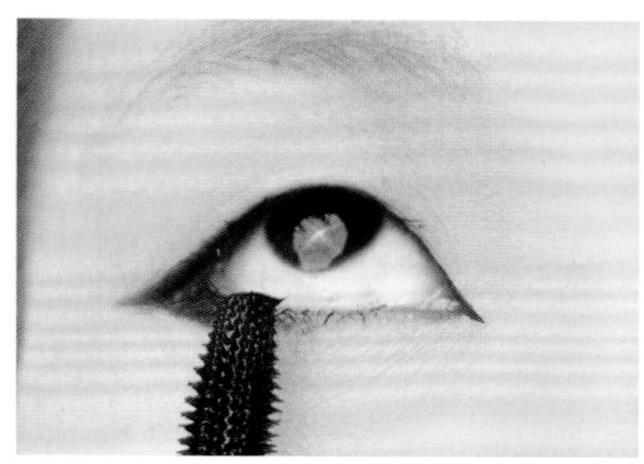

06 涂刷下睫毛。

07 在上眼睑处粘贴较为浓密的假睫毛，使其起到一定的支撑作用。

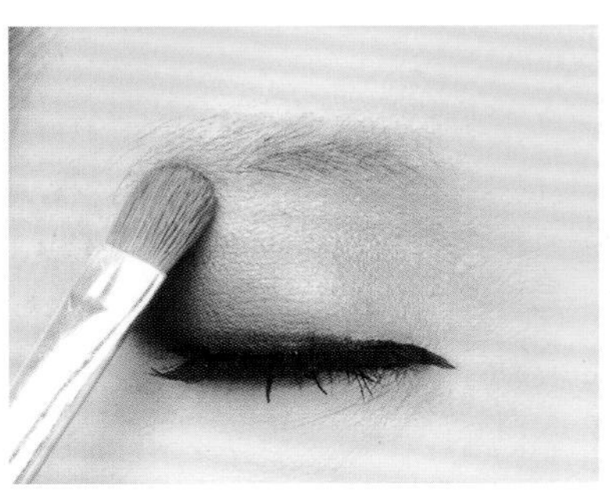

08 用淡淡的灰色眼影在上眼睑大面积晕染。

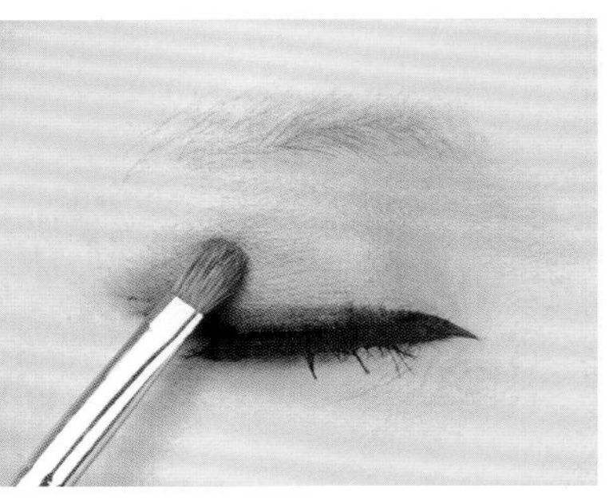

09 在上眼睑后半段用灰紫色眼影局部晕染。可适当用亚光黑色眼影在靠近睫毛根部的位置加深晕染。

10 在下眼睑眼线位置用灰紫色眼影进行晕染。

11 提拉上眼睑皮肤，用水溶性眼线液笔加深眼线。

12 用灰色眉粉描画并晕染眉毛。

两眼间距过窄的矫正

眼形解析：间距过窄的眼睛容易给人精明、工于心计的感觉。在调整的时候把眼妆的重点放在眼睛的后半段，在视觉上尽量拉开两眼之间的距离，在一定程度上使两眼之间的距离在视觉上显得更远。

矫正重点：眼影着重在眼尾位置晕染，眉峰适当后移，在视觉上拉大两眼的间距。

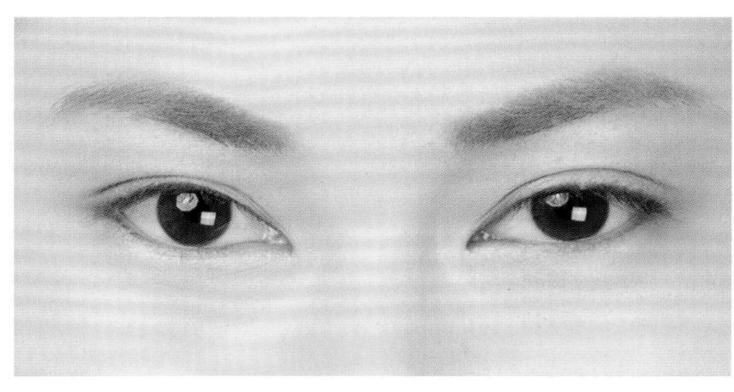

矫正前

矫正后

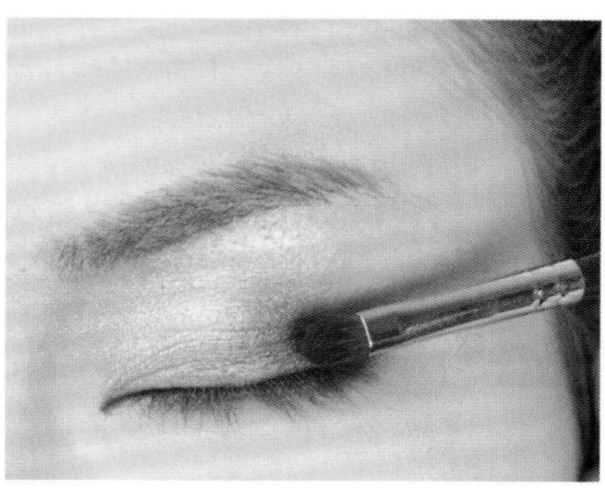

01 在上眼睑用浅金棕色眼影打底，然后在靠近眼尾位置用深金棕色眼影加深晕染。

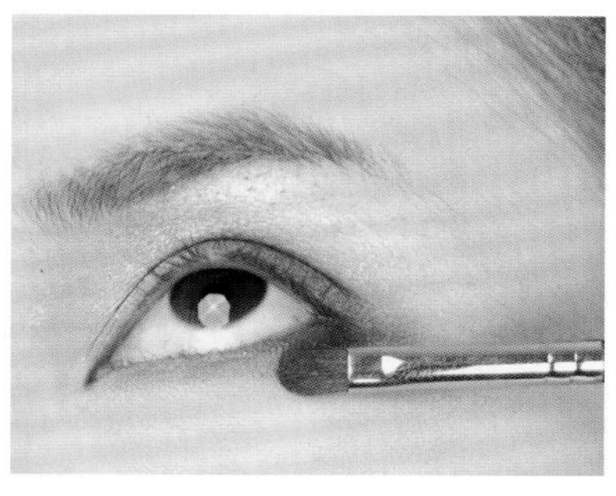

02 在下眼睑处用深金棕色眼影晕染。

03 在眉骨位置用珠光白色眼影提亮。

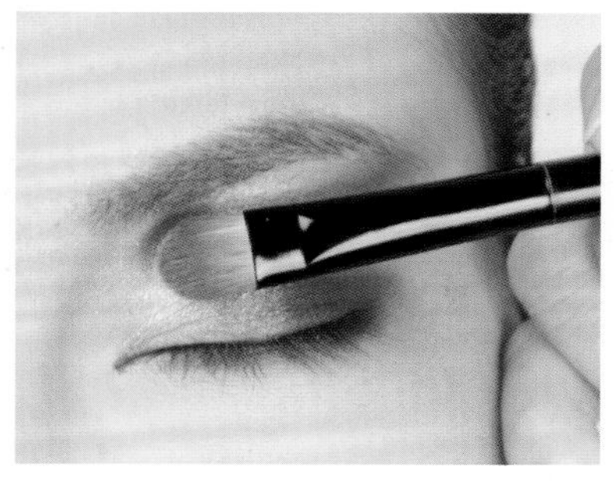

04 在上眼睑前半段着重用珠光白色眼影提亮。

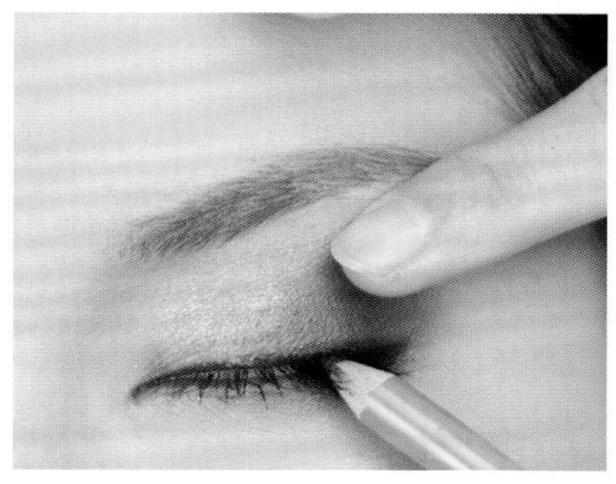

05 提拉上眼睑皮肤，用铅质眼线笔描画眼线。

06 在下眼睑位置用铅质眼线笔描画自然的眼线。

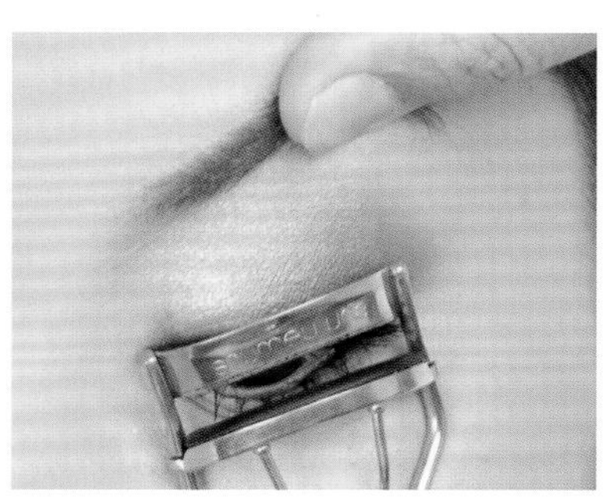

07 提拉上眼睑皮肤，用睫毛夹夹翘上睫毛。

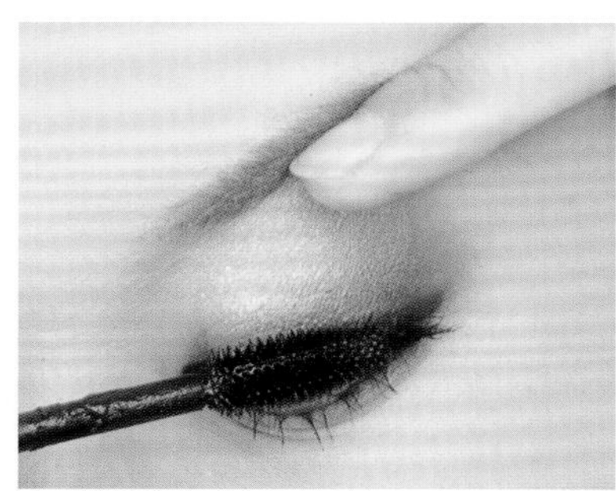

08 提拉上眼睑皮肤，用睫毛膏涂刷上睫毛，然后粘贴假睫毛。

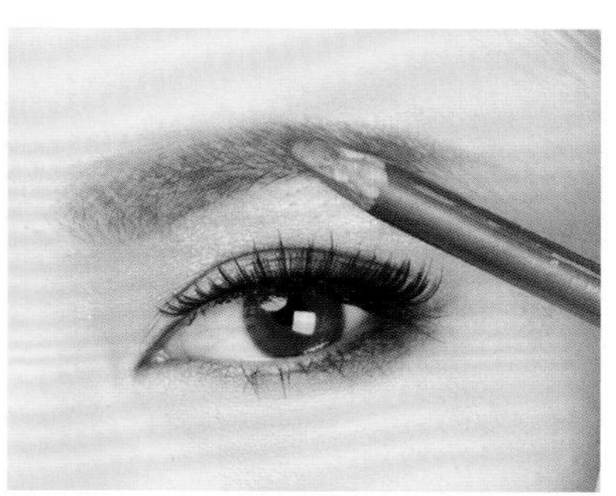

09 用灰色眉笔描画眉形。

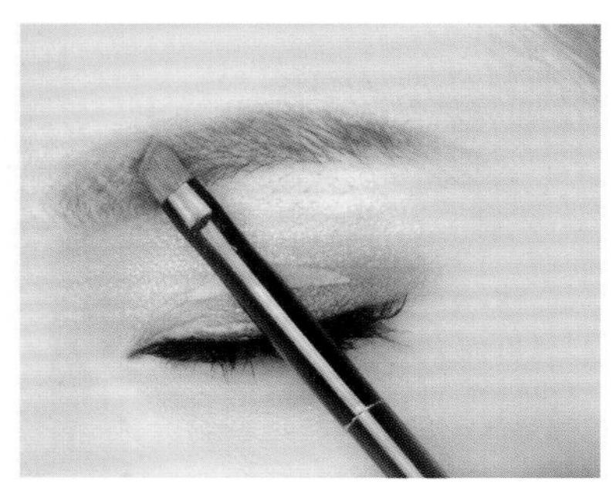

10 用眉粉刷将眉头涂刷得柔和自然。

11 画出清晰的眉峰，矫正完成。

眉毛与眼睛距离过大的矫正

眼形解析： 眉毛与眼睛之间的距离过大一般是因为眉骨位置过高、眼形较平，使眉毛与眼睛看上去离得很远，给人一种呆板的感觉。

矫正重点： 将眼妆重点放在上眼睑中间的位置，用假睫毛和眼影拉近眼睛与眉毛的距离。在描画眉毛的时候尽量放低，使其靠近眼睛。

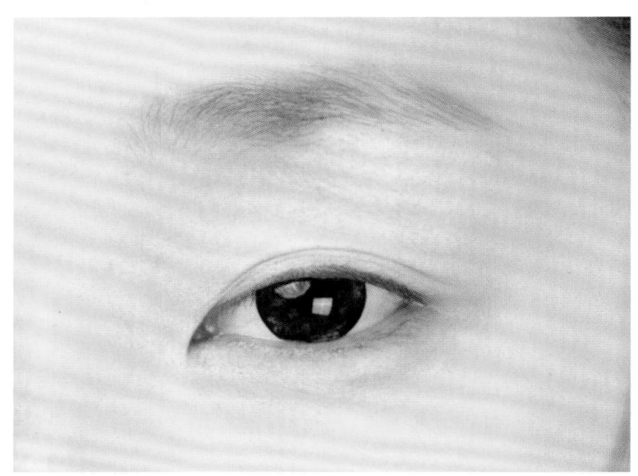
矫正前

矫正后

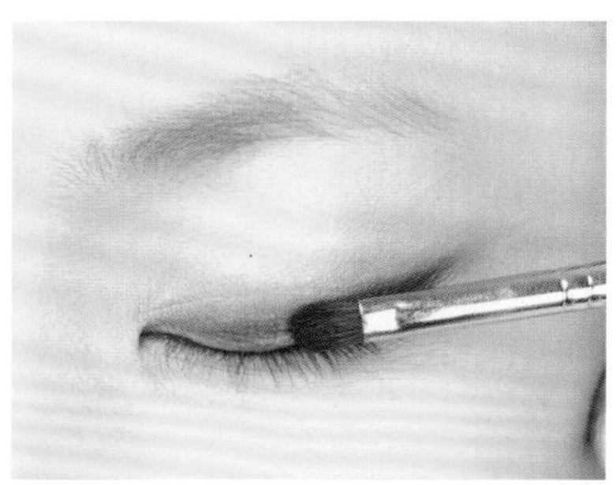
01 在上眼睑靠近睫毛根部晕染亚光紫色眼影。

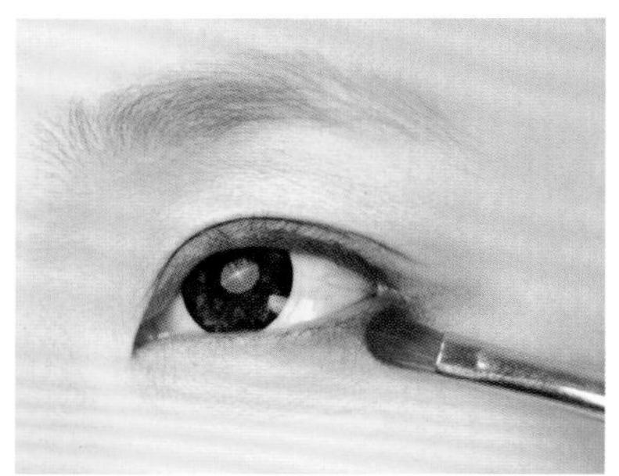
02 在下眼睑后半段晕染亚光紫色眼影。

03 在上眼睑位置用珠光紫色眼影进行晕染。

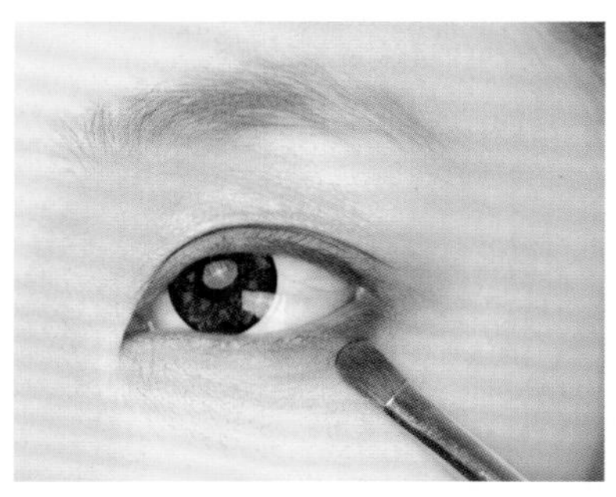
04 在下眼睑位置用珠光紫色眼影晕染。

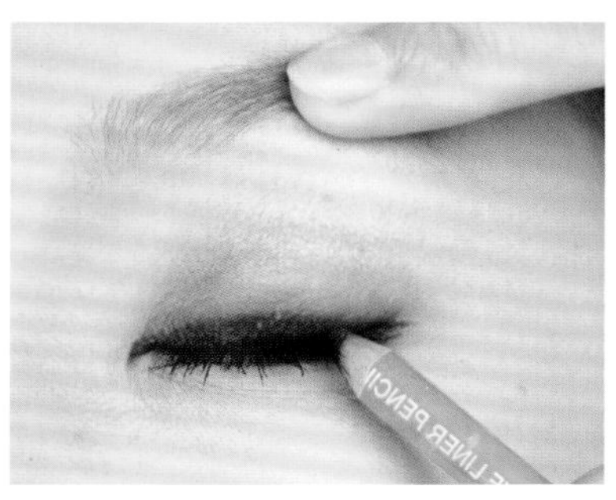
05 提拉上眼睑皮肤，描画出中间宽两边窄的上眼线。

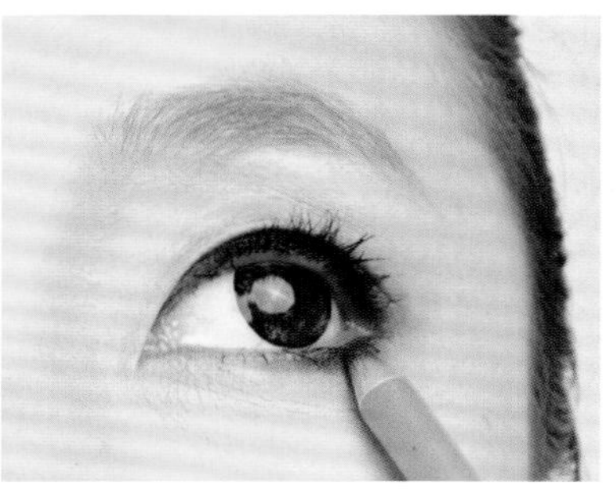
06 在下眼睑晕染眼影的位置描画出眼线。

07 将上睫毛夹翘后涂刷睫毛膏。

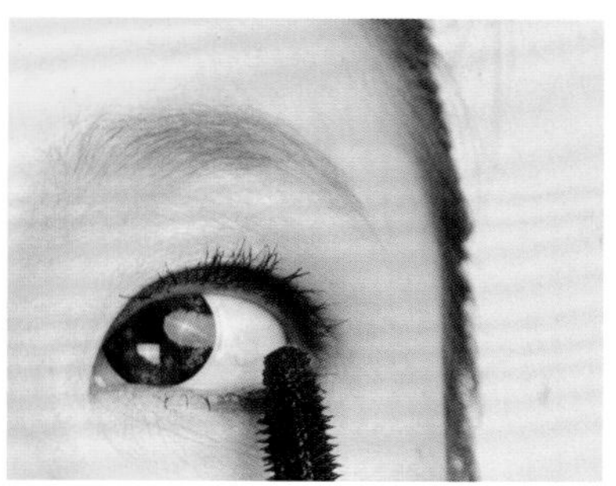

08 纵向涂刷下睫毛。

09 在上眼睑粘贴纤长的假睫毛。

10 用水溶性眼线液笔在下眼睑位置斜向描画出仿真的假睫毛。

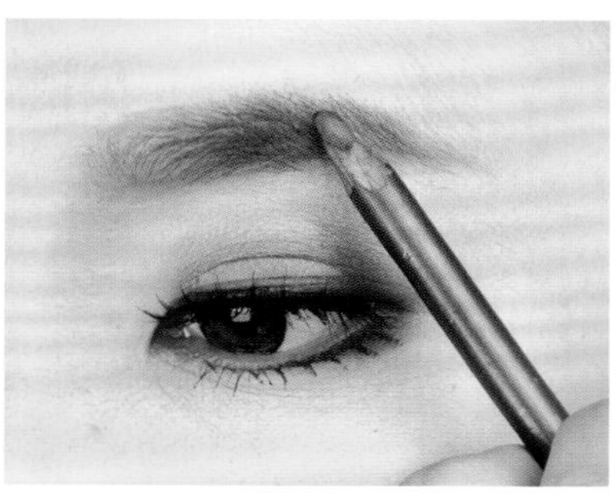

11 用灰色眉笔描画眉形，使眉形较平粗，不要过长。

12 用眉刷梳理眉毛，矫正完成。

小眼睛的矫正

眼形解析：小眼睛一般是因为内外眼角过窄，在纵向上眼睑对眼球遮盖面积过大。

矫正重点：粘贴美目贴后，可对上睫毛起到支撑作用。再粘贴上下假睫毛并对眼线的宽度进行调整，可使眼睛变大。用眼影晕染可使眼睛显得深邃。

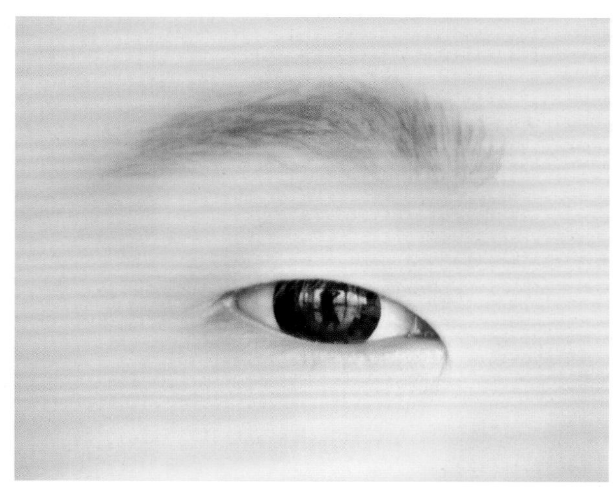

矫正前

矫正后

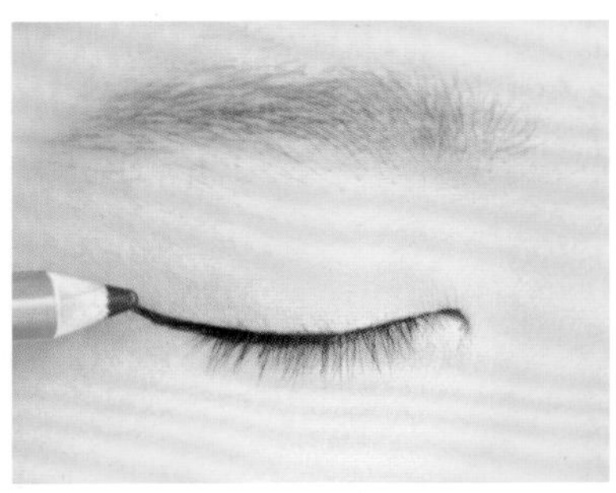
01 用铅质眼线笔在上眼睑描画眼线。

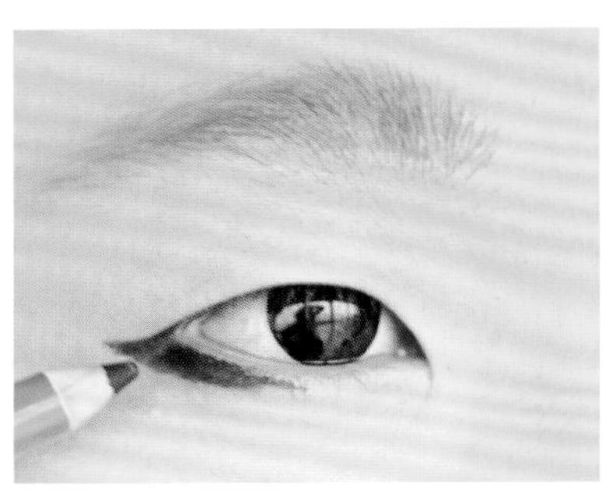
02 用铅质眼线笔在下眼睑描画眼线，并在眼尾位置与上眼线衔接。

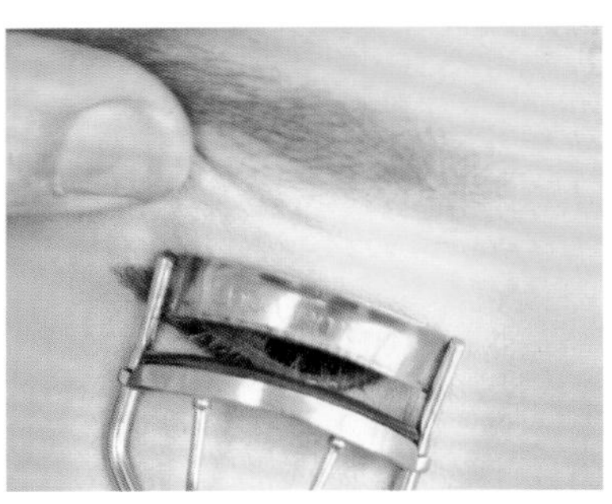
03 提拉上眼睑皮肤，用睫毛夹将上睫毛夹翘。

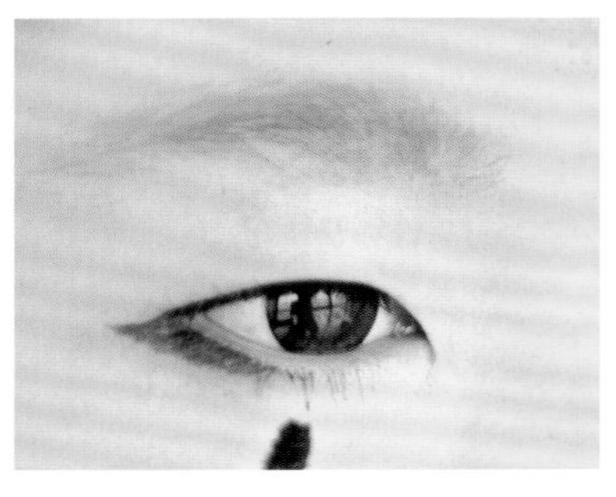
04 用睫毛膏涂刷上下睫毛。

05 在上眼睑粘贴较为浓密的假睫毛。

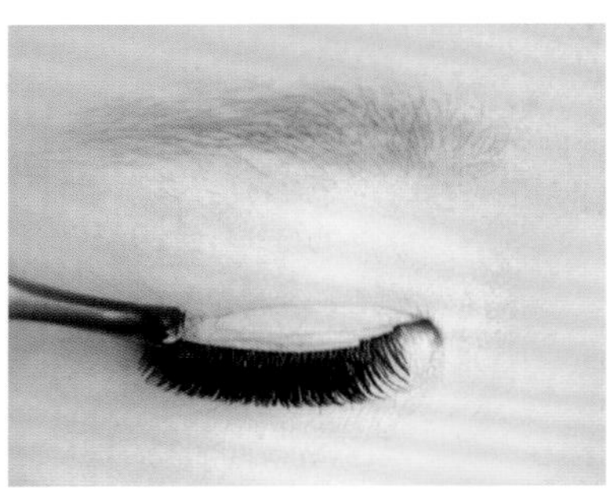
06 在上眼睑靠近睫毛根部向上粘贴美目贴，可错层多次粘贴，增加支撑力。

07 在下眼睑的眼线位置粘贴一段假睫毛。

08 在上眼睑靠近睫毛根部用水溶性眼线液笔描画眼线。

09 在上眼睑晕染亚光咖啡色眼影，在眼尾位置用少量黑色加深晕染。

10 在下眼睑前半段用白色眼线笔描画，使眼妆更加干净、立体。

11 用棕色眉笔描画眉形。

12 用眉刷梳理眉毛，矫正完成。

眼尾上扬的矫正

眼形解析：眼尾上扬的眼形会给人一种比较精明、妖媚的感觉，给人一种不好接近的距离感。

矫正重点：上眼线进行平缓处理，加宽下眼线眼尾位置的宽度，以降低眼尾的高度。

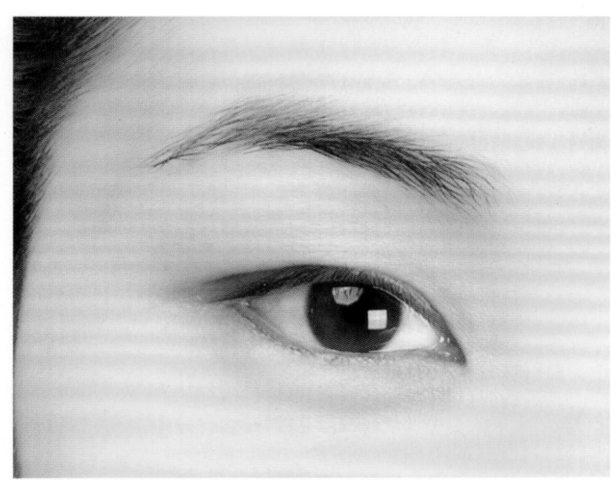

矫正前

矫正后

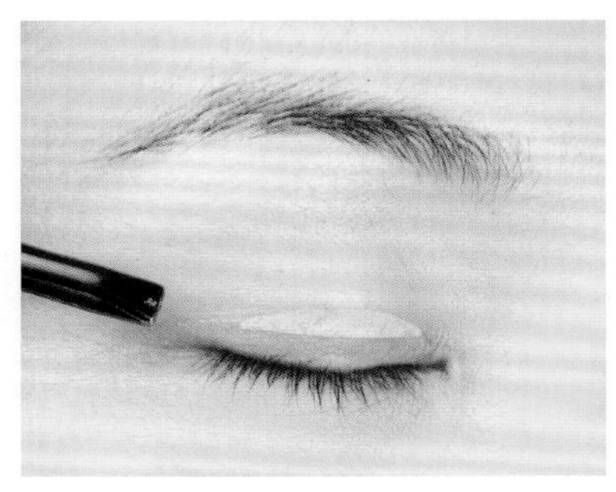

01 在上眼睑位置粘贴美目贴，把中间位置的双眼皮加宽。

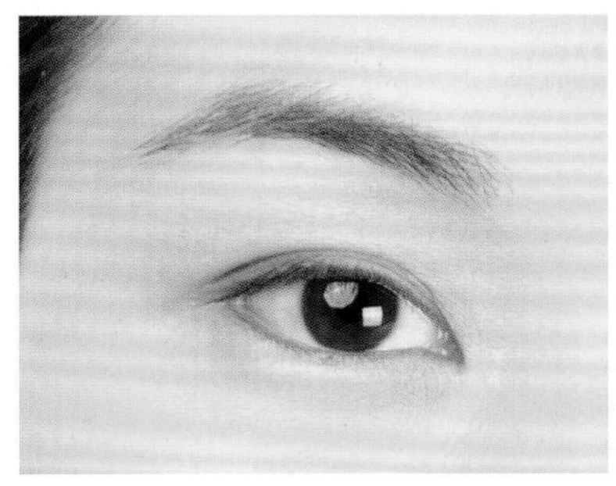

02 美目贴粘贴完成的效果。

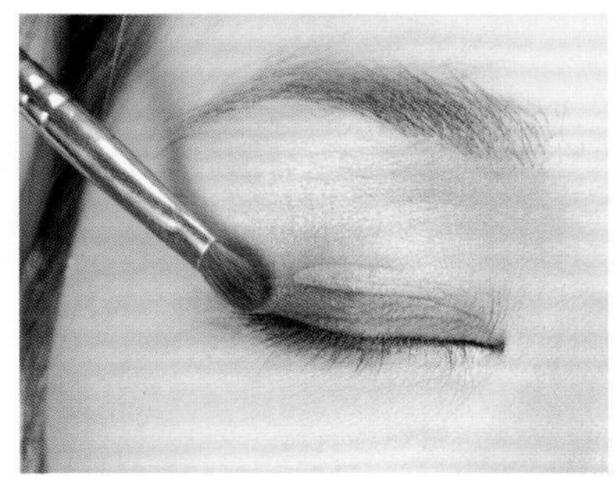

03 在上眼睑位置晕染金棕色眼影，在靠近睫毛根部位置适当加深晕染。

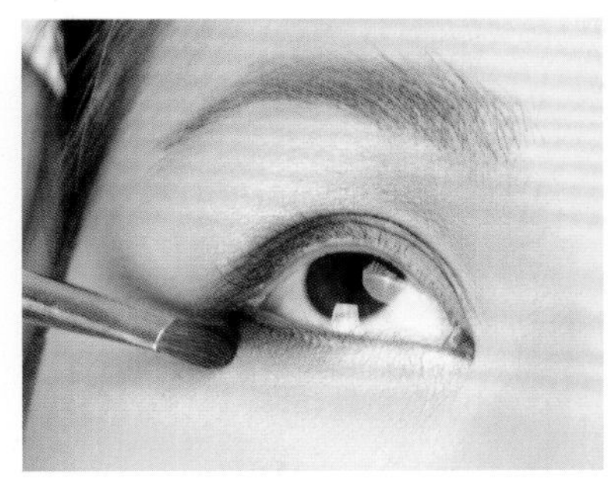

04 在下眼睑后半段晕染金棕色眼影，眼线的面积可适当加宽。

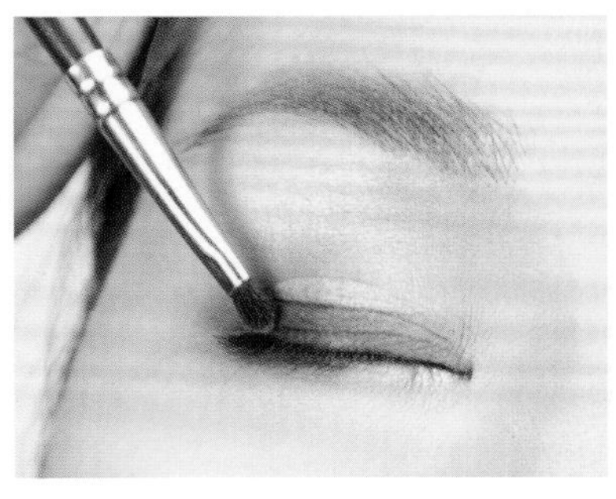

05 在上眼睑位置用亚光咖啡色眼影加深晕染。

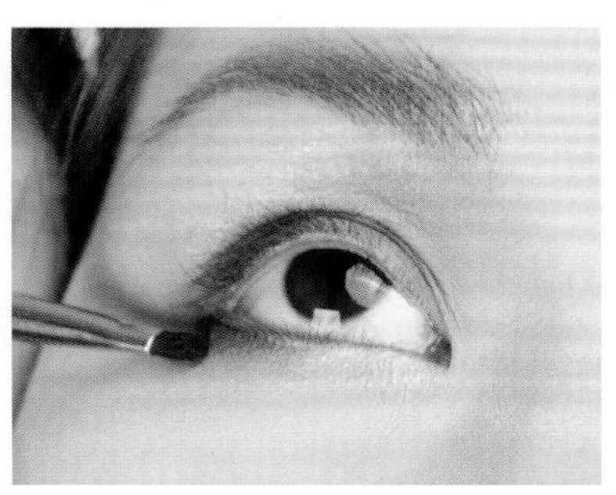

06 在下眼睑位置用亚光咖啡色眼影加深晕染。

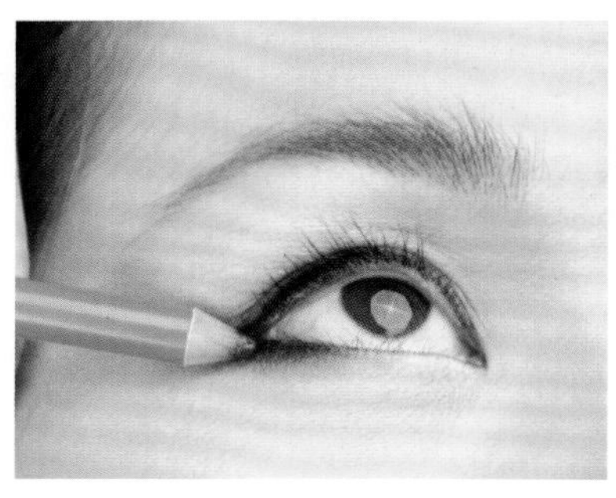

07 用铅质眼线笔描画上眼线，切记眼尾不要上扬。描画下眼线时要前窄后宽。

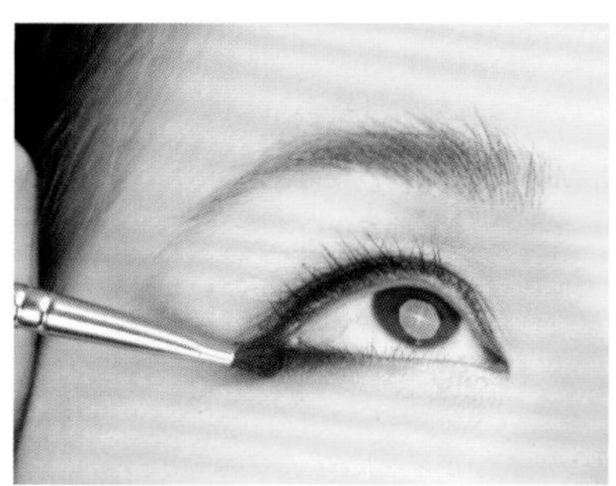

08 用眼影刷将下眼线晕染开。

09 提拉上眼睑皮肤，将上睫毛涂刷得自然卷翘。

10 用睫毛膏涂刷下睫毛。

11 在上眼睑粘贴较为浓密的假睫毛。

12 用灰色眉笔描画眉形。眉形可适当加粗，走向要平缓。

眼尾下垂的矫正

眼形解析： 眼尾下垂的眼睛给人一种精神萎靡的感觉，显得木讷、呆板。

矫正重点： 通过粘贴美目贴来提升眼尾位置下垂的皮肤，然后通过眼线和眼影进行重点修饰，提升眼尾的高度。

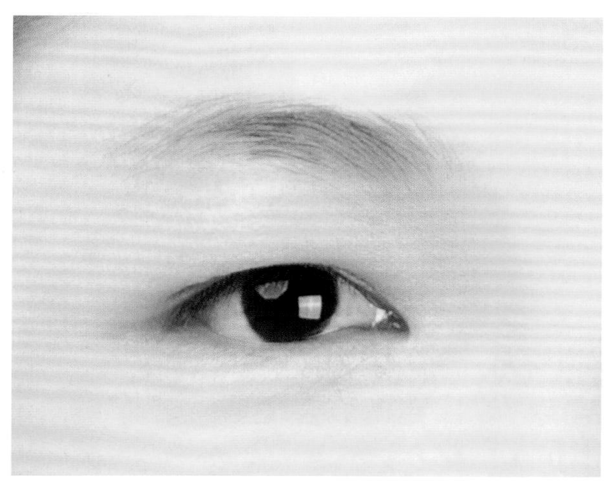

矫正前

矫正后

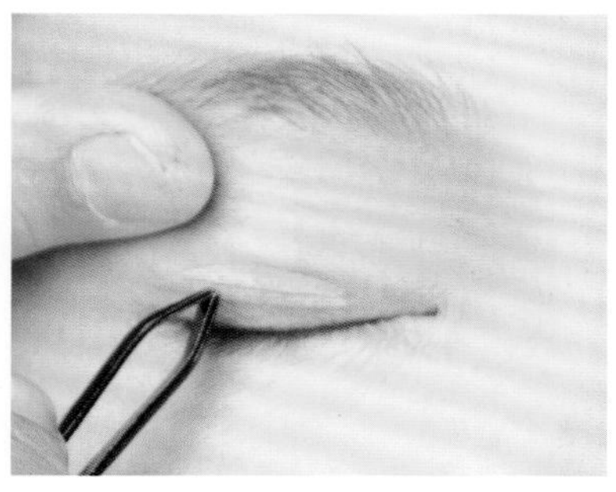

01 用美目贴加宽双眼皮的宽度。

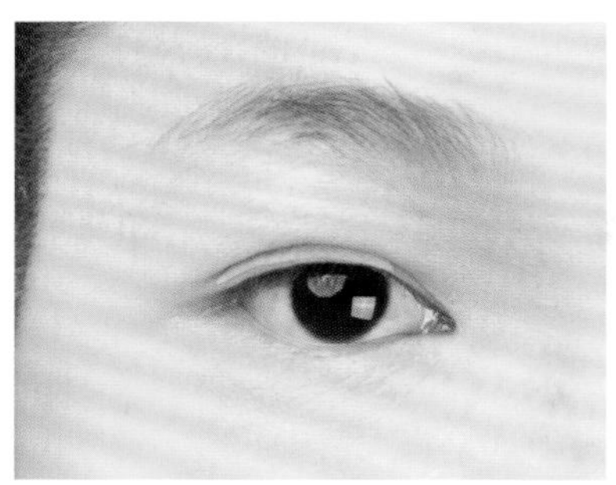

02 双眼皮粘贴完成的效果。

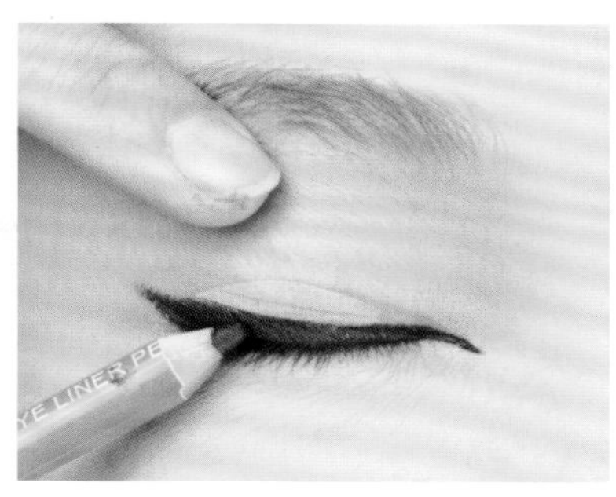

03 用铅质眼线笔描画上眼线，使眼尾上扬。

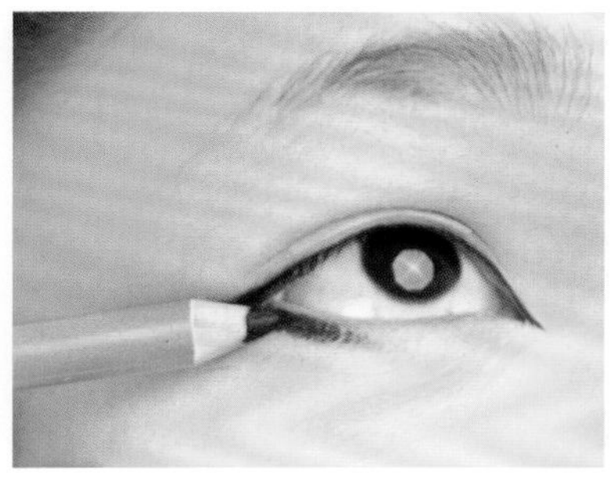

04 用铅质眼线笔描画下眼线，使眼尾与上眼线衔接。

05 用水溶性眼线液笔勾画并拉长内眼角的眼线。

06 在上眼睑晕染亚光咖啡色眼影。在靠近眼尾位置斜向上晕染眼影。

07 在下眼线位置用亚光咖啡色眼影晕染。

08 在上眼睑位置粘贴浓密卷翘的上假睫毛。

09 在下眼睑黑色眼线以外的区域用珠光白色眼线笔描画眼线。

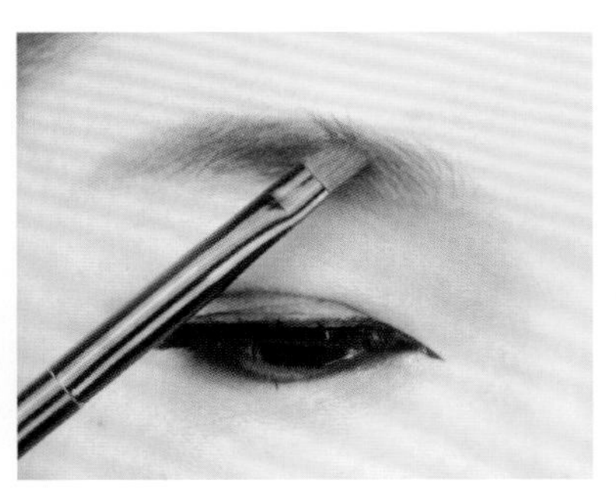

10 用灰色眉粉刷涂刷眉形，使眉形更加清晰。

11 用灰色眉笔描画眉毛缺失的位置。

12 用眉刷梳理眉毛，矫正完成。

眼睛过肿的矫正

眼形解析：过肿的眼睛又称肿眼泡。这样的眼睛在调整的时候尽量避免使用浅淡的暖色，以免使眼部造成更肿的感觉，可以用较深的颜色和冷色弱化眼睛在视觉上过肿的感觉。

矫正重点：用黑色胶水将靠近睫毛根部的一部分皮肤粘合起来，使眼睛上方的皮肤减少，使眼睛看上去更大。

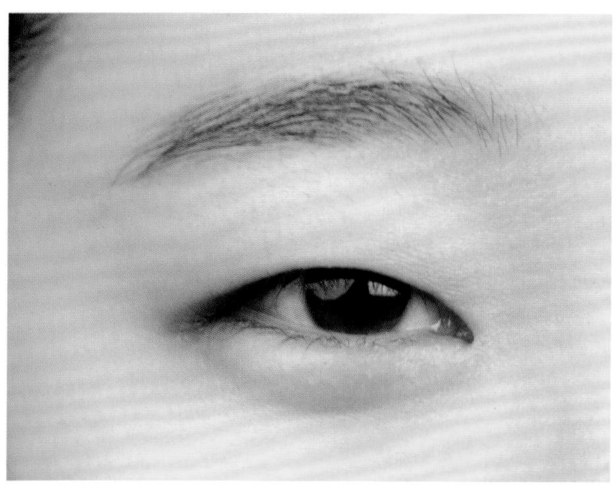

矫正前

矫正后

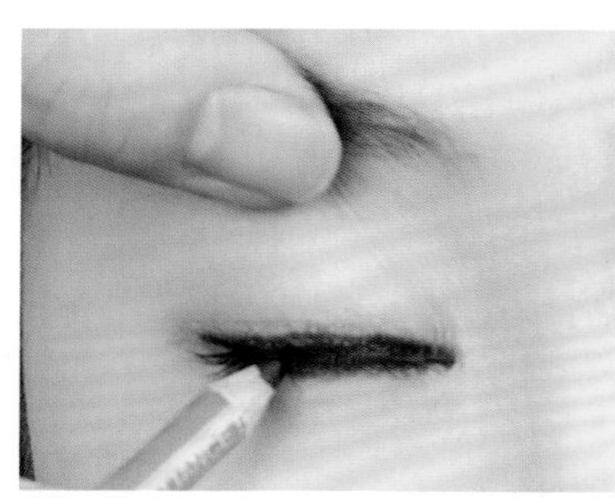

01 提拉上眼睑皮肤，用铅质眼线笔描画一条眼线。

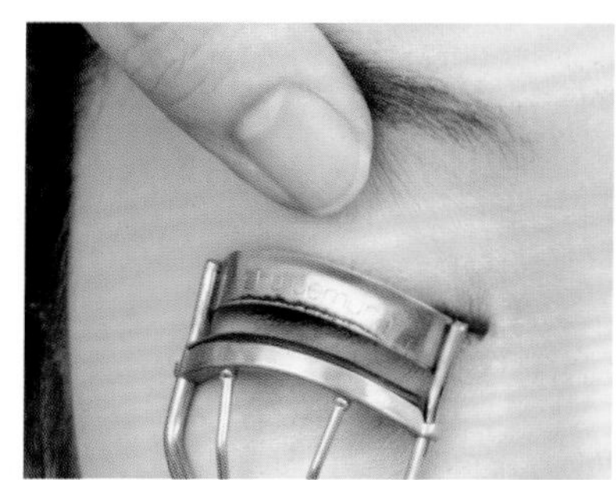

02 将上睫毛用睫毛夹夹翘。

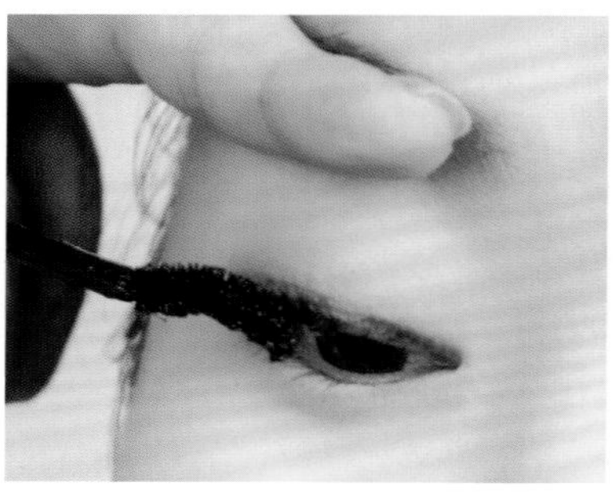

03 将上睫毛涂刷得自然卷翘。

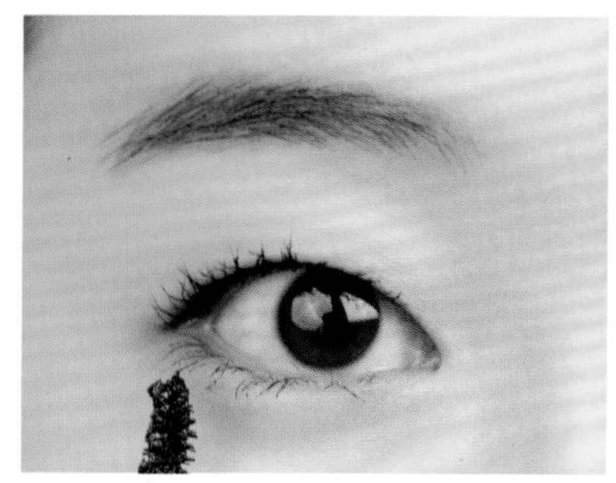

04 用睫毛膏纵向涂刷下睫毛。

05 在靠近睫毛根部的位置粘贴一段假睫毛。

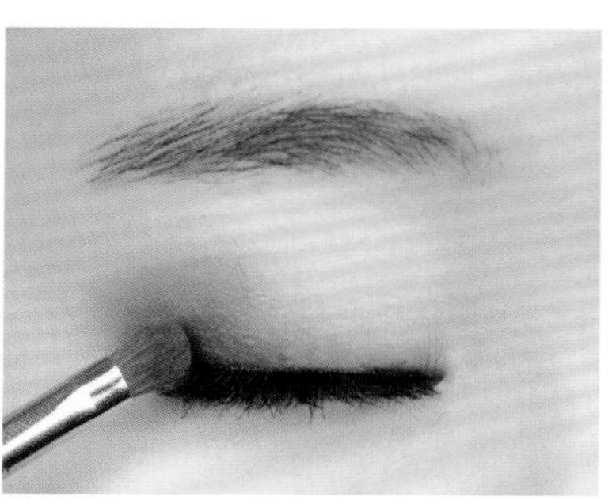

06 在上眼睑后三分之一处，用深金棕色眼影做局部的加深晕染。

07 在上眼睑前三分之一处用深金棕色眼影做局部的加深晕染。

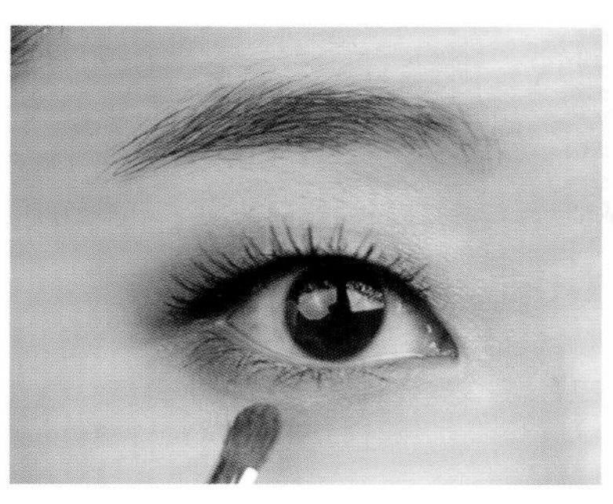

08 用深金棕色眼影在下眼睑位置进行晕染。

09 在上眼睑靠近睫毛根部涂刷黑色睫毛胶水。

10 提拉上眼睑皮肤，在模特闭眼的状态下用发卡辅助向上推眼睑的皮肤，使其粘贴在一起。

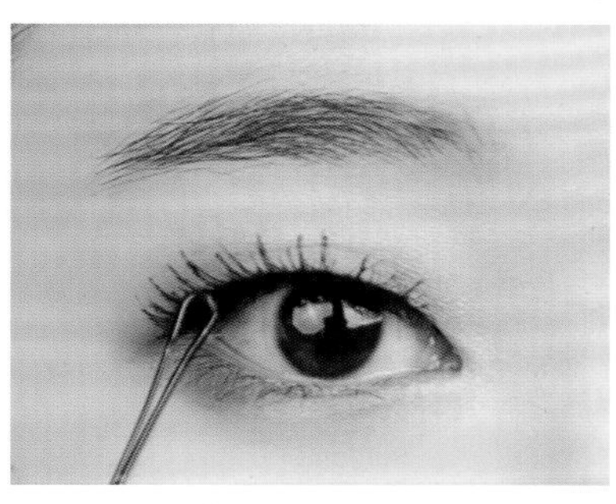

11 在模特睁开眼睛的状态下做细节的调整，使其更加自然。

12 在上眼睑用水溶性眼线液笔描画一条眼线。

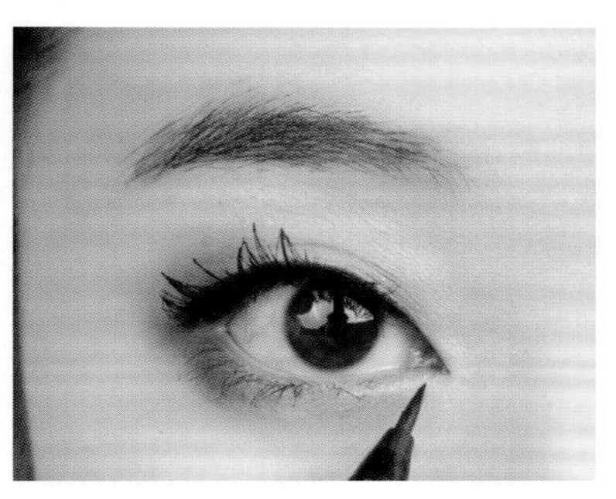

13 用水溶性眼线液笔勾画内眼角眼线。

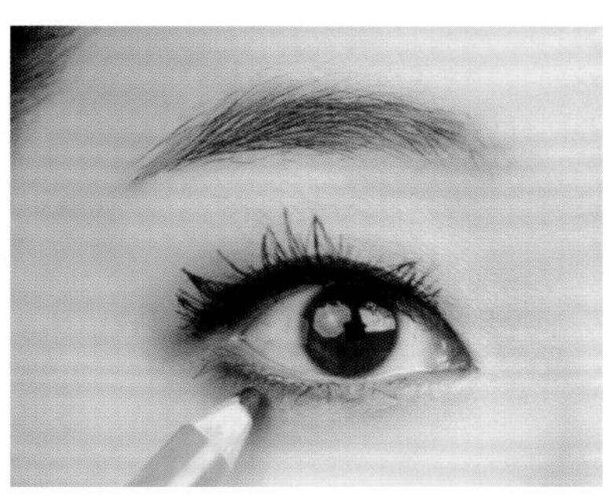

14 用铅质眼线笔在下眼睑后半段描画自然的眼线。

15 用深金棕色眼影将眼线晕染得更加自然。

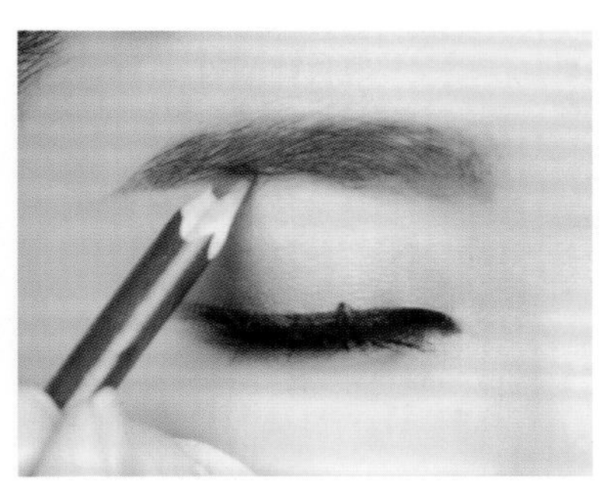

16 用棕色眉笔描画眉毛。

17 用眉刷梳理眉毛，矫正完成。

12 一抹唇色——唇妆的类型及描画技法

唇妆看似简单易操作，但对妆面的完美度起到了决定性的作用。或清纯，或妖艳，或优雅，或性感，嘴唇能展现出很多不同的风格。每一种唇妆都有适合的妆容，选择合适的唇妆搭配在妆容上，可谓锦上添花，很大程度上提升了妆容的层次和格调。

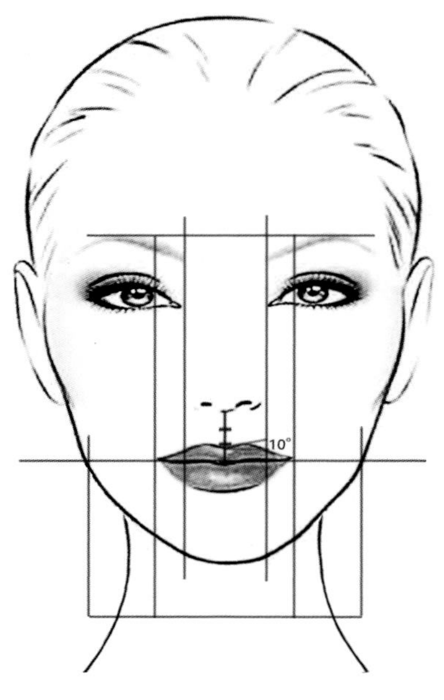

唇的标准比例

唇的宽度一般不会超过眼睛平视前方时两眼球内侧的垂直延长线之间的距离，标准唇的宽度应为脸部宽度的二分之一。上嘴唇厚度一般约为鼻孔下方到上下嘴唇结合处的距离的三分之一，唇峰位于鼻孔中心向下的延长线上，且唇峰与唇谷呈10°，唇角能够自然合拢。上下唇高度比例为1：1或2：3是比较标准的唇形。

比例为1：1的唇形

比例为2：3的唇形

唇部的矫正

唇形过大：不要用过亮的唇彩，否则会显得嘴巴很油。对于唇部厚而且棱角分明的唇，也不要打造很有形的立体唇，如果处理不当会出现大唇套小唇的感觉。

唇形过小：如果想化比较自然的唇妆，可以先用肉色唇膏模糊唇的轮廓线，再涂上相应颜色的唇彩。这样不但可以使唇变大，还会有性感的嘟嘟唇的效果。要打造成轮廓分明的新唇形时，用唇膏打造新的轮廓线，再加上相应的唇色。

唇形扁平：扁平的唇形显得缺少立体感，不够饱满，可以在唇珠应该凸起的位置自然地涂抹浅色唇彩，与唇周的深色唇彩相结合，塑造立体感。

唇色与妆容风格的关系

唇的色彩对妆容的风格有很大的影响，同样一款妆容搭配不同的唇色所呈现的效果会有很大区别。下面以一款淡雅的妆容搭配不同的唇色为例，来介绍一下唇色对妆容风格的影响。

除了唇妆之外，这些案例图都是一样的，在观察唇妆的同时去体会一下妆容的风格变化，可使我们能更好地利用唇妆确定妆容的风格。

透明色

透明色唇妆使妆容呈现自然、淡雅、清新的感觉。与此款妆容搭配，使妆容裸透、自然。

粉嫩色

粉嫩色唇妆可以使肤色偏暖，与此款妆容搭配，使妆感更加红润、自然。

橘色

橘色唇妆可以使妆容冷暖协调。与此款妆容搭配，使妆容更加自然、透亮。

玫红色

玫红色唇妆可以使肤色呈现暖调的感觉。与此款妆容搭配，使妆容更加浪漫、唯美。

红色

红色唇妆具有喜庆、时尚的感觉，是一款经典的唇色。与此款妆容搭配，使妆容更加具有时尚感。

暗红色

暗红色唇妆冷艳、时尚、复古、高贵，给人一种距离感。与此款妆容搭配，既时尚又复古。

蓝色

蓝色唇妆会使肤色呈现冷色调的感觉，是一种夸张的唇色。与此款妆容搭配，增加了妆容的夸张感和创意感。

黑色

黑色唇妆具有时尚、空灵、孤独、颓废的感觉。与此款妆容搭配，使妆容更加冷艳、魅惑、时尚。

唇妆的分类

以下所阐述的不是所有的唇妆效果，更多更特别的妆效还需要不断地开发、创造。在决定用哪种唇妆之前，一定要基本确定眼妆的妆效，有些唇妆搭配妆容时，很容易使色彩失衡或妆感不足。除非是在拍摄时尚大片的时候，其他情况下一定要注意眼妆和唇妆之间的协调性以及化妆的需求。

裸透唇

在处理一些较为时尚的妆容时，经常会使用这种唇妆处理方式。有时在条件有限的情况下，很多人会使用粉底膏代替肉色唇膏对嘴唇进行遮盖，其实这种方法非常不可取，因为粉底的质感很难和唇部的皮肤相互契合，而且很容易造成唇部纹路外露，显得唇妆不精致。建议选择符合唇色的唇膏进行遮盖。用肉色唇膏打造裸唇效果的时候，唇部看起来可能会苍白病态，而且不够性感，所以首先用肉色唇膏模糊唇形，然后用略深的粉嫩色或橘色唇膏在上下唇的衔接处涂抹，可以使唇形看起来既性感又自然。

亚光唇

近些年来，亚光唇膏大行其道，优雅的红唇就像一个标志性的符号，很多演员、歌手在红毯上都会选择这种唇妆，这种唇妆既优雅又时尚。在搭配妆容的时候，如果想突出唇妆，则眼妆要处理得比较淡雅，有时只需一条复古感的眼线即可；如果红唇搭配烟熏妆，就会显得非常时尚大气。大家可根据自己的需要来选择。在处理亚光唇的时候，边缘轮廓线的清晰度以及两边唇形要基本对称，如果不能做到这两点，那么优雅的红唇很容易显得俗艳。

晶莹唇

晶莹唇的唇色淡雅而光感十足。在处理这种唇妆的时候，注意唇部的滋润度，一般在开始打底之前就会用软化唇部的护理产品滋润唇部，处理好妆容其他部位之后用棉签对嘴唇进行清理。这种唇妆适合唇部轮廓比较好的人，不适合唇形不对称或唇部过于单薄的人。在搭配自然型妆容的时候，经常会使用这种唇妆。

立体唇

描画立体唇和处理立体的基础底妆是一个道理，都是通过深浅的变化来体现立体感。如果用一种颜色的唇膏来处理唇妆，要注意控制蘸取唇膏的量和笔触的力度；如果用多色唇膏，要注意色彩的渐变。在打造立体唇时，一支顺手的唇刷也十分重要。

渐变唇

渐变唇又名咬唇，唇形边缘模糊，越靠内颜色越深。这种唇妆可以使嘴唇看上去饱满。所用的色彩不同，可以呈现出不同的妆感。例如，玫红色咬唇浪漫可爱，暗红色咬唇时尚性感。

妖艳唇

妖艳唇一般光泽感比较强，唇色较深。选择合适的唇基底色，处理好唇形，以唇高点为基准涂抹唇彩，注意不要整个唇都涂抹，这样会使嘴唇看上去十分油腻。

唇妆描画技法（一）：裸透唇

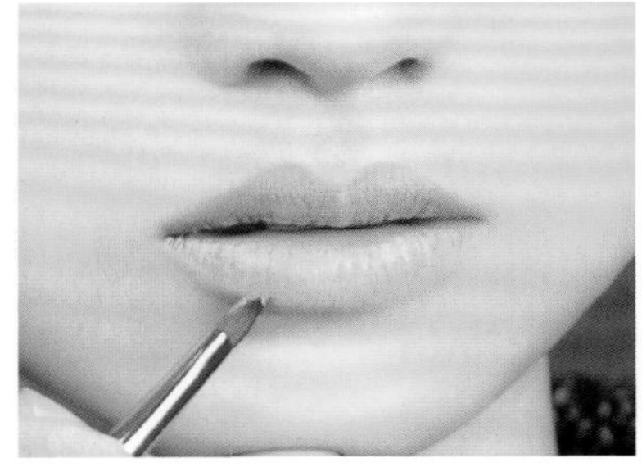

01 用亚光裸棕色唇膏涂抹下唇。

02 用亚光裸棕色唇膏涂抹上唇。

03 用棉签将唇边缘线涂抹开，使唇线模糊。

04 将透明唇彩点缀在嘴唇上。

05 用唇刷将唇彩涂抹均匀。

完成

唇妆描画技法（二）：亚光唇

01 用亚光红色唇膏从唇角开始勾勒下唇的边缘线。

02 用亚光红色唇膏勾勒上唇的边缘线。

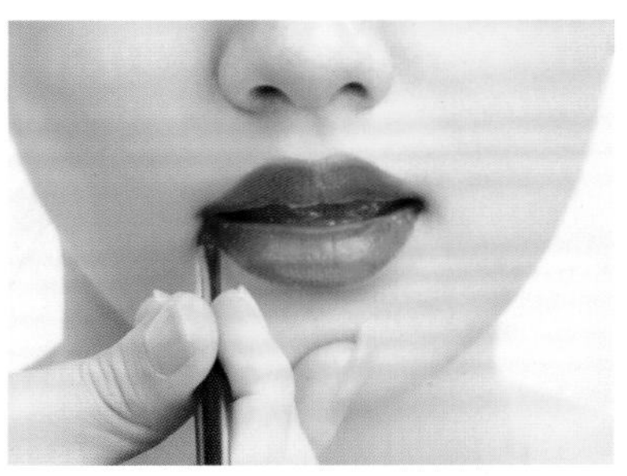

03 用亚光红色唇膏涂满整个唇部。注意对唇角位置的涂抹，使唇形更饱满。

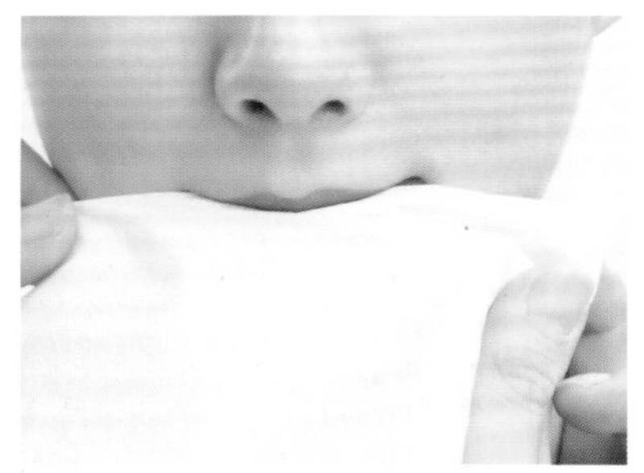

04 用纸巾吸取唇膏的油脂。

05 第二次涂抹唇膏，可增加嘴唇的质感和饱和度。

完成

唇妆描画技法（三）：晶莹唇

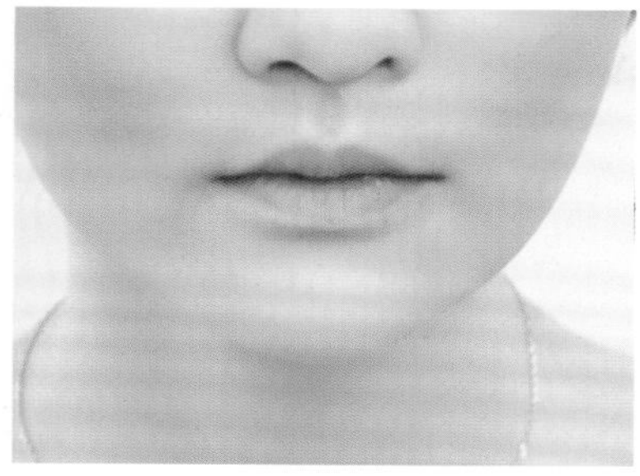

01 如果唇色较深，先用裸色唇膏调整唇色。

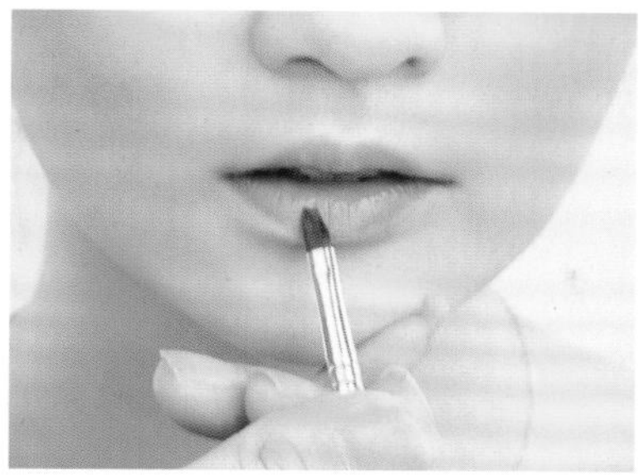

02 在下唇涂抹橘色唇膏。

03 在上唇涂抹橘色唇膏。

04 将唇峰位置处理得圆润自然。

05 在上下唇涂抹透亮的唇彩。

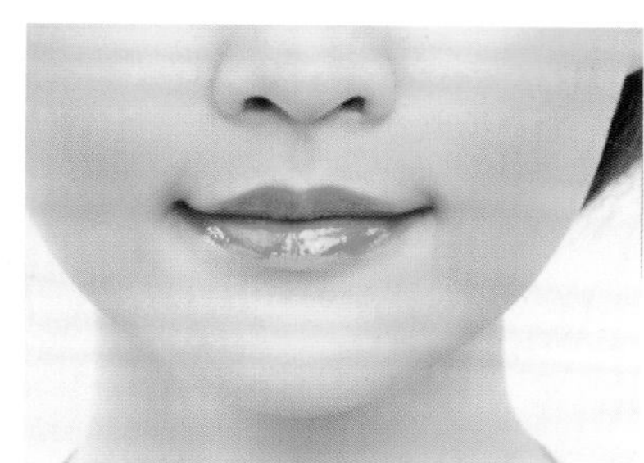

完成

唇妆描画技法（四）：立体唇

01 用亚光红色唇膏描画嘴唇的边缘线。

02 用唇刷将整个嘴唇的边缘线描画出来。

03 将唇内填满亚光红色唇膏。

04 用较深的红色唇膏涂抹上下唇的外侧，使嘴唇的颜色加深。

05 用较浅的红色唇膏涂抹上下唇的中间位置。

完成

唇妆描画技法（五）：渐变唇

01 在上下唇位置涂抹裸粉色唇膏，以调整唇色。

02 在下唇由内向外涂抹玫红色唇膏。

03 在上唇由内向外涂抹玫红色唇膏。

04 在唇部用少量裸粉色唇膏晕染，使玫红与裸粉之间的过渡更自然。

05 在唇内侧涂抹玫红色或颜色更深的唇膏，以增加唇的层次感和立体感。

完成

唇妆描画技法（六）：妖艳唇

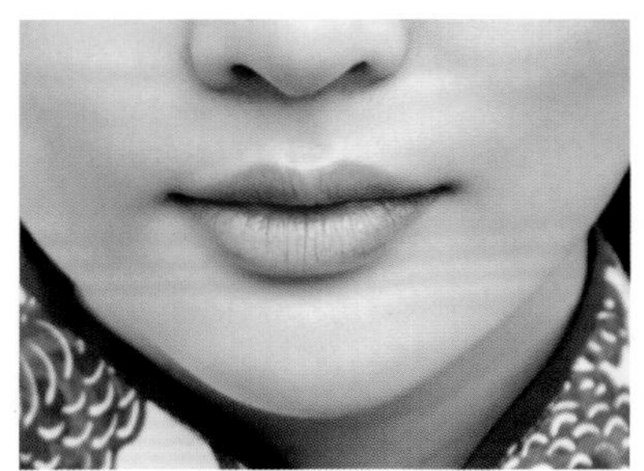

01 用裸色唇膏调整唇色。

02 用暗红色唇膏描画唇的轮廓线。

03 在唇部填满唇膏。

04 在下唇涂抹偏金棕色的唇彩。

05 在上唇涂抹偏金棕色的唇彩。

完成

13

色韵流转——腮红的表现形式

腮红又称胭脂，使用后会使面颊呈现健康红润的颜色。如果说眼妆是脸部彩妆的焦点，口红是化妆包里不可或缺的要件，那么腮红就是修饰脸形、美化肤色的最佳工具。

在化妆时最不被重视的应该就是腮红了，腮红看似简单，其实其中也有很多学问。每个人都能画腮红，但大多数情况下并没有充分利用腮红的特性，而只是给脸部做了润色而已。处理不佳的腮红甚至连润色的基本功能都不能实现。

通常我们称刷腮红为晕染腮红，“晕染”两个字非常关键。在画腮红时要注意手法以及连贯性、流畅性，戛然而止或不够圆润流畅的刷腮红的方式很难打造出有自然美感的腮红。

腮红的种类

在处理腮红时，根据不同的需求选择合适的产品，也是一个关键的环节。腮红主要有以下几种。

腮红膏：它主要用来做定妆之前的腮红处理。涂腮红膏之后再刷上散粉，就会有一种皮肤内透出的自然红润的感觉。有人喜欢把唇膏作为腮红膏的替代品，在一定程度上唇膏也能替代腮红，达到一定的效果。

亚光腮红粉：腮红粉的色彩像眼影一样丰富，可根据妆容的特点选择合适的色彩。一般腮红的色彩是暖色的或中性色的。用眼影代替腮红也是常见的处理方式。如果皮肤比较粗糙，尽量选择专业的腮红产品，因为腮红的颗粒比眼影更细腻，能更好地与皮肤贴合。

光感腮红：光感腮红除了能使肤色红润之外，还能打造更亮眼的光泽感，这是腮红中亮泽的矿物颗粒的作用。烤粉腮红就具有光感腮红的特点。

腮红的位置

腮红的中心位置会因脸形的不同而不同，合理的定位是画好腮红的第一步。用化妆笔连接眉峰、眼梢，向下与颧骨的交点就是腮红的中心点，此点可以作为色彩最浓的位置。此外，还有一种简单的方法：当模特微笑时，以脸颊的最高点为腮红的中心，在耳朵前方至太阳穴的区域涂抹即可。但是有些腮红的处理突破了这一标准，这种腮红主要是为了表现腮红所呈现的妆感。接下来介绍的晒伤腮红和蝶式腮红就属于这种类型。

腮红的形状

每一年流行的腮红形状都会有所不同。腮红的形状与脸形有一定的关系，不同的腮红形状在脸上的位置、面积不同，对脸形起到的修饰作用也不同。比较常见的腮红形状有以下几种。

横向腮红

横向腮红适合脸形较长的人，可以让脸形在横向上显得饱满，纵向上变短。

圆形腮红

这种腮红可以打造可爱的感觉，通常适合年龄感比较小的人。

双色腮红

双色腮红结合扇形腮红和斜线腮红两种画法。先在两颊刷上深色的扇形腮红，再于扇形的上方重叠浅色的斜线腮红。这种腮红能达到修饰圆脸的作用。

晒伤腮红

晒伤腮红与横向腮红类似，只是在面积上有所不同。一般在鼻头、鼻翼的位置也会晕染上腮红。这种腮红的本意是打造晒伤的效果，会根据妆容的类型用不同的色彩来表现。

颊侧腮红

如果脸形太圆润，颊侧腮红可让脸部看起来较瘦长。颊侧腮红的技巧是选择较深色的腮红，如砖红色、深褐色，刷在脸颊的外围，也就是从耳际到颊骨的位置，范围可略微向内延伸到颧骨的下方，这会让脸形看起来更立体。

斜线腮红

斜线腮红以斜向下的方向晕染腮红，这样晕染能够使脸形显得更为瘦削。斜线腮红不适合脸形很瘦、骨感过于明显的人，否则会让脸形不够柔和。斜线腮红能起到瘦脸的效果，比较适合脸形圆润并且想在纵向上拉伸脸形的人。这种腮红画法也是时尚妆容中比较常见的画法。

扇形腮红

这种腮红的面积较大，不仅能修饰脸形，也能烘托出好气色。腮红的范围是太阳穴、笑肌、耳朵下方三者构成的扇形。注意刷腮红时要从颊侧往脸颊中央上色，这样才能让最深的腮红颜色落在颊侧的位置，以达到修饰脸形的目的。

蝶式腮红

这种腮红晕染的面积比较大，会晕染至下眼睑及颞骨的位置，表现形式比较夸张，算是一种创意型的腮红表现形式。

腮红色彩对妆感的影响

不同的色彩会使人产生不同的心理感受，同样，不同色彩的腮红也适合搭配不同的妆容。下面对腮红的色彩做一个基本的介绍，以便在选择腮红时有一定的方向性。

粉嫩色腮红

粉嫩色腮红适合搭配一些可爱、唯美、浪漫的妆容，这样能使妆面更加粉嫩、自然。

橘色腮红

橘色腮红适合搭配一些清新的妆容，橘色给人一种冷暖适宜的感觉，可以对妆容的冷暖感起到调和的作用。

玫红色腮红

玫红色腮红适合搭配一些较唯美的妆容,玫红色比粉嫩色更加明显,所以搭配妆容时要注意与眼妆、唇妆的协调性。玫红色腮红具有提亮整体肤色的效果。

棕色腮红

棕色腮红一般分为浅棕、深棕、肉棕等颜色。棕色腮红对面部轮廓的修饰性比较强，一般用来搭配一些较为时尚的妆容，与大地色、黑色、红色等搭配在一起的时候比较多，一般不与玫红色、粉色、紫色这样的颜色搭配，否则会使整体妆面显得不够干净。

红色腮红

红色腮红一般搭配比较古典的妆容，但要注意对色彩晕染轻重度的把握。色彩过于浓郁的红色腮红会给人一种脸谱化的感觉。

暗红色腮红

暗红色腮红一般用来搭配比较时尚的彩妆。在一些油画感的妆容中晕染暗红色腮红，会呈现更强的画面感。

14 化妆步骤

正确的化妆顺序就是把各个环节的妆容处理技法进行正确的排列组合，打造完整的妆容。在前面章节中，我们对化妆的基础内容做了一定的讲解，下面对妆容的操作步骤做一下具体的介绍。

01 修眉 / 妆前护理。在打粉底之前，要观察眉形是否需要修理。用刀片将杂眉刮干净，并修剪过长的眉毛。妆前根据需要将水、乳、霜及隔离霜涂抹好，以保持皮肤滋润的状态。

02 打粉底。有些妆容的打底需要用多种色号的粉底来完成。无论是用手指、海绵还是粉底刷上妆，都要遵循少量多次的原则。

03 定妆。扫上蜜粉能将妆容固定，化妆品不会轻易移位或剥落，令妆容保持光泽，延长妆容的持久度。再者，以粉扑拍打散粉，使其渗入肌肤，有助于提高彩妆对皮肤的附着力，使粗大的毛孔得到一定程度的掩盖。用定妆粉在整个面部均匀地定妆，不要让定妆粉过厚，应以均匀、到位、薄透为佳。

04 修颜。定妆之后用双色修颜粉提升底妆的立体感，有些妆容可以忽略这个步骤。

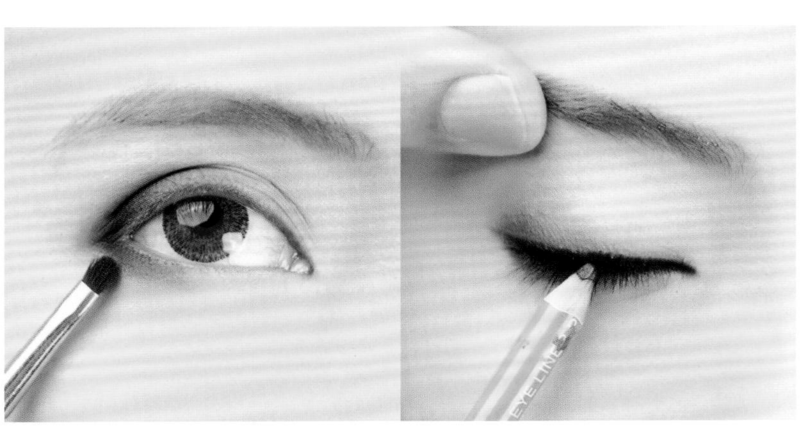

05 画眼影 / 眼线。眼影和眼线的先后顺序根据妆容的需要而定，对于较为复杂的眼妆，可以通过眼影和眼线交替的方式来完成。

06 夹睫毛 / 刷睫毛膏 / 粘假睫毛。假睫毛的粘贴最好在处理好真睫毛之后进行，这样两者的结合会更加自然，所以一般先夹睫毛，然后刷睫毛膏，完成后粘贴假睫毛。粘贴好假睫毛之后，也可以继续涂刷适量的睫毛膏，使真假睫毛更好地结合。

07 画眉。眉笔和眉粉的颜色尽量与发色保持一致。眉毛的画法有很多种，一般先确定基本轮廓，再进行细节处理。

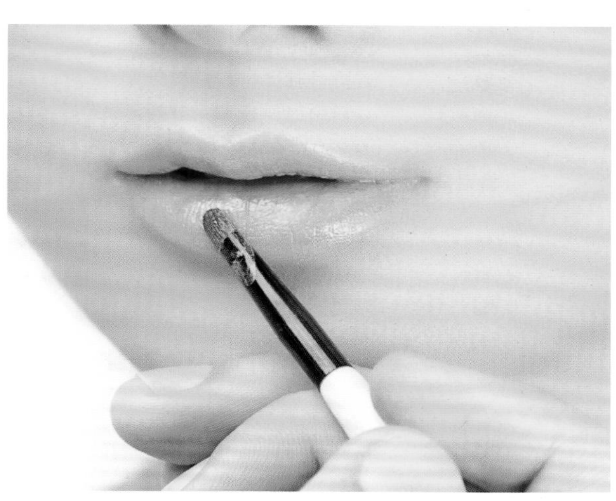

08 画唇妆。唇妆是确定妆容风格的关键，所以在处理唇妆之前要先观察已经完成的妆容，并根据想要的妆容风格确定唇色。

09 晕染腮红。腮红的晕染要遵循少量多次的原则，不要一次性上色过重，要留有余地，力度要轻柔。

10 整体调整。化好妆后对整体妆容进行观察，对一些细节不够完美或整体不够协调的位置做调整。

CHAPTER

02

妆容搭配案例

通过对妆容基础知识的学习，我们应该对化妆有了基本的了解。在基础知识的讲解中，笔者将妆容的各个环节分解开来，而如果要将各个环节结合在一起并打造一款整体的妆容，对于一些刚接触化妆的新手来说还是有一些难度的。在本章中，所有案例皆以眼妆的表现形式为切入点，通过眼妆的表现形式来讲解整体妆容的搭配。通过 18 个具体妆容搭配案例的解析，读者可以了解更多的妆容搭配方式。通过学习和实操，能对妆容搭配有更多的灵感。

01
淡色眼妆之透感妆容搭配

学习要点：

此款妆容是一款用色非常淡雅、整体非常柔和的妆容。用淡淡的亚光咖啡色晕染眼妆，搭配粉嫩自然的唇彩，腮红也晕染得自然粉嫩，使整体妆容显得十分柔和，给人一种很舒服的感觉。这款妆容不管是作为自然的生活妆还是淡雅的白纱妆容都是很好的选择。

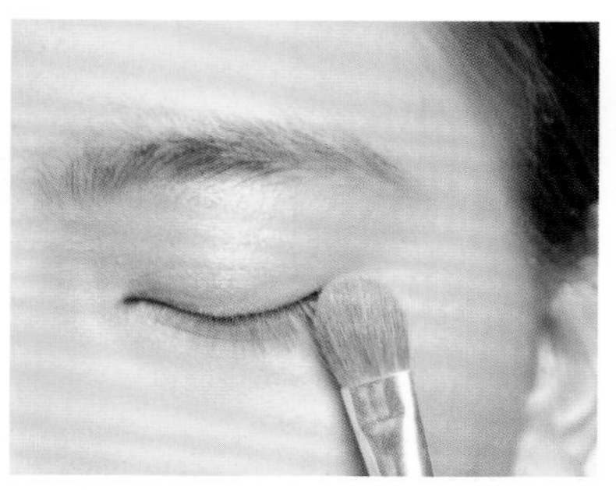

01 在上下眼睑位置用珠光白色眼影进行晕染，提亮肤色。

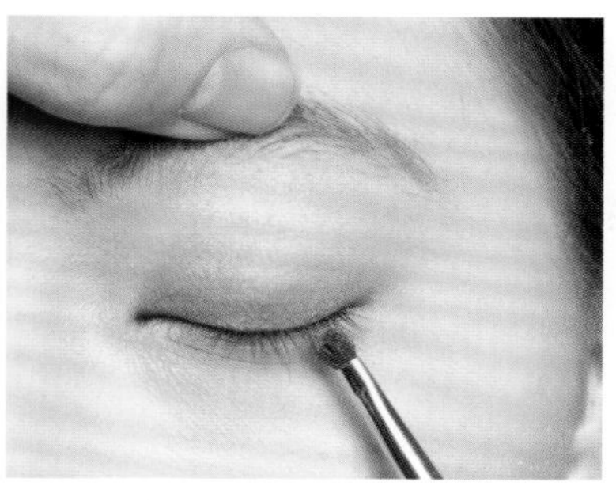

02 在上眼睑位置用亚光咖啡色眼影进行自然晕染。

03 在上眼睑眼球凸起的位置用少量珠光白色眼影提亮。

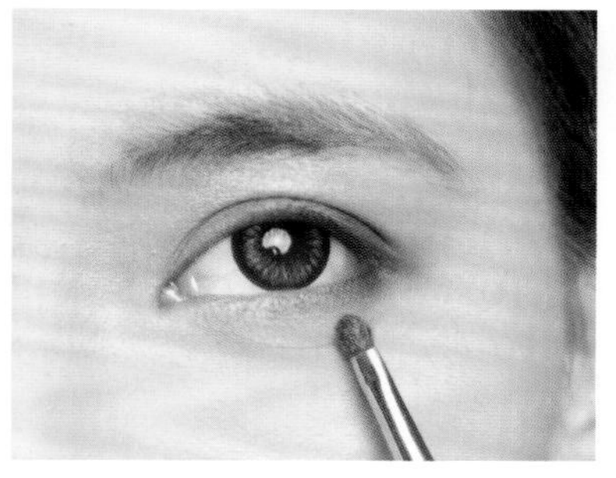

04 在下眼睑后半段用亚光咖啡色眼影晕染。

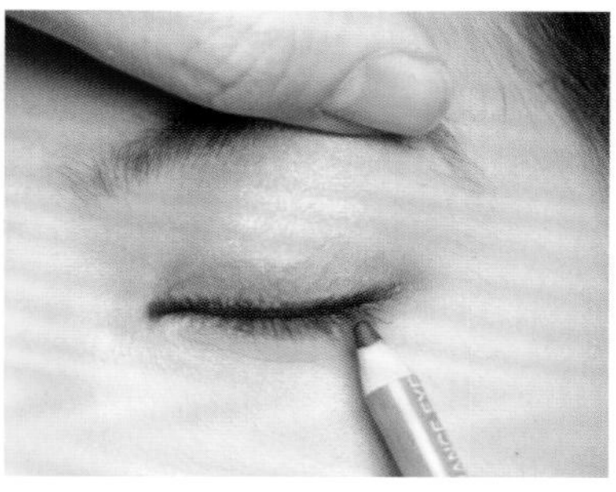

05 提拉上眼睑的皮肤，用眼线笔描画眼线。

06 夹翘睫毛后，将真睫毛涂刷得自然分明。

07 在上眼睑位置粘贴一段较为自然的假睫毛。

08 在上眼睑后半段叠加粘贴假睫毛。

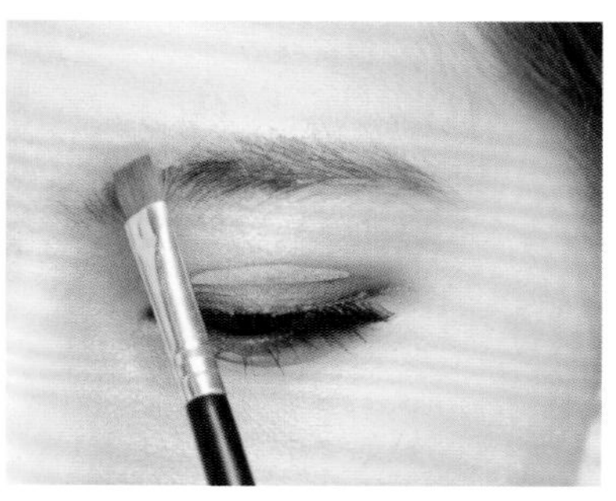

09 用棕色眉粉涂刷眉毛，使眉形更加清晰。

10 用棕色眉笔描画眉形，使眉形更加清晰。

11 在面颊处自然晕染棕色腮红，再在面颊处用少量粉嫩感的腮红晕染。

12 在唇部涂刷粉嫩自然的唇彩。

02

棕橘眼妆之可爱妆容搭配

学习要点：

这款妆容是主要以橘色与粉红色搭配完成的唯美可爱妆容。除了色彩之外，睫毛的处理方式增添了妆容的可爱感。在色彩搭配上，橘色与粉红色都会给人柔和、温暖的感觉。为了使唇妆与眼妆的色调更好地结合，在唇部涂抹少许金色质感的唇膏，这样既可协调妆容的色彩，又可使唇妆更加立体。

01 处理好真睫毛后，在上眼睑位置晕染亚光橘色眼影。

02 在下眼睑位置晕染亚光橘色眼影。

03 在上眼睑位置粘贴较为浓密的假睫毛。

04 在上眼睑靠中间的位置粘贴第二段宽度较短的假睫毛。

05 在上眼睑位置粘贴美目贴，加宽双眼皮的宽度。

06 在下眼睑位置晕染少量亚光咖啡色眼影。

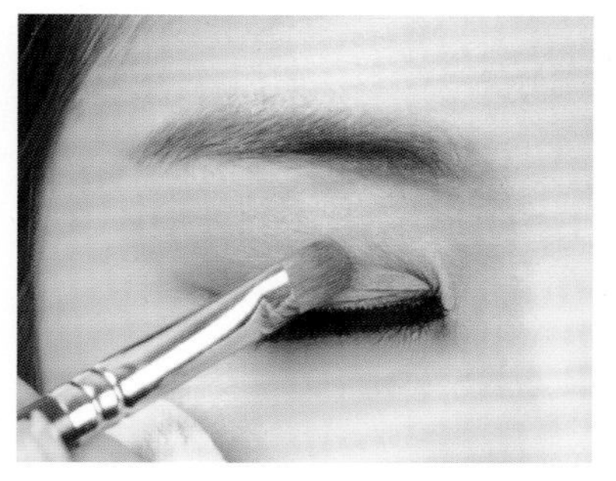
07 用亚光咖啡色眼影在上眼睑叠加晕染，注意晕染面积要小于橘色眼影。

08 在下眼睑位置粘贴簇状假睫毛。

09 用棕色眉笔描画眉毛，使眉形更加清晰。

10 在唇部先涂抹一层粉红色唇膏，然后涂抹一层金色质感的唇膏，第二层唇膏面积要小于第一层。

11 晕染棕色腮红，提升妆容的立体感。

03 淡棕眼妆之欧感妆容搭配

学习要点：

此款妆容呈现立体的棕色调，首先在眼妆的处理上运用了棕色局部晕染，使眼妆更加立体，同时用棕色腮红进行斜向立体晕染。棕色调容易使人的肤色显得暗淡无光且老气，所以在唇妆的处理上要适当用裸粉色调整唇色，点缀红润自然的唇彩，在不破坏妆容色调的协调性的同时，可使肤色显得自然，妆感显得柔和。

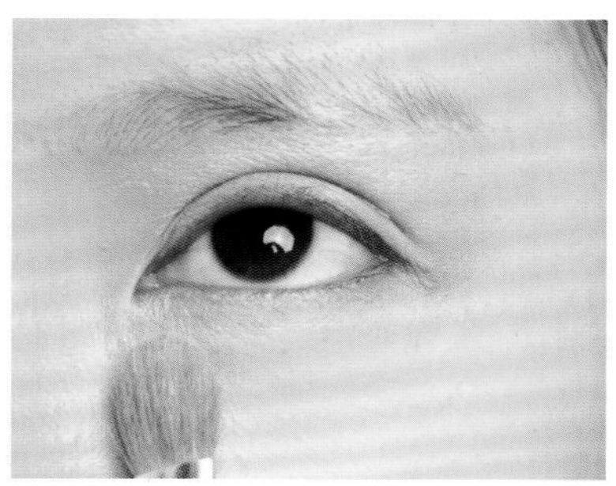

01 在上下眼睑位置用珠光白色眼影提亮。

02 在上眼睑位置晕染亚光深棕色的眼影。

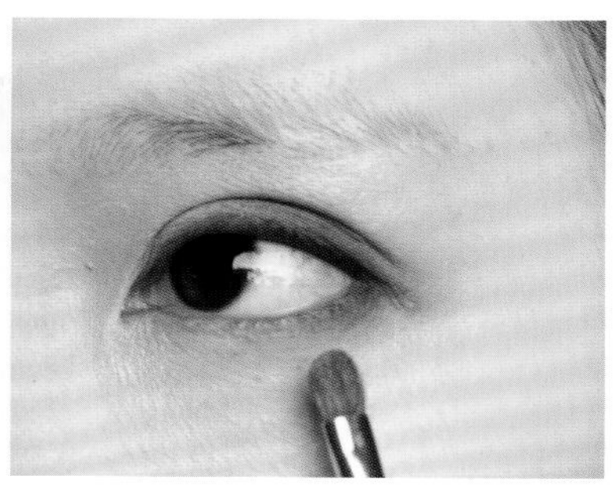

03 在下眼睑位置晕染亚光深棕色的眼影。

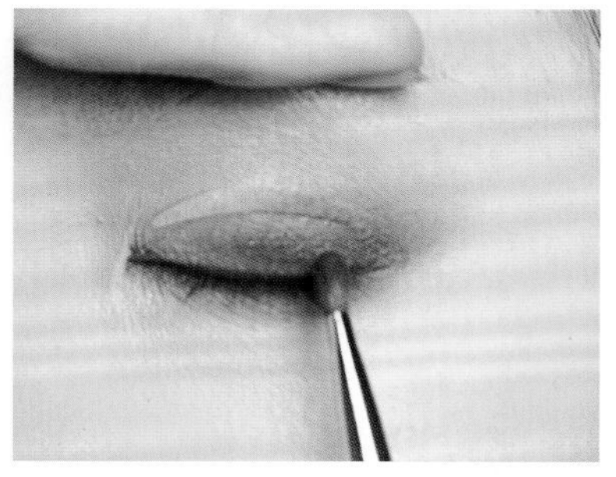

04 提拉上眼睑皮肤，在上眼睑后半段用亚光深棕色眼影进行叠加晕染。

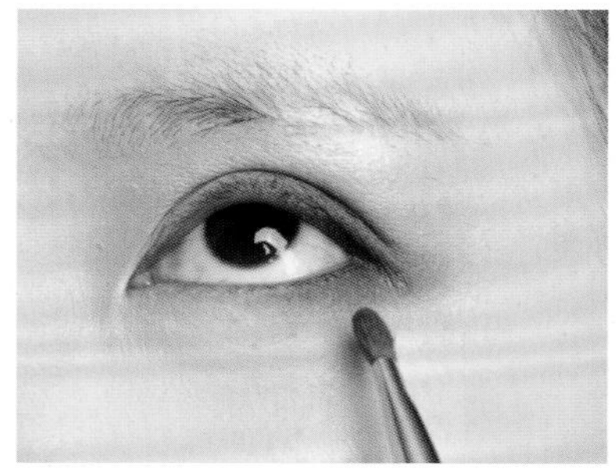

05 在下眼睑后半段用亚光深棕色眼影进行叠加晕染。

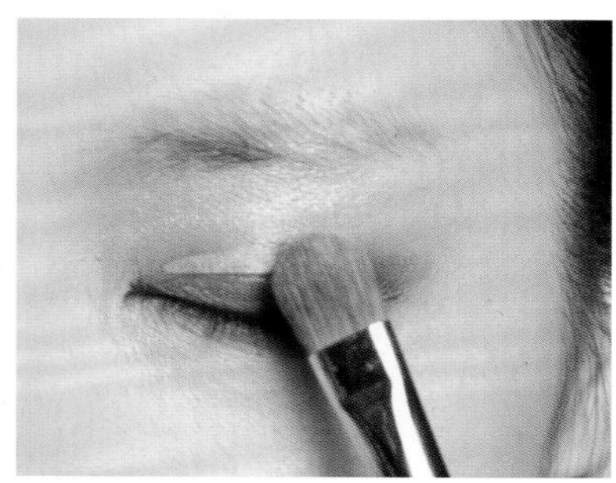

06 在上眼睑位置用少量珠光白色眼影提亮。

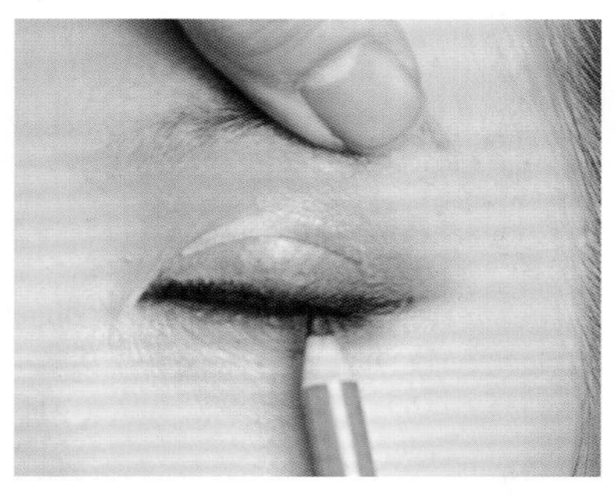

07 提拉上眼睑皮肤，用眼线笔描画上眼线。

08 将睫毛夹翘,用睫毛膏涂刷上睫毛。

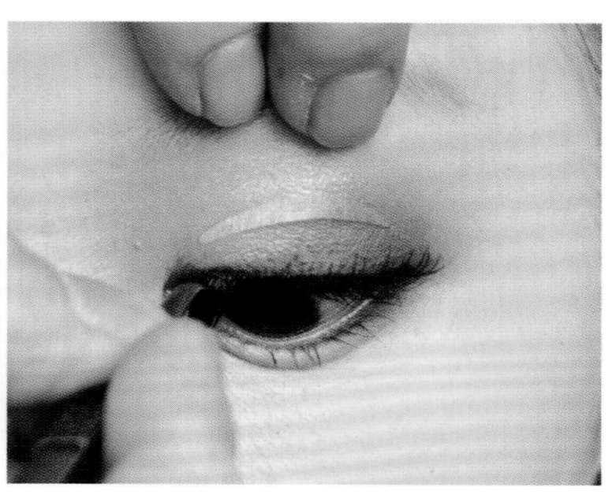

09 在上眼睑粘贴一段较为浓密的假睫毛。

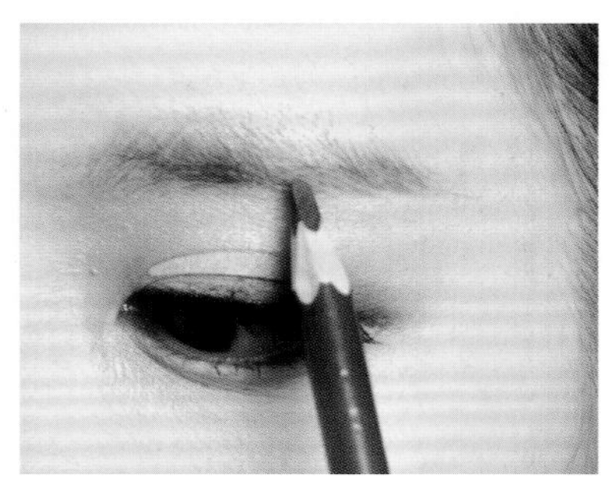

10 用棕色眉笔描画眉毛，使眉形较粗平。

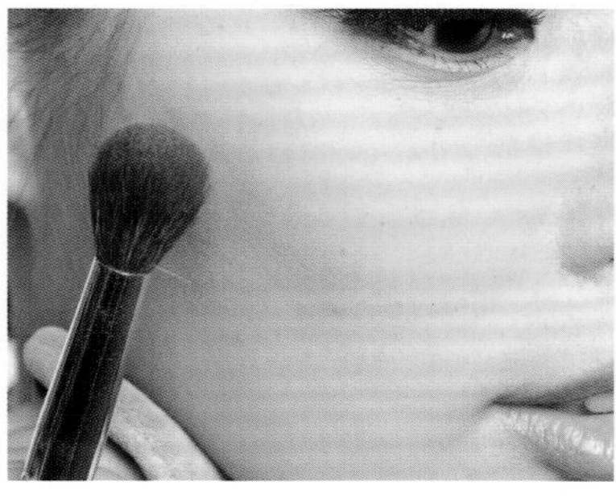

11 斜向晕染棕色腮红，提升妆容的立体感。

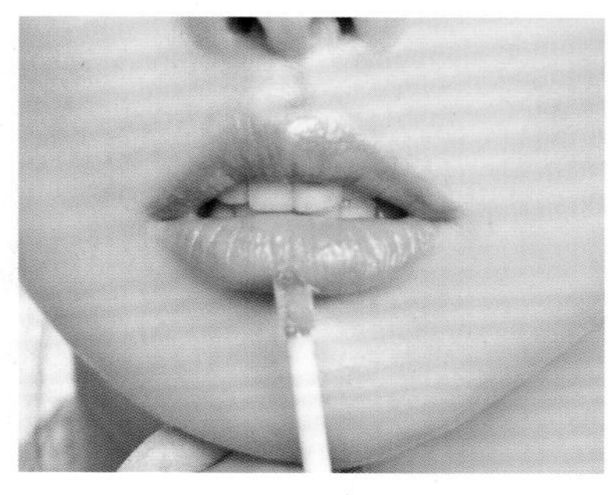

12 用红润自然的唇彩点缀唇部。

04

亮紫眼妆之可爱妆容搭配

学习要点：

珠光白色和淡紫色眼影提升了眼妆的亮度，亚光紫色眼影使眼妆更具有立体感，再搭配睫毛效果，可以使眼妆呈现浪漫而可爱的感觉。在此基础上搭配橘色唇妆，加强了整体妆容的年轻感及肤色的通透感。

01 在上眼睑处用珠光白色眼影提亮。

02 在上眼睑位置大面积晕染珠光淡紫色眼影。

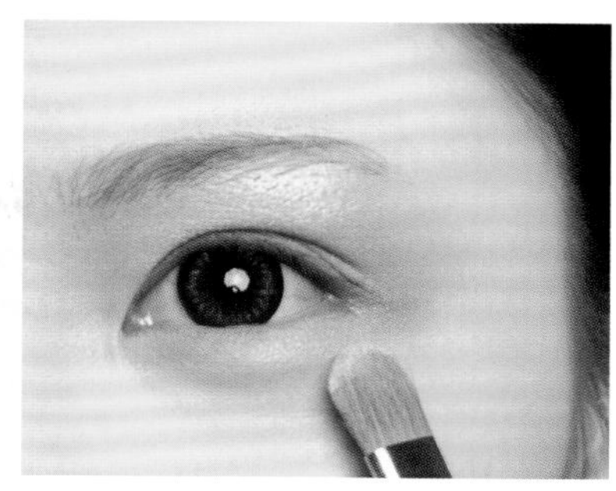
03 在下眼睑处用珠光白色眼影提亮。

04 在上眼睑靠近睫毛根部位置用亚光紫色眼影向上加深晕染。

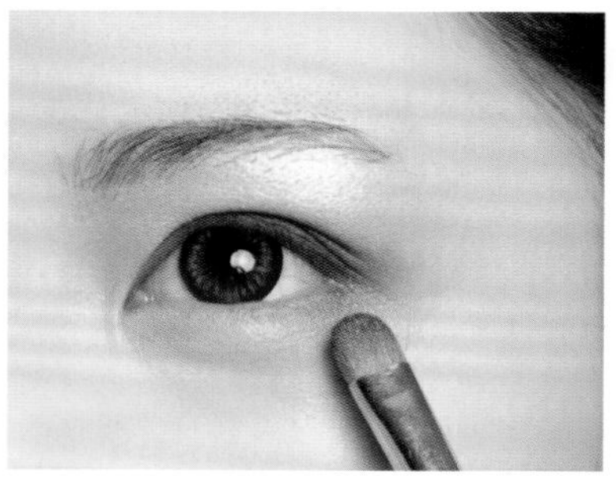
05 在下眼睑靠近眼尾的位置用亚光紫色眼影进行晕染。

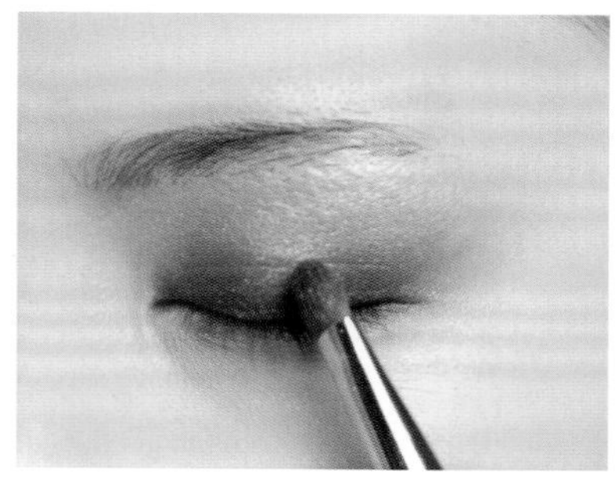
06 在上眼睑位置用亚光紫色眼影加深晕染。

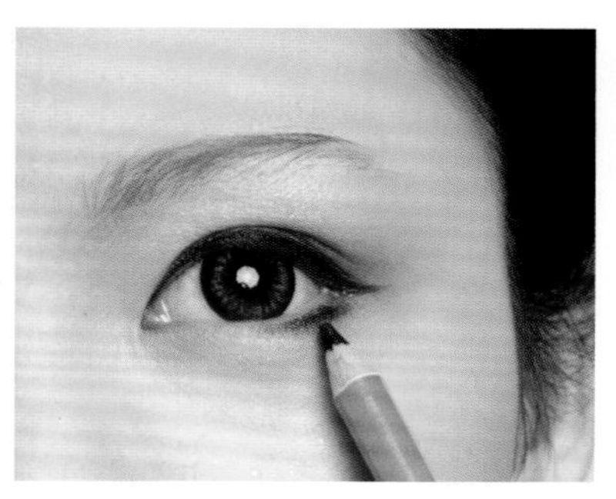
07 提拉上眼睑的皮肤，用眼线笔描画眼线，要注意眼尾自然上扬。在下眼睑后半段用眼线笔描画眼线。

08 在上眼睑靠近睫毛根部处粘贴一段浓密的假睫毛。

09 在下眼睑的眼线位置粘贴半段假睫毛。

10 用棕色眉笔涂刷眉形后，再补充描画眉形。

11 用橘色唇膏描画唇部。

12 斜向晕染偏橘红色腮红，以柔和肤色。

05

裸色眼妆之复古妆容搭配

学习要点：

在此款妆容中，眼妆没有明显的色彩，仅用黑色晕染，以调整眼形，主要突出了唇妆的色彩。这是一款自然简约的复古红唇妆容。

01 用亚光白色眼影提亮上眼睑的皮肤。

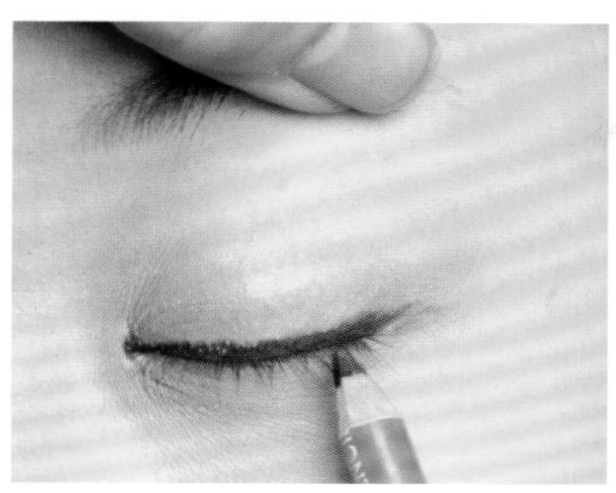

02 提拉上眼睑皮肤，用眼线笔描画一条自然的眼线。

03 将真睫毛夹翘后，粘贴一段较为浓密且前短后长的假睫毛。

04 粘贴美目贴，加宽双眼皮。

05 在上眼睑眼尾位置用亚光黑色眼影进行晕染。

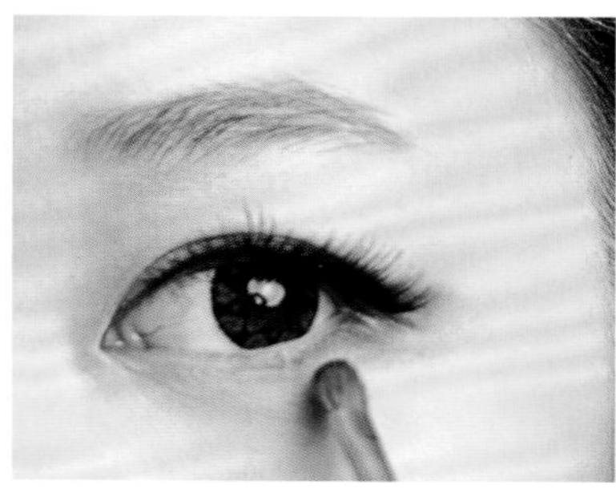

06 在下眼睑位置用亚光黑色眼影进行晕染。

07 在下眼睑靠近睫毛根部的位置粘贴簇状假睫毛。

08 用棕色眉笔描画眉毛。

09 在眉头位置要描画自然。

10 在唇部涂抹红色唇釉，注意唇部轮廓要饱满、清晰。

11 淡淡地斜向晕染棕色腮红，使妆容更加协调。

06 玫红眼妆之森系妆容搭配

学习要点：

这是一款唯美的森系妆容。在妆容的处理上，大胆地运用了玫红色和红色，可通过眼线和精致的睫毛来平衡色彩关系，使眼妆更加自然。搭配橘红色唇妆，使整体妆容更具有大自然生机浪漫的感觉。

01 在上眼睑位置用珠光白色眼影进行提亮。

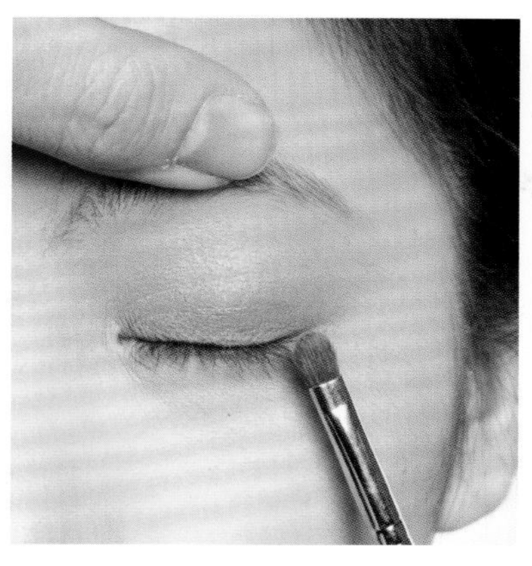

02 在上眼睑位置淡淡地晕染亚光玫红色眼影。

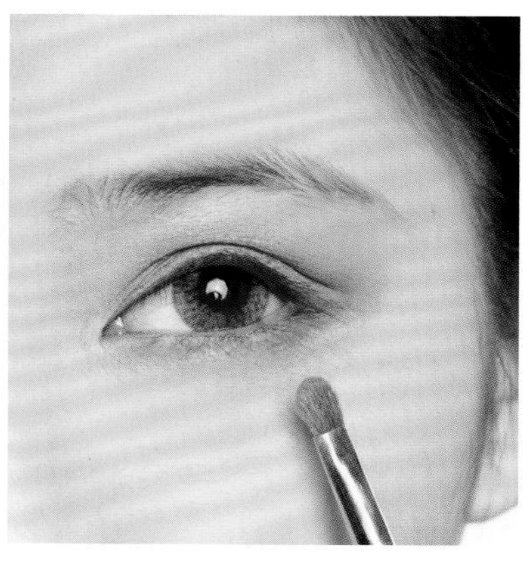

03 在下眼睑位置晕染亚光玫红色的眼影。

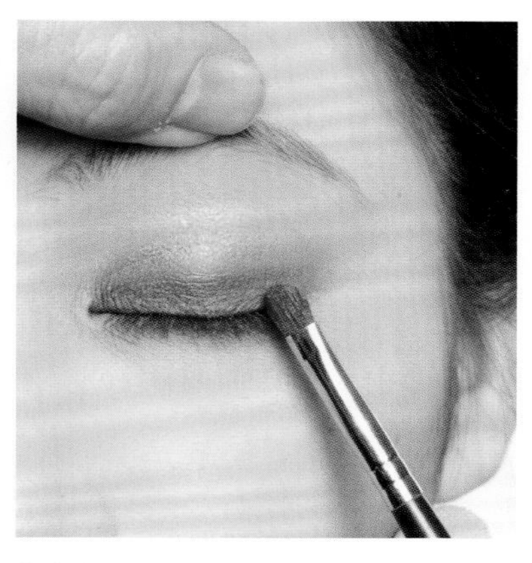

04 在上眼睑位置晕染珠光红色眼影。

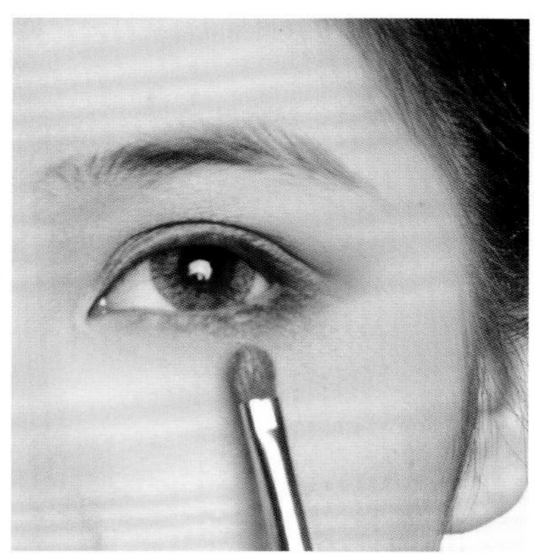

05 在下眼睑位置晕染珠光红色眼影。

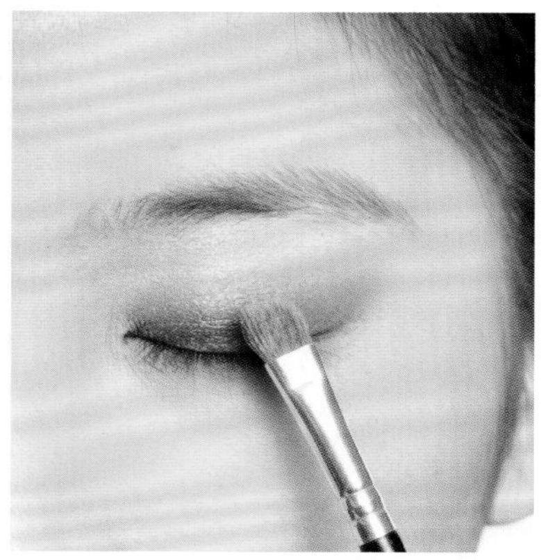

06 在上眼睑位置用浅金棕色眼影将眼影边缘晕染得柔和自然。

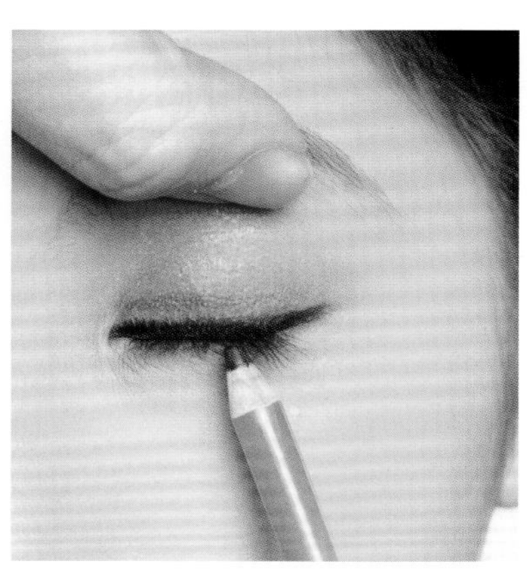

07 提拉上眼睑皮肤，用眼线笔描画一条自然的眼线。

08 在下眼睑后半段用眼线笔描画出眼线。

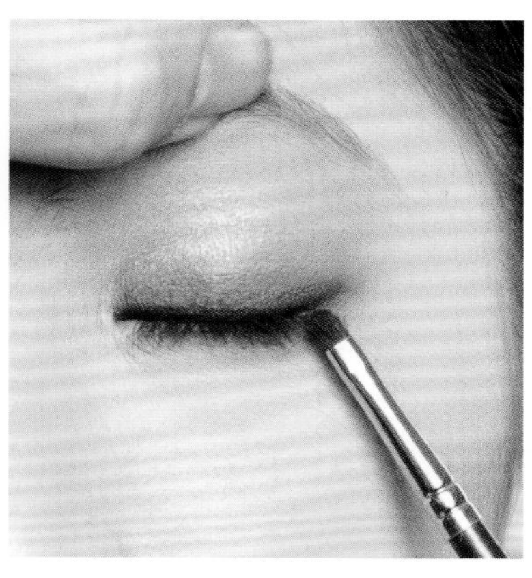

09 将上眼线用较小的眼影刷晕染开。

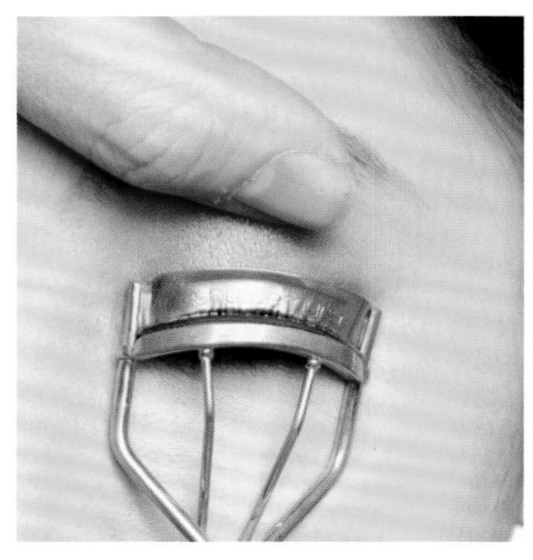

10 提拉上眼睑皮肤，将睫毛夹翘。

11 用睫毛膏将上下睫毛涂刷自然。

12 在上眼睑的睫毛根部粘贴一段浓密的假睫毛。

13 在下眼线后半段粘贴簇状假睫毛。

14 用棕色眉粉涂刷眉毛，使眉形清晰。

15 用棕色眉笔加深描画眉形。

16 在唇部涂抹偏橘红色的唇彩。

17 斜向晕染红润感腮红，将腮红的面积扩散到眼尾位置。

07

局部修饰法眼妆之浪漫温柔妆容搭配

学习要点：

这款妆容在眼妆的处理上采用了局部修饰的手法，紫色与玫红色搭配，亚光紫色眼影对眼尾位置的修饰使眼妆更加立体。唇色与眼妆的玫红色相互呼应，使妆容呈现更加协调的感觉。这款妆容想表现较为自然的唇妆效果，所以只使用了少量的玫红色唇釉，然后将其涂抹开，使唇色红润、自然。整体妆容中没有过于抢眼的色彩，可以展现出一种柔和感。

01 处理好真睫毛，描画一条自然的眼线，然后紧靠真睫毛的根部粘贴假睫毛。

02 在上眼睑位置用珠光白色眼影进行提亮。

03 在下眼睑尤其是眼头位置用珠光白色眼影提亮。

04 在上眼睑位置用水溶性眼线液笔描画眼线，注意在眼尾上扬。

05 向前描画眼线，眼线偏粗，在上眼睑形成流畅的眼线。

06 用水溶性眼线液笔勾画内眼角位置的眼线。

07 在上眼睑晕染亚光玫红色眼影。

08 在上眼睑眼尾位置晕染亚光紫色眼影。

09 在下眼睑的后半段晕染亚光紫色眼影。

10 在下眼睑靠近眼尾的位置粘贴簇状的假睫毛。

11 间隔一段距离，继续粘贴假睫毛。

12 继续向内眼角方向粘贴假睫毛，直至内眼角三分之一处。

13 用棕色眉笔描画从眉头到眉峰位置的眉形。

14 用棕色眉笔继续向后描画眉形，使眉峰微挑。

15 斜向晕染棕色腮红，增强妆容的立体感。

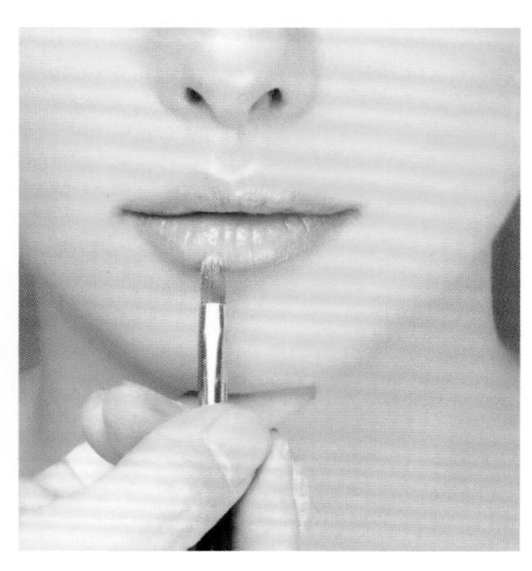

16 在唇部涂抹裸色唇膏，调整唇色。

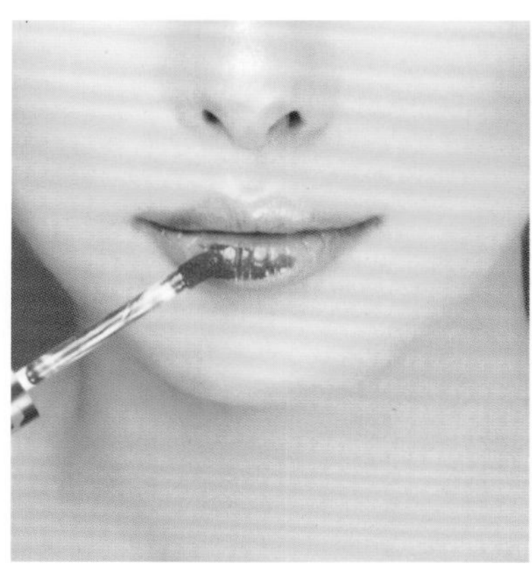

17 少量涂抹玫红色唇釉。

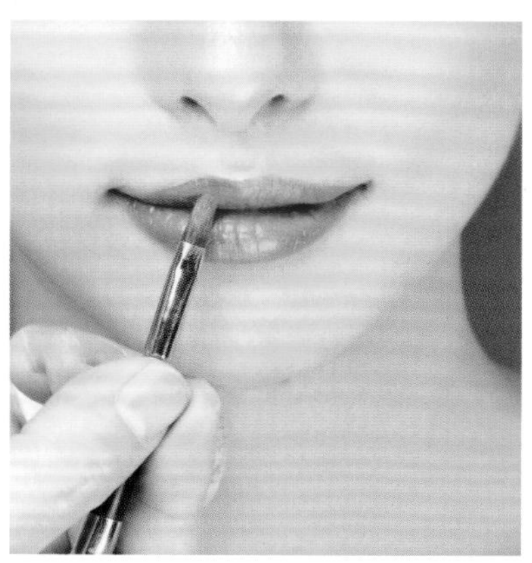

18 用唇刷轻轻将唇釉涂抹开。

08

平涂法眼妆之自然唯美妆容搭配

学习要点：

这款妆容在眼妆的处理上使用了平涂的手法。平涂眼妆看上去很自然，但是适合眼形比较好的人，因为它的修饰性很小。在唇妆的处理上采用了亚光唇的画法，色彩上将玫红色唇膏与红色唇釉相互结合，这样搭配出的唇色与红色相比会柔和一些，使整体妆容更加唯美。

01 用珠光白色眼影涂抹上眼睑，使上眼睑的皮肤干净、自然。

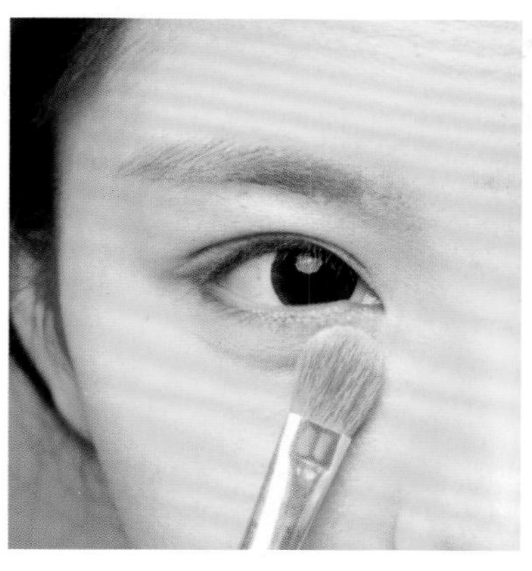

02 在下眼睑周围用刷子涂抹珠光白色眼影，尤其注意对眼头位置的修饰。

03 用棕红色眼影在上眼睑位置自然晕染。

04 眼影过渡要柔和、自然。

05 在下眼睑位置用棕红色眼影淡淡晕染。

06 提拉上眼睑皮肤，用铅质眼线笔在上眼睑描画出一条眼线。

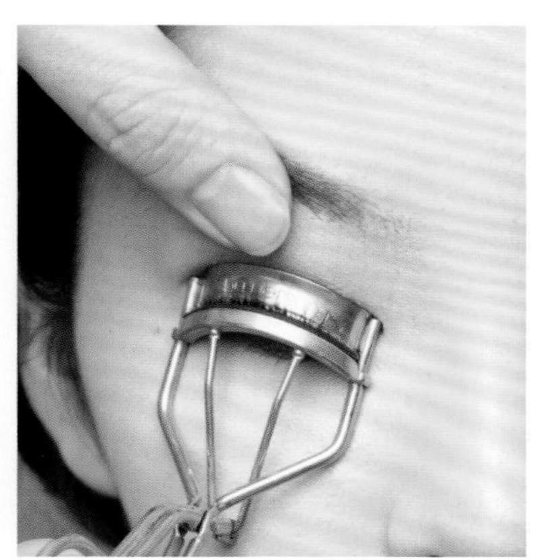

07 用睫毛夹将睫毛夹卷翘。

08 用睫毛膏将睫毛涂刷得卷翘自然。

09 竖起睫毛膏的刷头，纵向自然地涂刷下睫毛。

10 在上眼睑紧贴睫毛根部粘贴自然感的假睫毛。

11 用棕色眉粉涂刷眉毛，确定眉形。

12 用棕色眉笔描画眉形，使眉形更加清晰。

13 眉头位置要描画得自然柔和。

14 晕染具有红润感的腮红，使肤色红润自然。

15 将裸色唇膏涂抹于唇部，以减淡唇色。

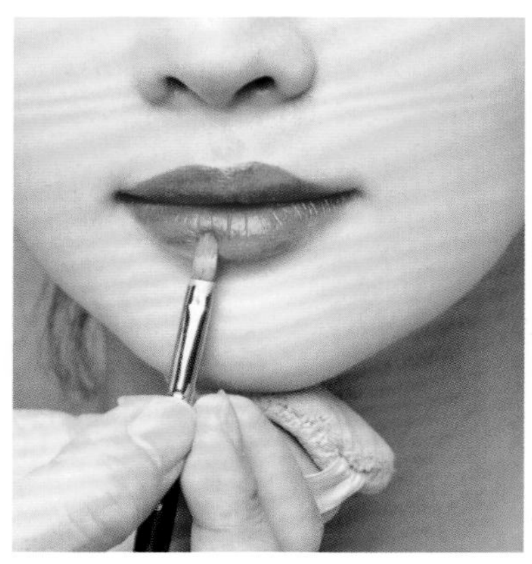

16 在唇部涂抹亚光玫红色唇膏。

17 在唇部涂抹红色唇釉。

09

渐层法眼妆之甜美可爱妆容搭配

学习要点：

这款妆容在眼影的处理上采用了紫色的渐层式画法，渐层眼影让眼妆更立体，结合精致的下假睫毛，使眼妆更加生动可爱。运用玫红色唇妆，可以使妆容的整体色调偏暖，这也烘托了可爱的主题。

01 在上眼睑位置用珠光白色眼影进行提亮。

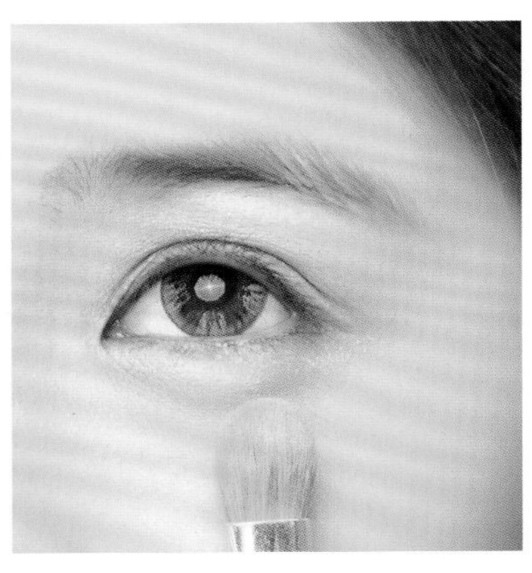

02 在下眼睑位置用珠光白色眼影进行提亮。

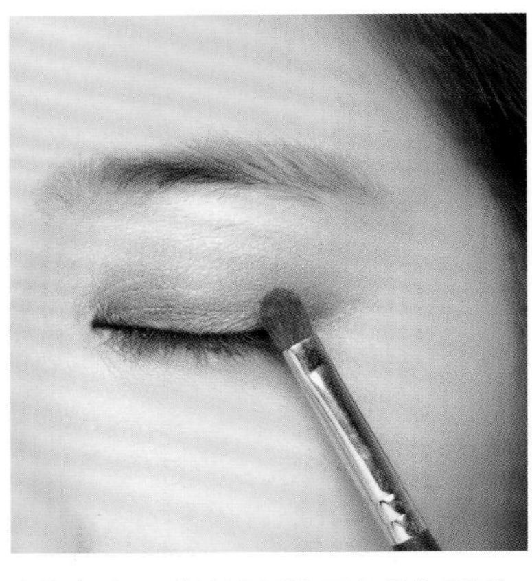

03 在上眼睑淡淡晕染亚光紫色眼影。

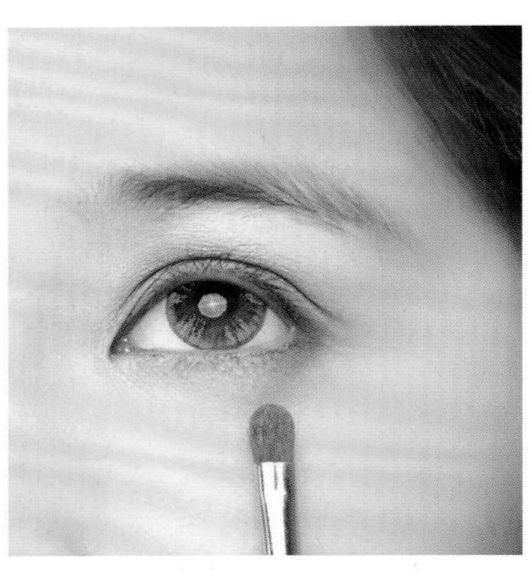

04 在下眼睑淡淡晕染亚光紫色眼影。

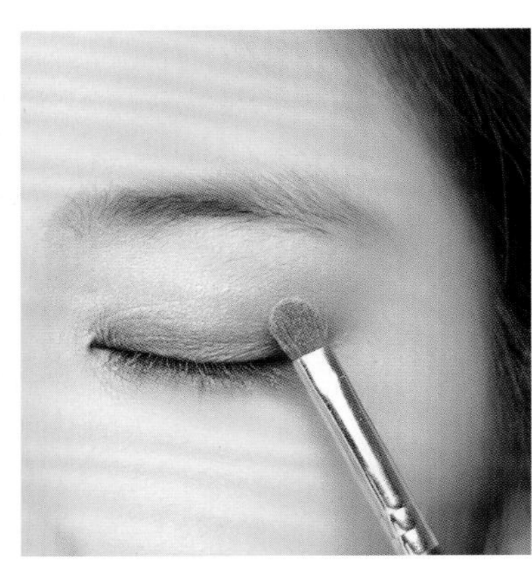

05 在上眼睑晕染珠光紫色眼影。

06 在珠光紫色眼影的基础上继续晕染亚光紫色眼影，注意面积要小于珠光紫色眼影。

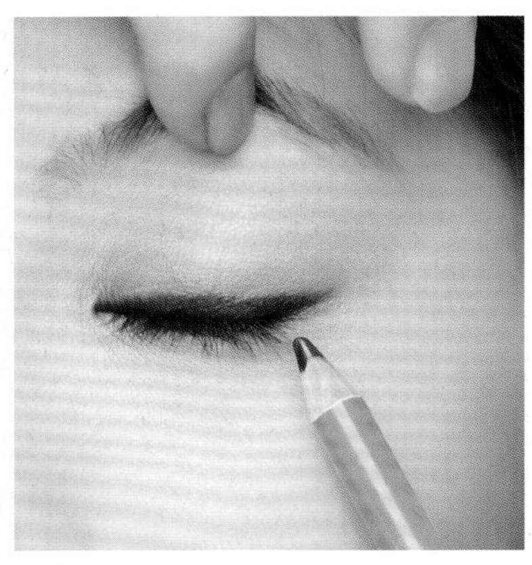

07 提拉上眼睑皮肤，在上眼睑睫毛根部描画眼线。

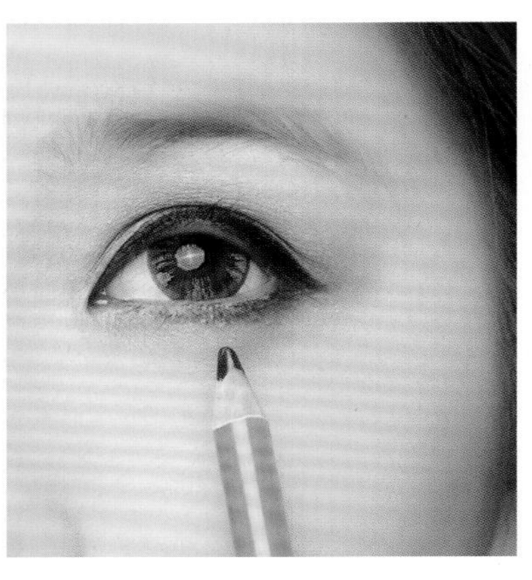

08 在下眼睑位置描画眼线，注意手法要轻柔，色彩要淡。

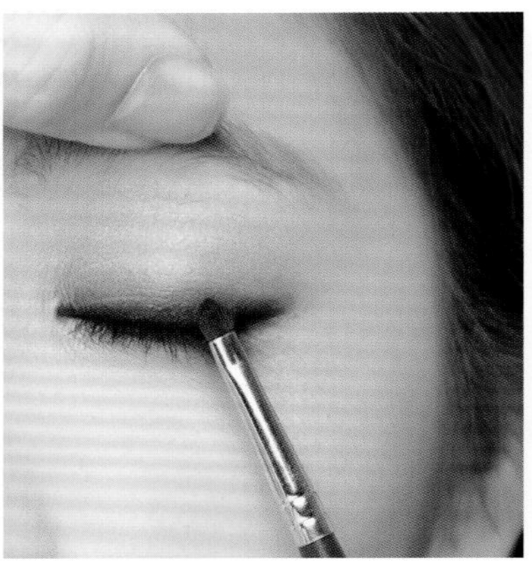

09 用眼影刷将上眼线晕染开。

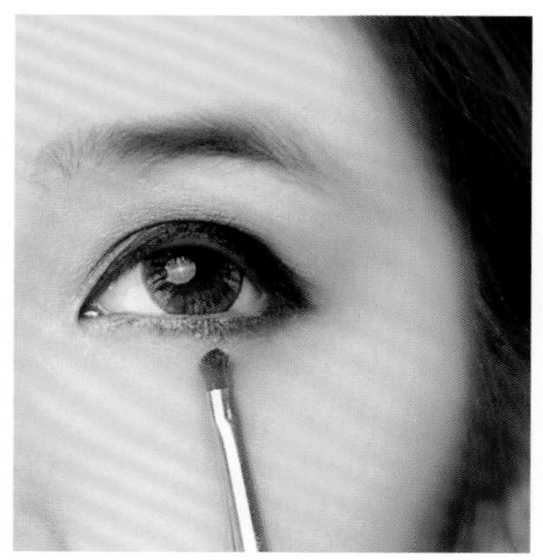

10 用眼影刷将下眼线晕染开。

11 用睫毛膏涂刷上下睫毛，使睫毛自然分明。

12 在上眼睑的睫毛根部粘贴一段较为自然的假睫毛。

13 在假睫毛的基础上继续粘贴簇状假睫毛。

14 在下眼睑分段粘贴假睫毛。

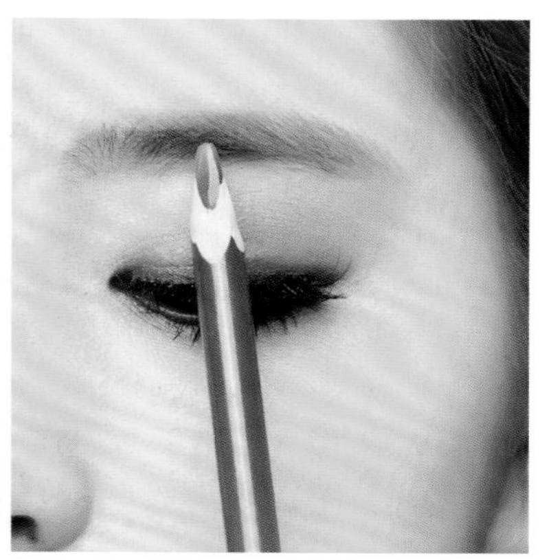

15 用棕色眉笔描画眉形。

16 描画时适当拉长眉尾。

17 在唇部涂抹具有润泽感的玫红色唇膏。

18 斜向晕染腮红，使面色红润自然。

10
小欧式法眼妆之复古情调妆容搭配

学习要点：

此款妆容用小欧式画法增加眼睛的深邃感，珠光白色眼影的提亮效果使眼妆更加立体。为了让妆容更具复古的时尚感，在唇妆上选用亚光暗红色唇膏，以塑造立体饱满的唇形。

01 靠近睫毛根部描画眼线，在上眼睑粘贴比较自然的假睫毛后，用睫毛膏涂刷上下睫毛。

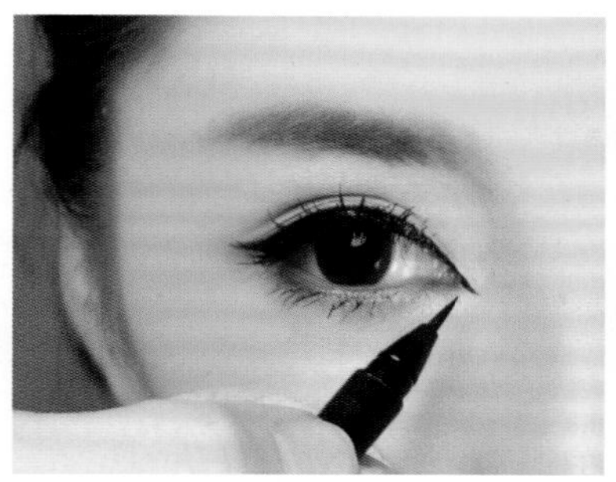

02 用水溶性眼线液笔在上眼睑描画眼线，在眼头位置描画出开眼角的效果。

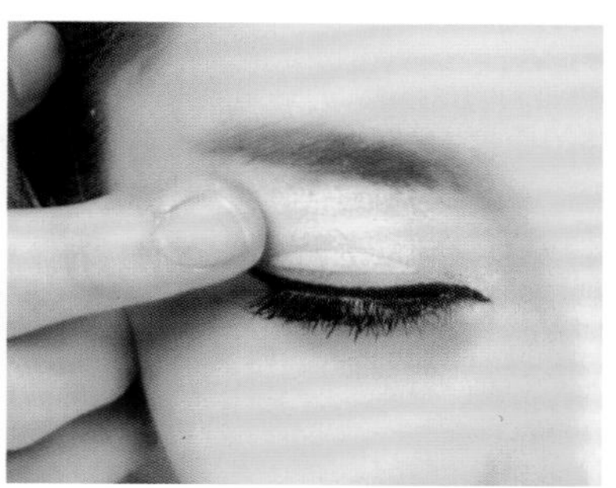

03 在整个上眼睑和下眼睑眼头的位置涂抹珠光白色眼影来进行提亮。

04 用水溶性眼线液笔在上眼睑描画一条小欧式线，在眼尾位置与上眼线相互衔接。

05 用亚光咖啡色眼影沿欧式线向上晕染。

06 用亚光咖啡色眼影在下眼睑进行晕染。

07 用黑色眼影在上眼睑靠近欧式线处晕染。

08 用黑色眼影在下眼睑处进行晕染。

09 用棕色眉笔描画眉形。

10 用棕色眉笔向后描画出自然的眉尾。

11 在唇部涂抹亚光暗红色唇膏，以塑造饱满的唇形。

12 斜向晕染棕红色的腮红，以提升妆容立体感。在靠近颊侧位置晕染暗影粉，使妆容更加立体。

11

大欧式法眼妆之前卫另类妆容搭配

学习要点：

此款妆容采用经典的黑色与红色相互搭配。眼妆用黑色眼影配合晕染的黑色欧式结构线，唇妆的亚光红色提升了妆容的时尚感，整体妆容呈现时尚大气的风格。大欧式结构线的描画要流畅，不要出现生硬的角度，应基本顺应眼窝凹陷的结构。过于浮肿的眼睛不适合描画大欧式线，因为不容易呈现立体感。

01 用水溶性眼线液笔在上眼睑描画眼线，在眼尾上扬。

02 用水溶性眼线液笔勾画内眼角，与上眼睑的眼线自然衔接。

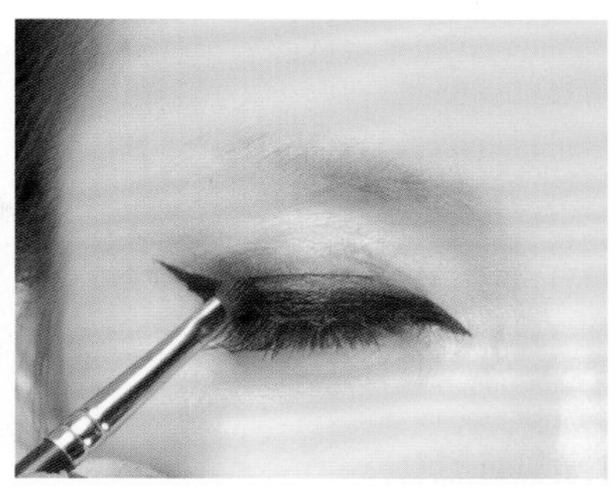

03 在上眼睑小面积晕染黑色眼影。

04 在下眼睑晕染黑色眼影。

05 在上眼睑用水溶性眼线液笔确定欧式线的位置。

06 用水溶性眼线液笔向后描画结构线。

07 继续向前描画欧式线结构。

08 用黑色眼影在欧式线以上进行晕染，使其过渡得更加自然。

09 用灰色眼线笔描画细线条眉形，使眉形保持细直。

10 用水溶性眼线液笔加深描画眉毛。

11 在唇部涂抹亚光红色唇膏，使唇部轮廓饱满清晰，使唇峰的棱角分明。

12 斜向晕染棕色腮红，提升妆容的立体感。

12 深邃烟熏眼妆之时尚妆容搭配

学习要点：

此款妆容采用的是比较深邃的大烟熏眼妆的画法。上眼睑前半段与眉毛之间的位置加深晕染，使眼妆更加立体。采用黑色与金棕色相互结合晕染眼部，再搭配立体饱满的红唇，整体展现出时尚经典的妆容色彩搭配。

01 将真假睫毛处理好后，在上眼睑用亚光黑色眼影进行晕染。

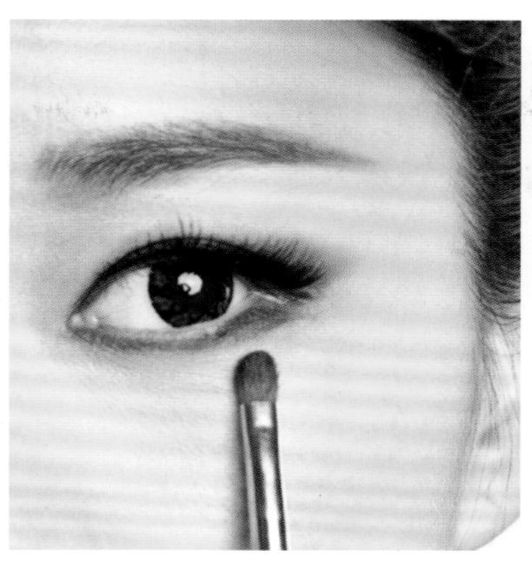

02 在下眼睑用亚光黑色眼影晕染。

03 加大黑色眼影的晕染面积，注意边缘过渡要自然柔和。

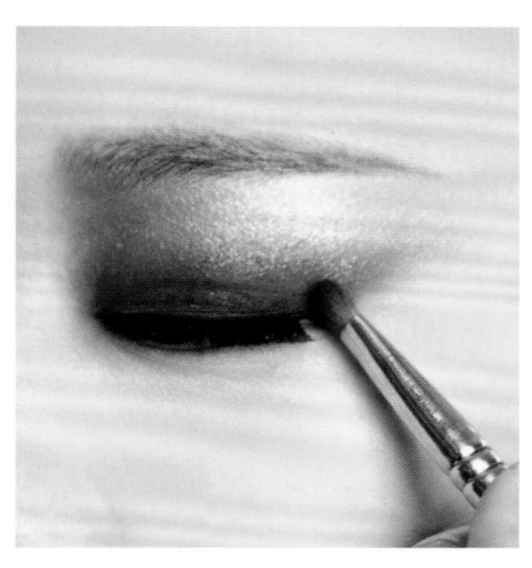

04 在黑色眼影边缘用金棕色眼影进行晕染。

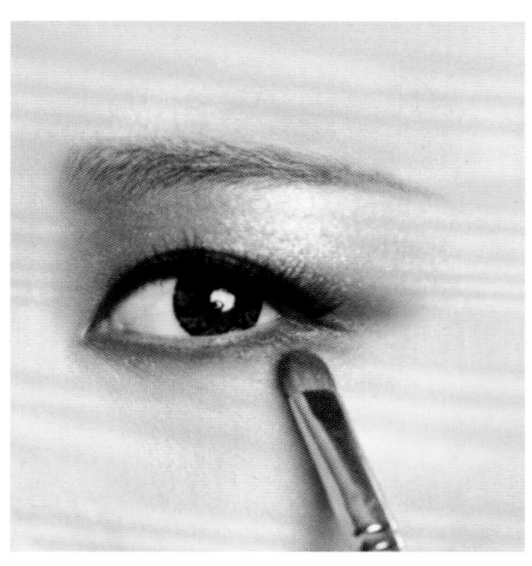

05 在下眼睑黑色眼影边缘用金棕色眼影晕染。

06 在上眼睑位置用水溶性眼线液笔描画一条自然上扬的眼线。在下眼睑位置描画眼线。

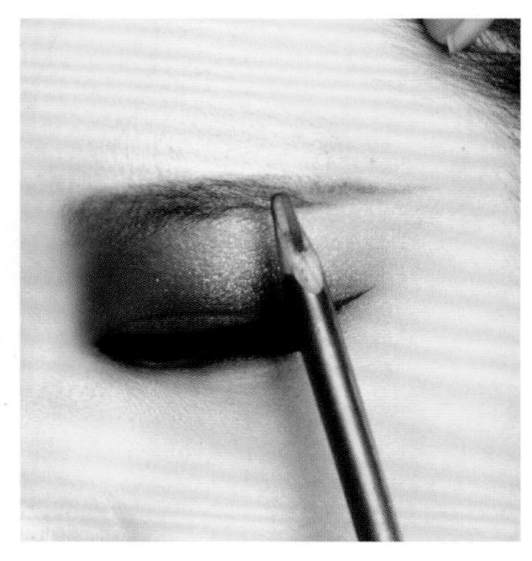

07 用灰色眉笔描画较为平直的眉形。

08 用亚光红色唇膏描画唇形，注意唇部轮廓要清晰饱满。

09 斜向晕染棕色腮红，提升妆容的立体感。

13

大烟熏法眼妆之时尚夸张妆容搭配

学习要点：

此款妆容将墨绿色与黑色结合，打造时尚夸张的大烟熏眼妆，还搭配了立体的腮红、饱满的红唇。如果是红色与比较浅的绿色结合在一起，看上去并不协调，但是此款妆容将红色与墨绿色搭配在一起，呈现出了很强烈的时尚感。

01 在上下眼睑描画眼线。

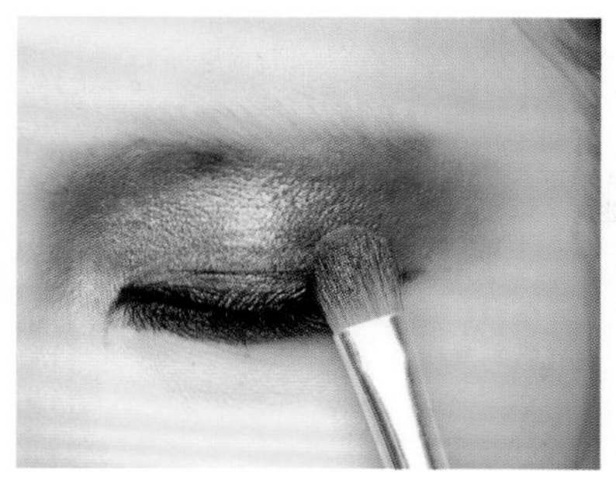

02 在上眼睑位置大面积晕染珠光墨绿色眼影。

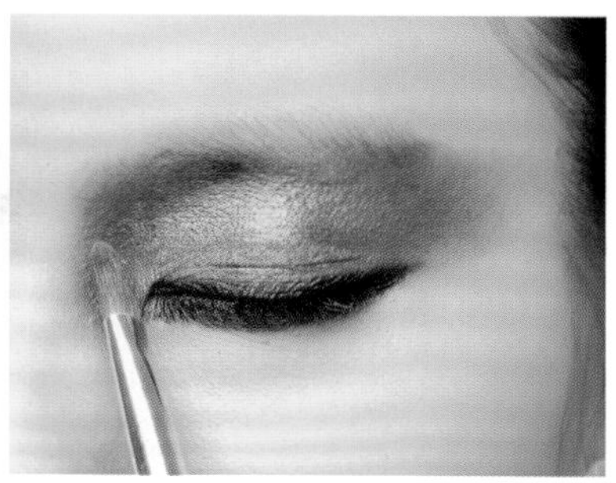

03 将靠近鼻根的位置用珠光墨绿色眼影晕染得柔和、自然。

04 在下眼睑处晕染珠光墨绿色眼影。

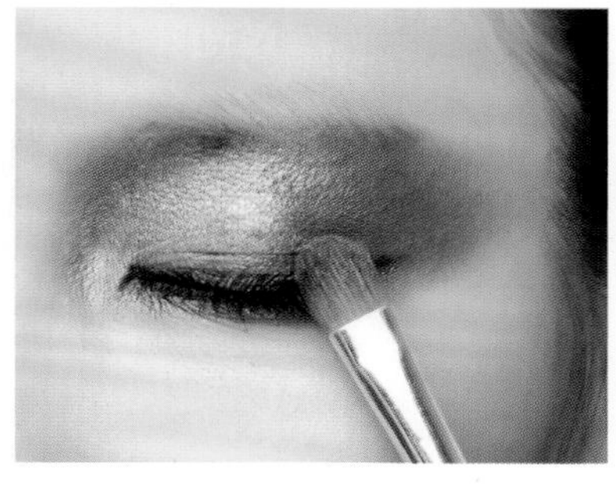

05 在上眼睑位置用少量亚光墨绿色眼影进行晕染。

06 在下眼睑位置用少量亚光墨绿色眼影晕染。

07 在上眼睑位置用亚光黑色眼影进行晕染。

08 在下眼睑靠近眼线的位置用亚光黑色眼影晕染。

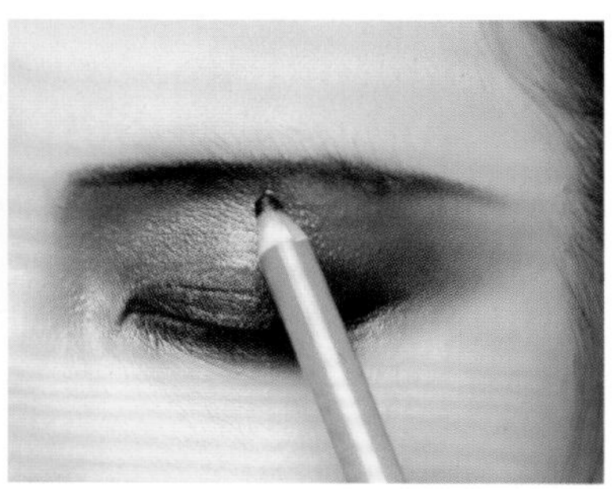

09 在眉毛位置用黑色眼线笔描画一条细细的眉毛。

10 用少量黑色眼影向下将眉形晕染开，使其与眼影自然过渡。

11 用亚光红色唇膏描画唇形，使唇峰突出。将嘴唇的边缘用更深的红色描画，使嘴唇更加立体。

12 在脸颊呈扇形晕染棕色腮红，使妆容更加立体。

14

段式法眼妆之画意感妆容搭配

学习要点：

这款妆容在眼妆的处理上采用了段式画法。蓝色、紫色、玫红色之间呈段式排列，为了使眼妆显得更有色彩感，上眼睑的底色使用了大面积的黄色晕染。唇妆的色彩用眼妆的玫红色，使整体妆容更具唯美的色彩感。

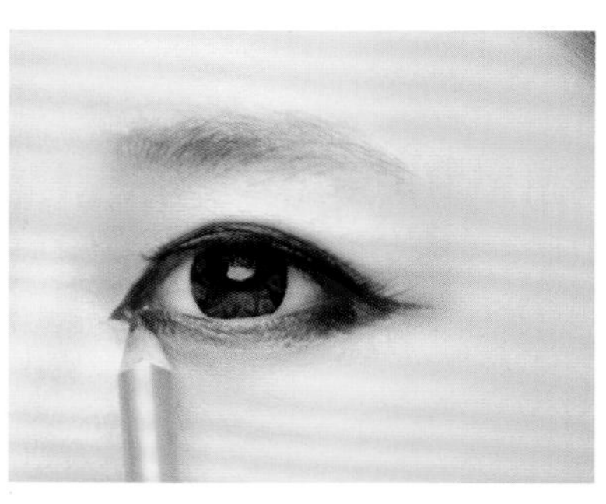

01 处理好假睫毛后，在上眼睑用眼线笔加粗描画眼线。描画眼头位置的眼线时，应塑造开眼角的效果。

02 在上下眼睑位置大面积晕染亚光黄色眼影。

03 在上眼睑眼头位置晕染亚光蓝色眼影。

04 在上眼睑后三分之一位置向后晕染亚光玫红色眼影。

05 在下眼睑处晕染亚光玫红色眼影。

06 在上眼睑中间位置晕染珠光紫色眼影。

07 在上眼睑靠近睫毛根部向上晕染亚光黑色眼影。

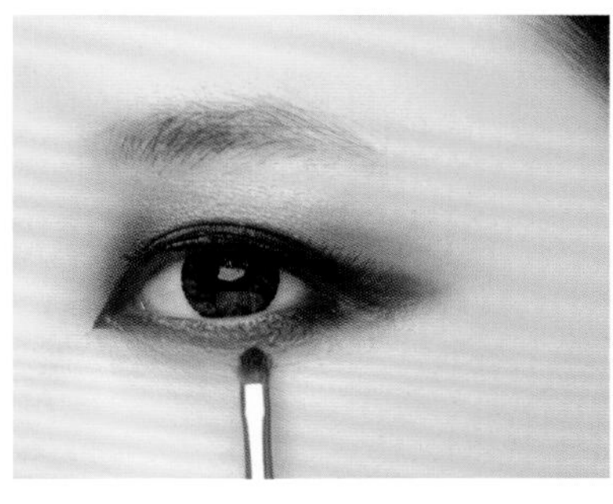

08 在下眼睑眼线位置适当晕染亚光黑色眼影。注意眼尾位置的眼影应呈自然上扬的感觉。

09 用灰色眉笔描画眉形，眉形应粗而平缓。

10 在眉头位置用眉粉刷自然涂刷，使眉形更加自然。

11 用亚光玫红色唇膏描画出轮廓清晰的唇形。

12 斜向小面积晕染棕色腮红，使妆容自然、柔和。

15 妖媚眼妆之唐代宫廷服妆容搭配

学习要点：

这是一款唐代宫廷服搭配妆容，眼形妖媚立体，用红色眼影顺着眼线走向向上晕染，以增添妆容的妖媚感。此款妆容的重点在眉眼区域，描绘的花钿装饰也在这个区域内。唇妆的粉红色是用于协调妆容的色调，粉红色的运用使妆容在霸气的同时不失柔美。如果唇妆用大红或者暗红色，则整体妆容会显得更加冷艳。

01 在上眼睑位置描画眼线。粘贴假睫毛后，用水溶性眼线液笔继续加粗描画上扬的眼线。

02 向眼头位置描画，将眼线填满，在上眼睑形成一条自然流畅的眼线。

03 向内眼角描画眼线，打造开眼角的效果，使眼形更加妖媚。

04 用眼线笔描画下眼线，在眼尾位置与上眼线衔接。

05 用亚光红色眼影顺着眼线的走向向上晕染。

06 在下眼线位置用亚光红色眼影进行晕染。

07 在眼头位置用亚光橘色眼影进行晕染，将其与眉头衔接。

08 用灰色眉笔描画眉形，注意使眉尾上扬。

09 用亚光红色唇膏在眉心位置描画花钿图案。

10 在唇部涂抹亮泽的粉红色唇膏，使唇色自然、红润。

11 斜向晕染红润感的腮红，使肤色显得红润。

16

暗黑眼妆之时尚妆容搭配

学习要点：

此款妆容要呈现的是暗黑时尚的感觉。采用夸张的眼线处理方式，这是比大烟熏更夸张的大面积黑色眼妆处理手法。唇妆采用暗紫色，这使妆容呈现出了暗黑感和神秘感，同时使色彩不单一。

01 处理好真假睫毛后，提拉上眼睑皮肤，在上眼睑位置描画一条眼尾自然上扬的眼线。

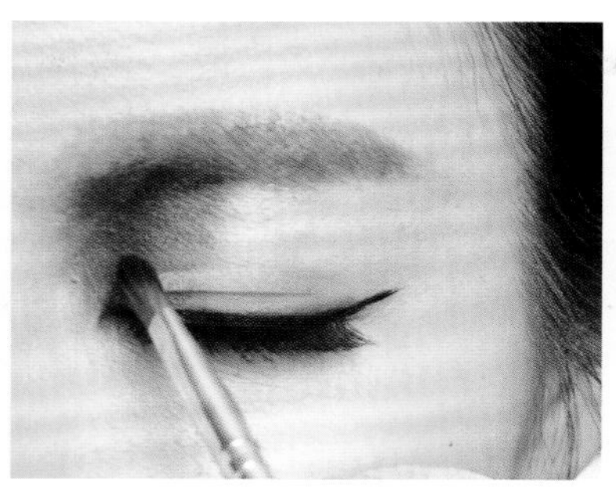

02 在眼头靠近鼻根的位置用亚光黑色眼影进行晕染。

03 在整个上眼睑晕染亚光黑色眼影。

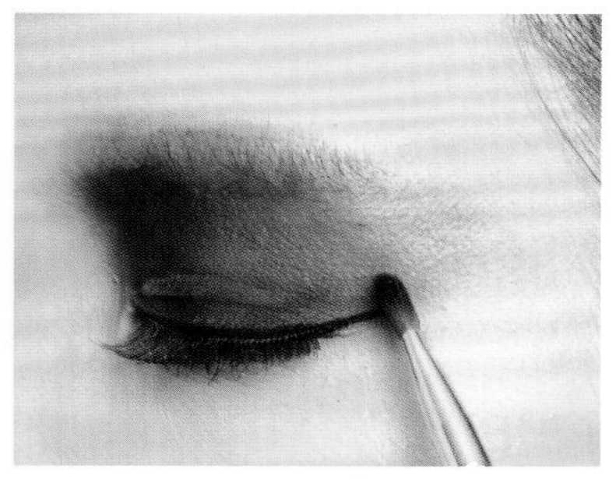

04 向眼尾方向涂刷亚光黑色眼影，注意边缘的晕染要自然。

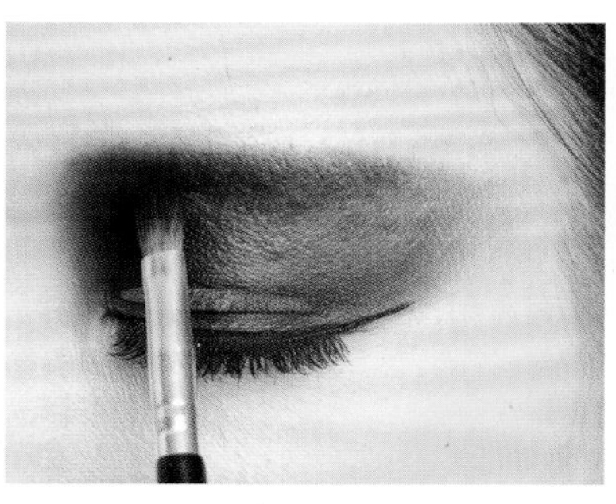

05 在眉头下方加深晕染亚光黑色眼影，使眼妆呈现出更加深邃的感觉。

06 将眼影边缘晕染得柔和自然。

07 用水溶性眼线液笔加粗描画眼线。

08 拉长内眼角的眼线。

09 斜向晕染棕色腮红，提升妆容的立体感。

10 用亚光紫色唇膏涂抹唇部，使唇形立体饱满，棱角分明。

11 用胶水将蕾丝面饰粘贴于面部。

17 贴绘法眼妆之创意妆容搭配

学习要点：

此款妆容在设计上运用了贴饰和彩绘手法。单从妆容色彩的搭配上来说，这是一款黑色与红色相结合的经典色彩搭配，红色是整款妆容的主色调。

01 在上眼睑描画眼线。粘贴假睫毛后，用大号眼影刷将珠光白色眼影在上眼睑位置晕染，进行提亮。

02 用水溶性眼线液笔叠加描画眼线，在眼尾自然上扬。

03 用水溶性眼线液笔描画眼头位置，以打造开眼角的效果。

04 用水溶性眼线液笔在下眼睑位置描画一条流畅下耷的线。

05 用水溶性眼线液笔继续描画一条线，与第一条下耷的线基本平行。

06 延长描画上眼线并描绘出图案。

07 继续描绘图案，注意线条不要出现生硬感。

08 在下眼线位置用珠光白色眼线笔描画。

09 在眉毛位置粘贴贴纸，在下眼睑位置从眼头处向下粘贴贴纸。

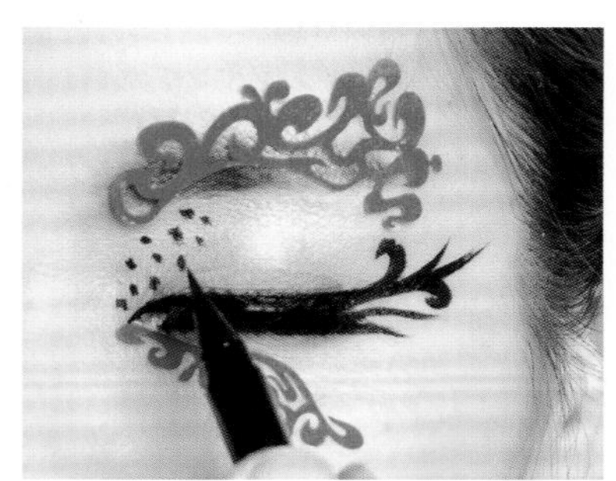

10 用水溶性眼线液笔在眼头的上方点出若干黑点。

11 在唇部涂抹亚光暗红色唇膏，使唇部轮廓清晰而立体。

12 斜向自然晕染淡淡的腮红，以提升妆容的立体感，使肤色更加自然。

18 粘贴眼妆之创意妆容搭配

学习要点：

此款妆容运用了将花瓣粘贴在面部的创意妆容手法。创意妆容最忌讳的就是主题太多，反而会显得没有主题；而如果色彩太多，搭配不好会显得凌乱。这款妆容的重点就是表现花瓣粘贴于面部的美感。

01 处理好睫毛，描画出妩媚的眼线。

02 在上眼睑位置用亚光红色和橘色眼影相互结合进行晕染。

03 描画眉尾自然上扬的眉形。

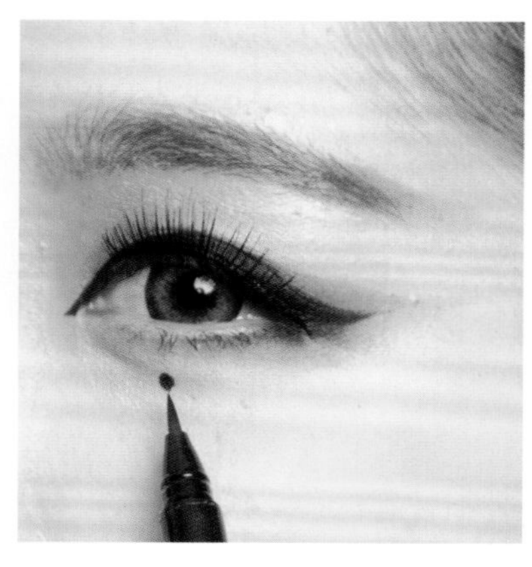

04 在下眼睑下方的中间位置用水溶性眼线液笔点出黑痣效果。

05 晕染红润感腮红，以提升妆容的立体感。

06 在眉毛位置粘贴绢花花瓣。

07 继续粘贴绢花花瓣。

08 在眉尾绢花花瓣的空隙处用小朵绢花进行点缀。

09 用润泽感的红色唇膏涂抹唇部，使唇形饱满自然。

CHAPTER

03

造型基础

本章的内容包括造型工具以及各种造型基础手法，部分基础手法讲解是在头模上进行操作的，并且有配套的教学视频，以让大家在学习基础手法的同时体验更强烈的现场感。为了让大家对基础手法的实际运用有更透彻的领悟，部分基础手法配有三款造型的实例解析，这些实例解析将相应的基础手法运用到造型实战中，使读者不但能学会这些基础手法，而且在实战中可以对其充分地加以利用。

01 造型工具

每一种造型工具都有其独特的作用，可以辅助完成造型。我们要对每一种造型工具的性能有一个基本的了解，以便更好地完成造型。

发卡

发卡用来固定头发，是造型的重要工具。

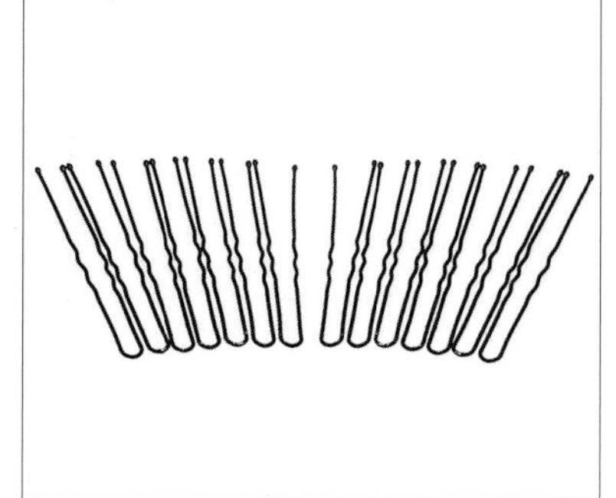

U 形卡

U 形卡在不破坏造型轮廓的同时可以自然固定头发。

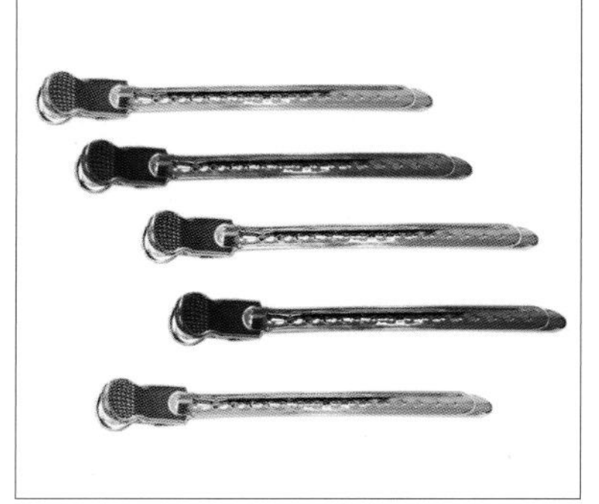

波纹夹

波纹夹具有独特的凹槽设计，在做波纹造型效果时，可用来临时固定头发。

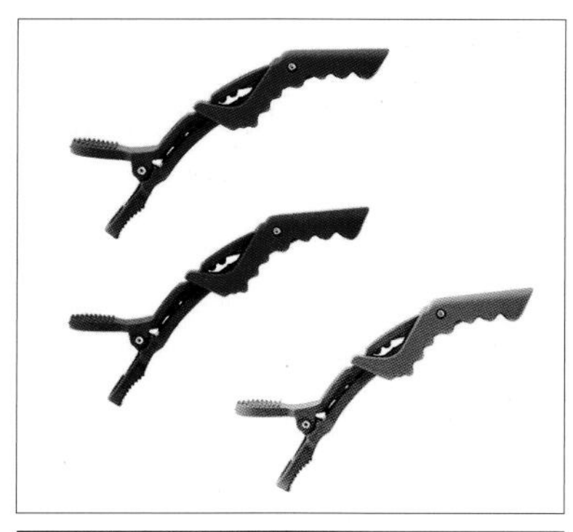

鳄鱼夹

鳄鱼夹有较强的固定作用，可以临时固定头发，使其不易散落。

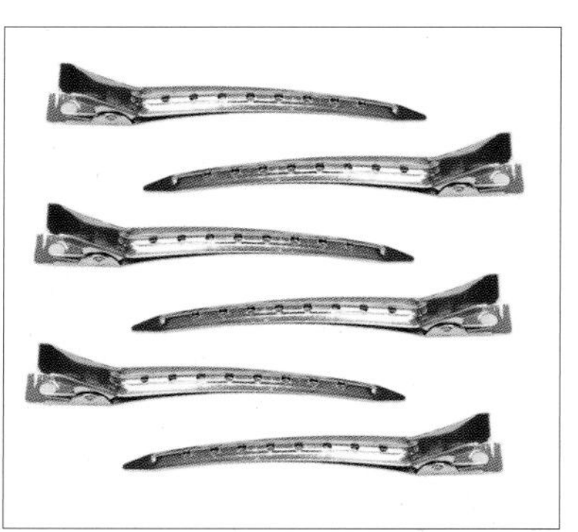

鸭嘴夹

鸭嘴夹可用来临时固定头发。

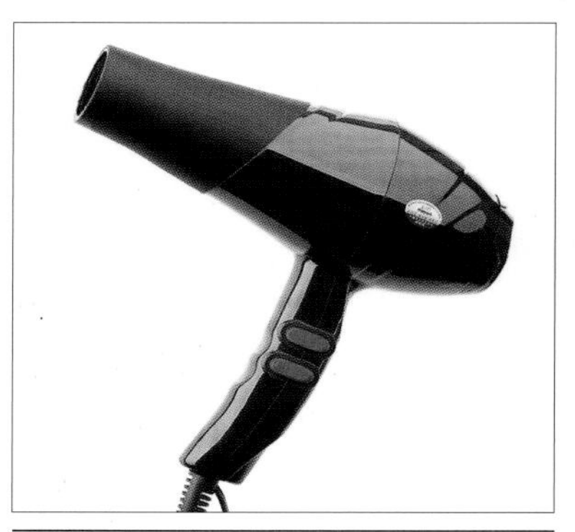

吹风机

吹风机主要用来对头发做吹干、蓬起、拉直、吹卷操作。吹出的风分为冷风、热风、定形风。

直板夹

直板夹可以用来将头发拉直或卷弯。

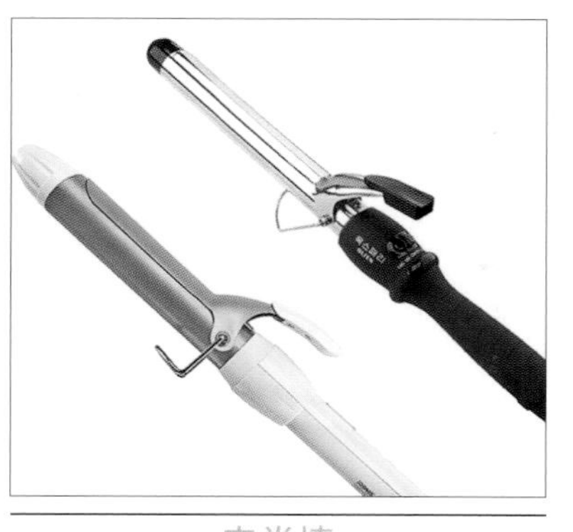

电卷棒

电卷棒按粗细可分为各种型号，根据发型的需要选择粗细合适的电卷棒，以卷出不同弯度的卷发。

玉米须夹板

玉米须夹板可以将头发烫弯，能起到增加发量的作用。

滚梳

滚梳可以配合吹风机做一些有卷度的吹烫，如打造具有波浪感的造型。

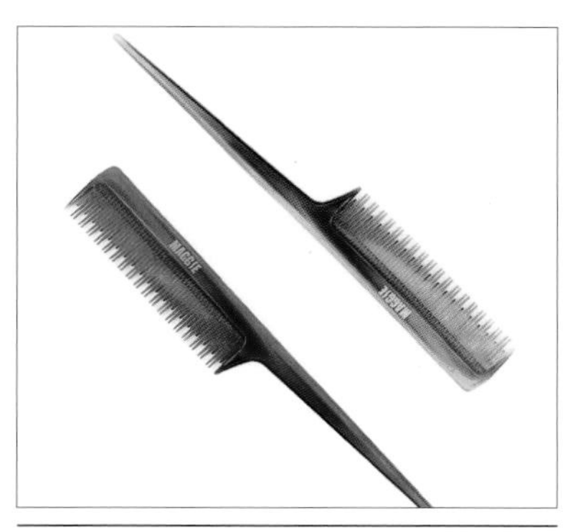

尖尾梳

尖尾梳用来梳理、挑取、倒梳头发，是造型中的常用工具。

排骨梳

排骨梳可配合吹风机来造型，尤其适合打造一些短发造型。

气垫梳

气垫梳一般用来给烫卷的头发做梳通处理，这样可以使头发呈现更自然的卷度。如波浪卷发就需要用气垫梳来梳理。

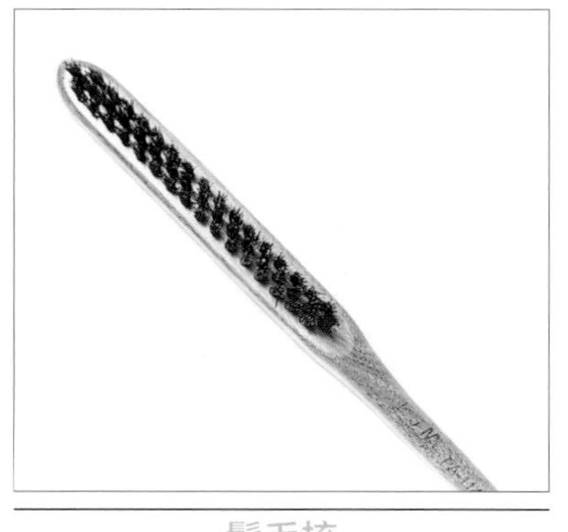

鬃毛梳

鬃毛梳可以用来倒梳头发，也可以用来将头发的表面梳理光滑。与尖尾梳不同的是，其倒梳头发的密度更大，梳理后的表面比较蓬松自然。

包发梳

包发梳一般由六排塑料梳齿和五排鬃毛梳齿组成，整体呈现向一侧弯曲的弧度，其主要作用是做包发时梳光头发表面，使头发的弧度更饱满。

发胶

发胶分为干胶和湿胶，主要用来为头发定型。

啫喱膏

啫喱膏用来整理发型，使发丝伏贴，造型光滑。

蓬松粉

蓬松粉用于发根位置，可使造型更蓬松自然。

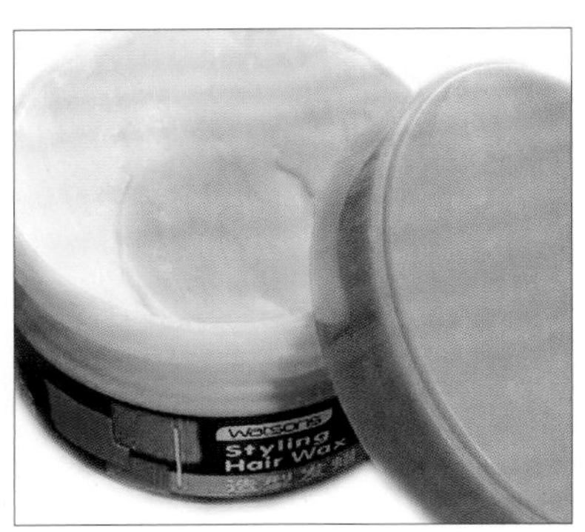

发蜡

发蜡用来为头发抓层次，配合发胶来造型。

发蜡棒

发蜡棒的作用与啫喱膏类似，只是没有啫喱膏那么亮，也没有太强的反光，色泽比较自然。

蓬松喷雾

将蓬松喷雾适量喷于发根，用吹风机吹干后，头发可呈现自然蓬松的层次感。

彩色发泥

彩色发泥的色彩多样，可塑造一次性的个性发色。最为经典的颜色是灰白色，俗称“奶奶灰”。

染发粉饼

将头发分片用染发粉饼涂刷，可塑造自然的一次性染发效果。一般用来挑染或处理发色不均匀的头发。

密发纤维

针对头发比较稀疏的人，将密发纤维撒于发根，纤维状颗粒可塑造视觉上自然浓密的效果。

02 造型分区

对于很多化妆造型师来说，如何完成一个出色的造型往往是在工作中需要考虑的重点内容。想象是美好的，而现实往往比较残酷。很多别人做起来很简单的造型，在自己做的时候就会出现很多问题。而之所以出现这种眼高手低的现象，很大程度上是因为对造型基础的掌握不够牢固，就像要建造一栋高楼，没有坚实的基础，则接下来的建筑都是华而不实的。正是各个基础环节的衔接形成了最终的造型效果。那么，哪些造型的基础知识是完成一个造型之前必须要掌握的呢？接下来我们做一下具体的介绍。

造型的分区是在决定做一个造型之前就要确定好的，这样才能让我们的造型更加接近预想好的结构。分区一般分为刘海区、左右侧发区、顶区和后发区。每个区域都有自己的作用，而我们并不是做每一个造型都要给头发分出这么多区域。在具体造型时，可根据想呈现的造型的整体效果来巧妙地加以变通，这才是正确的选择。

标准造型分区的位置

刘海区：刘海区的分法比较多样，一般有中分、三七分、二八分等。刘海区主要用来修饰额头的缺陷以及配合整体造型。刘海区一般呈现三角形或弧形结构。

侧发区：侧发区的分区一般在耳中线或耳后线的位置，根据所需发量的多少来决定分区的位置。侧发区的头发可以打造发型的饱满度，也可以起到修饰脸形的作用。

顶区：顶区的头发可以用来为造型做支撑，也可以用来增加造型的高度，还可以起到修饰造型轮廓的作用。顶区一般会分出一个比较流畅的弧形。

后发区：分好之前几个区域的头发，剩下的头发就是后发区的头发，后发区的头发主要用来打造枕骨部位的饱满度，也可用来修饰肩颈部位。

如何确定分区

在给头发做分区的时候，要根据自己想要达成的造型感觉去处理，除了之前说过的标准分区之外，造型的分区是多种多样的。在打造造型时首先要具备的是对造型的想法，之后就要思考通过什么样的分区能达到预想的结果，然后进行分区。分区也需要勤加练习才能运用自如。分区根据需求的不同会有所变化，那么要想分区得当，在准备分区之前要清楚以下几个问题。

（1）造型的主体结构在哪个方位。不是所有的造型都是在一个方位的，造型的位置往往决定了哪个区域的分区要大一些。

（2）造型的分区数量是多少。不是每个造型都要分出很多个区域，有些造型分出两到三个区域就可以完成了。

（3）是不是需要细化分区。有些造型可能需要对划分好的区域再进行局部更细致的小分区。

标准分区

标准分区一般分为刘海区、顶区、左右侧发区、后发区。标准分区是做发型的一种常用分区形式。

01 将刘海区的头发和左侧发区的头发以左侧眉峰向上的延长线为基准分开。

02 将刘海区的头发向右侧梳顺。

03 以右侧眉峰向上的延长线为基准，用尖尾梳将刘海区的头发分出后，用鳄鱼夹固定。

04 从头顶位置用尖尾梳向耳后或耳中线位置划一条直线，分出右侧发区的头发。一般侧发区需要的发量多就在耳后分，需要的发量少就在耳中线分。

05 将左侧发区的头发用同样的方式分出。

06 将顶区的头发呈圆弧形向上分开后，用鳄鱼夹固定。

07 在后发区中间位置用尖尾梳从上向下划一条直线，将头发左右分开并分别固定。

前后分区

前后分区是根据发量的需要将头发分为前后两个区域，通常是将其中一个区域作为造型重点来打造。

正面　左侧　右侧

顶部　背面

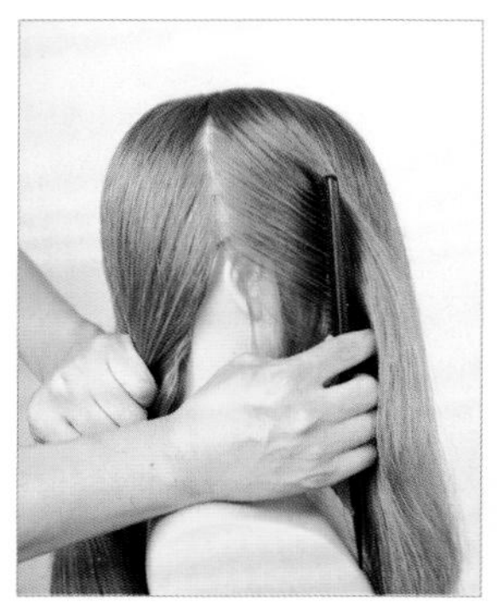

01 用尖尾梳自头顶位置向右侧耳后划一条直线，将头发前后分开并临时固定。

02 用尖尾梳自头顶位置向左侧耳后划一条直线，将头发前后分开并临时固定。

03 初步分好区背面效果。

04 初步分好区左侧效果。

05 初步分好区正面效果。

06 初步分好区右侧效果。一般我们在分好头发后会做更牢固的临时固定，以便在操作某个区域的头发时不被其他区域的头发影响。

十字分区

顾名思义，十字分区在头顶的位置呈现十字状。欧式的中分刘海盘发常用这种分区手法。

正面　左侧　顶部　背面

右侧

01 用尖尾梳在正面将头发中分。

02 从头顶向右侧耳后处划一条直线，将头发前后分开。

03 从头顶向左侧耳后处划一条直线，将头发前后分开。

04 用尖尾梳从头顶位置向后发区下方垂直将头发左右分开。

上下多分区

上下多分区是根据每个区域在盘发中作用的不同来确定分区，每个区域的大小比例可根据造型的实际需要来进行调整。

正面

左侧

右侧

顶部

背面

01 用尖尾梳将刘海区的头发和左侧发区的头发分开。

02 用尖尾梳将刘海区的头发和右侧发区的头发分开。

03 在右侧发区分出一部分头发，进行固定。

04 分出右侧发区剩余的头发并将其固定。

05 将左侧发区的头发一分为二，分别固定。

06 将顶区的头发分出并固定好。

07 从后发区右侧分出一片头发，将其固定。

08 将后发区剩余的头发一分为二，分别固定。

纵向多分区

纵向多分区一般用来打造后垂式盘发效果，可使层次更丰富。

正面

左侧

右侧

顶部

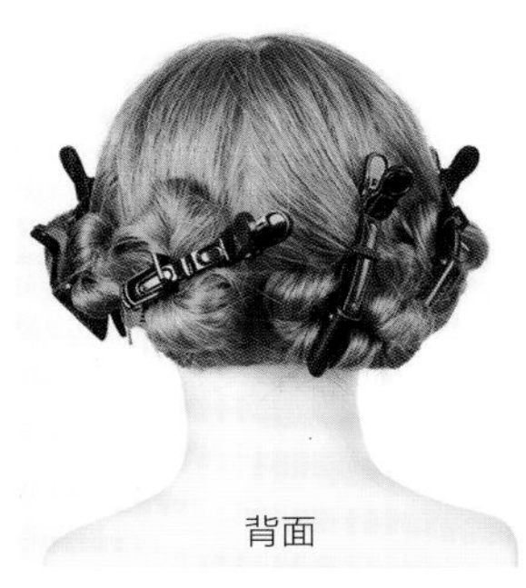
背面

01 用尖尾梳将右侧发区的头发分出并固定。

02 从右侧发区向后用尖尾梳分出一片头发并固定。

03 沿固定好的头发向后纵向在后发区分出一片头发并固定。

04 用尖尾梳将左侧发区的头发分出并固定。

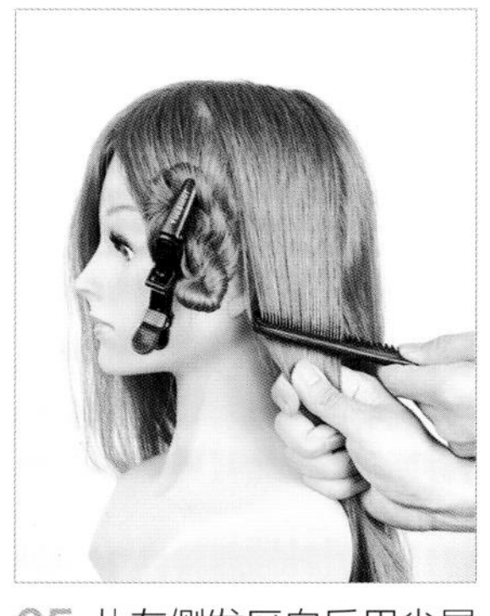
05 从左侧发区向后用尖尾梳分出一片头发并固定。

06 沿固定好的头发向后纵向在后发区分出一片头发并固定。

03 发卡固定法

如何固定头发而使其不容易松散，是造型的一个基本而关键的手法。在固定造型结构时，如果固定的位置合适，一个发卡就解决了固定问题，而如果固定位置选择得不够恰当，多个发卡也未必能将头发固定牢固。那么什么样的位置是合适的位置呢？其实很简单，在准备固定之前，我们会用手做临时固定，那么手按住头发使其牢固的位置也就是需要下发卡的位置。有时，因为发量过多，一个发卡固定不够牢固，可以用十字交叉卡的方式固定，以使造型更牢固。另外，头发不同的翻转角度也有各自的固定方式。下面我们对各种造型的固定方式进行具体讲解。

开卡固定法

学习要点：开卡固定法只需用一只手完成整个操作过程。优点是熟练之后可以加快发型的固定速度；缺点是这种手法需要用一定时间练习，而且这种开卡方式对手指皮肤的磨损比较大，长时间用这种方式开发卡，手指容易长老茧。正常情况下，用一只手拿发卡，另外一只手打开发卡也是可以的。

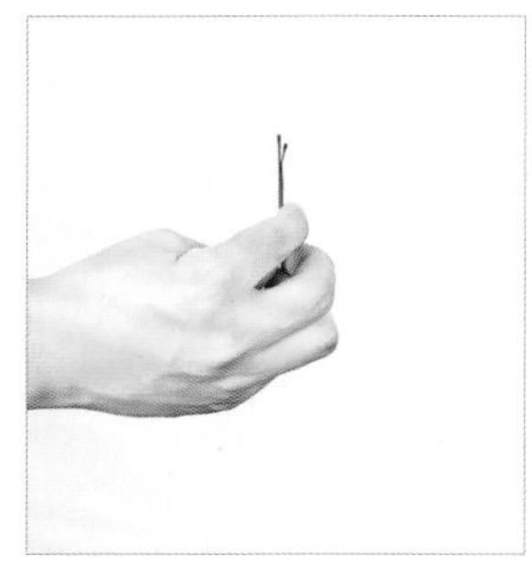

01 拿起一个发卡。

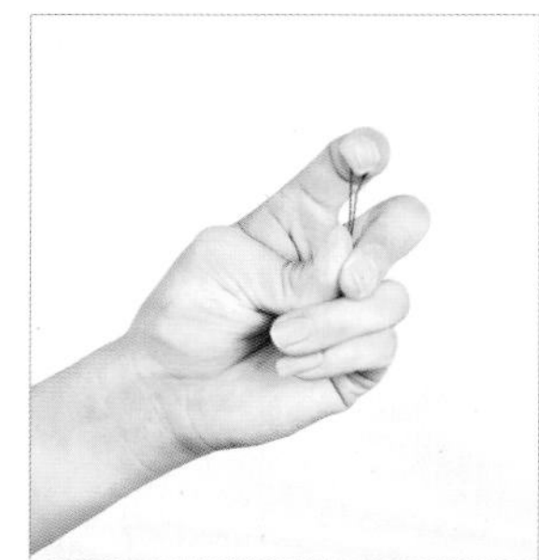

02 将比较长的一端向内。

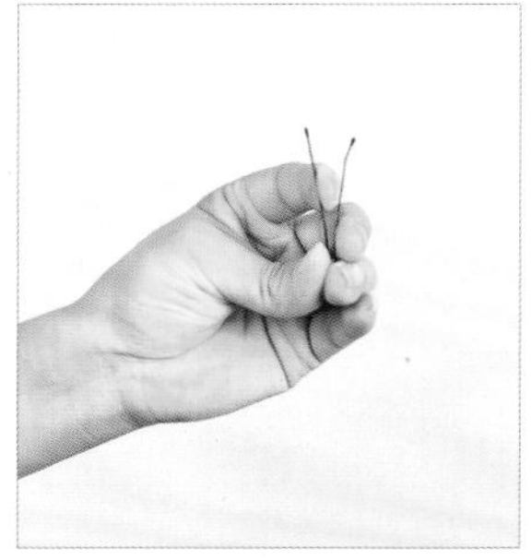

03 手指顺着发卡缝隙下滑，把发卡打开。

04 将发卡推送到头发需要固定的位置，固定头发。

扭转固定法

学习要点：扭转固定法又称旋转点隐藏式固定法。一般在固定点的发卡都是隐藏起来的。这种固定方式可以使头发收紧并隐藏发卡，是一种比较常见的固定发卡的方式。

01 取一片头发，扭转并收紧。

02 将头发在头部找一个点按住。

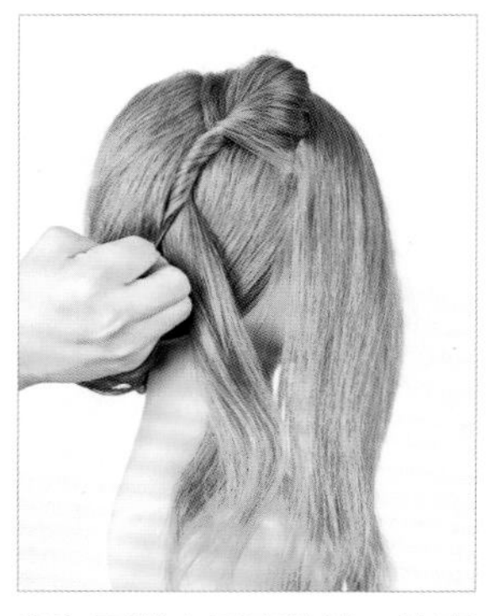

03 下发卡固定头发，注意下发卡的位置刚好是头发扭转的最低点。

04 固定完成后的效果。

交叉卡固定法

学习要点： 交叉卡固定法是为了对头发起到加固的作用，用两个发卡交叉固定的力度很强，头发不会轻易散落开。一般这种方式用来固定一个发卡不容易固定牢固的地方或发量比较多的头发。

01 取一片头发。

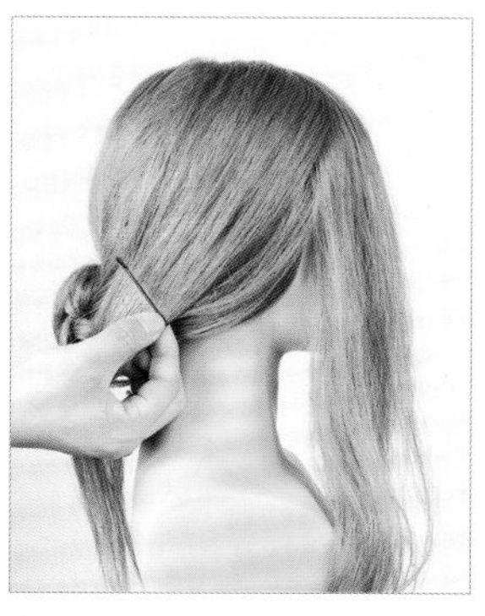

02 用发卡把它与下方的头发固定在一起。

03 从另外一侧继续下一个发卡，进行固定。

04 固定完成后的效果。

联排卡固定法

学习要点： 联排卡固定法主要是为较大面积的头发找到一个支撑点，使头发以这个支撑点为基础来完成接下来的造型。稍后讲到的单包就是利用了联排卡固定法，我们可以举一反三地将其运用到更多的造型中。

01 将头发处理平顺。

02 下一个发卡，对头发进行固定。

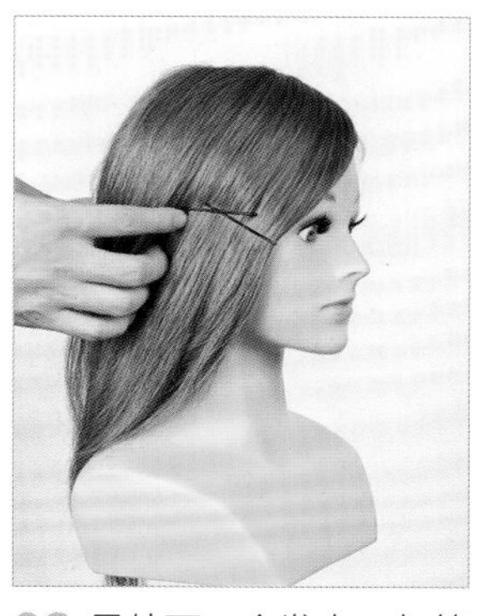

03 另外下一个发卡，与第一个发卡交叉后固定。

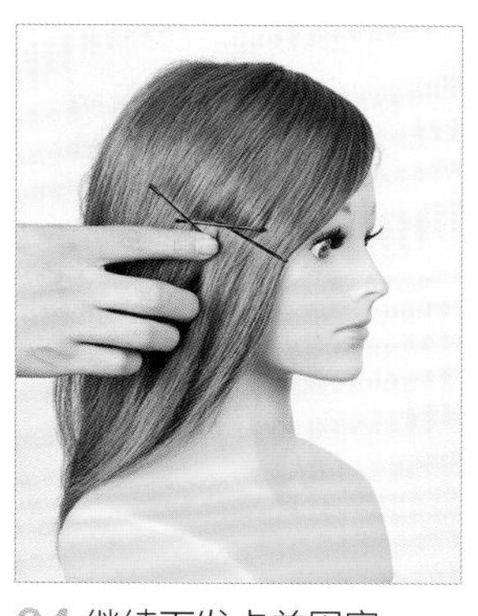

04 继续下发卡并固定。

05 以同样的方式继续向后下发卡。

06 最后从另一侧向内下一个发卡并固定。

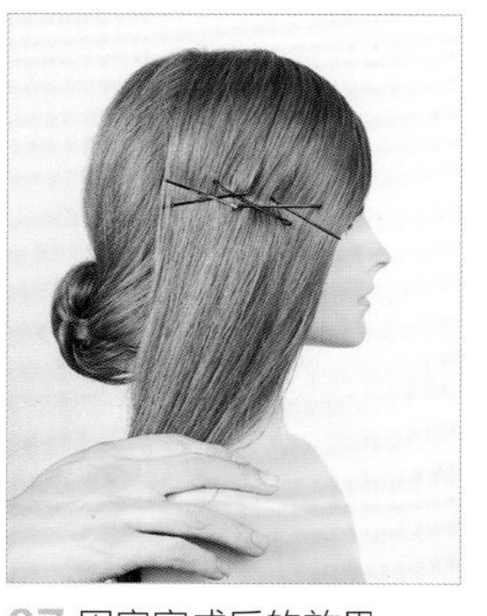

07 固定完成后的效果。

04 电卷棒、直板夹的使用方法

基础烫发手法

扫描二维码
观看视频▶

电卷棒前翻烫卷

01 取一片头发，开始准备烫发。

02 将头发放在电卷棒中。

03 将头发缠绕在电卷棒上并适当拉紧。

04 烫发完成后的效果。

电卷棒后翻烫卷

01 取一片头发，准备烫发。

02 将头发向后缠绕在电卷棒上。

03 将缠绕好的头发适当拉紧并停留数秒。

04 烫卷完成后的效果。

直板夹上翻烫卷

01 取一片头发，准备烫卷。

02 用直板夹夹住头发，将头发卷入直板夹中。

03 将发尾卷入直板夹中，停留数秒。

04 烫发完成后的效果。

电卷棒上翻烫卷

01 取一片头发，准备烫发。

02 将头发放置在电卷棒的下方，准备烫卷。

03 用电卷棒夹住头发的发尾位置。

04 将头发缠绕在电卷棒上，向上卷烫。

05 向后倾斜电卷棒，使其呈现更好的翻卷弧度。

06 烫卷完成后的效果。

直板夹下扣烫卷

01 取一片头发，准备烫发。

02 用直板夹夹住头发，慢慢地向发尾烫发。

03 拉伸接近发尾位置的头发，将其卷在直板夹上。

04 继续将头发卷在直板夹上。

05 将发尾卷在直板夹上。

06 烫发完成后的效果。

烫发案例（一）：直板夹内扣式烫发

学习要点：模特本身的头发偏短，所以在用直板夹内扣烫卷时会形成自然的弧度。在烫卷时要分层烫，不要一次烫过多的头发。如果一次烫发过多，发卷会不自然。

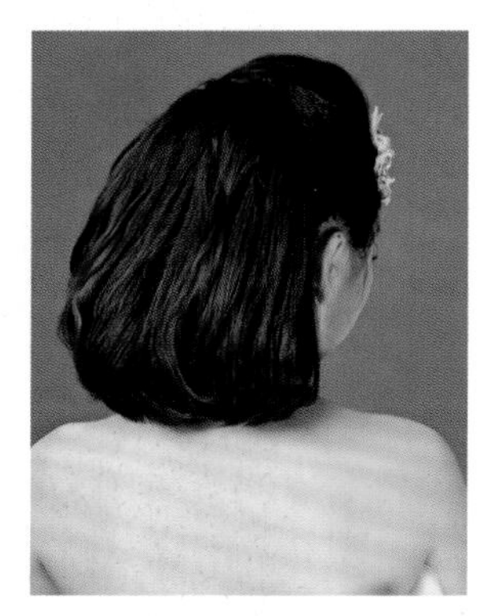

01 将两侧发区的头发用直板夹向下扣卷烫出弧度。

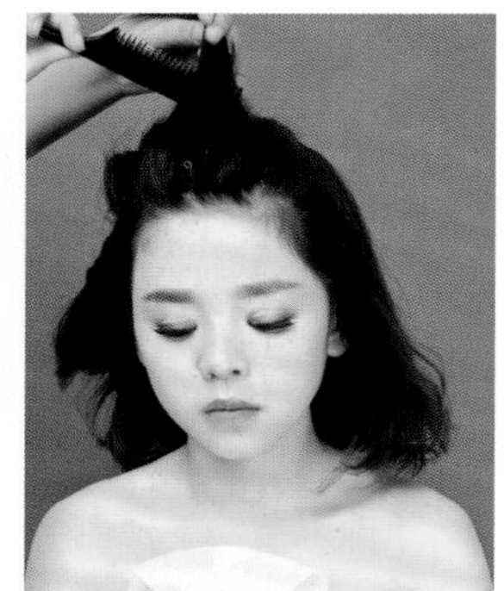

02 将刘海区的头发向上提拉并适当倒梳。

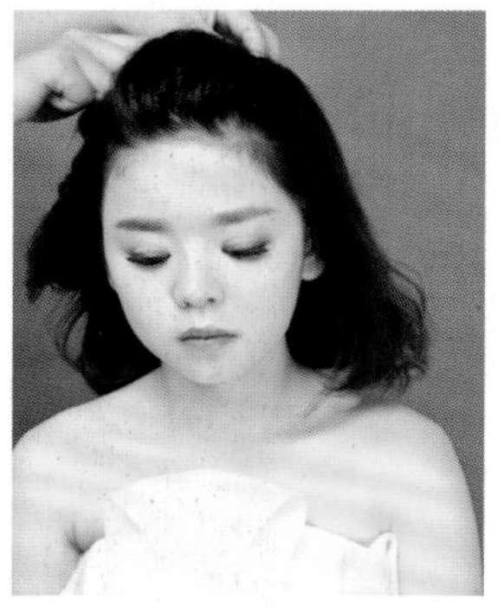

03 将倒梳好的头发在头顶位置固定。

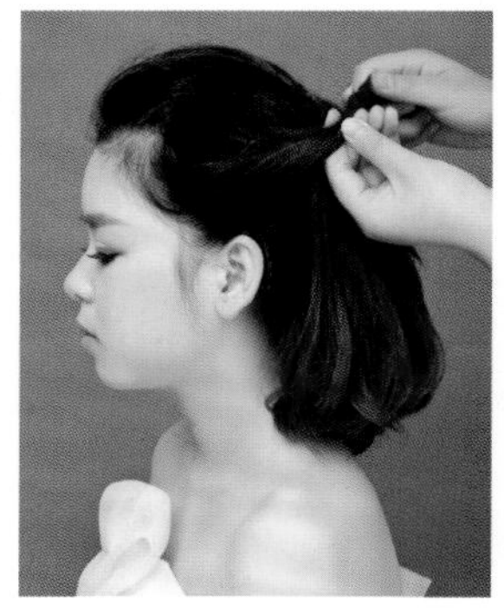

04 将左侧发区的头发向后扭转。

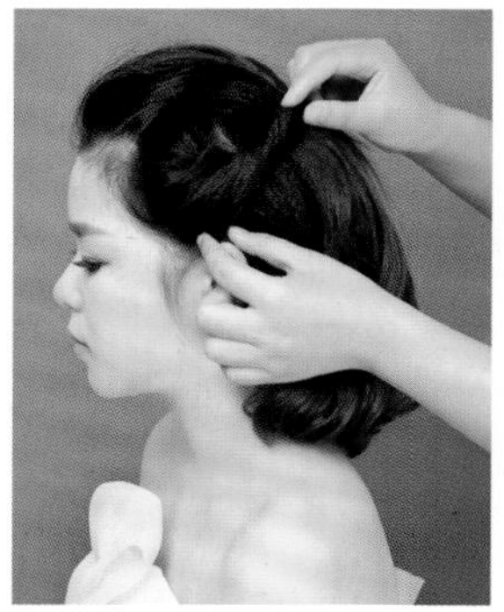

05 将扭转好的头发固定并适当抽拉，使其更加饱满。

06 将右侧发区的头发向上提拉并倒梳。

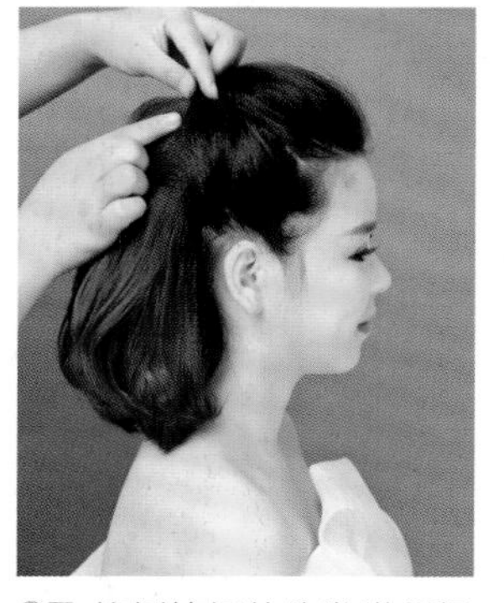

07 将倒梳好的头发进行扭转并固定。

08 在额头位置佩戴饰品。将后发区剩余的头发用直板夹分层向下扣卷。

烫发案例（二）：电卷棒波浪式烫发

学习要点：用电卷棒烫发时，注意烫卷的角度，较为一致的烫卷角度可以在用气垫梳梳理后呈现更为自然的发卷弧度。

01 将刘海区的头发向左侧梳理光滑。

02 将头发梳理至左侧并在后发区固定。

03 将头发分片用大号电卷棒从下到上一层层地烫卷。

04 调整烫好的头发的弧度。

05 继续向上分出头发，用大号电卷棒进行烫发。

06 注意烫卷的时候，头发的提拉角度。

07 对刘海区的头发进行烫卷处理。

08 用气垫梳梳理头发，使其呈现更加优美的弧度。

09 将头发调整好弧度并用波纹夹固定。

10 对调整好弧度的头发进行喷胶定型。

11 在右侧佩戴造型纱帽。

12 将临时固定的波纹夹取下。造型完成。

烫发案例（三）：电卷棒后翻卷盘发

学习要点：借助电卷棒烫发来进行盘发造型时，可根据发片固定的位置调整烫发的角度。在造型前，要清楚自己想完成的造型需要的烫卷角度，然后顺应卷发的弧度走向来完成造型。

01 用电卷棒将后发区右侧的头发向后进行烫卷。

02 在后发区左侧取一片头发，向后进行烫卷。

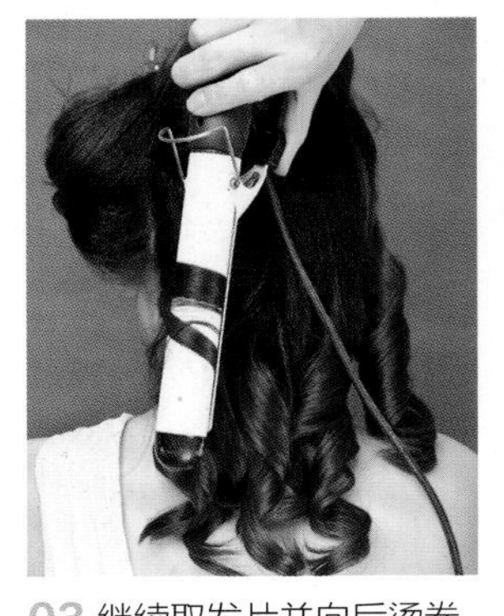
03 继续取发片并向后烫卷，注意电卷棒的角度。

04 在对侧发区的头发烫卷时，注意调整角度，使其与后发区烫卷的弧度协调。

05 将后发区右侧最后一片头发向左侧烫卷。

06 将后发区左侧剩余的头发向右侧烫卷。

07 从刘海区分出头发，向后烫卷。

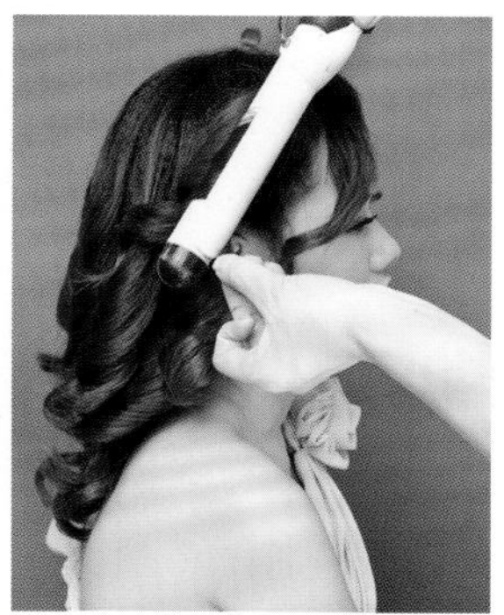
08 将刘海区剩余的头发分片向后烫卷。

09 将左侧发区的头发分出一部分，向后烫卷。

10 将左侧发区剩余的头发用电卷棒向后烫卷。

11 将后发区右侧的头发斜向扭转并固定。

12 将后发区左侧的头发适当向上提拉，打卷并固定。

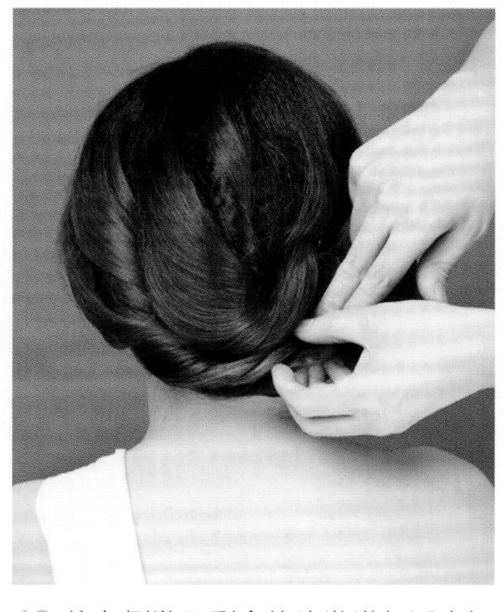
13 将左侧发区剩余的头发进行适当扭转，在后发区固定。

14 在左侧佩戴造型网眼纱和造型花，以装饰造型。造型完成。

05 倒梳

基础倒梳手法

扫描二维码
观看视频

标准倒梳

01 提拉起一片头发，力度均匀地拉直每一根发丝。将尖尾梳的梳齿插入头发中。

02 提拉头发的手拉紧头发，然后向发根处推梳子。每推一下会有部分头发被倒梳。

03 多次倒梳后头发会呈现蓬松感，发根位置的倒梳主要是让头发的根基牢固，没必要倒梳得特别蓬松。

04 标准倒梳完成后的效果。

旋转倒梳

01 取一片头发，进行扭转。

02 用尖尾梳对头发倒梳。

03 边倒梳边用手适当地扭转头发。

04 旋转倒梳完成后的效果。

移动倒梳

01 提拉一片头发，对发根进行倒梳。

02 边倒梳边移动头发。

03 顺着想要的头发走向边倒梳边移动，连续倒梳。

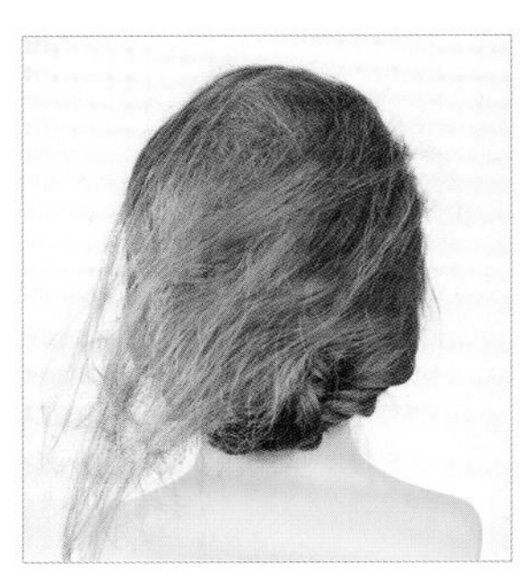
04 移动倒梳完成后的效果。

倒梳案例（一）：短发层次盘发

学习要点: 这款造型在第02步中利用了旋转倒梳的手法，使头发形成了有动感的层次。通过倒梳，刘海区及顶区表面的发丝在增加层次感的同时也改变了走向。

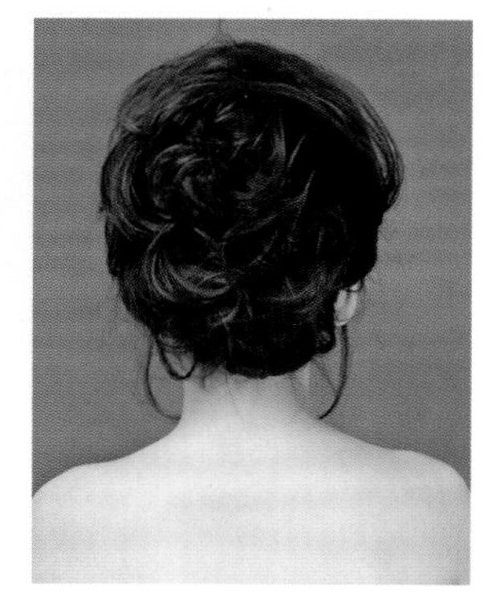

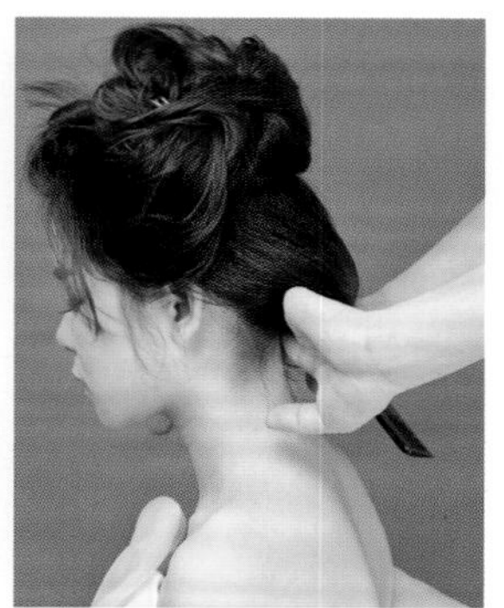

01 将后发区下方的头发向下打卷并固定。

02 将除刘海区头发之外剩余的头发倒梳。将两侧发区的头发进行旋转倒梳。

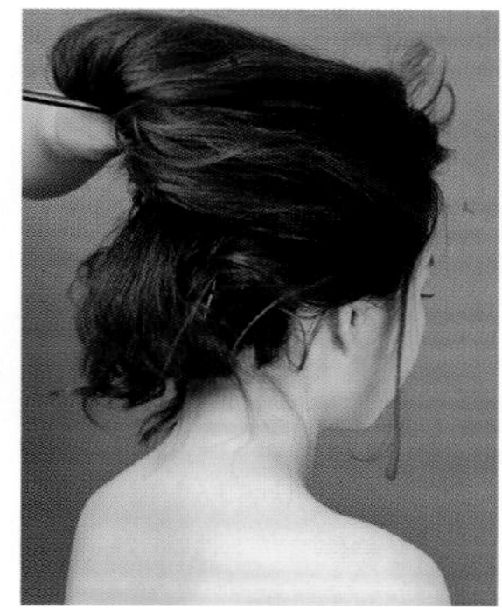

03 将顶区的头发收拢，使其隆起一定的高度并固定。

04 将两侧发区的头发用尖尾梳调整出层次，向上固定。

05 将顶区表面的头发倒梳，增加造型的层次感。

06 将刘海区的头发向上提拉并倒梳。

07 调整头发表面的层次感，喷胶定型。

08 佩戴饰品，装饰造型。使两侧位置抽出的头发自然垂落，修饰脸形。

倒梳案例（二）：短发动感造型

学习要点：此款发型在倒梳的时候都适当地提拉了发丝，边倒梳边改变发丝的走向，使发丝层次感更丰富，造型更动感。需要注意的是这款造型适合短发，长发用这种操作方式造型，效果会很差。

01 将两侧发区及后发区的头发烫卷。将刘海区的头发用电卷棒向上翻烫。

02 将右侧发区的头发向后提拉并倒梳。

03 边移动头发边倒梳，改变头发的走向，使轮廓饱满。

04 取少量发丝倒梳，以增加造型的层次感及灵动感。

05 将后发区的头发向上提拉并倒梳。

06 将刘海区及左侧发区的头发向上提拉并倒梳。

07 取少量发丝倒梳，以增加造型的层次感。

08 将下方的头发提拉并倒梳，使其不与整体造型脱节。

09 提拉倒梳的发丝，调整造型轮廓。

10 将顶区表面少量的发丝进行提拉并倒梳，使整体造型的层次更加饱满自然。

倒梳案例（三）：长发缩短发时尚盘发

学习要点：这款造型首先将长发固定并缩短，然后用倒梳的形式使发型更具有层次感。不可忽视的是尖尾梳对调整发丝走向的作用和发胶对控制头发层次的作用。

01 将刘海区的头发向后扭转并固定。

02 将右侧发区及顶区的头发扭转，缩短并固定。

03 将左侧发区的部分头发提拉后，扭转并缩短。

04 将缩短的头发在头顶位置固定。

05 将后发区剩余的头发提起，扭转并固定。

06 在头顶取一束头发，向上提拉并倒梳。

07 继续在头顶取头发，向外提拉并倒梳，使其更加有动感的层次。

08 将头发倒梳好后进行细节位置的固定，使造型呈现一定的轮廓感。

09 将偏左侧的头发向上提拉并倒梳。

10 用尖尾梳辅助调整，使头发向右侧呈现飘逸的层次感。然后对头发喷胶定型。

06
包发

基础包发手法

扭包

01 提拉后发区的头发并倒梳，增加发量并增强衔接度。然后将头发表面梳理光滑。

02 以尖尾梳为轴，扭转头发。将尖尾梳抽出，在扭转的点用发卡固定头发。

03 在侧面继续向下下发卡，固定头发。

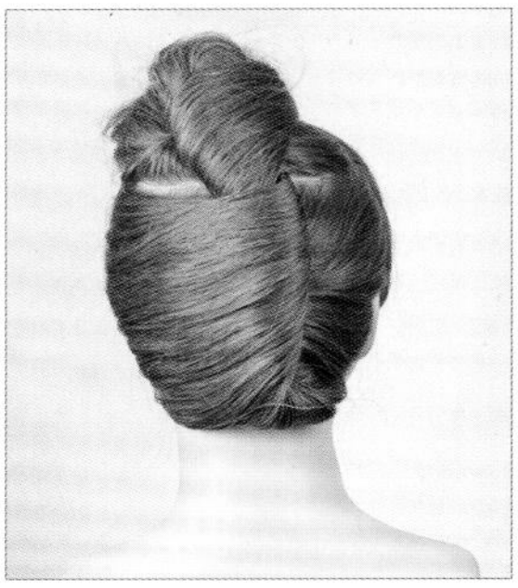

04 扭包完成后的效果。

单包

01 将后发区的头发分片提拉并倒梳。

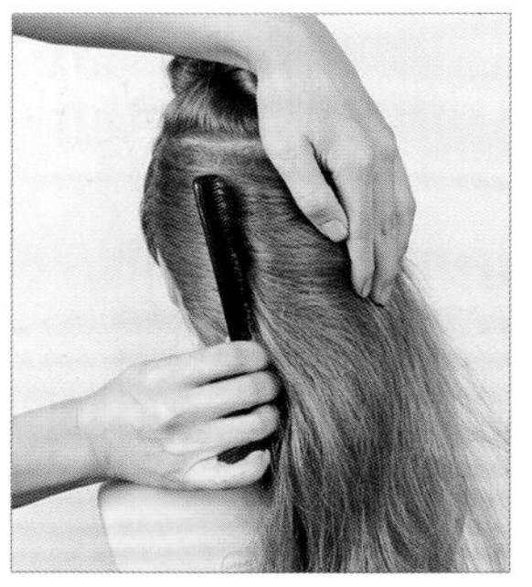
02 在后发区左侧将倒梳好的头发表面梳理光滑。

03 将后发区右侧的头发表面梳理光滑。

04 在后发区中心线位置下联排的十字交叉卡，以固定头发。在最上方从上向下下发卡，固定头发。

05 将头发从后发区左侧向右梳理。

06 以尖尾梳为轴，将头发扭转后用发卡固定。

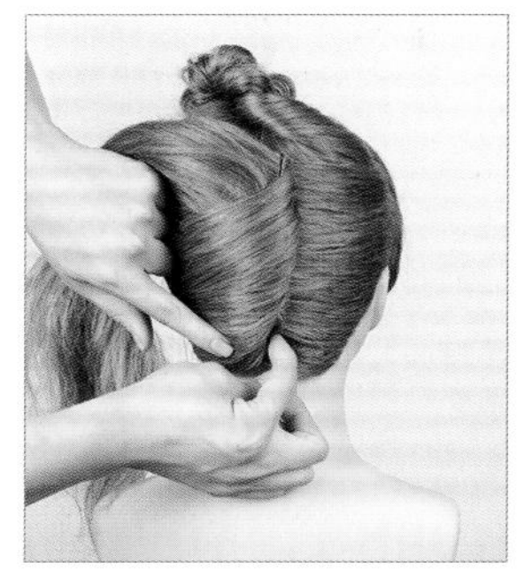
07 在侧面下多个发卡，以固定头发。

08 单包完成后的效果。

叠包

01 将后发区的头发中分。

02 从左侧分片取头发，提拉并倒梳。

03 将左侧最后一片头发从内侧倒梳。

04 将倒梳好的头发表面梳理光滑。

05 以尖尾梳为轴，将头发在后发区右上方提拉并扭转。

06 在扭转的位置用发卡将头发固定。

07 在后发区右侧取头发，分片倒梳。

08 将倒梳好的头发表面梳理光滑。

09 将头发在后发区左上方以尖尾梳为轴，向上提拉，扭转并固定。

10 在侧面下发卡，以固定头发。

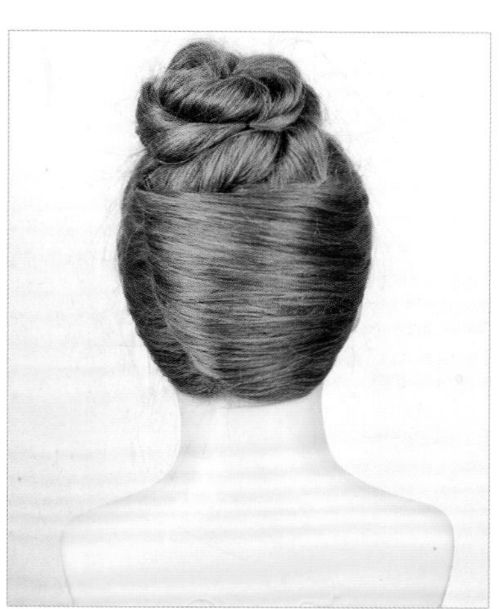
11 叠包完成后的效果。

包发案例（一）：单侧包发

学习要点：此款造型将后发区左侧的头发用包发手法固定，在打造造型的时候要学会将基本造型手法拆解使用。

01 将后发区左侧的头发用尖尾梳分片倒梳。

02 将后发区左侧的头发用尖尾梳向右侧梳理。

03 以尖尾梳为轴，将头发进行扭转并用发卡固定。

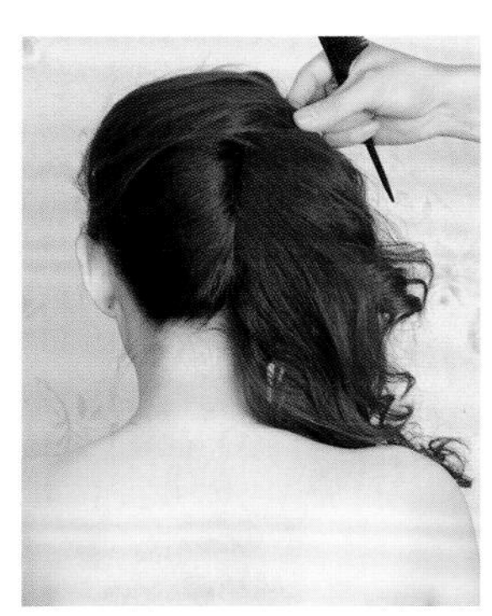

04 将左侧发区的头发向右侧发区扭转并固定。

05 将右侧发区的头发向后发区方向打卷。

06 打好卷后，将头发在后发区固定。

07 将刘海区的头发适当倒梳，使其更具有层次感。

08 将头发在后发区的右侧固定。

09 在后发区的右侧佩戴鲜花，装饰造型。

10 在左侧发区佩戴鲜花，装饰造型。

包发案例（二）：低位叠包

学习要点：此款造型将后发区最下方的头发用叠包的手法固定，与之前讲到的叠包不同的是，在这款造型中，叠包的位置偏低，发量较少。这是叠包手法的一种变通用法。

01 将后发区左下方的头发倒梳，再将其表面梳理光滑。

02 将头发斜向后发区右侧扭转并固定。

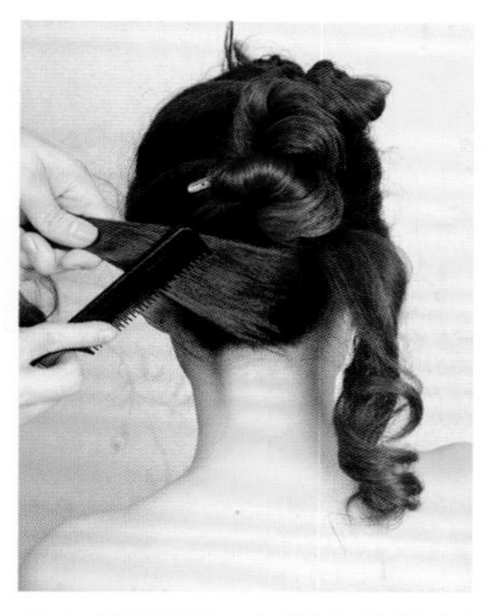

03 将后发区右侧的头发倒梳，再将头发表面梳理光滑。

04 将头发斜向后发区左侧扭转并固定。

05 将刘海区及左侧发区的头发烫卷，推出一定的高度，在右侧发区固定。

06 将后发区下方剩余的一部分发尾向顶区打卷并固定。

07 将后发区剩余的头发向上提拉，在顶区打卷并固定。

08 将最后剩余的头发进行三股辫编发。

09 将编好的头发保留发尾层次，在顶区固定。

10 在额头位置和头顶右侧佩戴鲜花，装饰造型。

包发案例（三）：扭包

学习要点： 此款造型是将后发区的头发用扭包的手法收拢并固定的。在做上盘式造型时，扭包手法常用来收拢头发。

01 将右侧发区的部分头发旋转，倒梳并固定，发卡要隐藏好。

02 继续分两次倒梳右侧发区的头发并将其固定，发卡要隐藏好。

03 将左侧发区的部分头发旋转，倒梳并固定，发卡要隐藏好。

04 继续分两次倒梳左侧发区的头发并固定，发卡要隐藏好。

05 在额前位置佩戴饰品，用尖尾梳调整倒梳好的头发的层次。

06 将刘海区的头发向上提拉并倒梳。

07 将刘海区的头发在后发区固定。

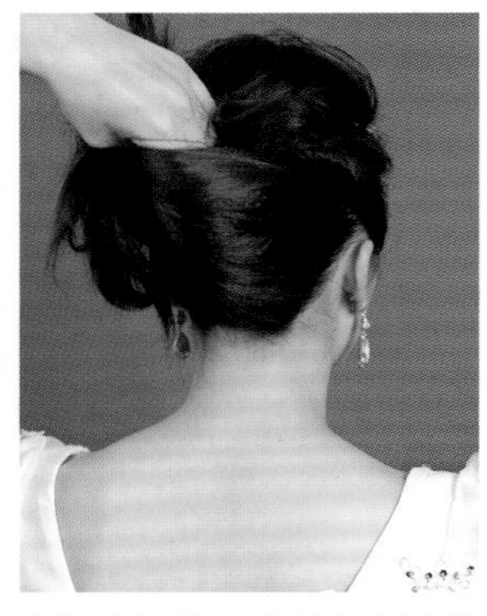

08 将后发区的所有头发分片倒梳，再将表面梳理光滑，收拢后做扭包。

09 将扭包的头发细致地固定，将剩余发尾打理出层次并固定。

10 在头顶位置佩戴头纱，装饰造型。

07 打卷

基础打卷手法

下扣卷

01 以尖尾梳为轴，将头发向下扣卷。

02 在扣卷的位置将头发用发卡固定。

03 下扣卷完成后的效果。

上翻卷

01 以尖尾梳为轴，将头发向上翻卷，抽出尖尾梳。

02 用手按住扭转的点，用发卡将头发固定。

03 为了防止头发脱落，可将两个发卡交叉在一起固定。

04 上翻卷完成后的效果。

上翻手打卷

01 分出刘海区的头发，将其倒梳，以增强头发的衔接度。

02 用尖尾梳将头发表面梳理光滑。

03 用手指将头发收拢，打成环形，向上打卷并固定。

04 上翻手打卷完成后的效果。

下扣手打卷

01 分出准备倒梳的头发，将其倒梳，以增强头发的衔接度。

02 收拢发尾，将头发向下进行打卷。

03 将打好的发卷固定。

04 下扣手打卷完成后的效果。

单卷

01 提拉起一片头发，对其倒梳，以增强头发的衔接度。将头发表面梳理干净，用手将发尾收起并打卷。

02 将打好的发卷在头顶找到合适的固定点。

03 用发卡将发卷固定。

04 单卷完成后的效果。

连环卷

01 首先打好一个发卷，然后将发尾保留。

02 将打好的发卷用发卡固定好。

03 将剩余的头发继续打卷并固定。

04 连环卷完成后的效果。

打卷案例（一）：复古扣卷造型

学习要点：这是利用下扣打卷完成的造型。注意将刘海区头发扣卷时，要使其形成立体的结构感。为了让头发不下塌，对发根的位置要进行充分倒梳。

01 将刘海区头发的内侧倒梳，向下进行扣卷并固定。

02 继续取后发区的发片，向下扣卷，要注意发片间衔接自然。

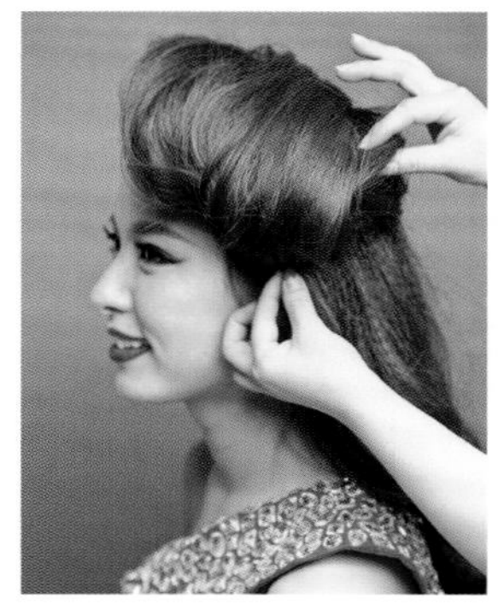

03 将扣卷的头发用发卡固定，注意发卡不要外露。

04 将在侧发区的头发提起，将内侧倒梳，再将表面梳理光滑。

05 将梳理后的头发向内进行扣卷并固定。

06 将剩余的头发继续内倒梳，将表面梳光，向上提拉并翻卷。

07 将翻卷后的头发用发卡固定。

08 佩戴饰品，装饰造型。

打卷案例（二）：韩式连环卷造型

学习要点：此款造型利用连环打卷的形式塑造后发区饱满的轮廓。后发区的马尾很重要，这样操作能从不同的点取头发并进行造型，使造型更具有层次感。

01 将两侧发区及后发区的部分头发扎马尾。将顶区头发在后发区上方扎马尾。

02 将后发区剩余的头发在后发区底端扎马尾。

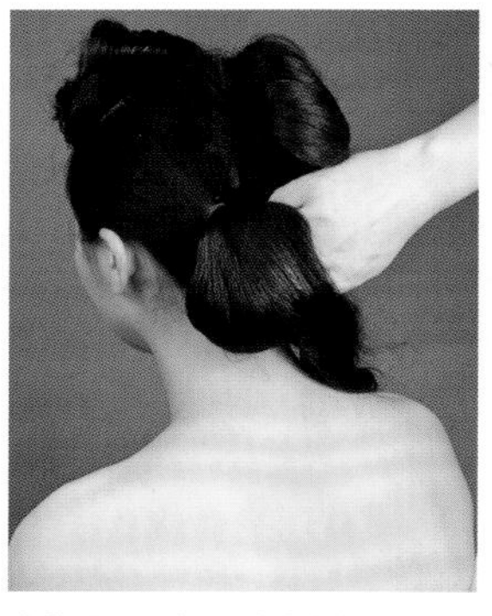

03 将后发区左侧的马尾打卷并固定在后发区底端。

04 将后发区右侧的马尾的发尾从下向上掏转。

05 将顶区头发扎的马尾向下打卷并固定。将剩余的发尾继续打卷并固定。

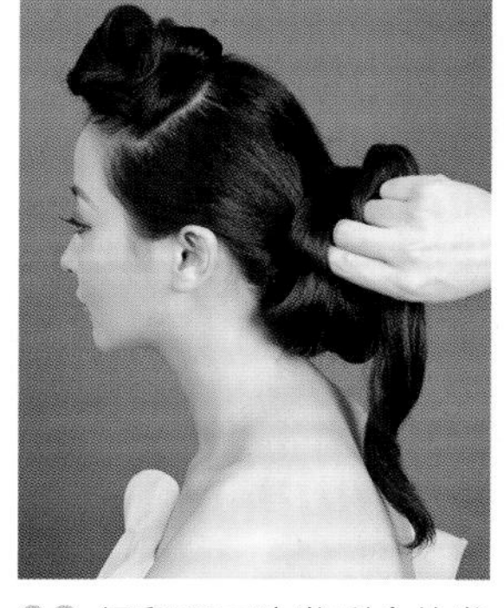

06 保留顶区头发剩余的发尾部分。将后发区底端的马尾向上提拉，打卷并固定。

07 将顶区马尾中剩余的发尾进行打卷并固定。

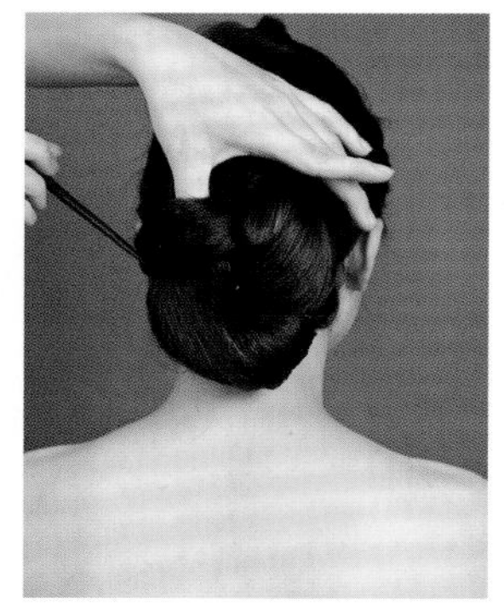

08 将后发区剩余的发尾进行打卷并固定。

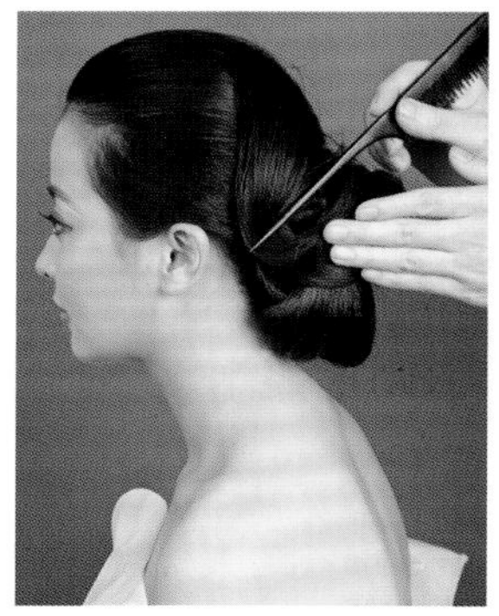

09 用尖尾梳将刘海区的头发向后梳理光滑并固定。将剩余的头发在后发区推出波纹效果。

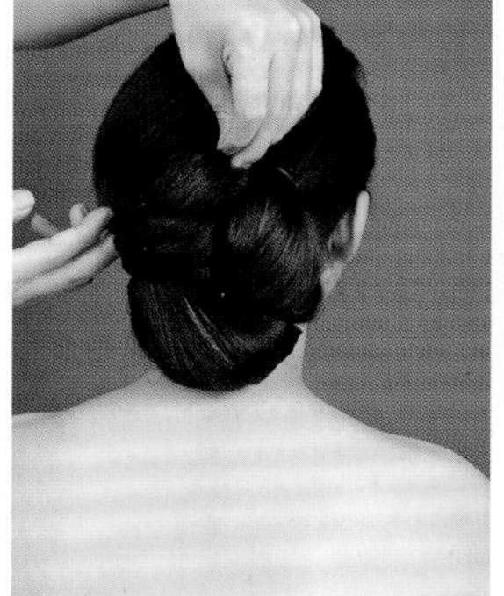

10 将刘海区头发剩余的发尾在后发区固定。

打卷案例（三）：上翻手打卷造型

学习要点： 这款造型是运用上翻卷手法完成的造型。刘海区的翻卷弧度要自然，后发区上翻卷和打卷的结合使发型形成饱满的轮廓。

01 将除刘海以外的头发在后发区用联排发卡固定。

02 在后发区右侧分出部分头发，向上打卷并固定。

03 继续在后发区分出头发，向上打卷并固定，注意对发卷的轮廓做调整。

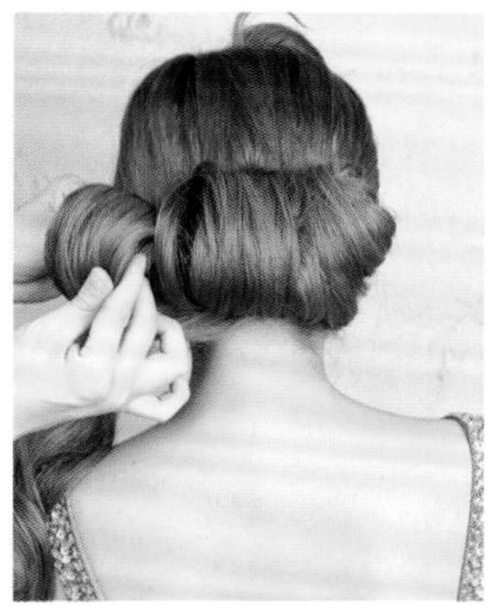

04 继续将后发区的头发向上打卷并固定。

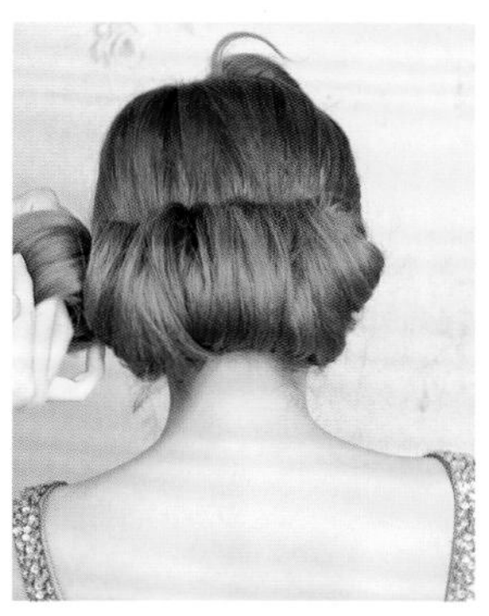

05 将后发区剩余的头发向上打卷。

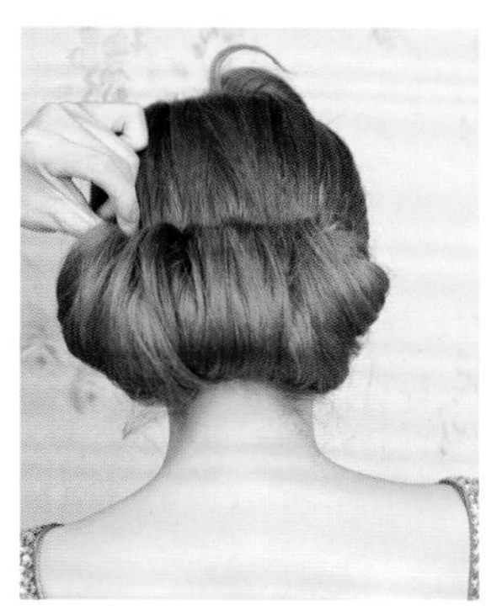

06 将打好的发卷固定，调整后发区整体轮廓。

07 以尖尾梳为轴，将刘海区的头发在右侧向上翻卷。

08 将翻卷好的头发固定。

09 将固定后剩余的发尾打卷并固定。

10 在左侧佩戴饰品，装饰造型。

08 编发

基础编发手法

两股辫编发

01 分出两股头发。

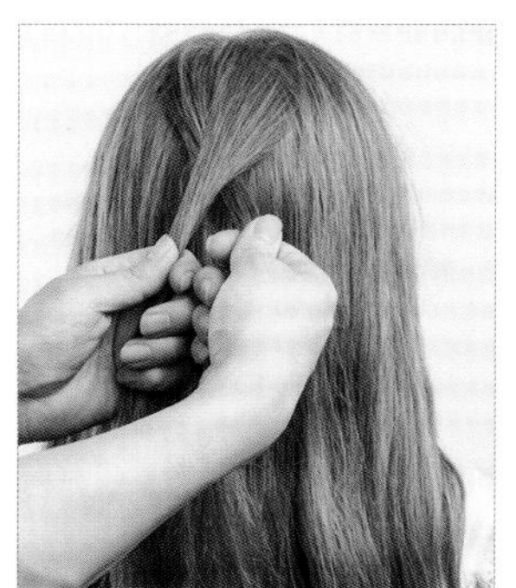

02 将两股头发相互交叉。

03 反复交叉扭转，继续向下编发。

04 用手调整编好的头发的松紧度。

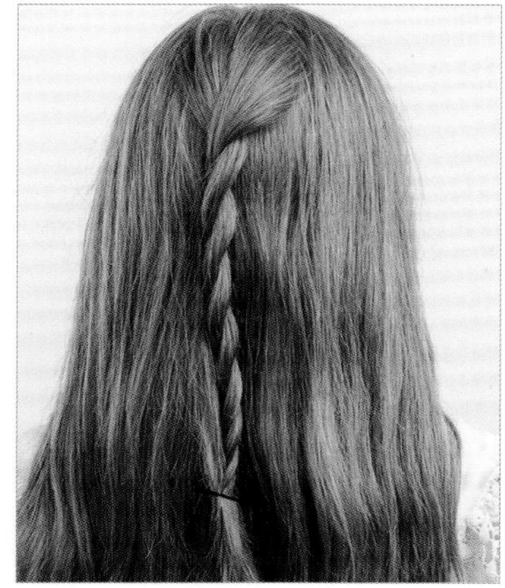

05 两股辫编发完成后的效果。

三股辫编发

01 分出三股头发。

02 将头发三股交叉后，继续交叉叠加向下编发。

03 以此方式反复地相互叠加向下编发。

04 将编好的头发用皮筋进行固定。

05 三股辫编发完成后的效果。

三股辫反编

01 分出三股头发。

02 将三股头发反向交叉。

03 继续反向将头发相互交叉叠加。

04 从下向上带头发。

05 编好之后用皮筋固定发辫。

06 三股辫反编完成后的效果。

两股辫续发编发

01 分出两股头发。

02 将两股头发相互交叉。

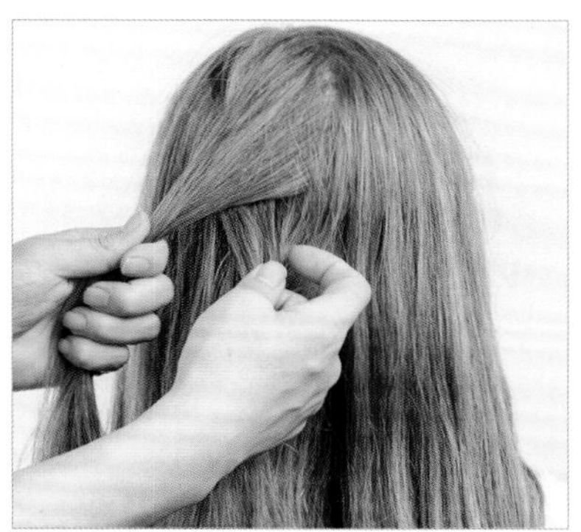

03 每次编发时从右侧带入一片头发。

04 以同样的方式连续向下编发。

05 将编好的发辫用皮筋固定。

06 两股辫续发编发完成后的效果。

三带二编发

01 分出三股头发。

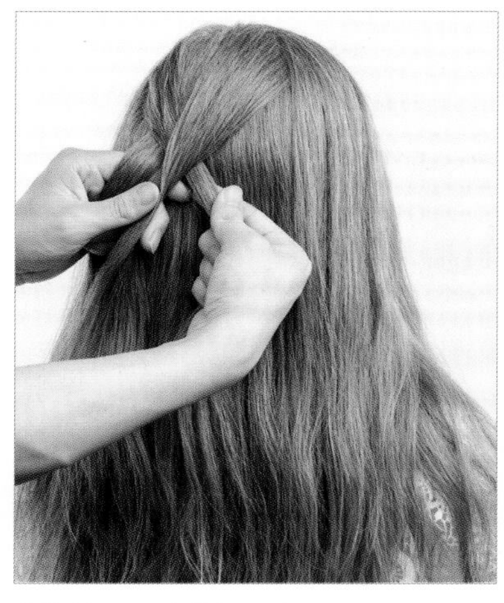

02 将三股头发相互交叉。

03 将中间一股头发在左侧带入一片头发，向下进行编发。

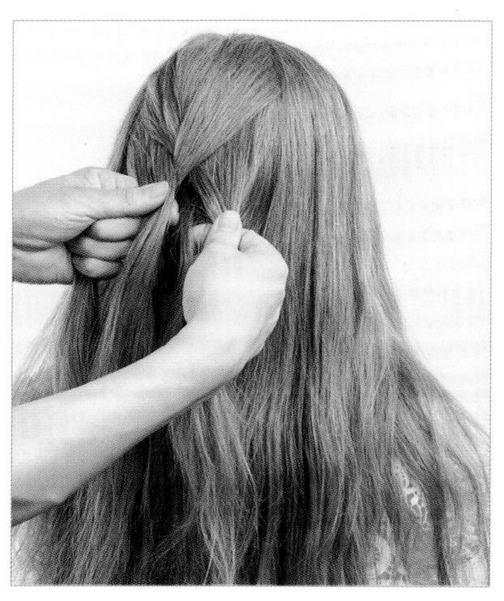

04 将左边一股头发在右侧带入一片头发，进行编发。

05 以此方式连续向下编发。

06 在无法带入头发的位置，开始用三股辫编发的手法收尾。

07 三带二编发完成后的效果。

三带一编发

01 分出三股头发，准备进行编发。

02 将左边的一股头发穿插在剩余的两片头发中间。

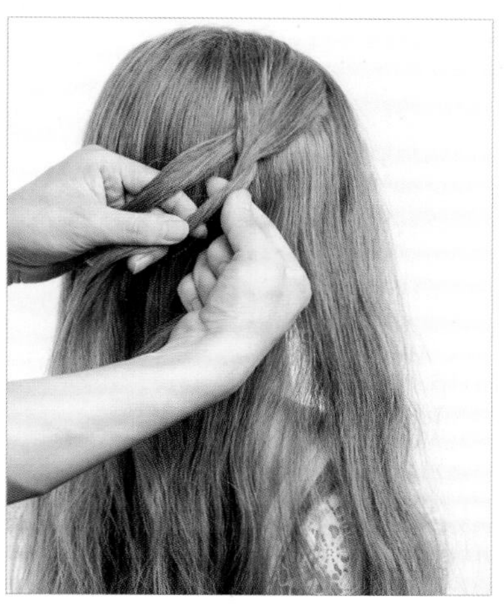
03 将左边的一股头发从下向上编到右边的一股头发的上方。

04 将中间的一股头发带入左侧的一些头发后进行编发。

05 继续以同样的方式向下编发，注意都是从同一侧带入头发。

06 以此方式连续向下编发。

07 用三股辫编发的方式收尾，用皮筋固定发辫。

08 三带一编发完成后的效果。

01 在左侧发区取两片头发并将其交叉。

02 继续取发片，将其压在左侧的一片头发上。

03 将上下两片头发交叉在一起。

04 继续取头发，穿插在两片头发中间。

05 以此方式继续向右侧编发。

06 编好之后，用发卡将发尾固定。

07 瀑布辫编发完成后的效果。

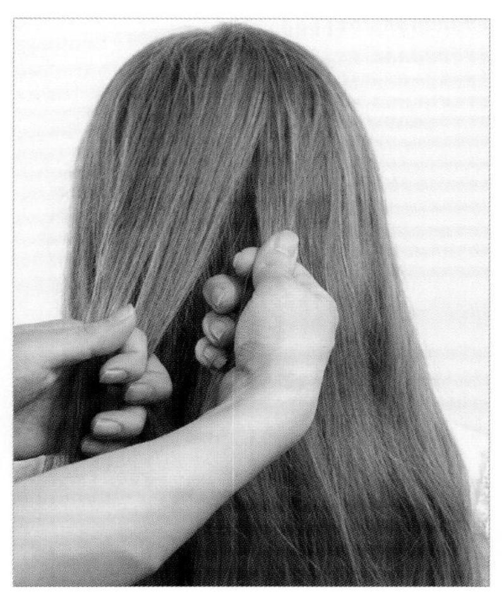

01 分出三片头发，准备编发。

02 将左侧的一片头发与中间的一片相互交叉。

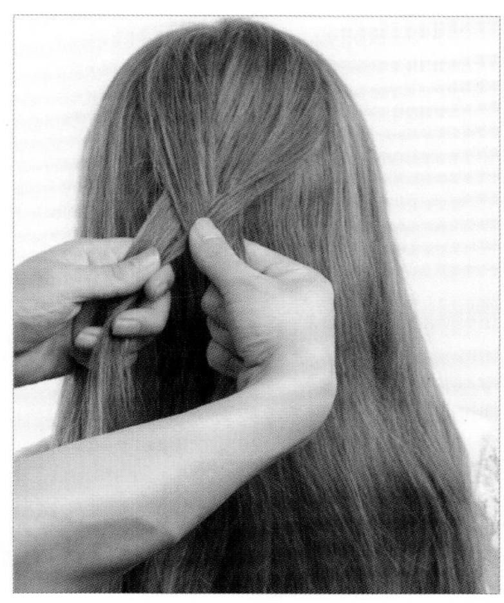

03 从右侧再分出一小片头发，与左侧的一片头发相互交叉。

04 在左下方从左边第二片头发中分出一小缕头发，与从右侧编入的头发相互交叉。

05 在右下方从左边第三片头发中分出一小缕，与从左侧编入的头发相互交叉。

06 以此方式继续向下编发，最后用皮筋将发尾固定。

07 鱼骨辫编发完成后的效果。

编发案例（一）：侧垂式编发

学习要点：此款造型使用了三股辫编发和两股辫编发的手法。用绿藤缠绕来装饰侧垂的编发，使其更具有层次感。用鲜花点缀造型，整体造型显得仙气十足。

01 在后发区右侧取一片头发，进行三股辫编发。

02 将编好的发辫用皮筋进行固定。

03 将编好的头发适当抽松，使其更加饱满。

04 将抽好的头发适当扭转并固定在后发区的右侧。

05 将右侧发区的头发穿插在辫子中。

06 穿插好之后，对辫子的发丝层次做调整。

07 从左侧发区取一束头发，进行两股辫编发。

08 将编好的头发适当抽出层次，将其固定在右侧的发辫上。

09 将后发区剩余的头发进行两股辫编发。

10 将编好的辫子抽出层次，固定在右侧发区。

11 调整刘海区头发的层次感。

12 将左侧发区的头发适当向下扣卷，扭转并固定。

13 在头顶位置佩戴绿藤，装饰造型。

14 将绿藤缠绕在辫子上。

15 佩戴鲜花，装饰造型。

16 继续佩戴鲜花，装饰造型。

编发案例（二）：后垂式编发

学习要点：此款造型使用了三带一编发、三股辫编发和两股辫续发编发的手法。在编发的时候注意调整身体的角度，以便更顺应编发的摆放方位，让造型更加自然。

01 用电卷棒将左右两侧的头发烫卷。

02 烫卷时，注意发丝的提拉角度。

03 从顶区取一片头发，进行三带一编发。

04 编发呈上宽下窄的形状，用三股辫编发的手法收尾。

05 用两股辫续发编发的手法对右侧发区的头发进行编发，带入后发区的头发。

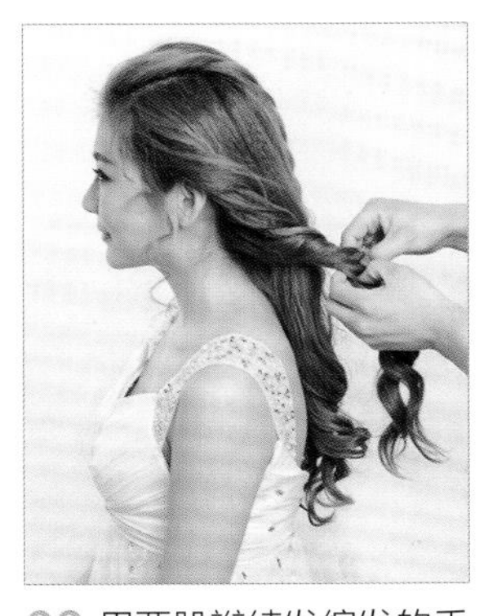

06 用两股辫续发编发的手法将左侧发区的头发编发，带入后发区的头发。

07 将后发区剩余的头发顺着烫卷的弧度扭转并固定。

08 将固定好的头发的下方向内扣卷并固定。佩戴饰品，装饰造型。

编发案例（三）：后盘式编发

学习要点：此款造型使用了两股辫续发编发及三股辫编发的手法。打造此款造型时，注意对整体造型层次的把握，如果处理得过于光滑，造型会显得老气。

01 从顶区开始向右侧发区进行两股辫续发编发。

02 边编发边带入后发区的头发。

03 将编好的头发在后发区扭转，收紧并固定。

04 将后发区下方的头发向上打卷并固定。

05 将左侧发区的部分头发进行三股辫编发并固定。

06 将左侧发区剩余的头发向后发区扭转并固定。调整后发区头发的层次。

07 用尖尾梳将刘海区的头发倒梳，使其具有丰富的层次感。

08 在刘海区和后发区佩戴饰品，装饰造型。

09 抽丝

基础抽丝手法

两股辫编发抽丝

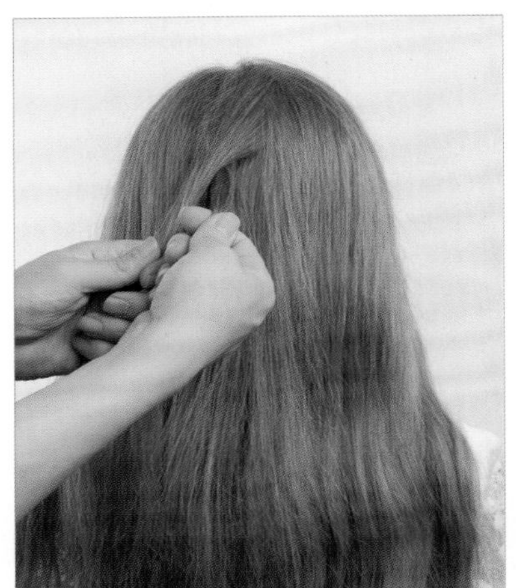

01 将两片头发相互交叉。

02 向下进行两股辫编发。

03 捏紧发梢位置，从最上边开始抽头发。

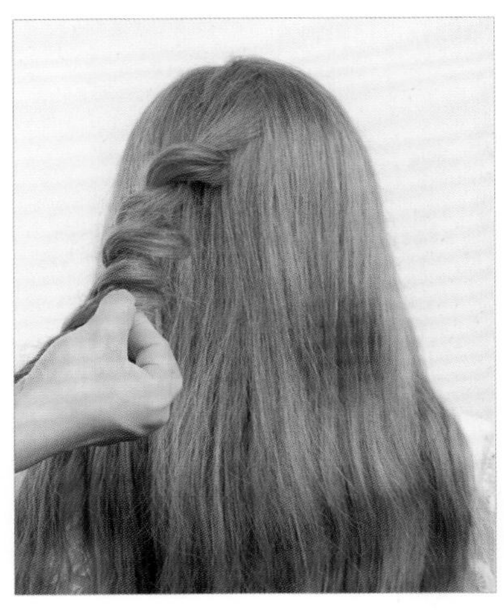

04 继续抽头发，使头发蓬松且层次丰富。

05 捏紧下端，对头发进行细节处的抽丝。

06 两股辫编发抽丝完成后的效果。

两股辫续发编发抽丝

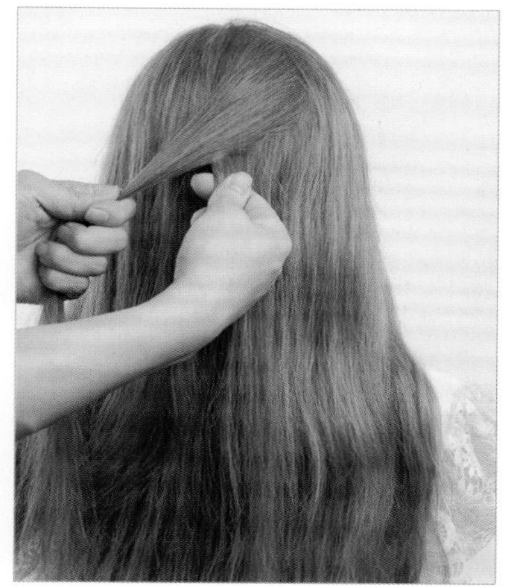

01 将两股头发交叉。

02 从右侧带入头发，进行两股辫续发编发。

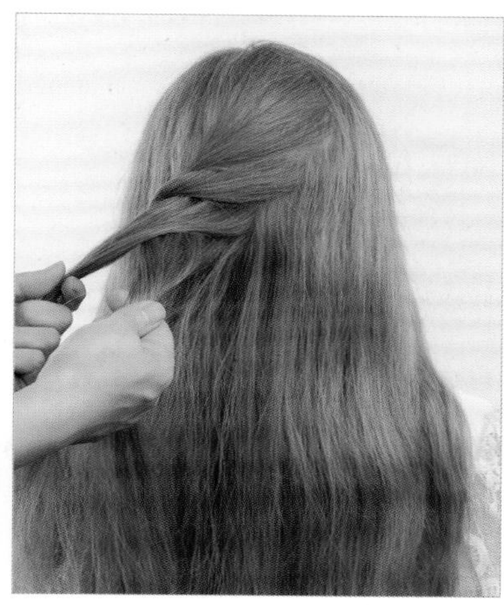

03 以同样的方式连续向下编发。

04 收尾时两股头发交叉。

05 用两股辫编发的手法收尾。

06 捏紧发梢，从上方开始抽头发。

07 继续向下抽头发，使发辫更加蓬松。

08 将抽好的头发向上打卷并固定。

09 两股辫续发编发抽丝完成后的效果。

鱼骨辫编发抽丝

01 分出三股头发，将左边第一和第二股头发相互交叉。

02 从左边第三股头发旁边分出一股头发，与左边第一股头发相互交叉。

03 在左下方从第二股头发中分出一股头发，与最右侧的头发相互交叉。

04 以同样的方式连续向下进行鱼骨辫编发。

05 将编好的头发的发尾用皮筋固定。

06 从上方开始抽头发，使发辫蓬松。

07 继续向下将辫子抽出层次。

08 鱼骨辫编发抽丝完成后的效果。

抽丝案例（一）：后垂抽丝造型

学习要点： 此款造型运用了三股辫编发抽丝和两股辫编发抽丝的方式，呈现了更加饱满的层次感，整体造型显得唯美自然。

01 在头顶位置取一束头发，用电卷棒将其烫卷。

02 将两侧发区的头发以同样的方式进行烫卷。

03 将后发区头发松散地进行三股辫编发。

04 用皮筋将编好的发辫固定好。

05 固定好之后将发辫抽丝，使其蓬松。

06 将后发区发辫尾部的头发用电卷棒烫卷。

07 将烫好的头发抽出一些层次。

08 调整刘海区头发的层次，使其蓬松，喷胶定型。

09 在右侧发区取一束头发，进行两股辫编发。

10 将编好的头发抽出层次。

11 将抽好的头发在后发区右侧固定。

12 将右侧发区剩余的头发进行两股辫编发并抽出层次。

13 将抽好层次的头发在后发区固定。

14 在左侧发区取一束头发，进行两股辫编发。

15 将编好的头发抽出层次。

16 将抽出层次的头发在后发区固定。

17 将剩余的头发进行两股辫编发。

18 将编好的头发抽出层次，在后发区固定。

19 在头顶位置和两侧发区佩戴花环饰品，装饰造型。

抽丝案例（二）：侧垂抽丝造型

学习要点：此款造型用三股辫编发抽丝、两股辫编发抽丝以及三带一编发相互结合的手法，呈现了更加自然唯美的感觉。

01 将刘海区的头发收拢并固定。

02 将右侧发区的头发三股交叉。

03 将右侧发区的头发向下进行三股辫编发。

04 将编好的头发抽出层次。

05 将抽好层次的头发在耳后固定。

06 从后发区左侧开始，将头发进行三带一编发。

07 将编好的头发抽出层次并在右侧发区固定。

08 调整刘海区头发的层次，并将其固定。

09 将刘海区剩余头发中的一部分头发进行两股辫编发。

10 将编好的头发抽出层次并固定。

11 将刘海区剩余的头发进行两股辫编发。

12 将编好的头发抽出层次并固定。

13 在左侧发区取部分头发，进行两股辫编发。

14 将编好的头发抽出层次，在后发区固定。

15 将左侧发区剩余的头发进行两股辫编发，抽出层次后在后发区固定。

16 在头顶位置佩戴饰品，装饰造型。

17 将饰品上的发带在后发区下方系蝴蝶结。

18 佩戴蝴蝶饰品，装饰造型。

抽丝案例（三）：上盘抽丝造型

学习要点：此款造型的重点是用抽丝手法塑造刘海区的层次感，要注意将头发在额头位置抽出饱满的层次。用饰品来修饰发丝的层次，使整体造型更加生动。

01 在头顶取头发，进行三股交叉后，每编一下，每股头发各带入一片头发。

02 向后发区的下方进行三带二编发。

03 用三股辫编发的手法进行收尾。

04 将头发向下扣卷，隐藏并固定。

05 将左侧发区的头发做两股编发后，向右侧发区拉伸。

06 将头发抽出层次后在右侧发区固定。

07 在刘海区取头发，编两股辫。

08 将头发抽出层次后，在右侧发区固定。

09 继续将刘海区的部分头发进行两股辫编发并抽出层次。

10 将抽出层次的头发在后发区右侧固定。

11 将刘海区剩余的头发进行两股辫编发并抽出层次。

12 将抽出层次的头发在后发区的下方固定。

13 将剩余的发尾在后发区的下方固定。

14 佩戴永生花，装饰造型。

15 佩戴蜻蜓饰品，装饰造型。

10

波纹造型

基础波纹造型手法

手摆波纹

01 用尖尾梳在刘海区分出一片头发。

02 用手将头发摆出弧度后固定。

03 继续分出一片头发，用手摆出弧度后固定。

04 将刘海区剩余的头发摆出弧度后固定，三片头发要有层次地叠加。

05 手摆波纹完成后的效果。

手推波纹

01 分出刘海区的头发。

02 用手和尖尾梳相互结合，将头发推出弧度。

03 用波纹夹将推好的波纹固定。

04 继续用手和尖尾梳相互结合，推出弧度，注意纹理要呈现一定的立体感。

05 将推好的波纹用波纹夹固定。

06 手推波纹完成后的效果。在用发胶定型后取下波纹夹。

波纹造型案例（一）：手推波纹造型

学习要点：双侧手推波纹中，一侧的上下层波纹要适当错开，使其呈现更丰富的层次感。波纹表面尽量做到光滑干净。

01 分出刘海区的头发，用鳄鱼夹固定。

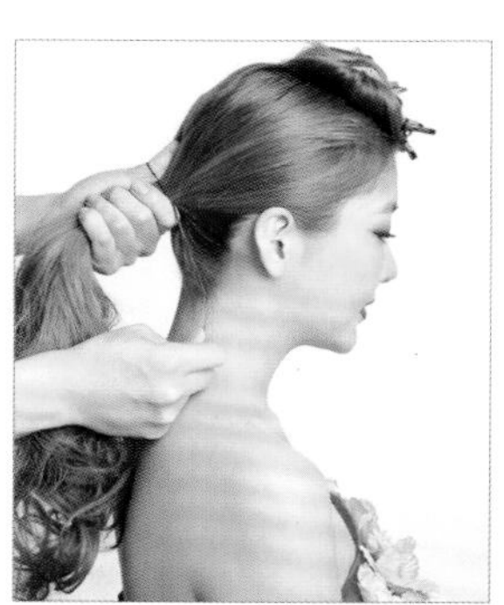

02 将刘海区以外的头发在后发区用皮筋固定。

03 从马尾中分出一片头发，缠绕在皮筋上并固定。

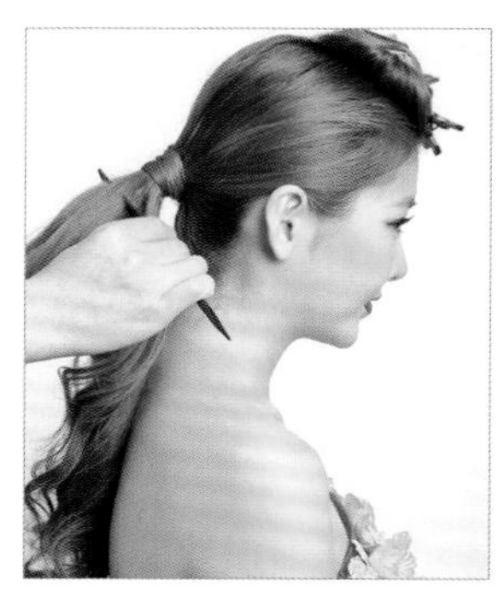

04 将马尾中的头发用尖尾梳倒梳。

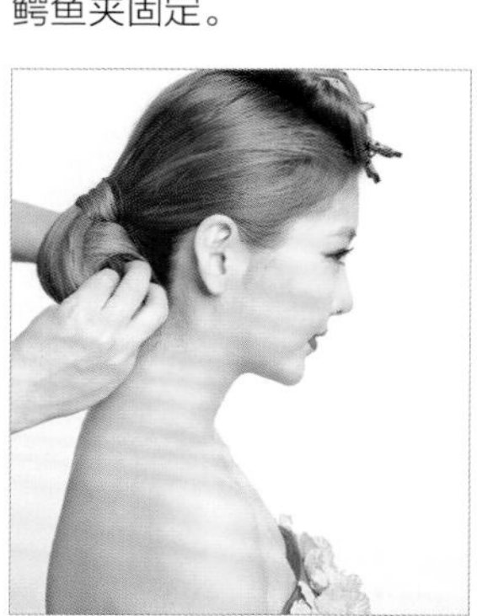

05 将倒梳好的头发向下打卷并固定。

06 分出一片刘海区的头发，用尖尾梳对其适当倒梳。

07 用波纹夹将头发固定。

08 用尖尾梳将头发推出适当的弧度。

09 将推好的弧度用波纹夹固定。

10 继续将头发推出弧度，用波纹夹固定。

11 从后向前将头发推出弧度，用波纹夹固定。

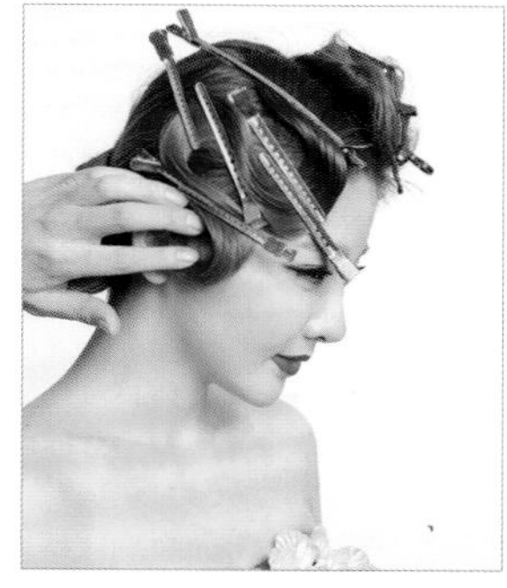

12 将剩余的发尾在右侧发区打卷并固定。

13 为做好波纹的头发喷胶定型。

14 待发胶干透后，取下波纹夹并进行细节固定。

15 继续取刘海区的一片头发，用波纹夹固定。

16 将头发推出弧度，用波纹夹固定。

17 继续用尖尾梳将头发推出弧度。

18 将推好的弧度用波纹夹固定。

19 处理完弧度后，将剩余的发尾打卷并固定。

20 将刘海区最后一片头发用波纹夹固定。

21 将头发在左侧发区推出弧度，用波纹夹固定。

22 继续将头发在耳后位置推出弧度，用波纹夹固定。

23 将剩余的发尾在后发区打卷并固定。

24 为推好的波纹喷胶定型，待发胶干透后，取下波纹夹。佩戴饰品，装饰造型。

波纹造型案例（二）：手摆波纹造型

学习要点：波纹的摆放要呈现自然的弧度，上下两层的波纹摆放要错开，不要将波纹完全叠加在一起，否则会失去分层处理的意义。

01 从顶区和左侧发区取一片头发，进行三带二编发。

02 继续向辫子中编入左侧发区和后发区的头发。

03 将后发区剩余的头发编入辫子中。

04 用皮筋固定发尾。

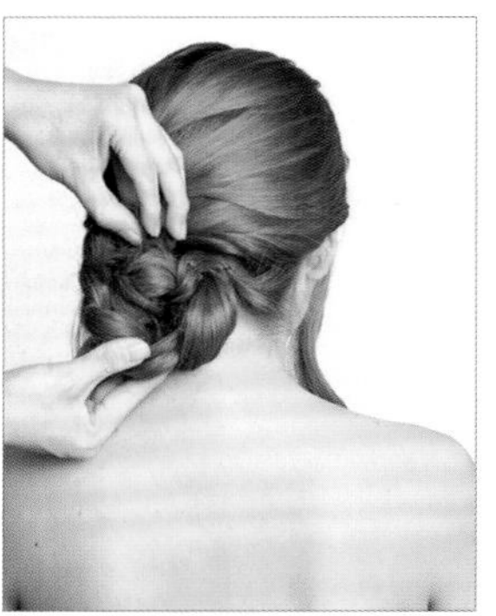

05 将发辫在后发区由下向上打卷并固定。

06 分出一片刘海区的头发，在右侧发区摆出弧度并固定。

07 继续将剩余发尾向上摆出弧度。

08 将摆出的弧度用发卡固定。

09 将剩余的发尾在右侧发区打卷并固定。

10 继续将刘海区的头发摆出弧度。

11 将摆出的弧度用发卡固定。

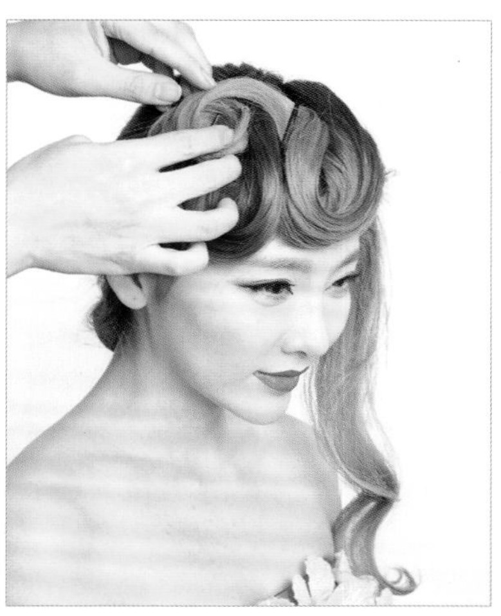

12 将剩余的发尾在头顶处打卷并固定。

13 将刘海区左侧的头发向前扭转并固定。

14 将剩余的发尾打卷并固定。

15 将抓网纱在左侧发区固定，以装饰造型。

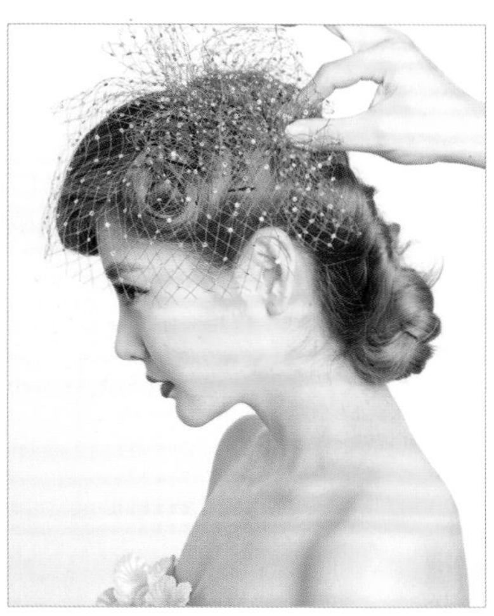

16 继续将网纱抓出褶皱层次。

波纹造型案例（三）：平贴式手摆波纹造型

学习要点：此款造型的手摆波纹伏贴而光滑，搭配鲜花饰品后，在唯美的同时具有复古感。

01 将左侧发区的头发向后扭转并固定。

02 在左侧发区佩戴鲜花，装饰造型。

03 取左侧发区的头发，向下扭转，以覆盖鲜花的根茎。

04 将扭转后的头发固定。

05 将剩余的发尾继续向下扭转。

06 将扭转好的头发固定。

07 在刘海区取一片头发，在额头位置摆出弧度并固定。

08 再取一片头发，在额头位置摆出弧度。

09 将发片与发片相互衔接，用发卡固定。

10 向右侧发区拉一片头发，将其摆出弧度。

11 处理好发片的弧度，用发卡固定。

12 将剩余的头发在后发区收拢，向上提拉并扭转。

13 将扭转好的头发在后发区固定，调整头发表面的层次。

14 佩戴饰品，点缀造型。

15 佩戴黄莺草，装饰造型。

11 真假发结合

基础真假发结合手法

真假发结合基础操作

01 确定好使用假发的区域。

02 将头发分出一层。

03 在分层的位置固定假发片。

04 将假发片固定牢固。

05 用上一层头发遮盖假发片。

06 真假发结合完成后的效果。

真假发结合案例（一）：假发片隐藏式造型

学习要点： 将假发片隐藏并固定在真发之中，以增加发量，使造型更加饱满。一般这种使用假发的方式都是选择可卷可烫的真发丝或高仿真发丝的假发，这样不但可以与真发更好地结合，还可以完成更多的造型。

01 在后发区下方将头发进行三股辫编发，将编好的发辫向上收拢并用发卡固定。

02 将左侧发区的部分头发向上临时固定，在左侧发区固定一片假发片。

03 将刘海区的头发向上临时固定，在右侧发区固定一片假发片。

04 将刘海区的部分头发覆盖在假发片上，在刘海区固定一片假发片。

05 将刘海区部分头发进行三股辫编发。

06 将编好的头发在后发区固定。将后发区和右侧发区的头发进行三股辫编发。

07 将发辫在后发区打卷并固定。

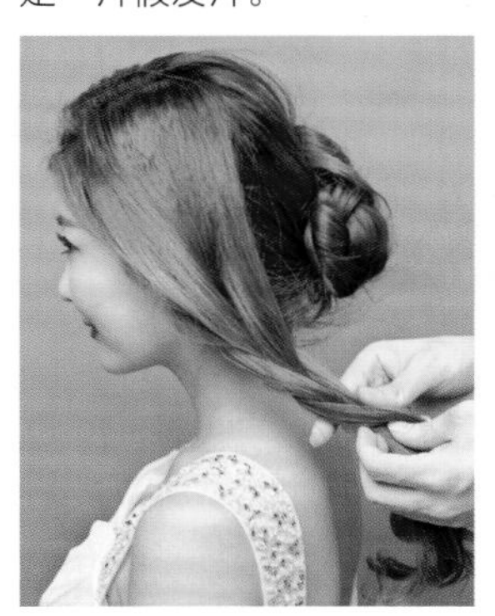

08 将左侧发区的头发进行三股辫编发。

09 将编好的头发在后发区打卷并固定。

10 佩戴饰品，装饰造型。

真假发结合案例（二）：真假发衔接打卷式造型

学习要点：这种假发片一般用在需要发量比较多、体积较大的造型中。此款造型利用假发片打造造型结构，是一款较为复古的白纱造型。

01 将两侧发区的头发在后发区扭转并固定。

02 在后发区固定假发片，并将假发片一分为二。

03 将后发区的真发进行三股辫编发。

04 将编好的头发向上固定，遮盖住假发的固定位置。

05 将左侧的假发分出一部分，向上打卷。

06 将打好卷的假发固定。

07 将左侧剩余的假发向上打卷。

08 将打好卷的头发呈斜向上的角度进行固定。

09 在右侧假发中分出一部分，向上打卷。

10 将打好卷的假发适当收紧并固定。

11 继续在假发中分出一部分，在右侧进行打卷。

12 将打好卷的头发固定。

13 将剩余的假发在右侧打卷。

14 将打好卷的头发固定。

15 固定网纱，装饰造型。

16 在头顶佩戴皇冠，装饰造型。

真假发结合案例（三）：真假发衔接后盘式造型

学习要点： 同样是利用假发片完成造型，这款造型在利用假发片的时候呈收紧的状态，使后发区造型的轮廓饱满光滑，整体造型呈现较为端庄的感觉。用网纱和蝴蝶装饰造型，为造型增添一丝柔美感。

01 用尖尾梳将头发中分。

02 将左侧发区的头发向后扭转并固定。

03 将右侧发区的头发向后扭转并固定。

04 在后发区固定假发片。

05 将后发区所有真发从左向右打卷。

06 打好卷之后，将头发收紧，在后发区右侧固定。

07 从假发中分出部分假发，向后发区左上方提拉并扭转。

08 将扭转好的假发在后发区的左侧固定。

09 将剩余的发尾向后发区右下方扭转并固定。

10 继续从假发片中分出部分假发，向后发区右上方提拉并扭转。

11 将扭转好的假发在后发区右上方固定。

12 将剩余的发尾横向向后发区左侧扭转并固定。

13 将后发区剩余的假发打造成包裹状，将其向上提拉并扭转。

14 将扭转好的假发在后发区右上方固定。

15 将剩余的发尾进行两股辫编发。

16 将编好的假发辫在后发区左上方固定。

17 在头顶位置佩戴网纱，装饰造型。

18 在网纱上佩戴蕾丝蝴蝶，装饰造型。

19 在后发区右侧佩戴蕾丝蝴蝶，装饰造型。

12 抓纱、抓布造型

抓纱、抓布是把平淡无奇的纱和布抓出各种样式并搭配在造型上，让造型更加生动。

选择合适的纱或布是做好抓纱、抓布造型的第一步。在选择材料时，可以从色彩、质感、大小等方面考虑。在抓纱、抓布的过程中，固定是非常关键的，没有很好的基础固定，纱或布非常容易散落或者塌陷。在固定时要确保支撑点的稳固，在做基础固定时，一般使用发卡做十字交叉固定。在做一些层次褶时，选用别针固定。如何把纱或布抓出层次也很重要，层次感好的抓纱造型会锦上添花，层次感不好的抓纱造型可能比画蛇添足还要差劲儿，只会给造型增添累赘感。

抓纱造型

01 在头顶选定一点将纱固定。

02 将纱抓出褶皱后固定。

03 将纱向上卷出弧度，使造型隆起一定的高度并固定。

04 在后发区将纱固定。

05 向上将纱抓出褶皱并固定。

06 在后发区继续将纱整理出弧度，向上固定。

07 将纱向右上方进行一定弧度的固定，注意头纱的整体轮廓要自然。

08 将剩余的纱在后发区收拢并固定。

09 调整纱的轮廓，对纱的细节处进行固定。

抓布造型

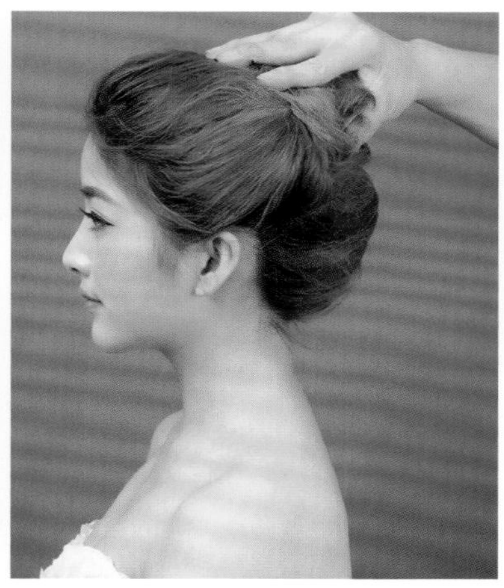
01 将所有头发在头顶位置收拢并固定。

02 将黑色蕾丝布在头顶固定。

03 用黑色蕾丝布包裹整个头部后，将其固定。

04 将布在头顶抓出褶皱并固定。

05 继续将布抓出褶皱并在头顶固定。

06 继续将布抓出褶皱并固定，注意整体造型的轮廓。

07 继续将布抓出褶皱，使造型呈现一定的高度后将其固定。

08 调整抓布造型的整体轮廓，对细节处进行固定。

09 佩戴造型花，装饰造型。

CHAPTER

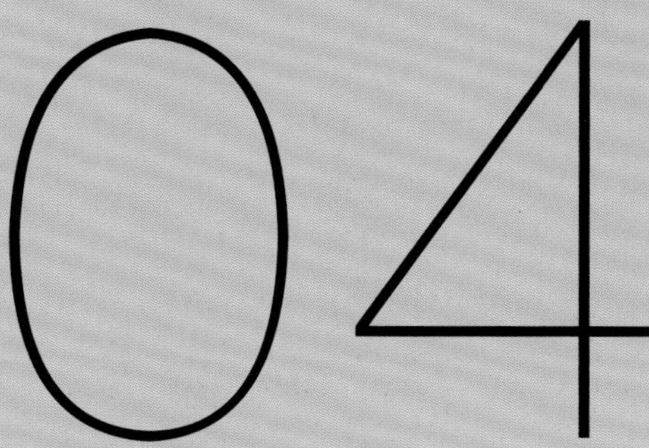

造型技法搭配案例

有些人会有这样的苦恼：自己已经熟练掌握了造型的基础手法，但打造造型时依然感觉无从下手，这是什么原因呢？掌握基础手法非常重要，有一句话说得好——“万变不离其宗”，对基础手法的熟练掌握是做好所有造型的前提。笔者对自己的学生也一直强调这一点。在前一章已经对造型的基础手法做了详细的介绍，并且每一类基础手法都通过实例给大家做了解析，但有些读者可能还是会感觉无所适从。基础手法有时就像一个个故事片段，它们是分散的，但也是构成故事不可或缺的每一部分，之所以不能完成造型，是因为没有把基础手法这些分散的“故事片段”很好地结合起来，进而形成一个完整的“故事”。在这一章中，我们选择了几款有代表性的造型，它们都是通过各种基础手法相互结合完成的。本章对每一款造型都做了手法结合的分析以及操作过程的详解，目的就是让大家更多地了解如何运用基础手法的相互结合来打造一款完美的造型。希望这一章起到抛砖引玉的作用，大家通过对这一章的学习，不仅要掌握其中介绍的造型是如何搭配的，而且要利用自己掌握的基础手法来完成更多造型。基础手法是有限的，但各种方式相互结合搭配后所能完成的造型却千变万化。

01

短发造型：烫发+倒梳

造型手法结合的分析：此款造型首先利用电卷棒将头发烫卷，这样做不但可以使发丝呈现一定卷度，而且加热过的发丝更有利于造型。如果头发没有这些卷度，那么倒梳出来的头发会显得生硬、凌乱、缺少美感。有时我们在造型时觉得倒梳过后，头发的层次不好，原因不一定是倒梳的手法有问题，有可能是卷烫等基础工作没有做到位。

01 在右侧发区取一片头发，用电卷棒向后进行烫卷。

02 继续在右侧发区分出头发，向后烫卷。

03 将最边缘的发丝用电卷棒向前烫卷。

04 将右侧发区下方的头发向上翻卷烫发。

05 从后发区右侧取一片头发，向上翻卷烫发。

06 将后发区左右两侧的头发分别向前方翻卷烫发。

07 从刘海区取一片头发，向后烫卷。

08 将左侧发区的头发用电卷棒向后烫卷。

09 将左侧发区下方的头发向上卷烫。

10 将刘海区的头发用电卷棒向后卷烫。

11 在刘海区剩余的头发中取一片头发，用电卷棒向后卷烫。

12 将刘海区剩余的头发用电卷棒向后卷烫。

13 将右侧发区的头发向后提拉，用尖尾梳倒梳。

14 倒梳的时候注意角度和头发的整体轮廓及层次。

15 继续用尖尾梳倒梳头发，使发丝的层次更丰富。

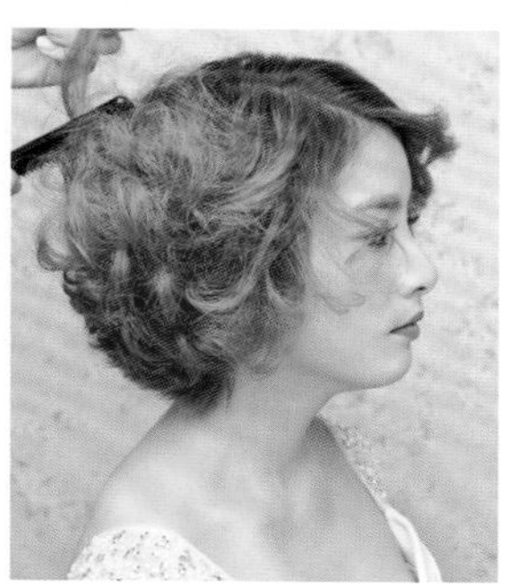

16 提拉后发区的头发并进行分片倒梳。

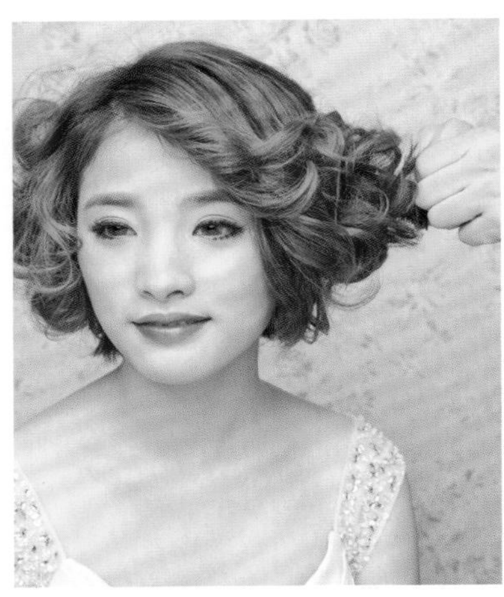
17 向上提拉左侧发区的头发，用尖尾梳对其倒梳。

18 继续向上提拉发丝，用尖尾梳倒梳，使其更有层次。

19 将左侧发区下方的头发向上提拉并倒梳。

20 调整顶区左侧发丝的细节和层次。

21 用尖尾梳对顶区发丝进行倒梳，调整其层次。

22 在右侧发区佩戴造型花，装饰造型。

23 继续佩戴造型花，装饰造型。

24 将网眼纱抓出褶皱层次，固定在造型花旁，装饰造型。

25 在网眼纱后方继续佩戴造型花，装饰造型。

造型风格： 动感自然的层次短发搭配花朵及网眼纱，使造型呈现更加唯美可爱、浪漫俏皮的感觉。

02

韩式造型：鱼骨辫编发 + 两股辫续发编发 + 抽丝 + 烫发

造型手法结合的分析：此款造型最终呈现的形式并不复杂，但是所利用的造型手法相对比较多。首先利用三条鱼骨辫做基础，完成了后发区的内轮廓，但编发之后头发会缺少层次感并且看上去很生硬。利用抽丝的手法将头发抽出层次，将三条辫子固定在一起，层次会丰富很多。然后用自然的两股辫编发塑造后发区的外轮廓，使造型更加饱满。但这时造型只是后发区比较漂亮，刘海区的头发显得很生硬，需要利用电卷棒烫发，以增加头发的层次感。

01 将刘海区的头发用尖尾梳进行中分。

02 从顶区分出三股头发，将左边一股头发叠加在中间一股头发上。

03 将从右边分出的一股头发压在第一股和第三股头发上。

04 从左侧下方取一股头发，压在第四股头发上。

05 以同样的方式向下进行鱼骨辫编发并将其固定。

06 在后发区左侧编一条鱼骨辫并固定。

07 在后发区右侧编一条鱼骨辫并固定。

08 将中间的鱼骨辫抽出层次。

09 将左侧的鱼骨辫抽出层次。

10 将右侧的鱼骨辫抽出层次。

11 将三条抽出层次的鱼骨辫固定在一起。

12 将后发区右侧下方的头发进行两股辫续发编发。

13 将编好的头发的发尾扭转，在后发区左下方固定。

14 将后发区左侧剩余的头发进行两股辫续发编发。

15 将编好的头发在后发区下方固定。

16 固定好之后，将两侧的头发适当抽出层次。

17 用电卷棒将剩余的刘海烫卷。

18 将其中部分头发调整好层次，在后发区右侧固定。

19 将剩余的少量头发在后发区左侧固定。

20 在头顶佩戴饰品，装饰造型。

造型风格：饱满自然的发丝层次让编发显得不生硬，此款造型呈现的是唯美浪漫的韩式后垂编发效果。

03

森系造型：手推波纹 + 抽丝

造型手法结合的分析：在打造一些具有复古感、高贵感、光滑感的造型时，会用到手推波纹的手法，这是我们对手推波纹最直观的感觉。那么我们为什么要在这款森系造型中利用手推波纹呢？在刘海区运用手推波纹塑造了一个弧度，而之后刘海区的抽丝修饰是以手推波纹的弧度为基础来控制发丝走向的，手推波纹起到了基础作用。有时一些造型手法可以有更广的使用范围。

01 将刘海区的头发推出波纹后用波纹夹固定。

02 将刘海的发尾与右侧的头发结合，进行两股辫编发。

03 将编好的头发抽出层次。

04 将抽丝好的头发在右侧发区固定。

05 在后发区取一束头发，向右侧提拉并进行两股辫编发。

06 将头发抽出层次后，在右侧发区固定。

07 调整好头发的摆放位置，向下固定。

08 将左侧发区的头发向右侧提拉，进行两股辫编发。

09 将编好的头发抽出层次。

10 将抽出层次的头发在右侧发区固定。

11 将左侧区剩余的头发向右侧提拉并编两股辫。

12 将编好的头发抽出层次，向右侧发区固定。

13 在头顶位置佩戴永生花饰品，装饰造型。

14 继续佩戴永生花饰品，装饰造型。

造型风格：用永生花装饰有层次的发丝，整体造型更显生动浪漫。此款造型呈现浪漫可爱的森系新娘的感觉。

欧式造型：分区 + 抽丝 + 烫发 + 两股辫编发

造型手法结合的分析： 此款造型顶区头发的作用是塑造造型的高度。利用分区手法先将顶区的头发分出，将其收拢，整理出层次。先确定造型高度，再完成接下来的造型，则会方便很多。如果不这样操作，完成这款造型所浪费的时间就会比较多，发丝也不好控制。运用两股辫编发和抽丝手法对造型的基本轮廓进行塑造。有一个非常关键的地方大家要注意，在造型时保留了一些发丝。用电卷棒将保留的发丝烫卷后，对饰品进行修饰的同时使造型的轮廓更加饱满，造型的美感也得到了提升。

01 用尖尾梳将顶区的头发分出。

02 将顶区的头发进行两股辫编发并扭转。

03 将扭转好的头发向上提拉并抽出层次。

04 将抽好层次的头发在头顶位置收拢并固定。

05 在后发区右侧取一片头发，进行两股辫编发。

06 将编好的头发抽出层次。

07 将抽好层次的头发在顶区的后方固定。

08 在后发区左侧取一片头发，进行两股辫编发。

09 将编好的头发抽出层次，在顶区固定。

10 将后发区下方的头发进行两股辫编发并抽出层次。

11 将抽好层次的头发在后发区的下方固定。

12 将左侧发区的头发进行两股辫编发，抽出层次并在顶区固定。

13 将右侧发区的头发进行两股辫编发。

14 将编好的头发适当抽出层次，在顶区固定。

15 在头顶佩戴饰品，装饰造型。

16 在左、右侧发区佩戴羽毛饰品，装饰造型。

17 将保留的发丝用电卷棒烫卷。

18 将发丝调整出层次，喷胶定型。

造型风格： 此款造型的上盘结构十分有层次感，羽毛饰品的佩戴和发丝的修饰使造型高贵中带有柔美感。整体造型呈现出大气时尚、具有浪漫气质的欧式美。

晚礼造型：两股辫编发 + 三股辫编发 + 手推波纹 + 倒梳

造型手法结合的分析：这款造型将刘海区分成三部分，这是因为一共做了三个手推波纹，其中右侧将两个手推波纹错位叠加在一起。这款造型的手推波纹有一定的造型难度。

在顶区及处理波纹之前应用了倒梳手法。对顶区头发倒梳是为了使顶区造型结构更加饱满；对要做手推波纹的头发倒梳是为了使头发具有更好的衔接度。两股辫编发及三股辫编发都可很好地将头发收拢。

01 在顶区分出部分刘海区的头发并临时固定。

02 在临时固定的头发右侧再分出一片刘海区的头发并固定。

03 将左侧刘海区的头发固定好。

04 将顶区头发向上提拉并倒梳。

05 将顶区的头发扭转，适当上推并固定。

06 将固定好的头发剩余的发尾扭转，打卷并固定。

07 将右侧发区的头发进行两股辫编发。

08 将编好的头发向后发区左侧固定。

09 将左侧发区的头发进行两股辫编发，向后发区右侧固定。

10 将后发区的头发进行三股辫编发并固定。

11 将发辫的发尾扣卷，收起并固定。

12 将刘海区右侧的头发用波纹夹固定。

13 用尖尾梳辅助将头发推出波纹弧度后固定。

14 将刘海区左侧的头发用波纹夹及尖尾梳辅助推出弧度后固定。

15 右侧波纹喷胶定型后，取下波纹夹。

16 将刘海区剩余的头发的发根倒梳。

17 用尖尾梳将头发推出弧度。

18 继续用尖尾梳将头发推出弧度。

19 推好弧度后将发尾收起并固定。喷胶定型后取下所有波纹夹。

20 在头顶和后发区佩戴饰品，装饰造型。

造型风格：手推波纹的形式增加了造型的复古感，后发区的造型结构又使造型显得不老气。搭配金色复古感饰品，整体造型可以呈现复古时尚的感觉。

06

旗袍造型：编发+抽丝+打卷

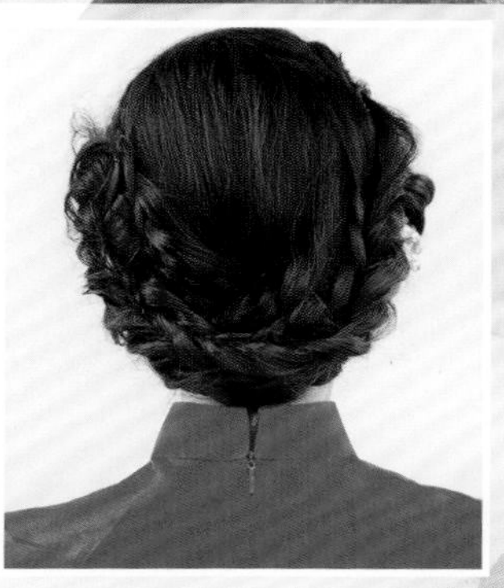

造型手法结合的分析：用三带一编发很好地收拢头发，两股辫抽丝不但可以收拢头发，同时使造型更加饱满。注意抽丝只需将头发适当抽蓬松即可。将刘海区的头发下扣打卷，确定造型的古典美。不同的造型手法满足了不同位置的造型需求。

01 从后发区左侧取一片头发，进行三带一编发。

02 继续向下编发，将后发区左侧的头发收拢。

03 将编好的头发向上扭转并固定。

04 在后发区右侧取一片头发，进行三带一编发。

05 将编好的头发在后发区左侧固定。

06 将顶区的头发扭转并前推，隆起一定高度后固定。

07 将剩余的发尾进行两股辫编发并抽蓬松。

08 将抽丝好的头发在后发区左侧固定。

09 将左侧发区的头发进行两股辫编发并抽出层次。

10 将抽好层次的头发在后发区下方固定。

11 将刘海区的头发向下扣卷并固定。

12 将刘海区剩余的发尾打卷并固定。

13 从右侧发区取部分头发，向前打卷并固定。

14 将右侧发区剩余的头发向后扭转并固定。

15 将剩余的发尾打卷，收拢并固定。

16 佩戴饰品，装饰造型。

造型风格：此款造型呈现古典的气质，同时编发处理使造型更加柔美。

07

唐代造型：真假发结合 + 上翻卷 + 下扣卷

造型手法结合的分析： 这款造型利用了真假发结合的手法，使用假发的目的是增加造型的饱满感，使其呈现古典的效果。这款造型的真假发是通过上翻卷、下扣卷的手法相互结合造型的。

01 将一根牛角假发缠绕在刘海区的头发中。

02 向上提拉刘海区的头发，将牛角假发缠绕至发根处。

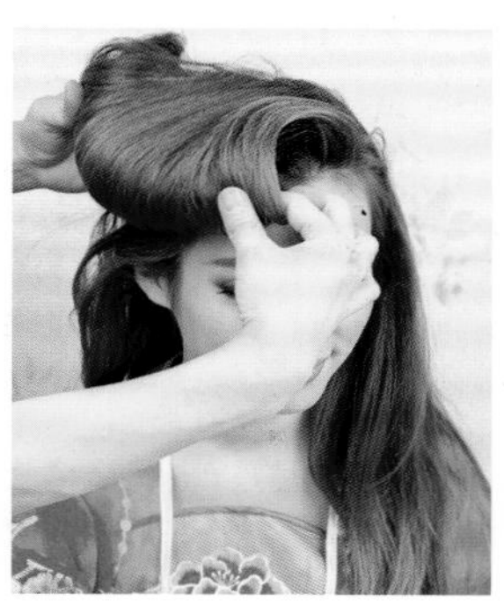
03 提拉刘海区的头发，使其隆起一定弧度并覆盖在牛角假发上。

04 将左侧发区的头发缠绕在一个牛角假发上。

05 继续缠绕并向上提拉头发。

06 用头发覆盖住牛角假发，在头顶固定。

07 将后发区剩余的头发缠绕在一个较大的牛角假发上。

08 继续向上提拉并缠绕头发。

09 将假发两端收拢后固定。

10 佩戴饰品，装饰造型。

造型风格：通过真假发结合及翻卷手法，塑造出饱满大气的唐代宫廷服造型，再搭配华丽的步摇等饰品，使造型呈现更加古典华美的感觉。

CHAPTER

05

综合案例应用

妆容造型的整体感尤为重要，不同的妆容与不同的造型相互搭配，需要呈现一种和谐感。再好看的发型，没有合适的妆容搭配也体现不出美感，反之亦然。所以，我们要以从局部到整体、从整体到局部的双向思维方式来完成妆容造型的整体搭配。

01 生活妆容造型

生活妆容造型概述

随着生活水平及个人品位的逐渐提高，人们对美的追求与日俱增，所以在日常生活中对妆容造型的需求越来越多，而不同的妆容造型适合不同的场合。例如，我们在看话剧、戏曲等舞台类型的节目时，演员在台上因为故事内容、灯光照明等需求而化的妆容就比较夸张，如果搬到现实生活中会贻笑大方；而生活中的妆容造型同样不适合在舞台上使用，因其达不到理想的艺术效果。适合的才是最好的。

生活妆容常见误区

1. 在对底妆的处理上，有些人习惯一味掩盖瑕疵，使脸成为一张底妆厚重的大白脸。这样的底妆作为上镜妆或舞台妆通过结构感的调整勉强可以，但作为生活妆容，过厚的底妆容易产生各种表情纹，非常不自然，甚至会显得恐怖。有些人一味地追求无妆般的底妆效果，从现实角度讲，这不太可能，再细致的底妆仔细观察都会发现细微的粉质颗粒。化妆并不是见不得人的事，而真正好的生活底妆是适当遮盖了瑕疵，并且使肌肤呈现通透感。选择品质好的粉底液并细致地打底，就能达到理想的效果。

2. 一味地追求立体感也是在化生活妆容时一个常见的误区。很多人都知道通过暗影膏和暗影粉来塑造小脸形和高挺的鼻子。但这只限于适度的范围，如国字脸通过暗影修容只能让脸形的线条柔和，不太可能成为瓜子脸。过分的暗影修容会让妆容看上去不够自然、显脏，不符合生活妆容的理念。修容以自然柔和为宜，化妆是在原有的基础条件之上通过细致的修饰使人更加完美，不是回炉重造。如果化生活妆让其他人都不认识了，那意义何在呢?

3. 只注意自己看得到的地方，不注重细节。这是指在化妆时只注意睁开眼睛的效果，而忽略了眼影细节的晕染。在日常生活中，不可能不眨眼，不做各种表情。经常有这样的女性，化的妆在睁开眼睛时是个大眼美女，闭上眼睛的时候会露出粗黑的眼线和没有层次的眼影，这样会使妆容大打折扣。所以不管是眼线还是眼影，都要做到线条流畅，过渡自然。

4. 一味地追求潮流。现在各种资讯非常发达，流行的东西日新月异，化妆也是如此。对于化妆来说，要从个人实际情况出发，流行的不一定适合自己。切记，适合自己的妆容才是最好的。所以对于一些流行元素选择性采用即可，没必要全部用在自己的脸上。

5. 认为只要用好的化妆品就能化出好的妆容。化妆是一门技艺，需要不断地揣摩练习。好的化妆品能带来好的品质，但化妆品是媒介，最主要的还是操作者的技术，这点非常关键。

以上是在化生活类妆容中常见的误区，但各种细小的误区还有很多，不能一一赘述。实践出真知，多加练习，并勤于思考，一些问题自然会迎刃而解。

生活妆容的类型

生活妆容造型是指在日常生活中会用到的妆容造型的表现形式。生活妆容造型一般都具有自然随意、易于使人接受的特点。一般生活妆容中常见的是以下几种类型的妆容造型。

日常妆容造型

日常妆容造型是指在日常生活中的妆容造型，这种妆容的浓淡要因人而异。一般情况下最容易被人接受的是清淡柔和的妆感。眼线和睫毛是最“提神”的元素，所以在处理日常妆容时要注意对眼线及真睫毛的细致处理。在造型方面，自然的直发、卷发、编发等是最常用的造型表现形式。

约会妆容造型

约会妆容造型主要走的是自然柔美的风格，在妆容的处理上不宜使用饱和度过高的色彩和过浓的眼妆及唇妆，可以用一些比较淡雅的色彩来处理眼妆，如淡紫色、浅金棕色等。眼妆的晕染层次可以用平涂的手法，眉色要柔和，要搭配自然唇妆及腮红。造型上可以采用直发、卷发，以及卷发搭配编发等。

时尚职场妆容造型

时尚职场妆容造型可根据自己的职位在设计上有所变化。例如，公司高层的妆容可以注意眼妆的刻画，搭配光滑饱满的盘发，以体现领导力；而普通职员要轻施粉黛，自然健康。时尚职场妆容造型适用于时尚设计等类型的公司。

晚宴妆容造型

晚宴妆容造型是指参加一些时尚舞会和高端聚会时女性的装扮。在设计妆容造型时根据聚会的要求略有变化，一般会表现出比较大气端庄的感觉。此妆容相比其他生活妆容，更具有立体感、隆重感。

日常妆容造型

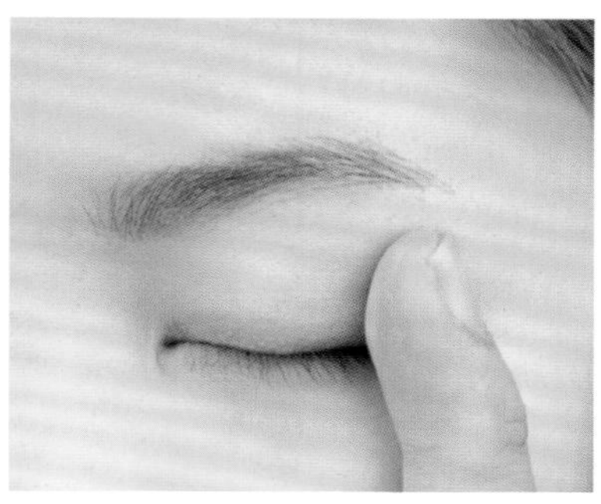

01 在上眼睑位置用亚光白色眼影进行提亮。

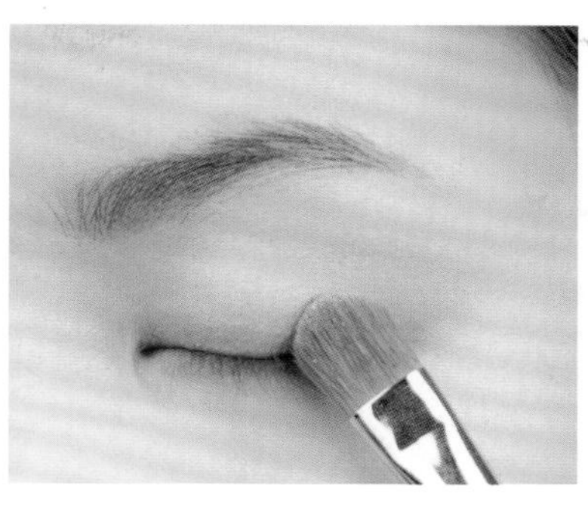

02 在上眼睑位置晕染淡粉色眼影。

03 在下眼睑位置用淡粉色眼影晕染。

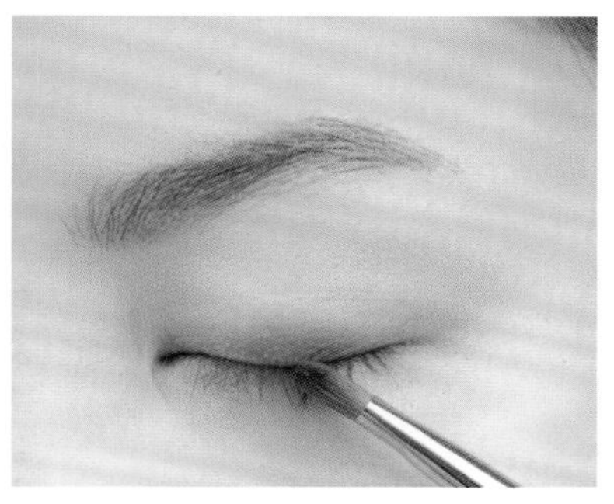

04 在上眼睑自睫毛根部向上小面积晕染亚光紫色眼影。

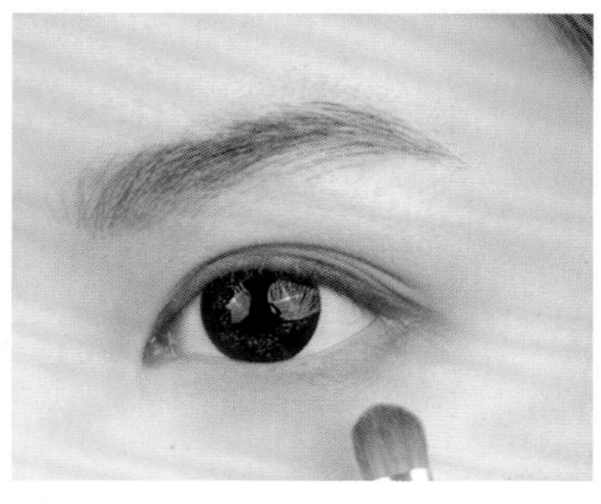

05 在下眼睑位置晕染亚光紫色眼影。

06 在上眼睑位置大面积晕染珠光白色眼影。

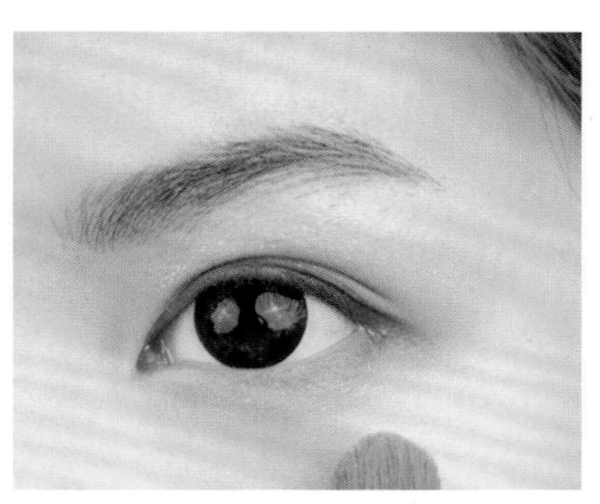

07 在下眼睑位置晕染珠光白色眼影，使紫色眼影的边缘过渡自然。

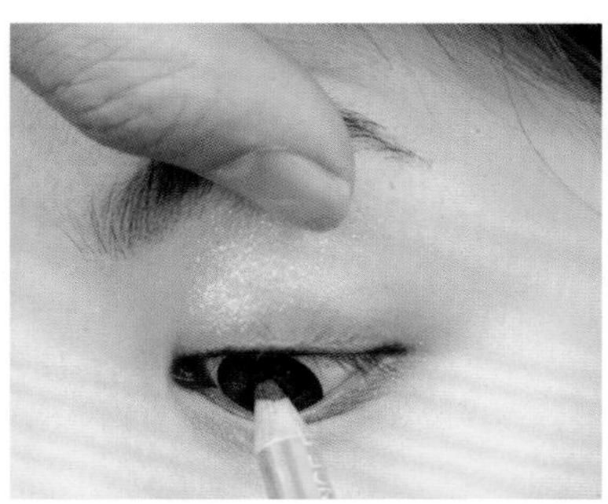

08 提拉上眼睑的皮肤，用铅质眼线笔在睫毛根部描画眼线。

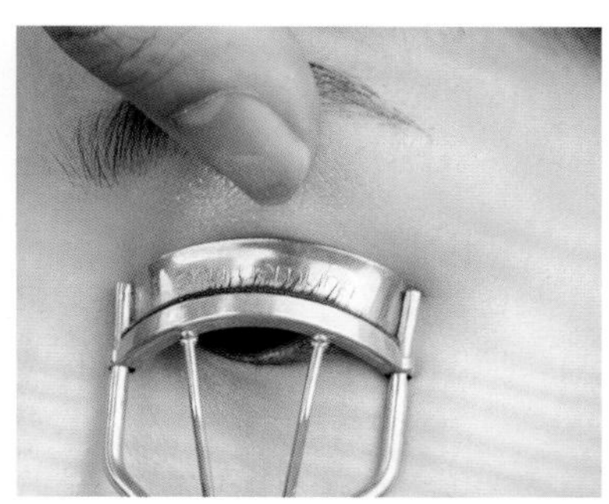

09 提拉上眼睑皮肤，将睫毛夹卷翘。

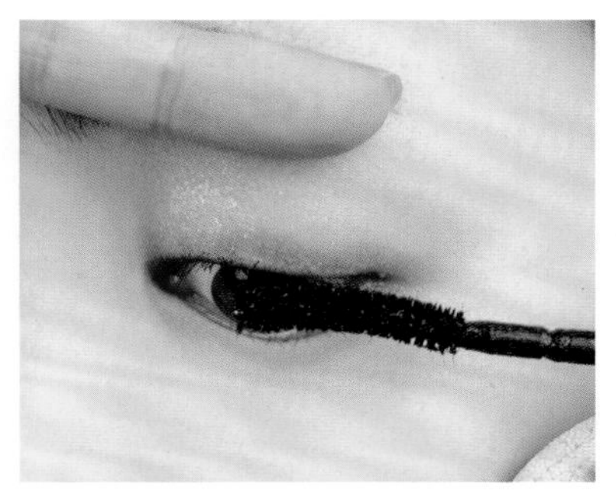

10 提拉上眼睑皮肤，涂刷睫毛膏。

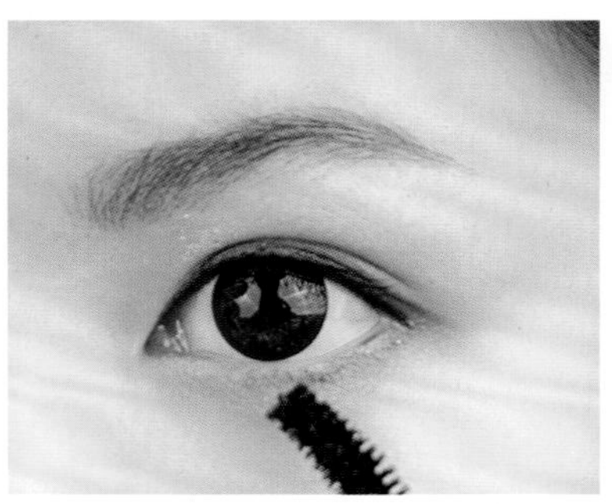

11 用睫毛膏涂刷下睫毛。

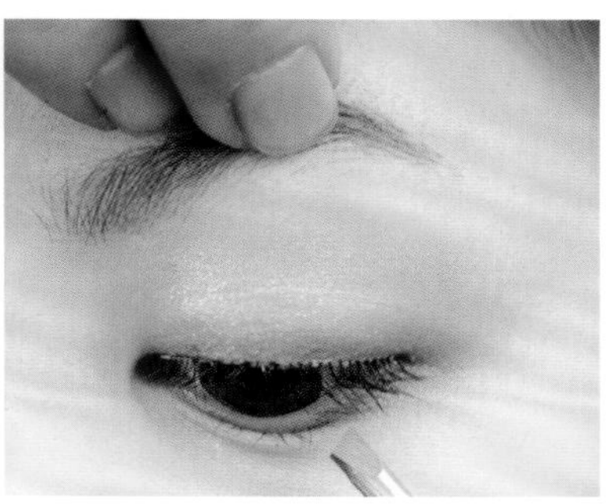

12 在上眼睑位置粘贴一条自然型鱼线梗假睫毛。

13 用咖啡色眉粉涂刷眉毛，确定眉形。用咖啡色眉笔描画眉形，使眉形清晰。

14 在唇部涂抹橘红色润泽唇膏。

15 斜向晕染棕橘色腮红。

16 将刘海区的头发用卷发器卷住并固定。

17 用电卷棒将头发烫卷。

18 用气垫梳将烫卷的头发梳蓬松。

19 重点梳理两侧的头发，使其呈现自然的卷度。

20 取下卷发器，调整刘海区头发的层次。

21 将蓬松粉撒在发根处。

22 用手搓发根，使头发具有蓬松感。

23 为头发喷少量发胶并定型。

学习要点：此款妆容呈现自然清爽的好气色。在处理头发的时候，卷发器让刘海区的头发呈现自然的卷度。蓬松粉有助于减少头发的油分，使头发自然蓬松。

约会妆容造型

01 处理好基础眼妆，粘贴假睫毛。

02 在上眼睑位置涂刷珠光白色眼影，进行提亮。

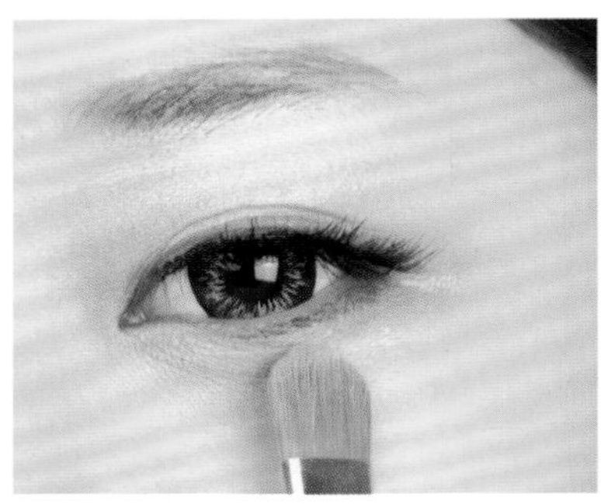

03 在下眼睑位置涂刷珠光白色眼影。

04 在上眼睑位置用小号眼影刷将亚光黑色眼影自睫毛根部向上晕染。

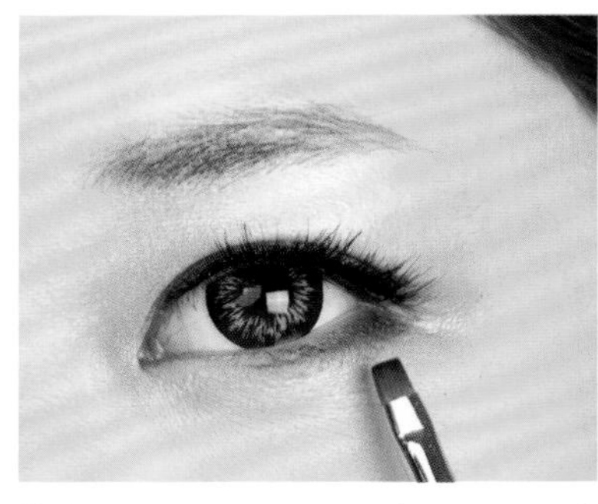

05 在下眼睑位置用亚光黑色眼影进行晕染。

06 在上眼睑位置晕染金棕色眼影，越靠上边缘过渡越柔和自然。

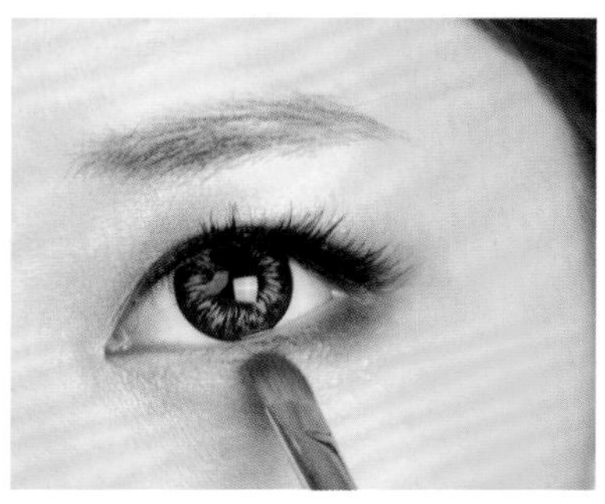

07 在下眼睑位置用金棕色眼影晕染。

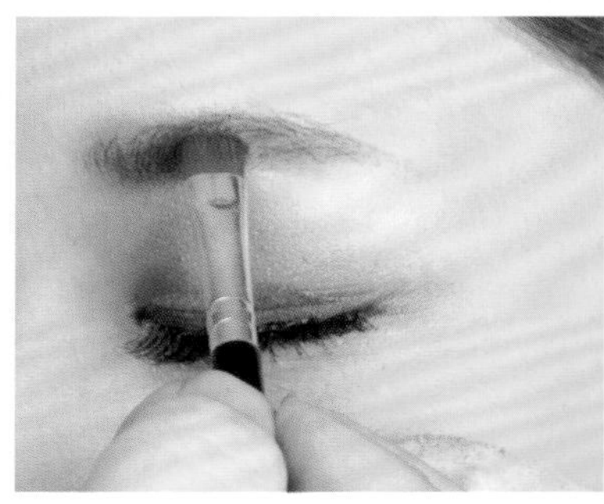

08 用棕色眉粉自眉头位置向后涂刷。

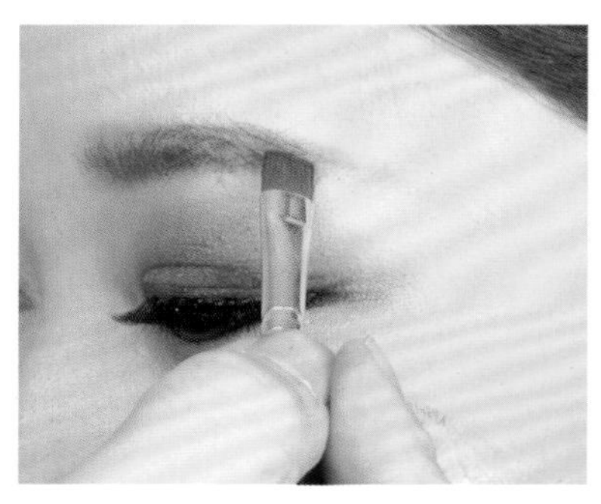

09 用眉粉刷出自然的眉形。

10 用棕色眉笔补充描画眉形，使眉形更加流畅自然。

11 斜向晕染腮红，提升妆容的立体感。

12 在靠近颊侧位置将腮红加深晕染，使妆容更加立体。

13 用裸粉色唇膏涂抹唇部，调整唇色。

14 在下唇位置涂抹自然亮泽的唇彩。

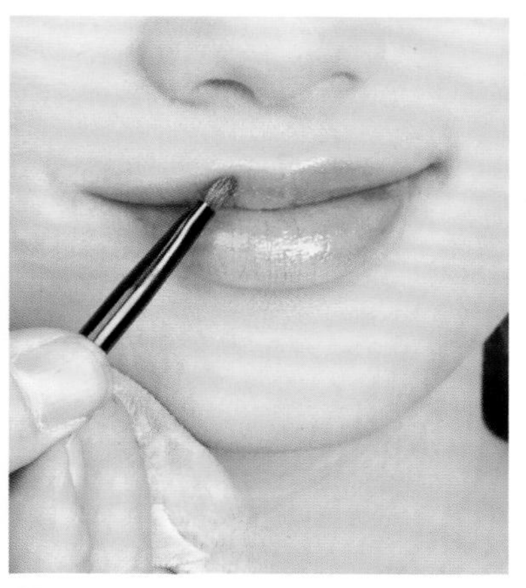

15 在上唇位置涂抹自然亮泽的唇彩，使唇妆莹润透亮。

16 用电卷棒将头发烫卷。

17 将左侧发区和部分后发区的头发做两股辫续发编发。

18 将编好的发辫在后发区扭转并固定。

19 调整刘海区头发的弧度。

20 将刘海区的头发在后发区扭转并固定。

21 将右侧发区的头发在后发区扭转并固定。

22 将右侧发区的发尾和后发区右侧的部分头发在后发区相互扭转。

23 将扭转好的头发在后发区固定。

学习要点：在处理约会类妆容造型时，不要过分地表现技术手法，而是要从模特本身的条件出发，在比较自然的状态下进行调整，使其更美。

时尚职场妆容造型

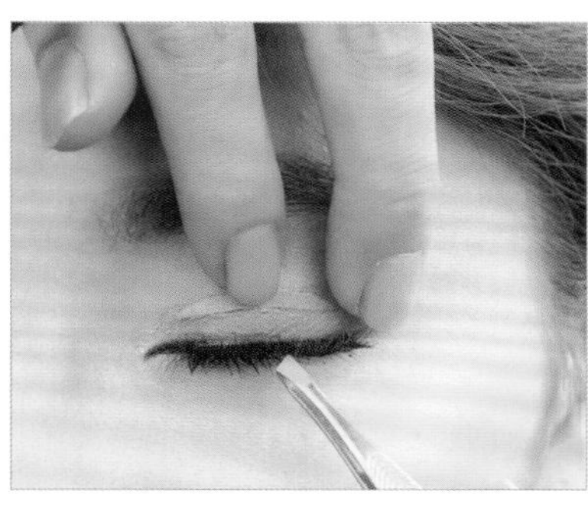

01 处理好上眼睑双眼皮及基础眼线后，在上眼睑位置粘贴假睫毛。

02 用水溶性眼线液笔在上眼睑描画眼线。

03 描画时，眼尾的眼线要自然上扬。

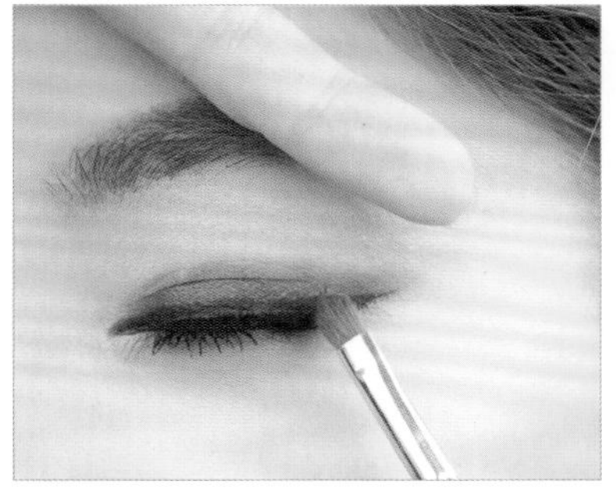

04 在上眼睑晕染亚光咖啡色眼影。

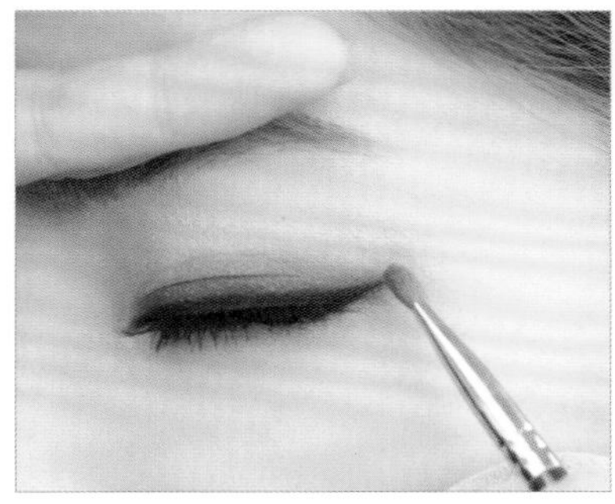

05 将眼影的边缘自然晕染。

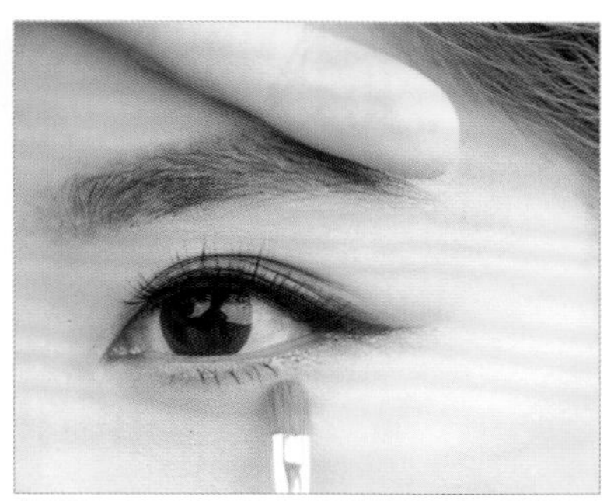

06 在下眼睑用亚光咖啡色眼影自然晕染。

07 用咖啡色眉笔描画眉形，眉形要平缓。

08 将玫红色唇釉涂刷在唇上，使唇形自然饱满。

09 自然地晕染淡棕色腮红，使妆容更加立体。

10 将除后发区之外的头发在后发区扭转并收拢。

11 将收拢好的头发固定。

12 在后发区右侧取部分头发，盘绕在收拢的头发上并固定。

13 将后发区剩余的头发盘绕在收拢的头发上并固定。

14 喷胶定型，使头顶的头发呈现自然的层次。

晚宴妆容造型

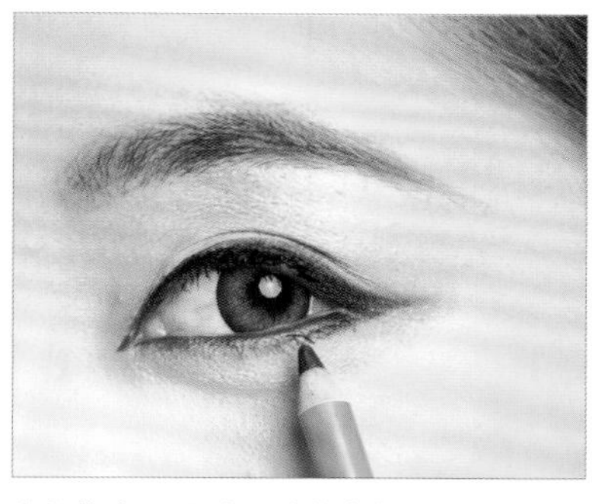
01 将上下眼睑用珠光白色眼影提亮后，用铅质眼线笔描画上下眼线。

02 在上眼睑后半段晕染珠光棕红色眼影。

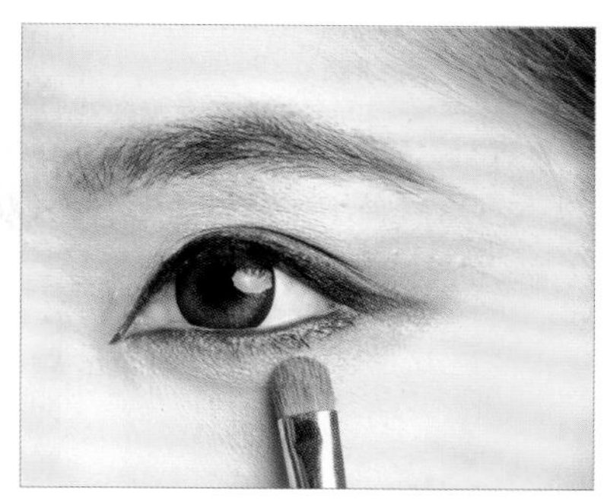
03 在下眼睑位置晕染珠光棕红色眼影。

04 在上眼睑剩余部分用珠光白色眼影晕染，使眼妆更加立体。

05 夹翘睫毛，用睫毛膏涂刷上下睫毛。

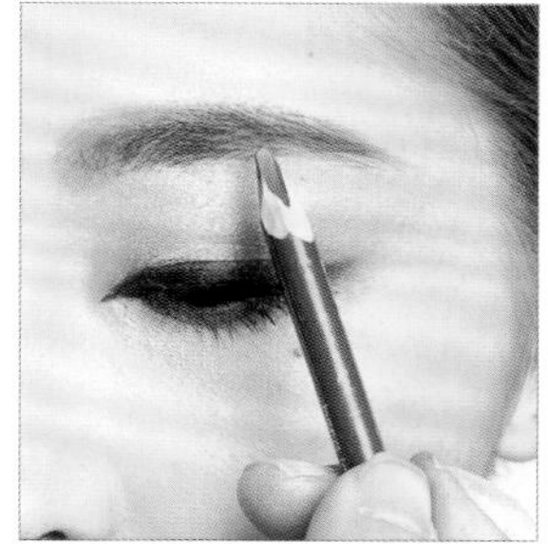
06 描画眉形，使眉峰平缓，眉形自然。

07 用唇涂刷抹粉红色唇釉，使唇形轮廓饱满。

08 斜向晕染粉嫩色腮红，使肤色红润自然。

09 在两侧发区留出头发，用电卷棒烫卷。

10 用尖尾梳将刘海区及顶区的头发收拢。

11 用尖尾梳将头发倒梳。

12 将头发在头顶位置打卷，使其隆起一定的高度。

13 用发卡将隆起的头发固定好。

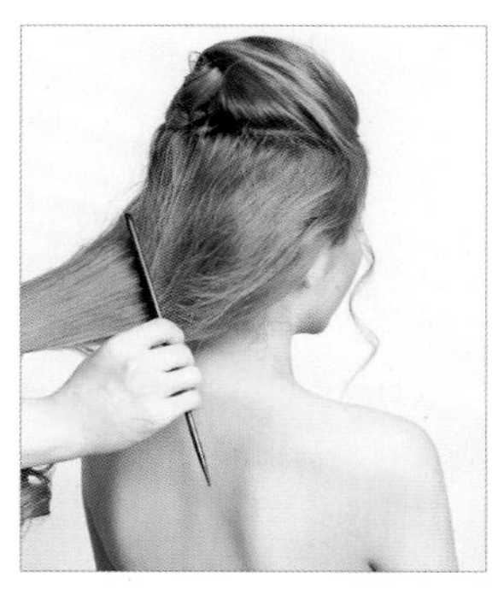
14 将剩余的头发在后发区收拢并倒梳。

15 将倒梳好的头发向上提拉，打卷并固定。

02 新娘平面拍摄妆容造型

在本小节中，我们将对常见的新娘白纱、晚礼的妆容造型分别进行概述和实例解析。在概述中利用了图文对应分析的形式，用大量相关类型的妆发图片让大家对其有更具体的了解。在这些妆发中，有些相对比较适合新娘婚纱照的拍摄，有些则既适合婚礼当日又适合婚纱照的拍摄。其实这些没有特别的限定，而是根据具体情况和新娘个人的审美及接受能力来确定。在妆发实例解析中，选择的是一些比较实用的类型。在学习实例解析的妆发内容时，配合概述中的理论知识会达到更好的学习效果。

韩式新娘白纱妆容造型

韩式的妆容造型是很多新娘比较喜欢的一种妆发风格，这其中受韩剧的影响较多。韩式新娘给人的感觉是优雅、沉稳、有女人味儿的。当然随着韩式新娘妆发本土化的发展演变，有很多新的元素运用其中，韩式妆发的风格也呈现更多样化的发展。

韩式新娘妆容在色彩的运用上，金棕色、咖啡色、淡粉色、淡紫色等都可以作为眼妆的色彩。只是在运用时，不会大面积地进行色块晕染，基本都是做小面积或局部的修饰。眼线不会非常上扬，一般会体现柔和感。眉色淡雅，面色红润，唇色莹透。因为流行的趋势，金棕色、咖啡色这些色彩在韩式妆容上的运用比淡粉色、淡紫色要多很多。即使运用粉色、紫色这些色彩，也会在一定程度上降低它的饱和度。有些妆容甚至会淡化眼妆的色彩，通过睫毛、眼线来打造精致的眼妆。唇色基本都是采用轻柔感的色彩，如透明色、肉粉色、玫红色、淡橘色等。红唇在韩式新娘妆容中运用较少，因为一般红唇很难和韩式妆发的基调及发型的感觉相互吻合，不过采用较为特别的整体搭配方式也可以呈现出比较惊艳的效果。

韩式白纱造型一般都是采用后盘式，多用编发或打卷的手法打造。搭配的饰品可以是可爱甜美的蕾丝、花朵，也可以是高贵典雅的皇冠、水钻等。韩式白纱造型前发区的层次相对少于后发区，对脸形的修饰也有限，所以脸比较胖的新娘要慎用这种类型的造型，否则可能会显得脸更胖。因为近两年层次感造型的流行，在处理韩式新娘发型的时候，也会运用一些层次发丝使整体造型更加柔美。下面对韩式妆发的一些表现形式做具体的介绍，以便大家能更好地了解韩式妆发的风格。

妆容较为淡雅自然，将后垂式编发与花朵相互结合，整体造型以蝴蝶结编发为重点，向下延伸。

用造型网纱和造型花装饰后垂的编发，为编发增加了纹理，网纱与花搭配，使整体造型更显柔和。

用水晶珍珠材质的发箍与蕾丝蝴蝶相互结合，装饰较为光滑的编发造型，使整体造型呈现浪漫、典雅的柔美之感。需要注意的是，在选择饰品时，通过仔细观察会发现，水晶和珍珠虽然样式不同，但是在质感上是有相同之处的，因此可使造型呈现一定的整体感。

将波纹感的刘海运用到韩式造型中，可使造型呈现浪漫优雅的美感。一般这种搭配与后盘式造型相互结合，效果会更为理想。

用永生花装饰光滑的后盘造型。为了呼应永生花的质感和妆容的柔美，在盘发时运用打卷的手法打造空间层次感，这可以使盘发造型更具有柔美感。

刘海区头发自然飞扬的层次与永生花搭配，不管是配合后垂还是后盘的造型，都会给人浪漫唯美的感觉。需要注意的是，飞扬的层次是乱而有序的，不是凌乱而无序的。

用绿藤和花朵装饰后垂的自然编发，可使整体造型更显浪漫唯美。一般会用较为柔美的妆容搭配这种类型的造型，可以在腮红和唇色上采用玫红色、橘色这些柔美的色彩，使造型更加唯美。

此款妆发中在唇妆上选择了比较难驾驭的暗红色，在饰品上将绿藤缠绕在复古的金属色皇冠作为装饰，使妆容与造型之间能更好地结合。此款造型利用两侧垂落的卷曲发丝来修饰脸形，后发区主要采用打卷的手法来完成后垂的盘发效果。

用花朵装饰光滑整洁的后盘式造型，在刘海区及两侧发区通过发辫的盘绕修饰过高的额头。一般用刘海及发丝修饰额头都属于这一类造型，只是修饰方式不同。

以上是比较常见的韩式妆发的表现形式。不管是妆容还是发型都在不断创新，笔者的总结不能代表所有的韩式妆发的风格类型，只希望通过图文并茂的讲解，让大家对韩式妆发有更深入、更全面的了解。

01 在上眼睑位置用少量珠光白色眼影提亮。

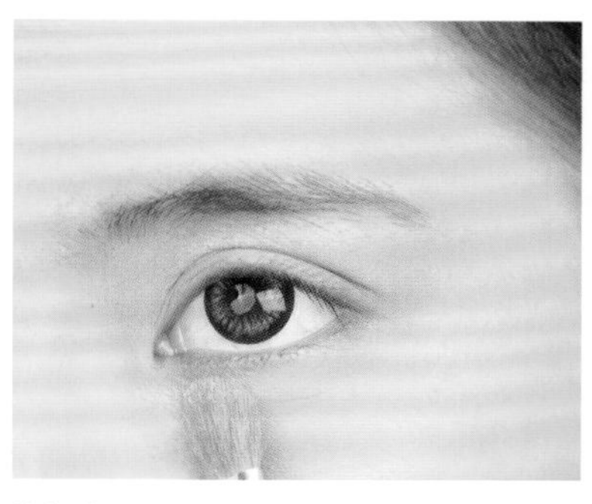
02 在下眼睑位置用少量珠光白色眼影提亮。

03 提拉上眼睑皮肤，在上眼睑靠近睫毛根部用铅质眼线笔描画眼线。

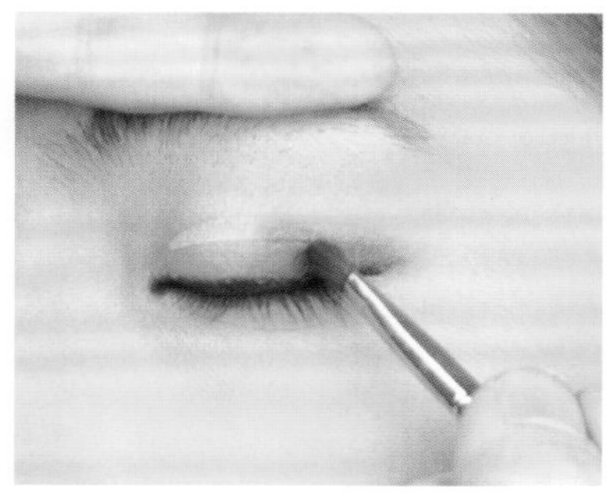
04 将棕色眼影晕染在上眼睑后半段。

05 在眼头位置用棕色眼影进行晕染。

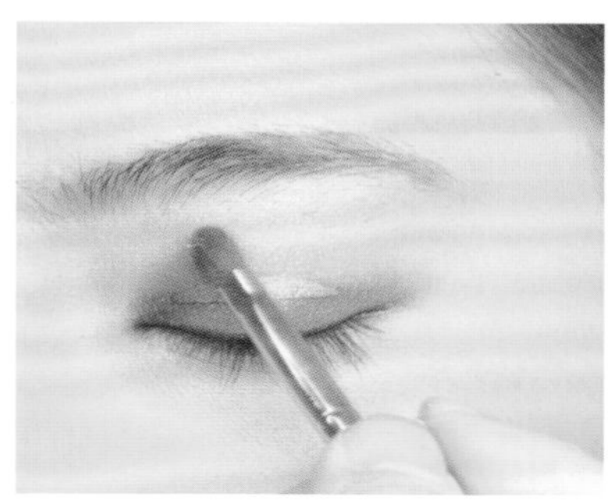
06 眼影的边缘要晕染柔和。

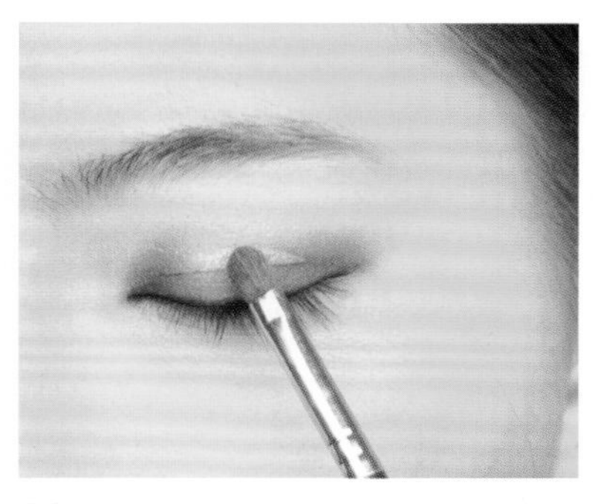
07 在眼球凸起的位置用珠光白色眼影提亮。

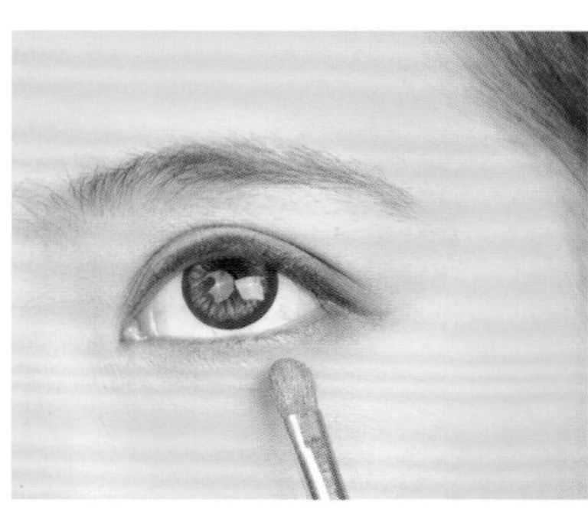
08 在下眼睑位置用棕色眼影晕染。

09 用睫毛膏涂刷上下睫毛，使其根根分明。

10 在上眼睑位置粘贴一条自然型鱼线梗假睫毛。

11 用镊子调整眼头位置的假睫毛，使睫毛粘贴得更加牢固。

12 用镊子向上调整真假睫毛，使它们贴合得更加自然。

13 在下眼睑靠近眼尾处粘贴一根假睫毛。

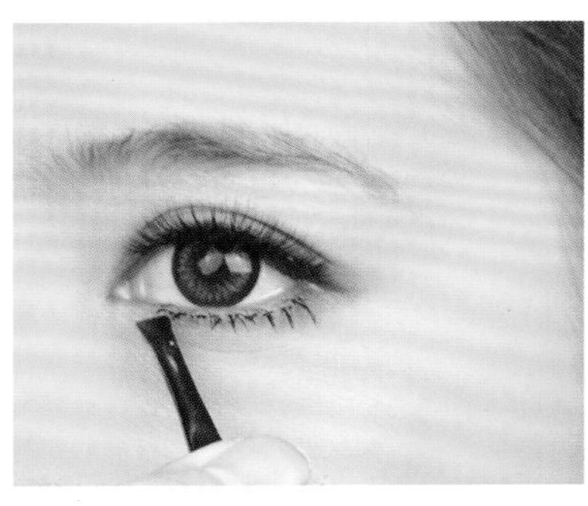

14 从后向前用镊子粘贴假睫毛。注意睫毛呈现前短后长的排列方式。

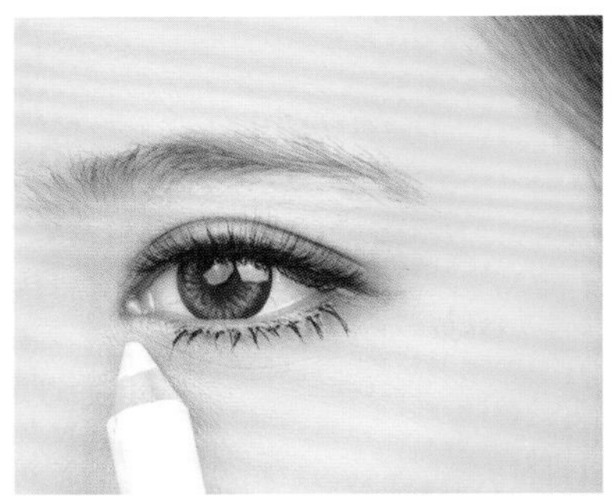

15 在下眼睑靠近眼头位置用珠光白色眼线笔描画，使眼妆更加立体。

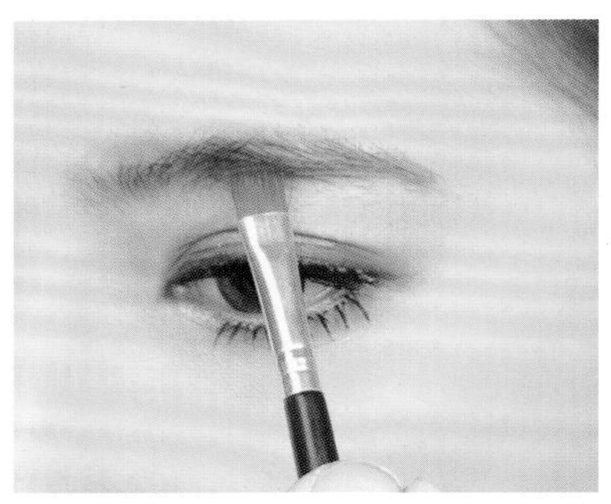

16 用棕色眉粉涂刷眉形。

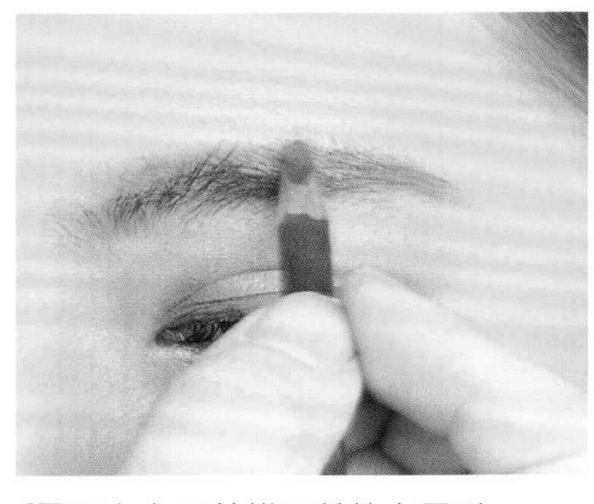

17 用灰色眉笔描画并补充眉形。

18 继续描画眉毛，使眉形偏粗，眉峰平缓自然。

19 斜向晕染自然的棕色腮红，再用少量玫红色腮红进行晕染。

20 在唇部淡淡地涂抹偏西瓜红色的唇膏。

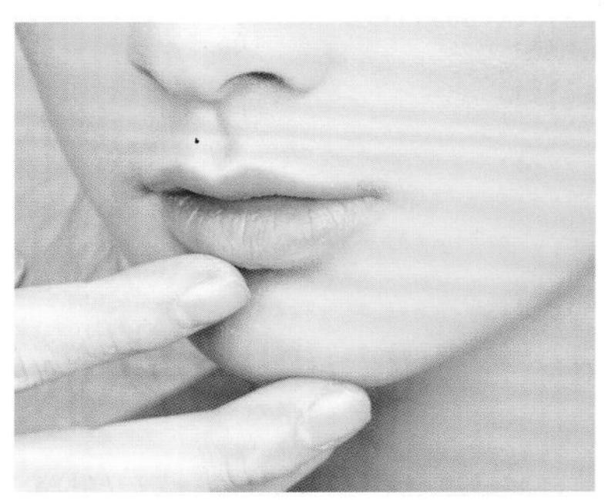

21 将边缘用手指涂抹得自然柔和。

22 从顶区取一片头发，在后发区扭转并固定。

23 继续从顶区取一片头发，在后发区扭转并固定。

24 将左侧发区及部分后发区的头发分片扭转，在后发区固定。

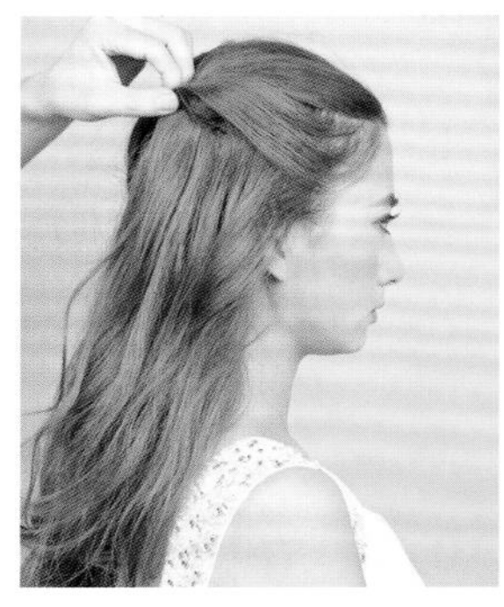

25 在右侧发区分出一片头发，向上扭转并固定。

26 将后发区右侧的头发向上提拉，扭转并固定。

27 将后发区左侧的头发向上提拉，扭转并在后发区右上方固定。

28 在后发区的左侧取头发，向右侧提拉。

29 将提拉的头发向上打卷并固定。

30 将后发区右侧的头发从右向左打卷并固定。

31 在后发区剩余的头发中分出部分头发，向左侧打卷。

32 将打好的发卷在后发区左侧固定。

33 将后发区剩余的头发在后发区右侧打卷并固定。

34 在头顶位置佩戴饰品，装饰造型。

35 在后发区固定网纱，装饰造型。

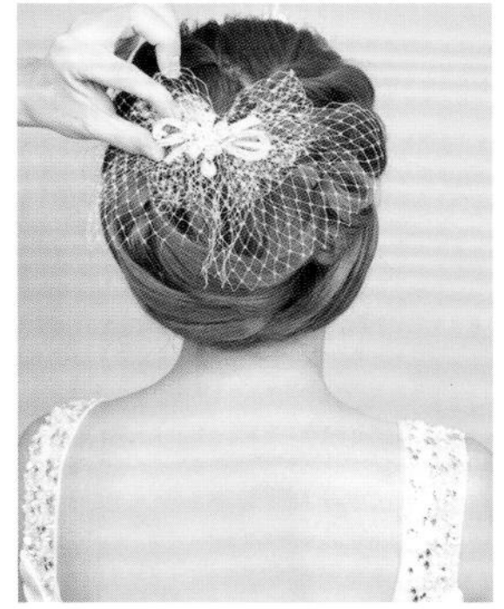

36 在网纱的基础上佩戴饰品，装饰造型。

学习要点：在妆容的处理上要淡雅柔和，不要出现过于抢眼的色彩，下睫毛的粘贴要尤为精致，这样可使眼妆更加生动自然。在发型的处理上，注意后发区每片打卷头发的摆放位置，最终形成后发区饱满的造型轮廓。

欧式新娘白纱妆容造型

最经典的欧式新娘白纱造型是光滑整洁的上盘发型搭配皇冠饰品，打造如女王般的高贵气质。随着流行元素的变化，一些新的元素相互渗透，当然高贵大气依然是欧式白纱造型的最大特点。

欧式妆容的感觉相对端庄，高贵大气，一般用咖啡色、金棕色这样的色彩来完成眼妆，整体妆容的色调偏黄一些。红唇也是欧式妆容的一款经典搭配。底妆相对比较立体，适合五官比较立体的新娘。一般在处理妆容的时候分为两种情况，以摄影为目的的妆容在立体感的处理上会更强，而如果是新娘当日妆发，应更注重立体中的自然感。在立体的同时要保证在近距离的情况下的可观性，所以整体的感觉还是以细腻为主。

欧式新娘白纱造型一般都是上盘式造型，或光滑，或带有适当的层次感，多佩戴皇冠、水钻礼帽等华丽高贵感的饰品。欧式白纱造型一般不会用于脸形过方的人，如果脸形过于方正，打造欧式白纱发型之后会缺少新娘的柔和感。现在也有人将一些较唯美的饰品及飘逸的发丝运用到欧式发型中。但不管运用什么元素，在打造欧式发型时都要牢记欧式造型的核心是高贵大气的美感，这样可以更明确如何利用各种元素，如何取舍。

下面对欧式新娘白纱妆容造型的一些常见的表现形式以图文并茂的形式进行介绍，以便大家更好地了解欧式妆发的特点，为造型设计确定方向。这些介绍能让我们对欧式风格的妆发的定位有一定的了解。我们在设计妆发的时候提倡借鉴，而不是照搬某一款妆发。希望让大家在具有一定的理论基础后找准定位，完成妆发的设计，达到更加理想的效果。

这是一款高耸而光滑饱满的盘发，将赫本盘发加以演变，搭配复古高贵的皇冠。妆容处理上采用极简的立体妆感，无过多颜色，呈现华丽、大气、沉稳的欧式妆发美感。

这款造型的重点是将刘海区及两侧发区塑造出饱满的轮廓，搭配巴洛克风格的复古皇冠，整体造型简洁、大气。

收紧式的上盘造型，搭配复古的发饰，淡雅的唇妆，上扬而深邃妩媚的眼妆，整体妆发呈现简约、复古而高贵的风格。

这是一款饱满上盘的光滑造型，用刘海区头发对额头位置进行修饰，搭配水钻发饰，整体造型高贵大气。

中分盘起的造型搭配端庄的水钻皇冠，使造型简约、高贵、大气，搭配红唇，使整体造型显得时尚而复古。

有层次的上盘造型搭配华美复古的玫红色皇冠，具有浪漫情怀。为了避免整体色彩过多，采用银灰色眼妆和接近于裸色的唇妆。

有层次的高耸上盘造型搭配简约的复古皇冠，整体造型显得高贵简约且具有浪漫的美感。

有层次的上盘造型搭配花朵装饰的皇冠，再配合玫红色唇妆及妩媚的眼妆，唇色、发饰及发丝层次整体都呈现浪漫唯美的高贵美感。

饱满的上盘造型，有层次但不凌乱，两侧垂落的卷曲发丝可修饰脸形，使造型更加柔美。搭配中国古典的点翠皇冠饰品，中西融合。

简约的盘发、复古的手推波纹与礼帽搭配，加上暗红色唇妆和精致的眼妆，使整体造型高贵大气、复古浪漫。

用礼帽和网纱搭配光滑饱满的打卷造型，配合暖色柔美的欧式宫廷服，使整体造型呈现优雅高贵的效果。

01 在上眼睑位置晕染珠光白色眼影，使上眼睑皮肤更加干净。

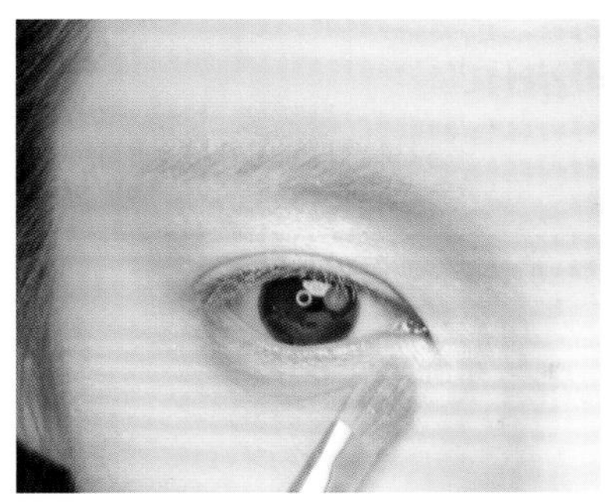

02 在内眼角眼头位置晕染珠光白色眼影。

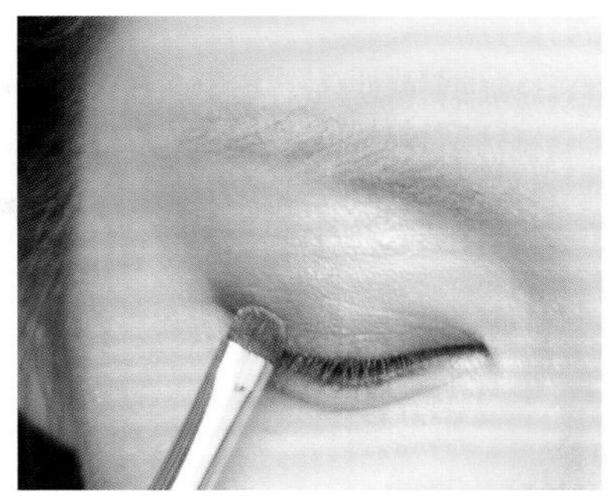

03 在上眼睑位置晕染亚光咖啡色的眼影。

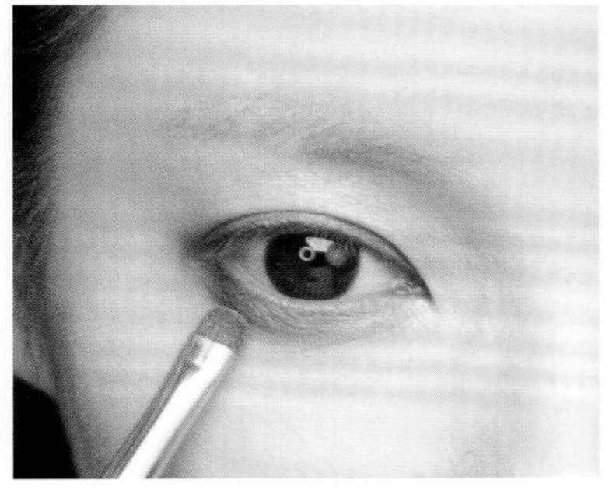

04 在下眼睑位置晕染亚光咖啡色的眼影。

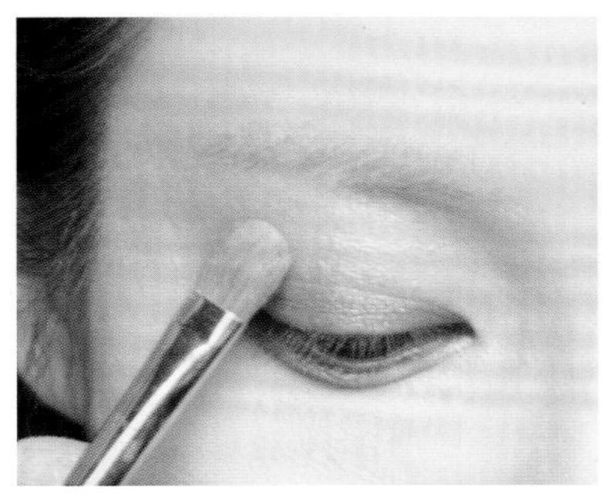

05 在上眼睑位置用金色眼影晕染，使亚光咖啡色眼影边缘过渡自然。

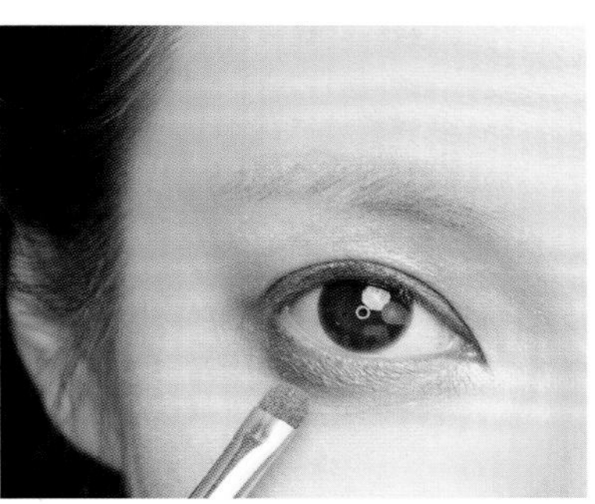

06 在下眼睑位置用金色眼影晕染。

07 用珠光白色眼影对眉骨位置进行提亮。

08 提拉上眼睑的皮肤，用水溶性眼线液笔在上眼睑靠近睫毛根部描画一条自然的眼线。

09 夹翘睫毛后，涂刷睫毛膏。

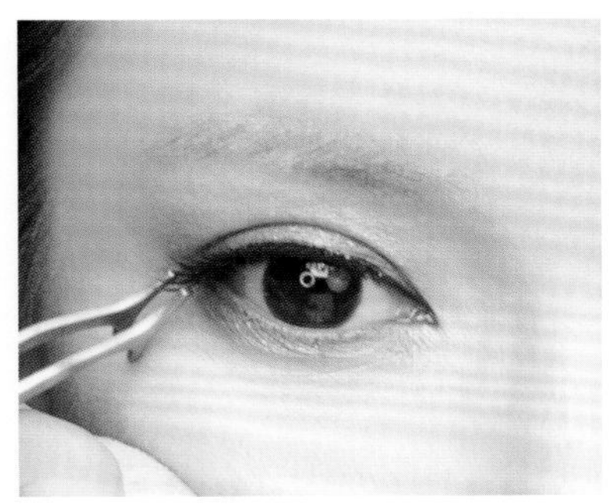

10 在上眼睑睫毛的根部粘贴一条自然型鱼线梗假睫毛。

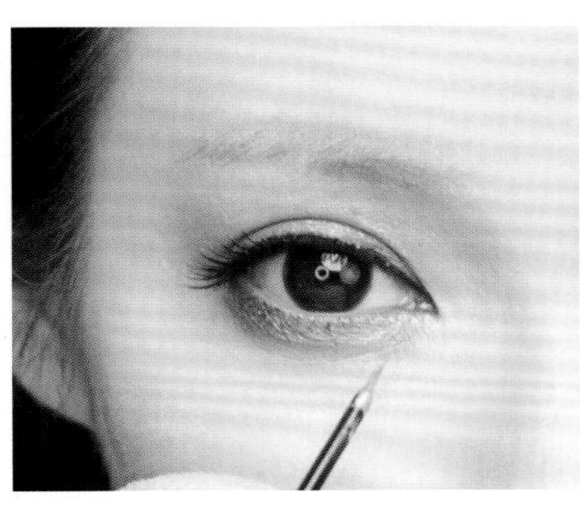

11 在下眼睑靠近内眼角的位置用金色眼线液笔描画。

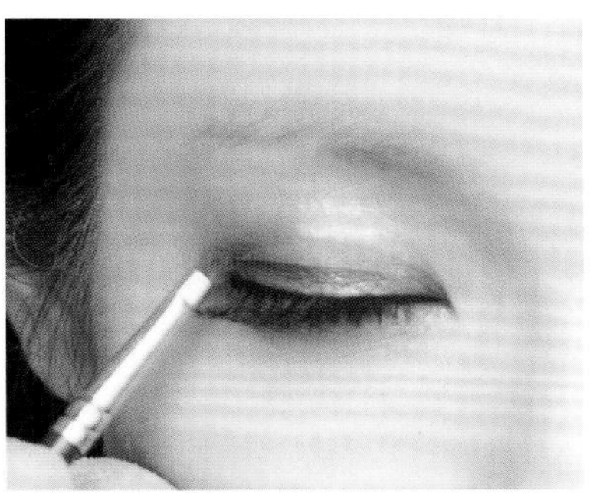

12 在上眼睑内外眼角位置用亚光深咖啡色眼影加深晕染。

13 用咖啡色眉粉涂刷出眉毛的轮廓。

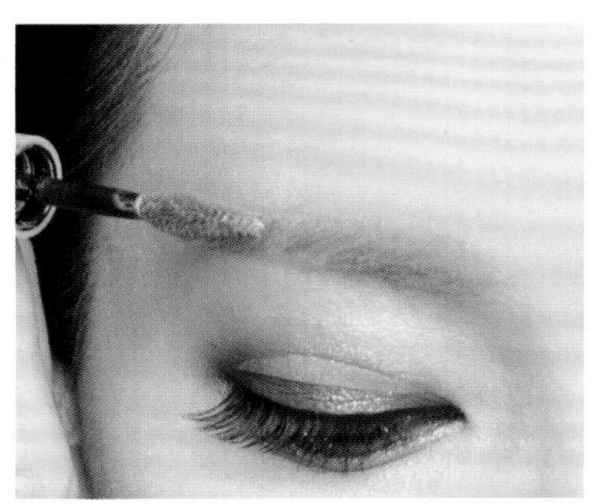
14 用染眉膏涂刷，减淡眉色。

15 继续用眉粉涂刷，使眉形更加清晰、立体。

16 斜向晕染橘色腮红，使妆容更加立体清透。

17 用亚光裸色唇膏涂抹嘴唇，调整唇色。

18 用暗红色唇膏描画唇形，注意唇形不要处理得过大。

19 用电卷棒将头发烫卷。

20 将顶区的头发收拢。

21 用皮筋将顶区的头发固定好。

22 将固定后的头发收短后，在顶区隆起一定的高度并固定好。

23 在头顶佩戴饰品，装饰造型。

24 调整刘海区头发的层次并喷胶。

25 将右侧发区的头发分成两股，并扭转。

26 将头发抽出层次并固定。

27 将后发区右侧的头发进行两股扭转。

28 将扭转好的头发抽出层次并固定。

29 将后发区左侧的头发做两股扭转。

30 将扭转好的头发抽出层次感。

31 将抽好丝的头发固定，使后发区造型更加饱满。

32 将左侧发区的头发进行两股扭转。

33 将扭转好的头发适当抽出层次，向上固定。

34 将一部分刘海区的头发调整出层次并固定。

35 将剩余的头发进行两股扭转。

36 将扭转好的头发适当抽出层次。

37 将抽好层次的头发在后发区固定。

学习要点：此款妆容中，多次晕染使眼妆更加立体。在造型处理上，注意用发丝修饰饰品，使饰品呈现出若隐若现的效果，使造型的层次感更加丰富。

日式新娘白纱妆容造型

日式妆容造型介于欧式与韩式之间，更多呈现的是小浪漫、小高贵、小优雅的温馨情怀。喜欢日式妆发的新娘一般性格恬静温柔，外在形象上大多给人温柔甜美的感觉。

日式新娘的妆容是甜美的、俏皮的、可爱的，一般适合年龄感比较小的新娘，因为成熟的新娘搭配这样的妆容会很不协调。这种妆容的色彩选择范围很大，主要是在搭配的时候要注意对细节的处理，整个妆容的色彩是明快的、有朝气的。妆容色调偏白。对于日式新娘白纱妆容来说，新娘的皮肤质地很重要。拍摄时因为有摄影光线和后期修片的配合，影响相对较小。但因为婚礼当天新娘要近距离与客人见面，所以底妆的遮瑕要适当。如果皮肤质地很差，搭配过于明亮的色彩，会让皮肤显得更差，瑕疵尽现。金棕色、淡金色等可用于眼妆中，淡紫、淡绿等色彩也可以用于日式妆容的眼妆，但是晕染面积要小，并且要适当降低饱和度，饱和度过高会破坏妆容的柔和感。腮红可以呈现粉嫩色或偏橘色的妆感。睫毛的处理要精致。在唇妆的处理上，可以采用润泽的唇膏及唇彩打造滋润透亮的唇妆效果，也可以用玫红色、橘色、粉色等唇膏使妆感更加温柔清新。

日式白纱造型的表现形式相对比较丰富，上盘式、后盘式、侧盘式等盘发都可以，但不管是哪个角度的盘发，日式新娘的造型一般不会处理得过于庞大或稳重，造型应具有一定的层次感，盘发应比较精致，显得年轻、甜美、有活力。佩戴的饰品可以选择蝴蝶结、蕾丝、可爱感小皇冠、发卡、柔美的绢花、鲜花等。一般不会选择过于大气、华丽或者夸张的饰品。

下面对日式新娘白纱妆发的表现形式通过图文做一下具体的介绍，让大家能对日式新娘白纱妆发有更具体的了解。下面是日式白纱妆容造型常见的表现形态。在这里要提醒大家：不可忽视饰品的重要性，大家可以根据流行趋势的变化来搭配更漂亮的饰品，使造型呈现更好的效果。

偏向一侧的翻卷盘发造型搭配网纱与珍珠饰品，眼妆没有过多的色彩，通过眼线和睫毛可塑造大而有神的眼睛，主要突出橘色唇妆的色彩。妆容造型呈现优美恬淡的感觉。

用淡雅的妆色将新娘的柔美气质展现得淋漓尽致。羽毛珍珠材质的饰品搭配后垂的层次造型，呈现浪漫、恬静的日式妆发。

将绢花穿插在干净的低盘发造型中，与玫红色的唇妆相互呼应，整体妆发呈现浓浓的暖色调，表现出甜美温馨的浪漫感。

具有层次感的灵动发丝与绢花相互搭配，整体呈现自然柔美的感觉。一般这种感觉的发型搭配淡雅自然的妆容，会呈现更加理想的整体感。

低饱和度的红色唇妆与粉色的饰品很好地呼应，单侧垂落的造型使整体妆发呈现精致的妩媚感。

光滑干净的上盘造型搭配粉色的饰品，灵动的睫毛和自然的眉形使整体妆发呈现出高贵感。需要注意的是，日式造型的光滑上盘发不要过于高耸，另外，搭配的饰品要使造型更加柔和。

有层次感的低位上盘发搭配花朵装饰，使造型更显灵动优美。为了突出大眼效果，着重刻画了眼线和睫毛，所以眼妆用淡淡的黄色过渡。淡粉色的唇妆使整体造型呈现更加甜美的感觉。

向上盘起且具有层次的发型搭配花朵。在妆容上采用了精致的下睫毛和橘色唇妆。整体妆容造型呈现出自然的浪漫气息。

两侧垂落的卷曲发丝使造型更加柔美，用花瓣对造型进行装饰。暖暖的妆容色彩使整体妆容更显浪漫甜美、可爱灵动。

用鲜花装饰两侧上翻卷的盘发造型，鲜花使造型显得更加柔美，具有年轻感。妆容的柔美烘托了新娘的温婉气质。

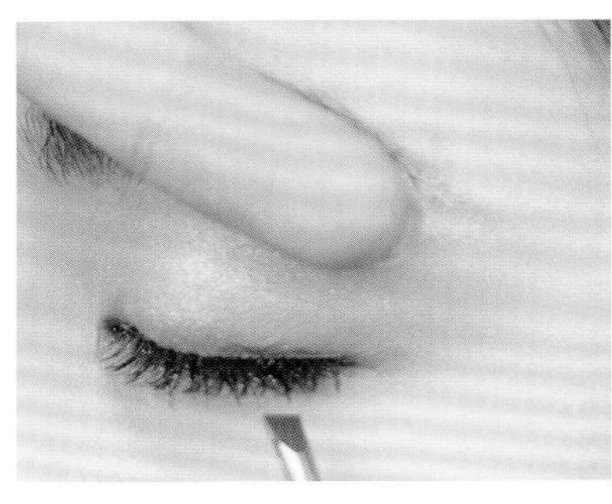

01 处理好真睫毛后，在上眼睑紧贴真睫毛根部粘贴一条自然型鱼线梗假睫毛。

02 在上眼睑位置用带有闪粉颗粒的珠光白色眼影提亮。

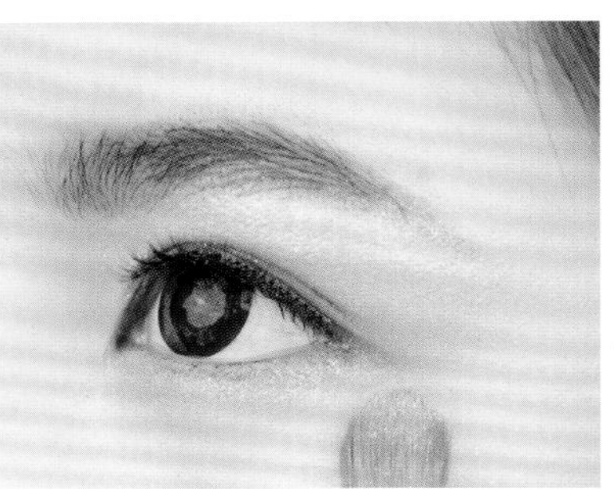

03 在下眼睑的眼周用带有闪粉颗粒的珠光白色眼影提亮。

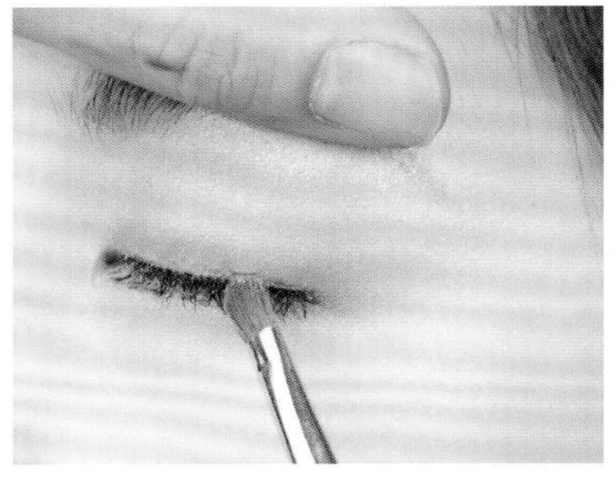

04 在上眼睑晕染少量亚光咖啡色眼影，注意晕染自然。

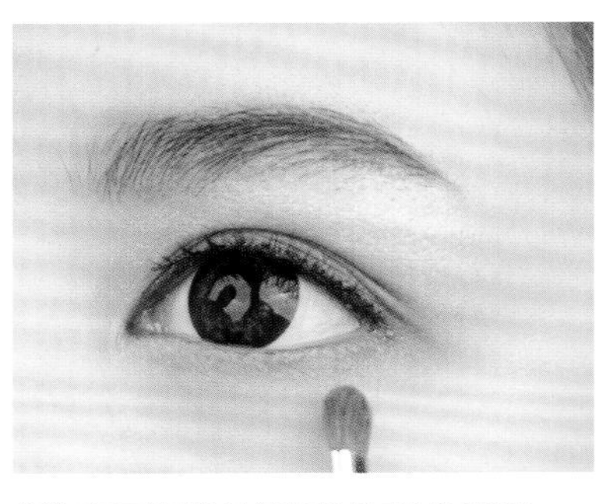

05 在下眼睑晕染亚光咖啡色眼影。

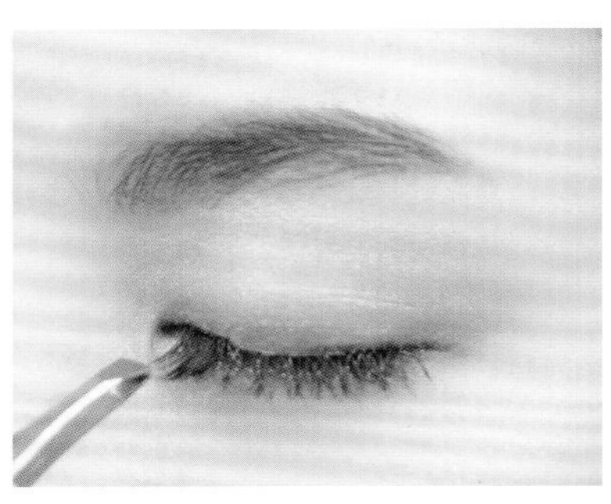

06 在靠近眼头位置粘贴一段较浓密的假睫毛。

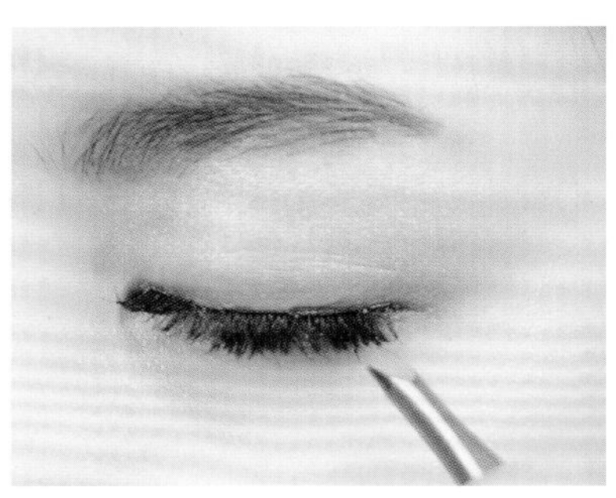

07 在上眼睑中间位置粘贴一段假睫毛。在上眼睑靠近眼尾位置粘贴一段假睫毛。

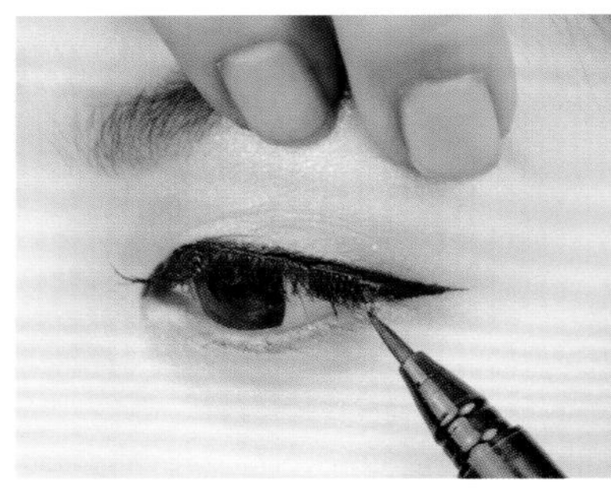

08 提拉上眼睑皮肤，用水溶性眼线液笔描画眼线，眼尾处不要上扬。

09 在下眼睑粘贴几根假睫毛，越靠近眼尾假睫毛越长。

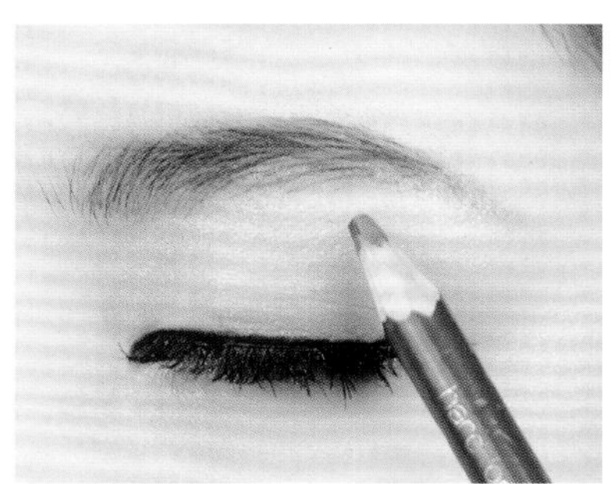

10 用棕色眉笔描画眉形。

11 在唇部自然涂抹橘色唇膏。

12 在面颊处斜向晕染粉嫩自然的腮红，使妆容自然。

13 将刘海区的头发用卷发器卷好，可适当吹风定型。

14 从左侧发区开始，在头顶位置向右进行两股辫续发编发。

15 将头发从后发区右侧一直编到后发区左侧。

16 将剩余的发尾进行两股辫编发，将编好的头发在头顶固定。

17 从后发区右侧取一片头发，向左进行两股辫续发编发。

18 将编好的头发在头顶固定。

19 将后发区剩余的头发两股扭转。

20 将扭转好的头发从后发区右侧向上提拉，在头顶固定。

21 在头顶佩戴头饰，装饰造型。

学习要点：眼妆色彩淡雅自然，眼尾的眼线不要上扬，搭配下假睫毛，这样会使眼妆更显年轻。配合橘色唇妆，使妆容更加生动自然。有层次的齐刘海配合自然向上盘起的编发，使整体造型唯美而浪漫。

森系新娘白纱妆容造型

森系风格的妆容造型是目前很流行的一种妆容造型，它与日式风格的妆发有些相似之处，但又有很多不同之处。与日式风格妆发相比，森系风格的妆发在妆容上更注重细节的处理，在发型上更注重对灵动感的塑造，在整体感上更崇尚自然的甜美风格。

森系风格的白纱妆容在眼妆色彩的运用上可以是大地色、低饱和度的暗红色、金色、橘色、粉色等。需要注意的是不要做过于夸张的色彩晕染，在眼妆的色彩上要轻处理，这样会呈现比较好的效果。睫毛的处理非常重要，要精致灵动、不夸张，眉形和眉色都要具有柔和感。唇妆的色彩局限并不多，只要搭配合理，裸色、玫红色、红色、暗红色、橘色等常见的唇膏色都能呈现出很好的妆感。咬唇妆用在森系风格妆容上也会呈现出不错的效果。在腮红的处理上，晒伤腮红、蝶式腮红等表现形式都可以尝试，腮红色彩上，凸显肤色通透感的橘粉色比较多见。

森系风格的白纱造型多见的是利用抽丝手法表现灵动的发丝，一般不会做过于光滑干净的盘发。在饰品的选择上，多选择花朵、蝴蝶、绿藤等具有大自然气息的饰品，可体现仙气十足的感觉。

总之在处理森系白纱造型时要记住一个关键词，那就是“灵动”。如果造型处理得过于呆板，就失去了森系风格的感觉。

下面，我们对森系白纱妆容造型的常见表现形式做一些具体介绍。当然，森系妆发的表现形式不仅仅局限于此，大家要掌握的是森系妆发的风格定位，在设计妆容和搭配饰品时要有的放矢，以达到更完美的妆发效果。

用灵动的发丝对花朵进行修饰，搭配蕾丝边头纱，更显圣洁。两侧垂于肩上的发丝使造型更加柔美。淡淡的眼妆色彩，生动的睫毛处理，搭配生机盎然的橘色唇妆，使新娘宛如一场森林婚礼中的仙子。

花朵与满天星花环相互结合，用花朵装饰刘海区的编发。后发区的造型简洁自然，整体造型主要体现了饰品的美感。妆容的处理重点在唇色，暗红色的唇妆在森系妆容中可呈现一种冷艳的气质。

花朵随灵动飘逸的发丝绽放，仿佛清风吹动发丝，白色头纱的装饰使造型更显柔美，而白色头纱衬托得发丝更加灵动。暗色调的花色与红唇之间完美呼应。

用永生花和蜻蜓饰物点缀发丝灵动的上盘造型。眼妆采用暗红色晕染，与永生花的色彩相互呼应。整体妆容造型呈现一种浪漫感。

用绿藤缠绕侧垂的编发，将花朵点缀在绿藤上，仿佛一根花藤在自然的发丝中生长。搭配淡雅的妆容，整体妆容造型浪漫且具有妩媚的感觉。

此款造型重点体现在刘海区发丝的层次上。眼妆接近裸色。为了让造型与唇色搭配得更加协调，在绿藤与花朵之间穿插金色的饰品，与唇色相互衬托。

01 在上眼睑位置用亚光白色眼影进行提亮。

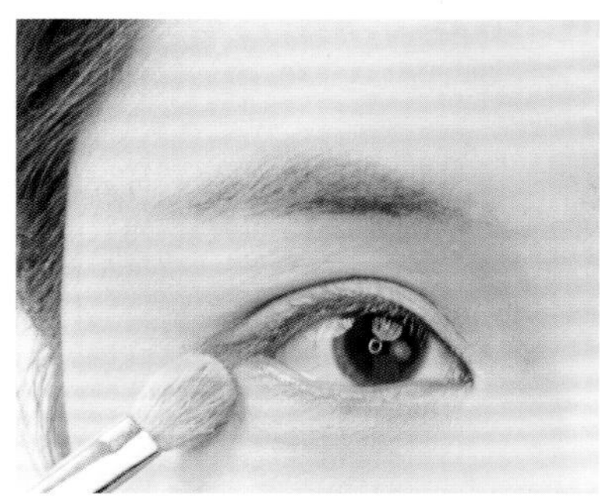

02 在下眼睑位置用亚光白色眼影适当提亮。

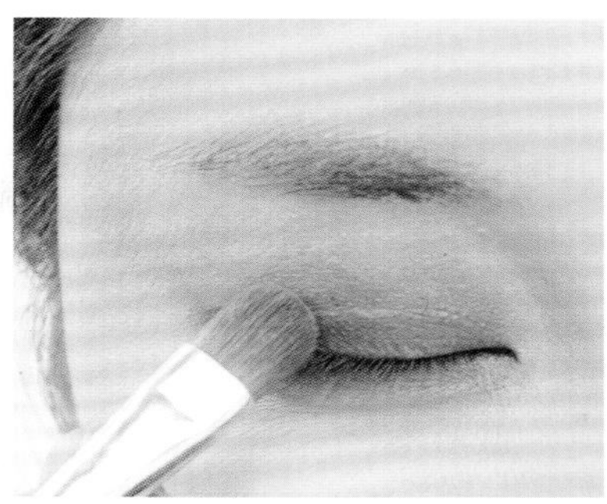

03 在上眼睑位置晕染亚光橘色眼影。

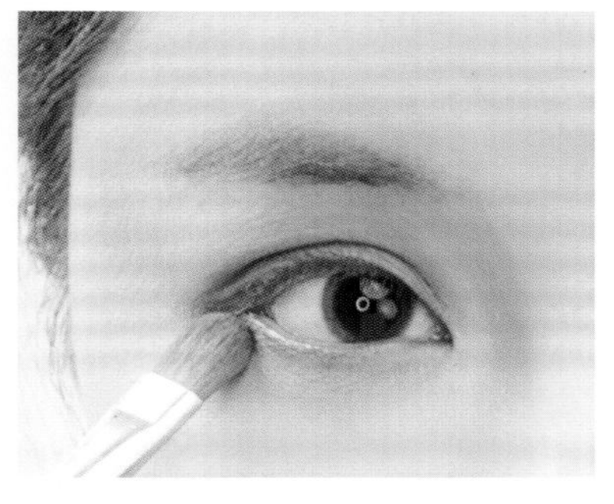

04 在下眼睑位置晕染亚光橘色眼影。

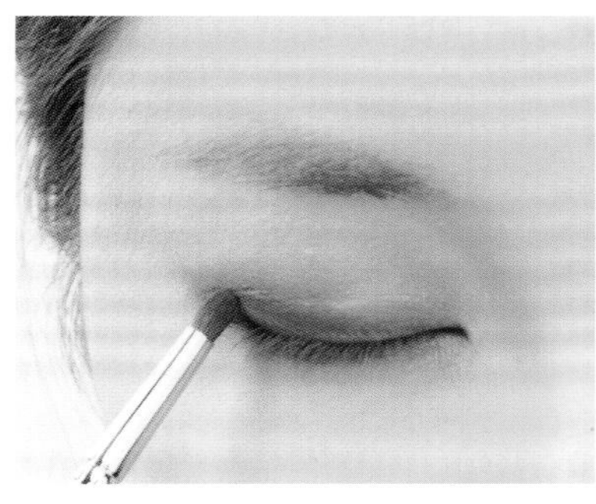

05 在上眼睑位置自睫毛根部向上小面积晕染亚光深咖啡色眼影。

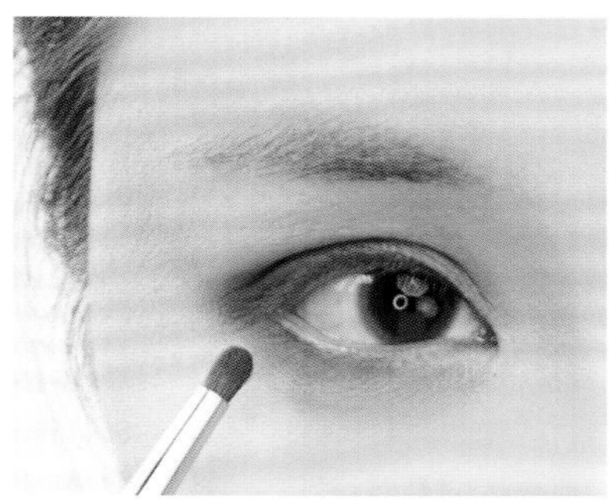

06 在下眼睑后半段加深晕染亚光深咖啡色眼影。

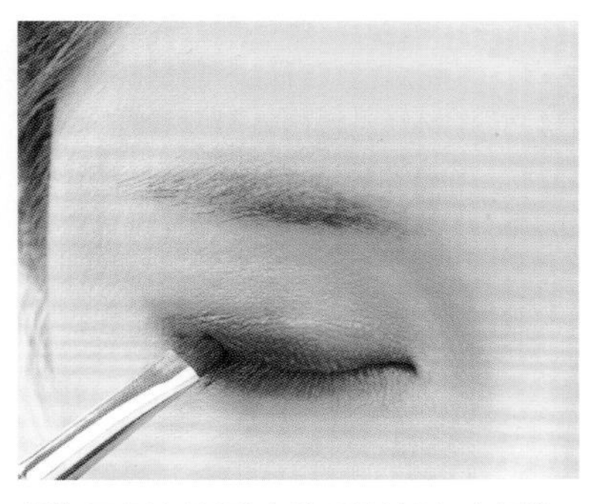

07 用黑色眼影自睫毛根部向上晕染，面积要小于亚光深咖啡色眼影的面积。

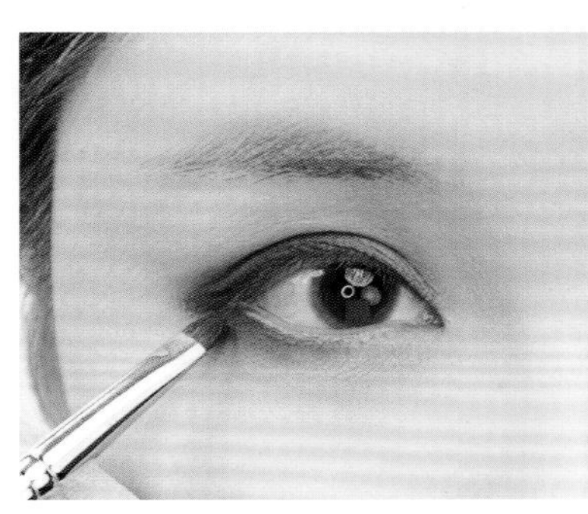

08 在下眼睑后三分之一的位置用黑色眼影加深晕染。

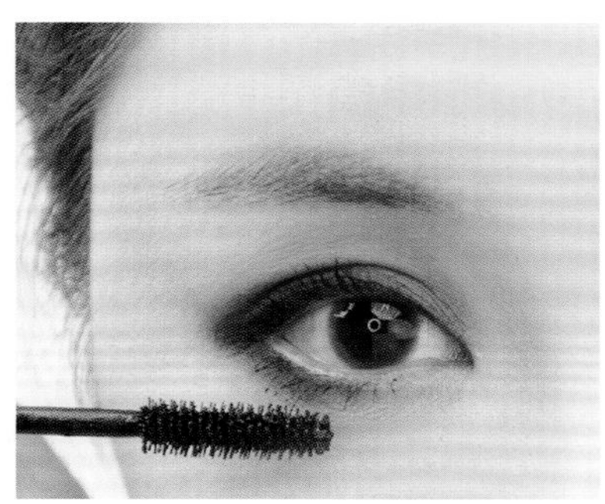

09 夹翘睫毛，用睫毛膏分别涂刷上、下睫毛。

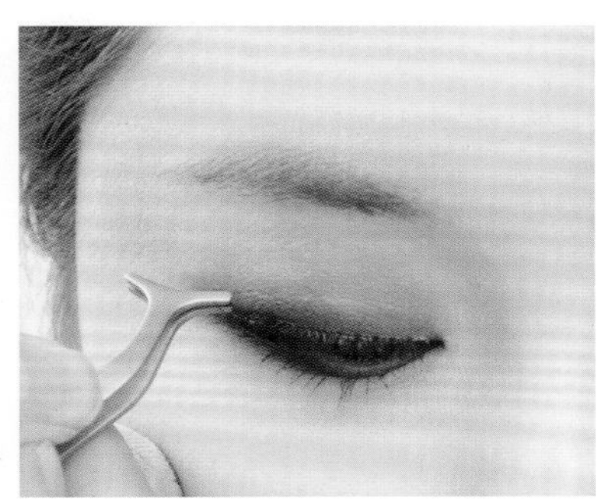

10 在上眼睑真睫毛根部粘贴一条自然型鱼线梗假睫毛。

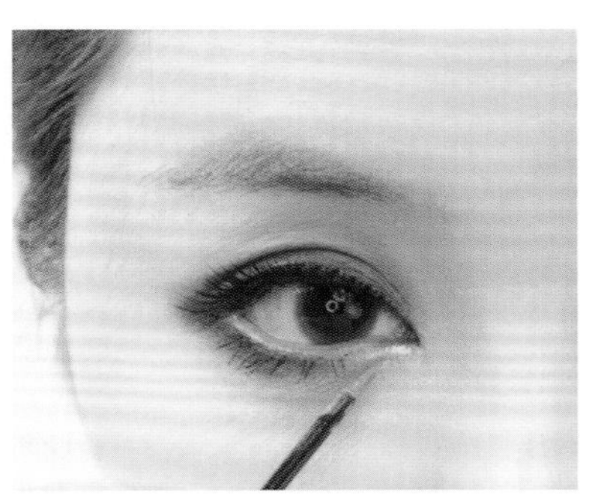

11 在下眼睑靠近内眼角的位置用金色眼线液笔描画。

12 用淡橘色眼影涂刷眼影边缘，使眼影向颞骨方向扩散。

13 在下眼睑位置用淡橘色眼影扩散晕染。

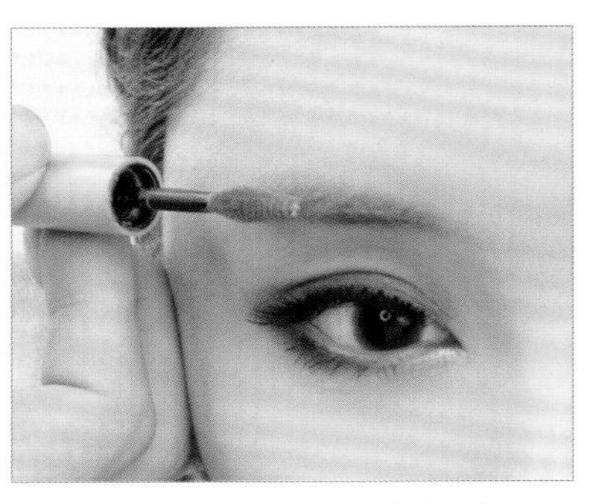

14 用染眉膏涂刷眉毛，减淡眉色。用咖啡色眉粉涂刷眉毛，以确定眉形。

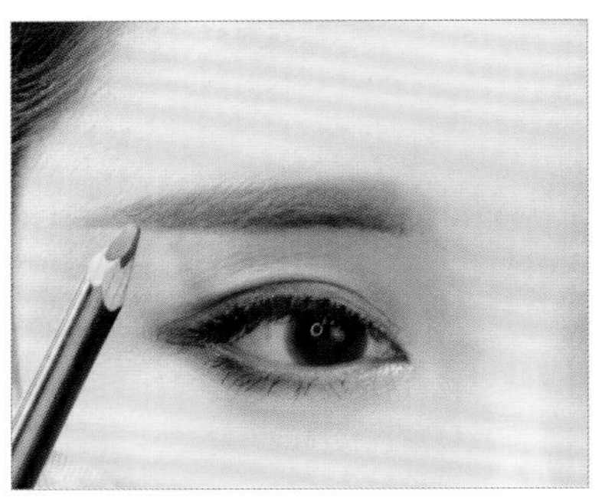

15 用深灰色眉笔对眉形进行局部补充描画，使眉形更加完整、立体。

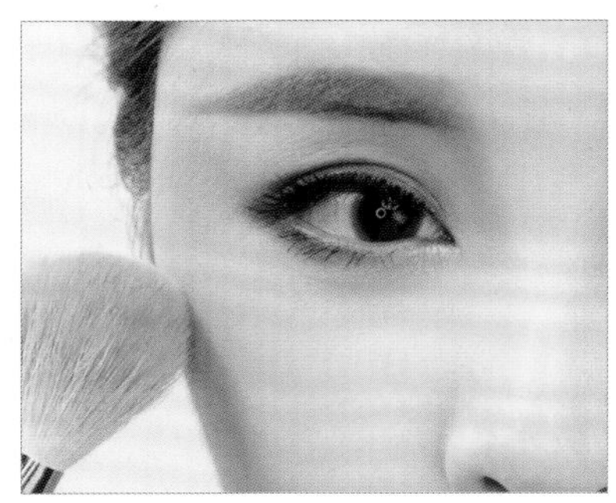

16 淡淡地晕染橘色腮红，调整肤色。

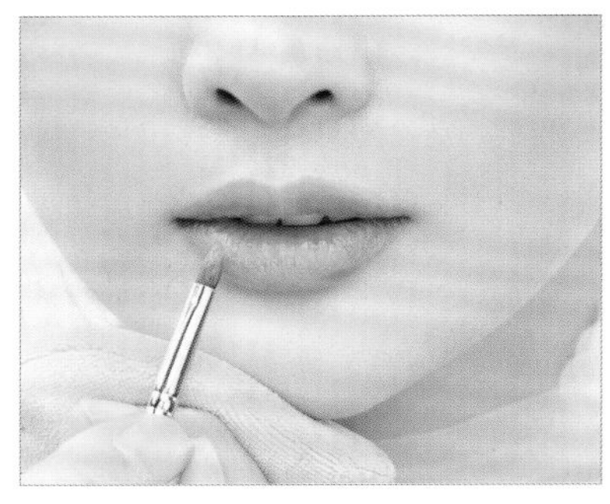

17 涂抹粉嫩色唇膏，调整唇色。

18 用少量橘红色润泽唇膏点缀并涂抹在上下唇内侧位置。

19 将顶区及后发区右侧的部分头发三股交叉。

20 向下进行三带一编发，将后发区右侧的头发编入。

21 在后发区将编好的头发固定。

22 继续在后发区取一片头发，纵向进行三带一编发。

23 将编好的头发适当抽出层次。

24 将发尾打卷，收拢并固定好。

25 将后发区剩余的头发进行两股扭转。

26 将扭转好的头发抽丝，以抽出层次。

27 将抽好层次的头发在后发区左下方固定。

28 将右侧发区的头发进行两股扭转。

29 将扭转好的头发适当抽出层次，在后发区右侧固定。

30 将左侧发区的头发进行两股扭转。

31 将扭转好的头发适当抽出层次，在后发区左侧固定。

32 将刘海区的头发用波纹夹固定。

33 用手将头发摆出弧度，用波纹夹固定。

34 继续将头发摆出弧度并用波纹夹固定。

35 将发尾在右侧发区向下扣卷并固定。

36 将左侧刘海区的头发摆出弧度并固定。

37 继续用波纹夹将摆好的弧度固定，将发尾收起并固定。喷胶定型，待发胶干透后取下波纹夹。

38 在头顶佩戴饰品，装饰造型。

学习要点：此款妆容没有描画眼线，而是利用眼影的色彩过渡来使眼妆显得立体。发型的手法是将编发抽丝和手摆波纹相互结合。饰品的佩戴非常重要，可以弥补发型的缺陷，并且使刘海区的波纹与其他结构之间结合得更加自然。

浪漫感晚礼妆容造型

浪漫感的晚礼妆容造型一般会用来搭配色彩柔和、质感轻盈的晚礼服。服装色彩以柔和的粉色、黄色、蓝色、淡绿色、淡紫色居多，给人一种柔美、清新、飘逸的感觉。

在打造浪漫感晚礼妆容的时候，可以联想大自然鸟语花香的色彩感。在妆容色彩的处理上，可以让眼妆与唇妆的搭配体现色彩的跳跃感。不过不能产生过于夸张的对比效果，要产生柔和的对比效果。整个妆容呈现靓丽柔和的色调，眼妆色彩不宜过重。用睫毛和眼线使眼睛扩大，体现灵气的感觉。

浪漫感的晚礼造型一般会用花朵、蕾丝、羽毛、造型纱等具有柔和感的饰品进行装饰。浪漫感的晚礼造型比较具有层次感。要么是用打卷塑造的层次感，要么是用倒梳发丝塑造的层次感，很少做过于光滑的造型。

下面我们来解析一下浪漫感晚礼妆发常见的表现形式，以便对它有更深层次的了解。通过对一些表现手法的了解，大家可以在处理妆发时找到准确的定位，知道如何塑造特定风格的妆发效果。

此款妆容造型在发型上没有繁复的结构，刘海及侧发区自然的发丝与永生花相互搭配，紫色能更好地体现浪漫情怀。自然的玫红色唇妆使妆容与整体造型协调，又能突出亮点。

刘海区优美的弧度，侧盘的自然发丝，搭配永生花饰品，淡彩的暖色妆容，使整体妆发呈现浪漫的俏皮感。

后垂的编发呈现浪漫的感觉，用网纱和粉色花朵相互结合，使造型更加柔美、浪漫。玫红色唇妆是妆容的重点部位，对造型与服装的协调起到关键的作用。

自然上盘的发型主要通过网纱与花朵装饰，轻发型重装饰。可以搭配自然的暖色妆容，使整体妆容造型呈现浪漫、简洁、唯美的感觉。

偏向一侧的盘发，花朵若隐若现地装饰在自然的发丝中。橘色的唇妆是最抢眼的部位，与服装搭配更显跳跃之感。整体妆容造型呈现浪漫灵动的感觉。

用网纱和花朵搭配自然的编发造型，妆容、发型及服装相互结合，整体呈现清新浪漫的美感。

垂向左侧的发型搭配红色网纱与玫瑰，点缀造型。眼妆用少量玫红色晕染，与唇色呼应，使整体妆容造型更显浪漫温情。

侧盘的翻卷层次发丝用少量的花朵点缀，结合服装的色彩。在妆容上采用重彩的唇妆及妩媚的眼妆处理，使整体妆容造型呈现浪漫优雅的感觉。

后盘的发型通过网纱及花朵的装饰改变了呆板的感觉，饰品成了点睛之笔。有时饰品决定了造型的风格走向，使造型可以呈现出浪漫、简约的美感。妆容采用淡淡的玫红色调的暖色妆感，增加了整体妆容造型的浪漫感。

翻卷的造型层次，右侧发区与后发区左侧的花朵相互呼应，使造型更加饱满，整体感觉更加浪漫。在妆容的处理上，对眼妆进行了重点刻画，使整体妆感在浪漫的同时更加立体。

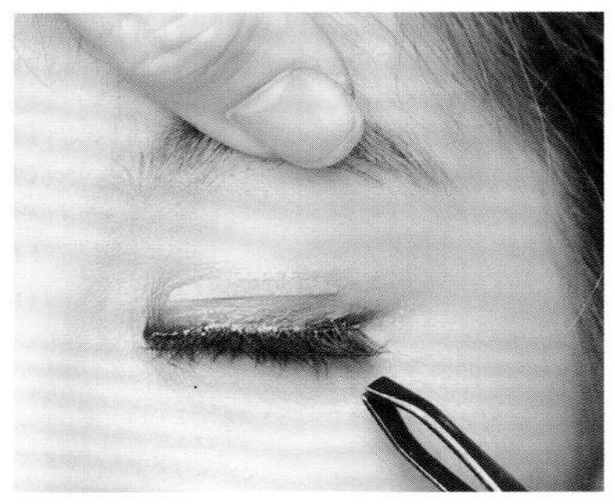

01 在上眼睑位置处理好真睫毛，描画眼线后粘贴假睫毛。

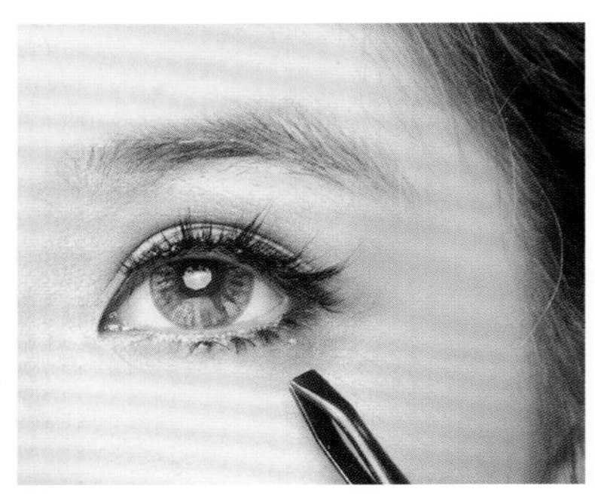

02 在下眼睑位置粘贴几簇假睫毛。

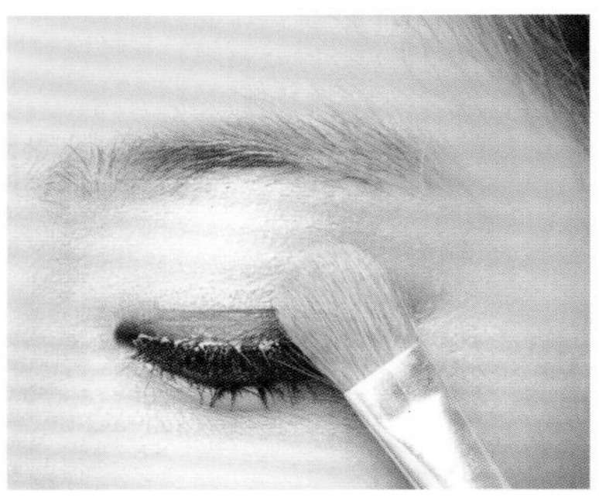

03 在上眼睑位置用珠光白色眼影进行提亮。

04 在下眼睑眼头位置用珠光白色眼影提亮。

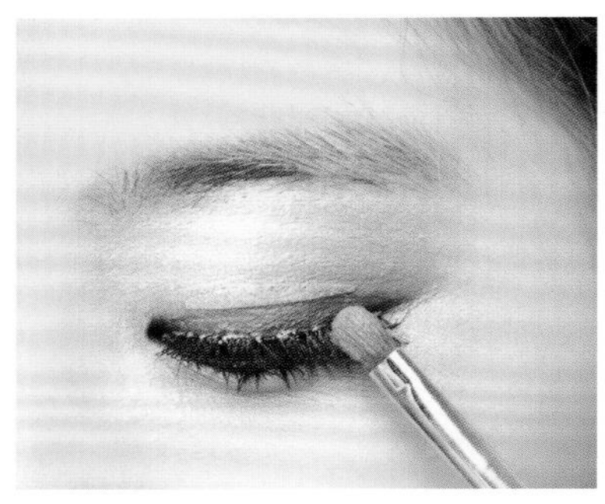

05 在上眼睑后半段晕染棕红色眼影。

06 在下眼睑后半段晕染棕红色眼影。

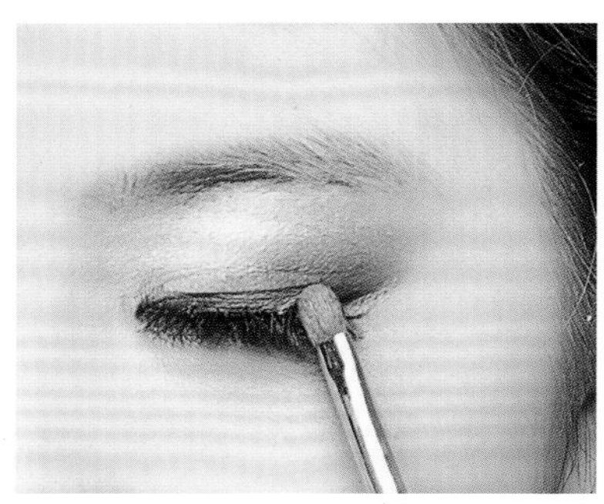

07 在上眼睑位置用咖啡色眼影进行加深晕染。

08 在上眼睑前半段用金色眼影进行晕染。

09 提拉上眼睑的皮肤，用水溶性眼线液笔描画眼线，在眼尾处自然上扬。

10 用水溶性眼线液笔勾画内眼角的眼线。

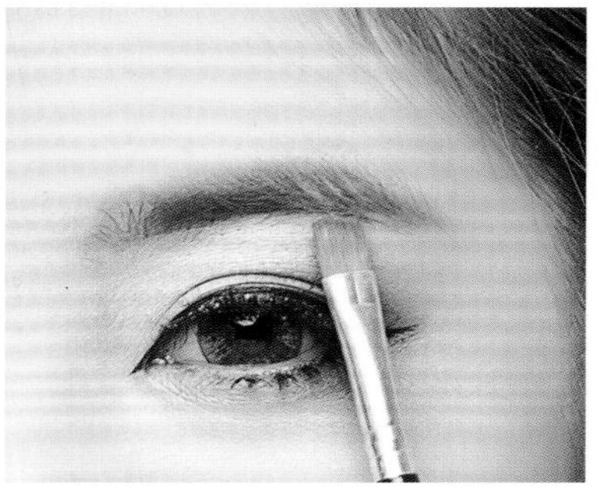

11 用深咖啡色眉粉涂刷眉毛，使眉毛呈现自然的眉形。

12 在唇部涂抹亚光玫红色唇膏，使唇形自然。

13 晕染粉嫩感腮红，使肤色红润，妆容更加立体。

14 将除刘海区以外的真发收拢并固定。

15 将刘海区的头发向上提拉并倒梳。

16 用尖尾梳调整刘海区头发的层次。

17 在头顶固定牛角假发，做支撑。

18 将假发片固定在牛角假发上。

19 在左侧真假发结合的位置佩戴造型花，装饰造型。

20 在右侧真假发结合的位置佩戴造型花，装饰造型。

21 对假发发尾的卷度进行调整并固定。

学习要点：眼妆的晕染重点在上眼睑后半段，眼尾的眼线自然上扬，再加上勾画内眼角的眼线，有效地拉长了眼形。下眼睑假睫毛的粘贴为眼妆增添了柔美浪漫之感。玫红色的唇妆使整体妆容更显唯美浪漫。在真假发衔接的位置用花朵进行装饰，两侧自然垂落的假发使造型呈现柔美自然的感觉。

时尚感晚礼妆容造型

时尚感妆容造型会受到一些流行元素的影响，无法用单一的理论去界定。今天流行的，也许过一年或两年就过时了，所以在解读时尚感的晚礼妆发时，我们要从当下流行的元素出发来了解其风格走向。

时尚感晚礼妆容主要是根据某一时期的流行元素而设计的妆容，假设现在流行的是紫色，那么运用紫色所设计的妆容就可以称为时尚感的妆容。近几年复古风潮当道，演员、歌手出席活动或模特拍摄杂志，很多人都喜欢使用复古的亚光红唇和烟熏眼妆元素，时尚晚礼妆容就是利用了这些元素。而为了更适合新娘，在眉毛和眼妆的搭配上相对是柔和自然的。一般情况下，在处理摄影新娘妆容时，时尚感晚礼妆容会有更多的元素可以运用，如裸色唇妆和较为夸张的眉形、眼妆处理方式等。

时尚感晚礼造型一般搭配时尚感的妆容，时尚感的晚礼造型在结构上相对比较简约，不会过于复杂，而且具有自己的特点。有些比较夸张的造型也可以运用这种风格，前提是新娘可以接受这种造型感觉。在打造时尚感晚礼造型的时候，最好用具有独特设计感的饰品进行点缀，这样能起到画龙点睛的作用。

下面我们对一些时尚感晚礼妆发的表现形式进行具体的介绍。时尚感的妆发可发挥的空间相对较大，一些小创意运用在其中，会呈现更好的效果。但要记住，不管如何发挥，都不能处理得过于怪异，要注意体现人物的美感。

简洁的上翻卷造型搭配红色帽饰，整体妆容造型呈现优雅复古的时尚感。唇色比帽饰和服装的色彩深，这样可以使整体妆容显得不单调。这种感觉的妆发可用于拍摄平面造型或作为结婚当日的装扮。

光滑饱满的盘发、波纹状的刘海与复古红唇、妩媚眼妆相互搭配，用耳饰突出整体的复古中国风。

将卷发盘至一侧垂落，与妩媚的眼线以及红唇搭配，可呈现时尚妩媚的感觉。作为摄影和新娘当日晚礼造型，都能呈现大气时尚的气质。

红色网纱半遮面部，用红色玫瑰点缀，呼应唇妆，整体妆容造型呈现简约时尚的美感。这种妆发造型既可用来拍摄平面造型，也可在结婚当日使用。

上盘而有层次感的造型搭配红唇妆容，整体显得时尚、大气，容易被人接受。这种感觉的妆发可用于摄影，也可作为新娘婚礼当日造型，以及出席活动或者主持晚会的造型。

这是一款自然的盘发，不要将头发盘得过高，可用刘海区的头发塑造造型轮廓。在左侧发区搭配网纱和造型花，以装饰造型，再配合饱满的红唇妆容，整体造型时尚而唯美。这种感觉的妆发造型既可用于摄影，也可在结婚当日使用。

烟熏眼妆搭配复古的红唇，呈现时尚大气的美感，再搭配抓布的造型，更显浓郁的时尚复古情调。这种感觉的妆发比较适合平面拍摄。

妖媚的眼线搭配光滑饱满而紧致的造型，时尚而简约。为了配合金色的晚礼，搭配了色彩沉稳的布艺饰品，使整体造型感觉不俗艳。

高耸复古的刘海造型搭配黑色羽毛和造型纱，妖媚的眼妆，裸色的唇妆，整体妆容造型呈现时尚妖媚的感觉。这种感觉的妆发比较适合平面拍摄。

黑色的妖媚眼妆如猫眼一般，搭配时尚个性的蝴蝶结盘发，整体妆容造型呈现时尚、野性、俏皮的感觉。这种感觉的妆发比较适合平面拍摄。

01 用棕红色眼影在上眼睑偏后的位置进行晕染。

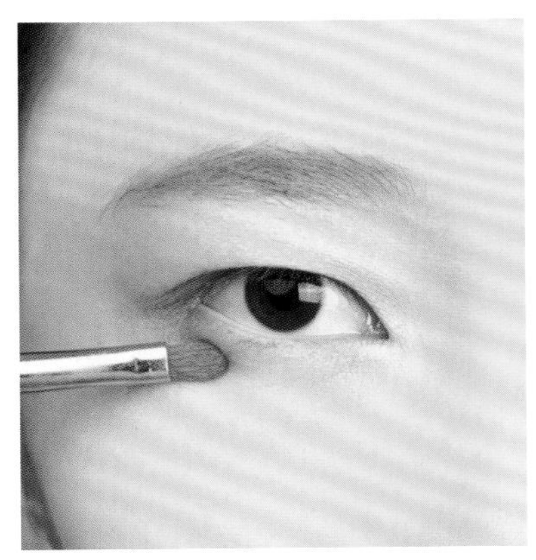
02 用棕红色眼影在下眼睑偏后的位置晕染。

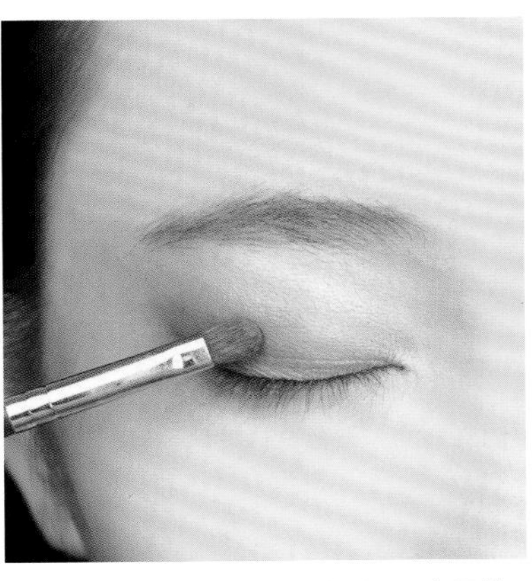
03 用亚光咖啡色眼影在上眼睑晕染，使眼影更有层次感。

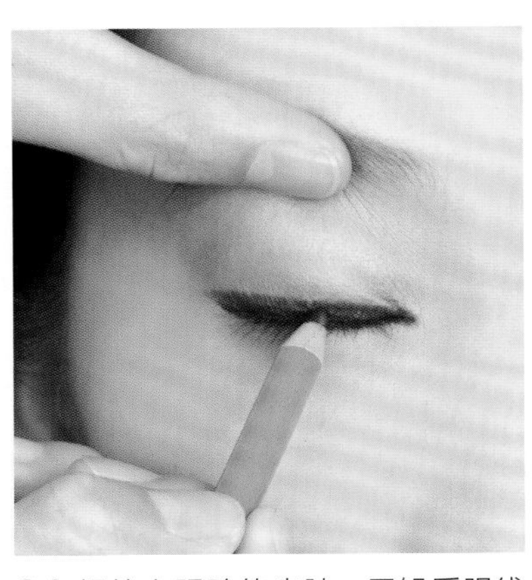
04 提拉上眼睑的皮肤，用铅质眼线笔在上眼睑描画眼线。

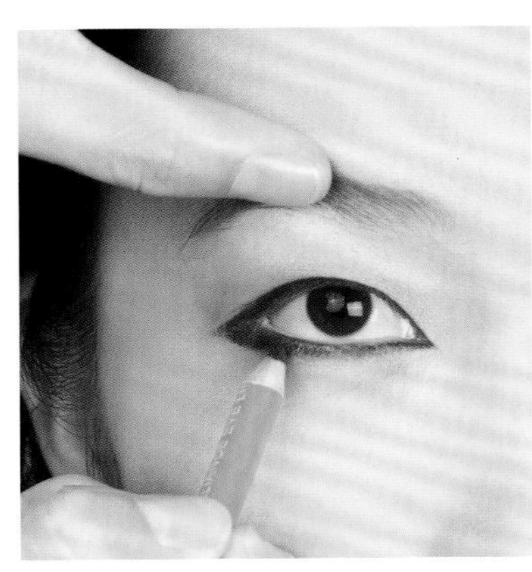
05 用铅质眼线笔在整个下眼睑描画眼线。

06 处理好真睫毛后，在上眼睑睫毛的根部粘贴较为浓密的假睫毛。

07 用腮红刷在颧骨位置自然晕染红润感的腮红，使其与眼影自然衔接。

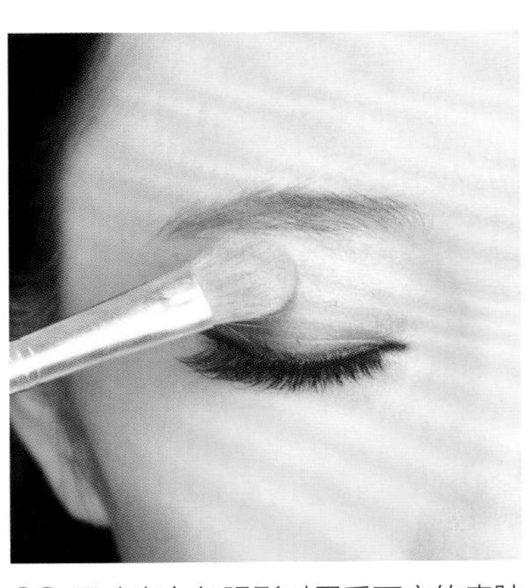
08 用珠光白色眼影对眉毛下方的皮肤进行提亮。

09 用染眉膏涂刷眉毛，使眉色更加自然。

10 用棕色眉笔描画眉形，使其更加自然柔和。

11 用亚光红色唇膏塑造饱满的唇形。

12 用电卷棒将头发进行烫卷。

13 将烫好的发卷用气垫梳梳开，使其更加蓬松自然。

14 将所有头发梳理至右侧。

15 将头发处理出弧度，用波纹夹固定。

16 用干胶对头发进行喷胶定型。

17 待发胶干透后，取下波纹夹。

18 在头顶佩戴复古皇冠，装饰造型。

学习要点：下眼睑采用了全框式的眼线描画方式，使眼妆显得更加时尚。轮廓饱满的亚光红唇增添了妆容的时尚感。自然垂向一侧且有波纹弧度的卷发使造型具有简约大气的时尚感。

可爱感晚礼妆容造型

可爱感的晚礼妆容造型适合具有小女生气质的女性，如果本身过于成熟，塑造可爱感的妆容造型就会让人觉得非常奇怪。可爱感晚礼在服装上基本都会选择淡雅柔和的色彩，可以想象一下，如果用黑色或者暗红色的服装搭配可爱的妆容造型会是多么突兀。有时不是妆容有问题，不是造型有问题，也不是服装有问题，是整体的搭配出现了问题，所以一定要非常注意整体的搭配。

这种妆容给人柔和感。眼睛是心灵的窗户，所以妆容是否可爱，眼妆起到了至关重要的作用，夸张的眼影、上扬的眼线以及浓黑的眉毛都不会给人可爱的心理感受，要避免使用这些元素。

可爱晚礼的妆容一般是将眉毛处理得相对比较平缓自然。在眼妆中，眼尾眼线自然，不能上扬，用假睫毛将眼睛的弧度修饰得圆一些，对睫毛要做比较细节性的刻画。妆容的色彩靓丽，大地色、橘色、金色、粉色、黄色、浅绿色、暖紫色、淡蓝色都可以作为可爱晚礼的妆容色彩使用。

可爱感的晚礼造型一般会搭配花朵蕾丝、造型纱等柔和的饰品，一些小巧精致的饰品更容易给人可爱的视觉感受，如蝴蝶结饰品等。可爱感晚礼造型比较具有层次感，一些短发造型及假发的运用也能给人带来可爱的感觉。在这种妆容造型中，一般不会把头发盘得很高，两侧低盘的造型比较容易塑造可爱感。不容忽视的是饰品所起到的作用，在选择饰品之前要先分析它的风格定位。

以下是我们对可爱感晚礼妆容造型的一些表现形式做的具体分析，目的是让大家更明确可爱感妆发的风格。在实际操作中要注意对每一个细节的把握，将细节处理到位，妆容造型的整体感自然会协调。

有层次的齐刘海和两侧垂落的卷曲发丝增加了造型的可爱感。简洁的造型搭配可爱感十足的淡雅妆容，整体呈现柔美的感觉。

上盘且偏向一侧的层次感造型用花朵和丝带装饰，更具有可爱感。丝带处理成类似蝴蝶结的效果，体现了小女生的俏皮感。

自然的妆容凸显眼妆的可爱灵动，用发带和花朵装饰后垂的自然卷发造型，使整体妆容造型显现出可爱唯美的气质。

向上收紧并盘起的有层次感的卷发造型搭配花朵样式的发饰，再配合可爱感的妆容，展现了小女人的可爱、温婉。

自然向上盘起的发丝层次分明，两侧垂落的卷曲发丝使造型更加柔美。妆容质感粉嫩，突出眼妆的可爱。整体妆容造型展现可爱、浪漫的感觉。

刘海区饱满的下扣卷，后发区两侧自然盘起的头发，搭配粉色珍珠发卡，再加上粉嫩的妆容质感，整体妆容造型在表现可爱的同时又具有端庄的感觉。

01 在上眼睑位置粘贴美目贴，增加双眼皮宽度。

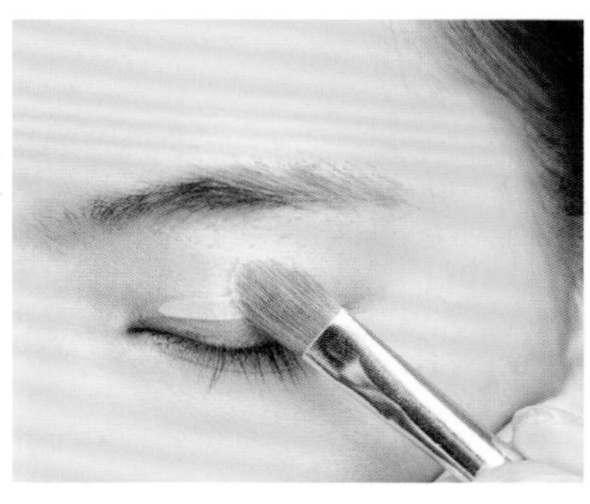

02 在上眼睑位置用珠光白色眼影进行提亮。

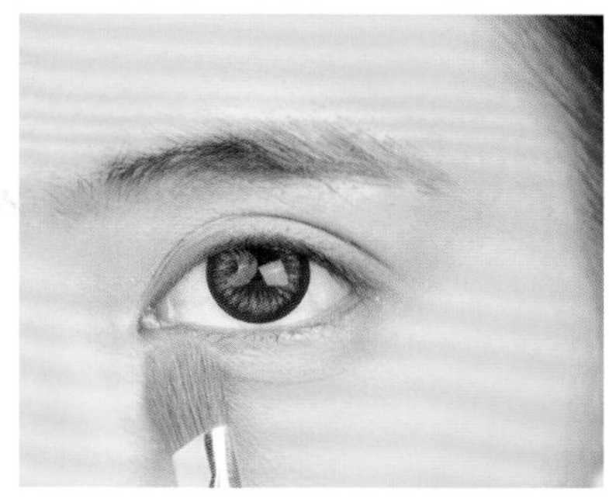

03 在下眼睑眼头的位置用珠光白色眼影提亮。

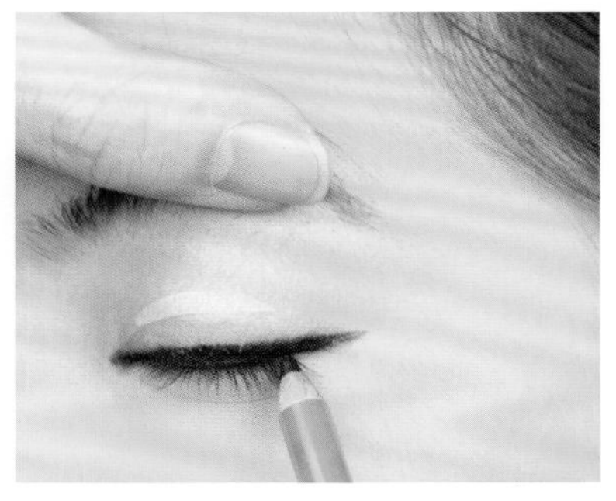

04 提拉上眼睑的皮肤，用铅质眼线笔描画眼线。

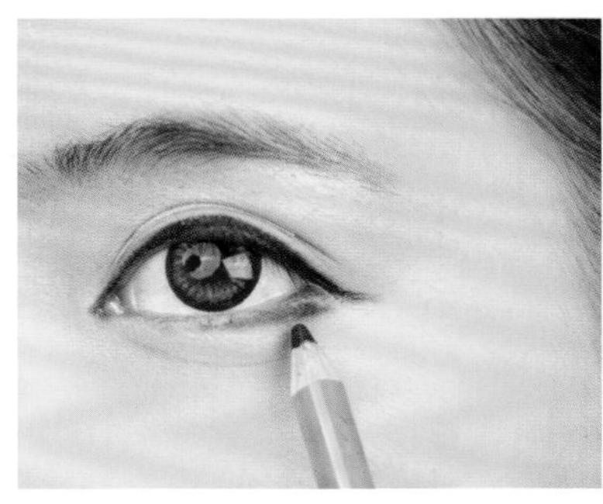

05 在下眼睑后半段用铅质眼线笔描画眼线。

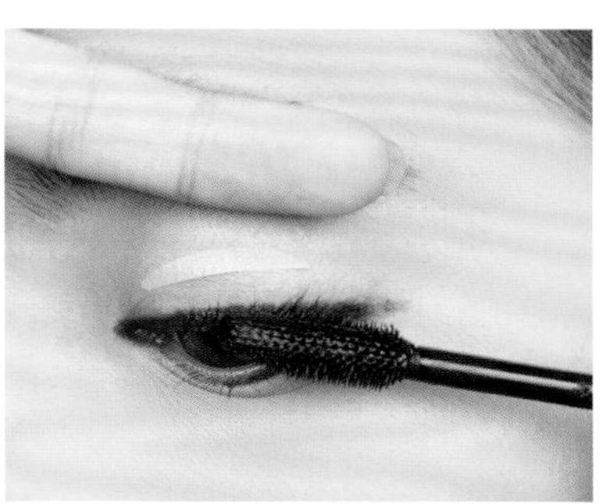

06 用睫毛夹夹翘睫毛后，用睫毛膏将睫毛涂刷得卷翘自然。

07 在上眼睑睫毛根部粘贴假睫毛。

08 将另外一段睫毛的两边剪掉，将其粘贴在上眼睑中间的位置。

09 在下眼睑位置从后向前一根根地粘贴假睫毛。

10 注意下眼睑的假睫毛越靠近内眼角越短。

11 在上眼睑位置小面积晕染亚光蓝色眼影。

12 在下眼睑位置晕染亚光蓝色眼影。

13 在上眼睑位置用亚光黄色眼影进行晕染。

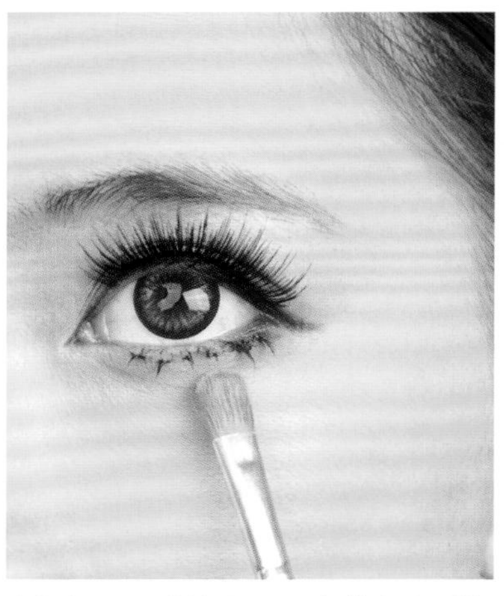

14 在下眼睑位置用亚光黄色眼影与蓝色眼影结合晕染。

15 用棕色眉笔描画眉形。

16 用灰色眉笔描画自然的眉形，使眉毛呈现较为自然粗平的效果。

17 在唇部自然涂抹亚光玫红色唇膏。

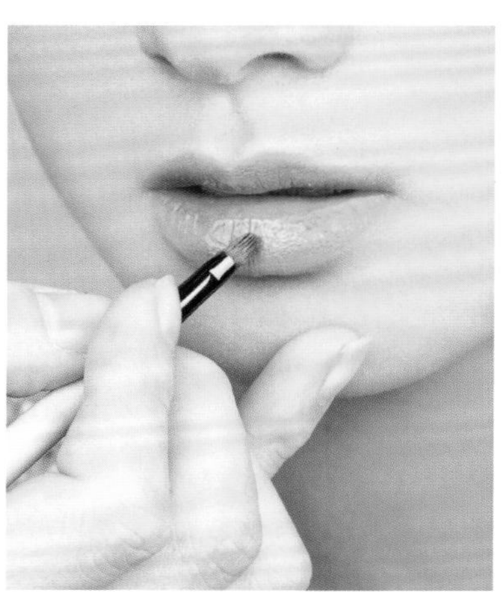

18 在唇部适当涂抹透明唇彩。

19 斜向自然晕染偏棕色腮红。

20 淡淡晕染粉嫩色腮红，以柔和腮红的色彩。

21 将左侧发区的头发分片向上提拉，扭转并固定。

22 将固定好后剩余的发尾向前打卷并固定。

23 从后发区取一片头发，向左侧发区打卷并固定。

24 将后发区的头发向上打卷。

25 将打好的发卷在后发区左侧固定。

26 将顶区的头发向左侧发区打卷并固定。

27 将刘海区的一部分头发打卷并固定。

28 将刘海区剩余的头发打卷并固定。

29 将刘海区打卷剩余的头发在右下方打卷并固定。

30 将右侧发区的头发在右侧打卷并固定。

31 在左侧发区佩戴造型花，装饰造型。

32 在刘海区及右侧发区佩戴造型花，装饰造型。

学习要点：在眼妆的处理上，不管是对美目贴的运用还是在眼线、睫毛以及眼影的处理上，都是为了塑造眼睛大而圆的可爱生动感。注意千万不要把眼形拉得过长。在造型的处理上，运用了两侧打卷的手法，将花朵点缀在其中，以增添可爱柔美的感觉。

优雅感晚礼妆容造型

优雅感晚礼妆容造型所呈现的感觉是沉稳的、内敛的，不会过于张扬。一般优雅感晚礼造型会搭配亮缎面、仿真丝面料的晚礼服，在色彩上也相对沉稳，暗红色、宝蓝色、墨绿色、黑色等色彩比较多见，不会选择饱和度过高、过于活跃的色彩。服装的设计感也比较简洁大气。

优雅感晚礼妆容的标志性特点是对眼线的处理。一般眼线会拉长眼睛的形状，在眼尾上扬。常见的是采用深浅色结合的方式，用浅色大面积晕染，用深色作为局部色彩加深。例如，浅紫（珠光紫）与深紫（亚光紫）、黄色与墨绿色、金棕色与亚光咖啡色的搭配都可以。唇色一般是自然红润的。一般优雅感的妆容都会使用饱和度较低的色彩，很少选择饱和度高的色彩来搭配妆容。有时亚光的红唇也用来搭配优雅感的妆容。

优雅感晚礼造型一般处理得比较光滑干净，以打卷和包发的造型比较多见，也有的会利用编发与包发手法相互结合或利用编发手法来完成。总之不管运用哪种手法，优雅感晚礼造型呈现的感觉是端庄的。搭配的饰品一般有水钻类、布艺类、礼帽等。

以下是我们对优雅感晚礼妆发所做的具体介绍，当然这不能代表所有的优雅感晚礼妆发的表现形式。这里希望通过对具体妆发造型的分析，增加大家对优雅感晚礼妆发的了解，对实际运用起到很好的引导作用。

偏向一侧的造型，头发形成一个优美的弧度，对脸形形成修饰。搭配黑色礼帽，用网纱对眼部进行部分遮挡，造型简约而优雅。亚光红唇与复古的眼妆增强了优雅时尚感。

布艺与金属饰品都比较容易塑造优雅的感觉，干净的上盘发搭配墨绿色复古布艺玫瑰，造型简约而优雅。简洁的眼妆与红唇使优雅且时尚的感觉尽现。

刘海区优美的翻卷弧度，偏向一侧的盘发造型，是优雅发型常用的表现形式。整体妆容造型优雅大气、端庄沉稳。

红色礼帽上的黑色网纱轻遮面部，塑造优雅妩媚的感觉。妆容造型与服装采用经典的黑红搭配，呈现优雅大气的美感。

用金色饰品衔接并修饰面部两侧优美圆润的发型弧度，整体造型优雅大气、简约时尚。在妆容的处理上，用眼线及眼影将眼形拉长，同时要避免眼尾的眼线上扬，以使妆容优雅而不妖媚。

刘海区翻卷的弧度优雅自然，搭配礼帽饰品与低饱和度的妆容，整体妆容造型呈现复古且优雅的美感。

01 在上眼睑位置涂抹珠光白色眼影，进行提亮。

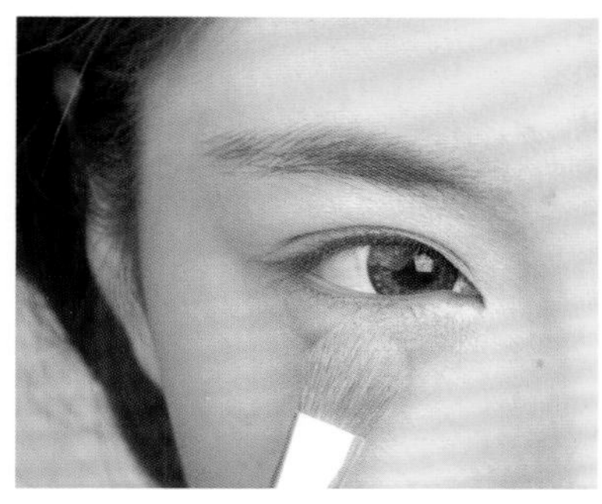

02 在下眼睑位置用珠光白色眼影进行提亮。

03 提拉上眼睑皮肤，在上眼睑睫毛根部用铅质眼线笔描画眼线。

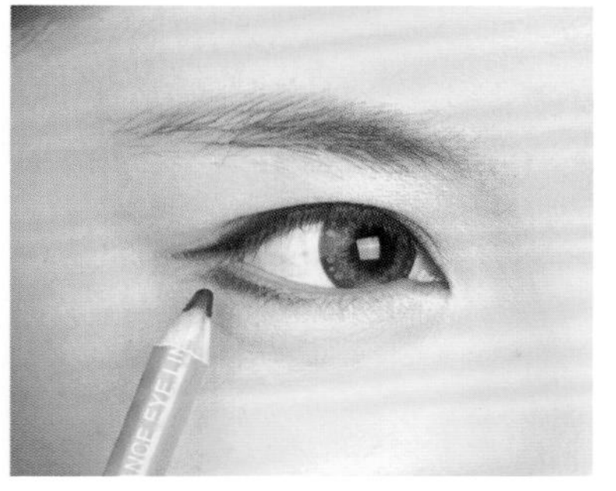

04 在下眼睑后半段描画眼线。

05 用小号眼影刷将上眼线晕染开。

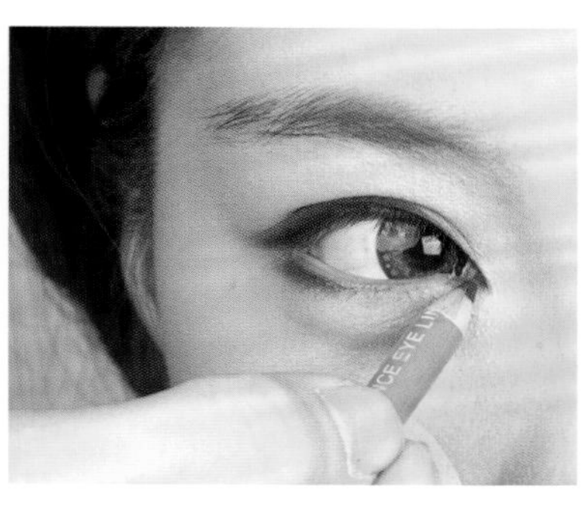

06 描画眼头位置的眼线，拉长眼形。注意眼线不要画得过于明显。

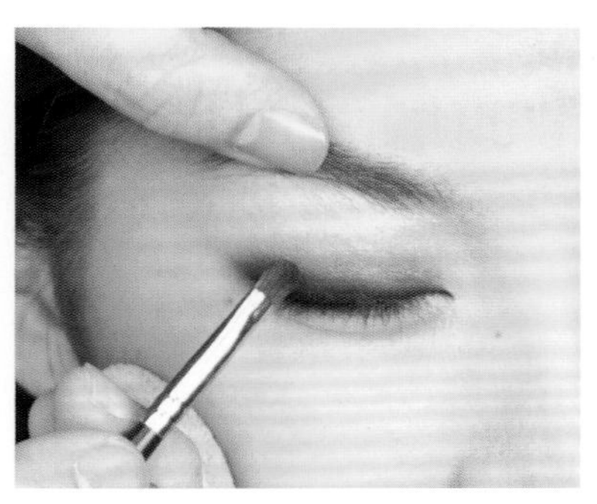

07 在上眼睑小面积晕染咖啡色眼影后，将灰紫色眼影在上眼睑后半段加深晕染。

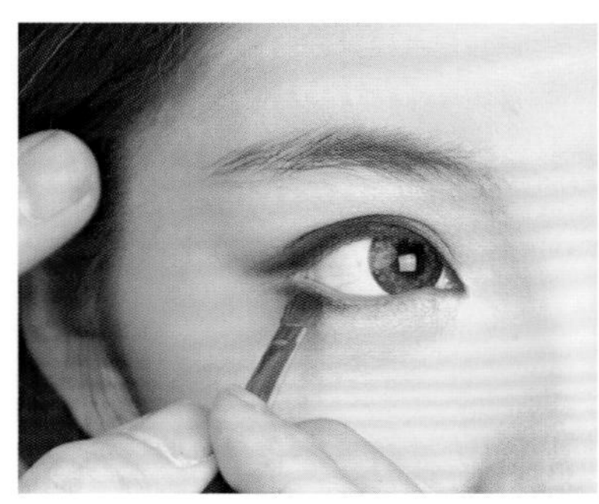

08 在下眼睑用灰紫色眼影晕染。

09 在上眼睑咖啡色眼影边缘用少量珠光灰色眼影进行晕染。

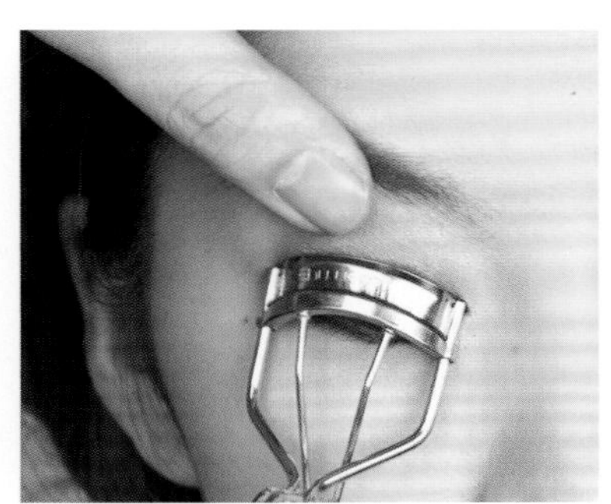

10 提拉上眼睑皮肤，将上睫毛夹翘。

11 用睫毛膏涂刷上下睫毛，使其更加自然。

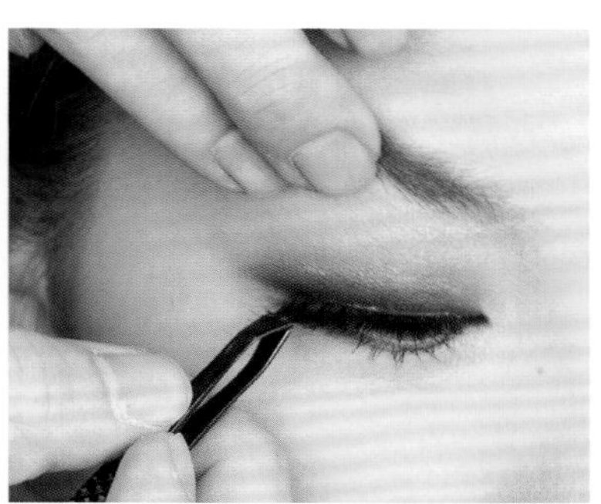

12 在上眼睑位置粘贴一段较为浓密的假睫毛。

13 在上眼睑后半段重点粘贴一段假睫毛，使眼妆更加妩媚。

14 在下眼睑粘贴簇状假睫毛。

15 继续向前粘贴假睫毛，越靠近内眼角，假睫毛越短。

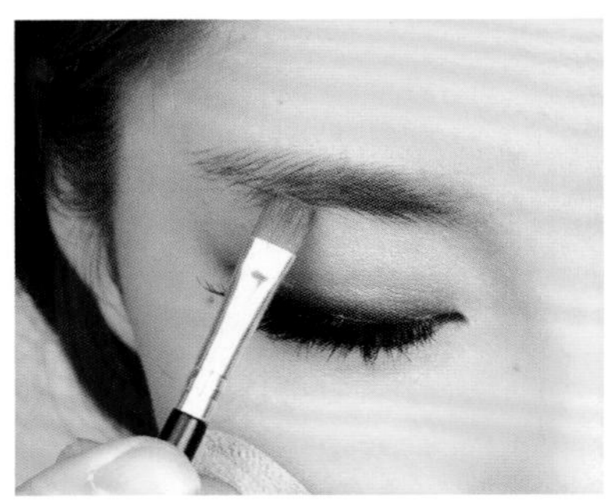

16 用咖啡色眉粉涂刷眉形，使眉形更加清晰。

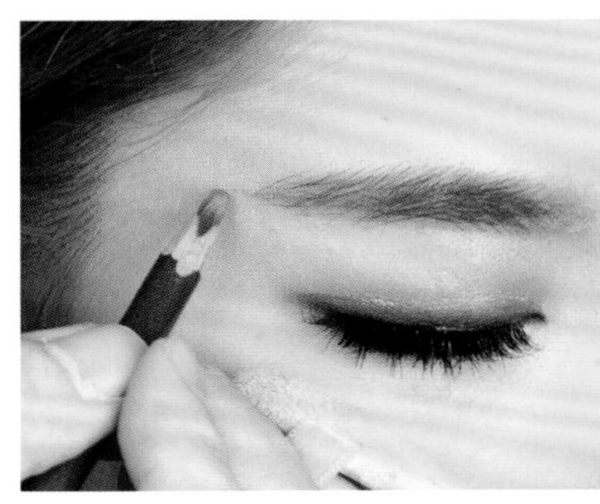

17 用棕色眉笔描画眉毛，使眉形较为平直自然。

18 在唇部涂抹裸棕色唇膏，以调整唇色。

19 在唇部涂抹豆沙色唇膏，以打造自然的唇色。

20 斜向淡淡晕染偏棕色腮红，以提升妆容的立体感。

21 将左侧发区的头发向后扭转并固定。

22 将右侧发区的头发向后扭转并固定。

23 将后发区左侧的头发向右侧打卷并固定。

24 在后发区右侧取一片头发，进行打卷。

25 将打好的发卷在后发区偏右侧固定。

26 从后发区左下方取一片头发，向上提拉，打卷并固定。

27 继续从后发区左下方取头发，向上打卷并固定。

28 将后发区剩余的头发在后发区的下方打卷。

29 将打好的发卷在后发区下方固定。

30 用尖尾梳将刘海向后梳理顺滑。

31 将刘海区的头发用发卡固定。

32 将刘海区的头发在右侧发区调整出弧度并固定。

33 将固定好的头发的发尾在后发区打卷并固定。

34 在波纹处佩戴饰品，装饰造型。

学习要点：眼妆中的睫毛及眼影的处理都增添了妆容的妩媚感。妆容采用了低饱和度的色彩搭配，没有特别抢眼的颜色，这样可以使妆容更加自然优雅。造型采用了打卷的手法塑造饱满的轮廓，刘海区头发的手摆波纹弧度使造型呈现更加优雅的感觉。

03 当日新娘妆容造型

当日新娘妆容造型是指在结婚当天为新娘设计的妆容造型，一般分为白纱、晚礼和中式三种。在这一节，我们主要对当日新娘的白纱妆容造型和晚礼妆容造型常见的表现形式做一下具体介绍。

当日新娘白纱、晚礼妆容造型的表现形式

当日新娘端庄华美白纱妆容造型

这种当日新娘妆容造型一般会将妆容处理得比较淡雅自然。在发型的处理上会以对称的下盘造型为主。饰品的佩戴也比较端正，一般会佩戴华美的皇冠饰品。

当日新娘简约气质白纱妆容造型

这种妆容造型在妆容的处理上以淡色为主，不会做过多修饰。在发型的处理上将头发自然散落，不会做过于复杂的盘发造型。饰品的佩戴也是以精致为主，不要佩戴质感太硬的饰品。

当日新娘浪漫唯美白纱妆容造型

浪漫唯美的白纱妆容造型一般比较注重眼妆的处理和色彩的表现，玫红色等暖色调的唇妆会给人浪漫的感觉。在发型的处理上不要将头发盘得过于光滑，有一些发丝的垂落会增加轻盈感、浪漫感。后垂的散发或编发比较适合这种感觉的妆型。可以选择纱、花等质感柔和的饰品进行装饰。

当日新娘时尚大气白纱妆容造型

这种妆容造型会借助一些时尚元素，如时尚的红唇、眼线等。但值得注意的是，眼妆和唇妆要有一个重点，不要将整体妆容处理得过于夸张浓艳。发型的处理以简洁偏高贵的盘发为主，可以佩戴皇冠等水钻类饰品。

当日新娘高贵简约白纱妆容造型

这种妆容造型在妆容的处理上要淡雅自然，不要有太多的色彩。造型也要处理得比较简单，一般会将头发处理成上盘发，但不会将盘发处理得过大。可以选择皇冠类饰品，这样整体会比较协调。

当日新娘优雅气质白纱妆容造型

此款妆容造型在妆容的处理上不要选择饱和度过高的色彩。在发型的处理上以比较光滑干净的后盘发为主，佩戴的饰品可以是珍珠类或水钻类的饰品。

当日新娘端庄喜庆晚礼妆容造型

此款妆容造型一般用来搭配红色的晚礼服，发型以较为对称的低盘发为主，佩戴的饰品也相对比较奢华。红唇及大地色系眼妆是这种风格的妆容的常用表现形式。

当日新娘时尚冷艳晚礼妆容造型

该妆容造型一般搭配具有时尚感、设计简约的暗色调晚礼服，一些比较新潮的新娘会选择这类服装。在妆容的处理上会相对重一些。发型以简单的盘发为主，一般不佩戴头饰。

当日新娘性感妩媚晚礼妆容造型

当日新娘性感妩媚晚礼妆容造型会突出唇妆，在眼妆的处理上会拉长眼形，但不会把眼睛画得很大。在发型的处理上以有弧度的侧盘发为主。

当日新娘唯美优雅晚礼妆容造型

当日新娘唯美优雅晚礼妆容造型在妆容上会体现唇妆的轮廓，精致地刻画眼线，但不会大面积晕染眼影。在造型上会处理成比较干净饱满的盘发效果。

当日新娘优雅复古晚礼妆容造型

当日新娘优雅复古晚礼妆容造型一般会搭配具有复古感的红色晚礼服。妆容上会淡化眼妆，用红唇呼应服装。造型上会处理成干净的后盘发效果，造型轮廓比较饱满。

当日新娘灵动美艳晚礼妆容造型

当日新娘灵动美艳晚礼妆容造型在唇妆的处理上会比较具有色彩感并且呈亮泽感。在发型上会处理成偏向一侧的上盘发，具有层次感。

当日新娘甜美可爱晚礼妆容造型

当日新娘甜美可爱晚礼妆容造型会将眼睛画得比较大，妆容色彩也比较淡，一般会搭配粉色等淡色服装。在发型上会处理成饱满而富有层次感的盘发。多选择花朵等具有柔和感的饰品。

婚礼当天的工作内容

婚礼当天的安排会非常紧凑，要留出固定的时间用来化妆造型。一般婚礼当天的化妆造型分为以下几个部分，有些部分因为婚礼当天安排的不同会有所增减。

新娘出门妆

出门妆是新郎来接亲时新娘的妆容造型，也是婚礼当天的第一个妆型。化妆造型师应根据所需要的时间来和新娘沟通，确定开始化妆造型的时间。婚礼化妆造型师的时间观念一定要强，不能按时开始或完成妆容造型将影响整个婚礼的进程，所以化妆造型师一定要做到守时，并保证自己的工作可以按时完成。有些婚礼的化妆造型会赠送伴娘妆及妈妈妆，遇到这种情况的时候，首先要保证新娘的妆容造型可以高质量地准时完成，之后再处理其他人的妆容，并且注意明确主次。伴娘妆的精致程度不能超过新娘妆，新娘是整场婚礼的焦点，妆容要尽量完美细致。根据婚礼形式的不同，有些出门妆的服装选择白纱，而有些会选择秀禾服等中式服装。

新娘迎宾妆

迎宾妆一般情况下与新娘妆是同一个妆容。有些新娘的要求比较高或者时间比较充裕，会要求重新设计一款造型作为迎宾造型。这种妆容可以服装的变化作为改变造型的依据。一般迎宾妆的服装以白纱居多。

新娘典礼妆

新娘典礼妆是指举行婚礼仪式时所使用的妆容造型，大部分婚礼的典礼服装是白纱。

这是整个婚礼流程中最重要的一款妆容造型。整个婚礼的时间比较长，在中间环节留给化妆造型师的时间非常有限。如果前面有出门妆、迎宾妆，那么就要在很短的时间内化好典礼妆。这种妆容对速度的要求比较高，在保证速度的同时，质量也非常关键。头发要固定牢固，头纱要固定结实，发卡要隐藏好，造型要对称，饰品的佩戴位置要合适。如果因为其中的某个细节出现问题而影响了婚礼，就会让结婚仪式出现瑕疵。

新娘敬酒妆

新娘敬酒妆，顾名思义，是新娘在向亲朋好友敬酒的时候搭配敬酒服的妆容造型。敬酒的服装在大部分情况下会选择比较喜庆的晚礼服，所以在妆容造型上要比典礼妆容更显妩媚一些。敬酒环节与典礼环节相比，新娘与宾客的距离会更近，并且没有典礼灯光的照射，所以妆容的细节处理就显得非常重要。粉底的干净程度、睫毛的精致程度等都不容忽视。当然，这些如果在打造第一个妆容的时候就打好了基础，处理起来就会十分简单。另外，如果唇膏色彩比较重的话，最好选择不易脱色、不沾杯的唇膏，以免新娘在敬酒时唇妆脱落，杯子上留有口红印。

新娘送宾妆

新娘送宾妆是指在婚礼结束之后，新娘送客人时搭配相应服装的妆型。旗袍类型的送宾服装比较多见，最常见的是喜庆的红色旗袍，搭配典雅的旗袍造型。在很多婚礼中，这是最后一款妆型。如果因为发型达不到理想的效果，可以选择真假发相互结合的方式。前提是这些材料都已经提前准备好，假发要与真发的发色尽量吻合。运用假发要得到新娘的认可，因为有些新娘不喜欢在婚礼当天的造型上使用假发。

新娘晚宴妆

有些婚礼会安排晚宴，并且也有简短的仪式。如果遇到此类情况，根据我们上面介绍的内容，通过观察服装及现场的情况，酌情考虑处理方法。

新娘中式婚礼妆

有些新人喜欢中国传统的婚礼形式，中式婚礼的形式也有很多，并且不同的婚庆公司会人为地加上一些创意的特色内容。作为化妆师，首先要了解要服务的新人将举办何种形式的中式婚礼，并且要对历史文化有一定的了解。不一定要做到与历史吻合，但是要使新人的整体形象与场景等因素相互融合，使婚礼具有一定的历史韵味。

中国民族众多，人口众多，各地的文化也存在一定的差异。有些地方的婚礼会把特定的饰物装饰在新娘的造型或身体上，如将小巧的金如意固定在造型上，在身上戴很多金饰等。在实际工作中，造型师要根据具体情况加以调整。

上面我们总结的是大部分婚礼中化妆造型师的基本工作内容及需要注意的地方。还有很多没有指出的地方，需要我们在实际工作中揣摩、积累。

试妆注意事项

新娘会在婚礼之前通过试妆选择自己的化妆师。试妆是化妆师被选择的过程，这时化妆师属于被动的角色。那么化妆师应该如何提高成功率呢？

不要通过贬低别人抬高自己

化妆师自我推销是不可少的，这种推销是通过自我介绍，让新娘了解自己的资历和技术水平。因为新娘在试妆时大部分不会只选择一个化妆师，而是会在多次试妆之后选择最适合自己的那个。也许新娘在试妆时会提到其他化妆师，这时切记不要去贬低别人。贬低别人并不会抬高自己在新娘心中的地位，贬低别人本身就是一种对自我的贬低，会让别人对自己的人品产生质疑。

牢记试妆当天确定的妆容造型

试妆当天最终确定的妆容造型，就是婚礼当天的妆容造型。也许当时的记忆比较深刻，但是婚期与试妆之间往往有几个月的时间，而化妆师基本不可能在几个月的时间内只有这一单生意，如果不通过某些方式加以记忆的话，很容易记混或者忘记。最简单的记录方式就是拍下每个妆容造型的各个角度，最好在电脑上创建文件夹，标记好姓名、时间等信息。

重视试妆之前的沟通

在试妆之前，要与新娘进行沟通，有时试妆失败不是因为化妆师的技术问题，而是因为对客户不够了解。因为不了解，所以设计不出新娘喜欢的妆型。在准备试妆之前，要先了解新娘喜欢的造型风格、妆容细节等问题，这样才能让自己设计出来的妆容造型令新娘满意。

把握好与新娘陪同人员的关系

新娘在试妆时一般会带陪同人员一起前往，陪同人员一般是新娘的先生、父母或者姐妹。不管是什么人陪同，都怠慢，因为陪同人员的意见往往会左右新娘的决定。新娘和陪同人员之间一般会有所交流，这种交流不一定是关于妆容造型的，也许是一些关于社会话题的闲聊，这个时候就是加入讨论的一个很好的时机。这种交流会增进彼此的关系，提高试妆的成功率。但是如果双方的聊天内容是关于私人的问题，或者涉及自己不认识的人，千万不要加入讨论，或者妄加评价，这样不但收不到很好的效果，反而会使别人反感。

细致试妆

试妆时要做到足够细致。与婚礼当天相比，试妆更加烦琐，因为在试妆时可能要试多个造型，妆容也会有所改动，以便确定结婚当天使用哪款妆容造型。试妆会比结婚当天用时长。细致的试妆可以提高成功率，同时明确了妆容造型也会为结婚当天节省很多时间，使当天的工作更轻松。

掌握好速度

婚礼当天的时间安排是很紧张的，因此妆容造型的更换不会有太多的时间。在试妆的时候要考虑造型与造型之间的衔接，妆容与妆容之间的色彩关系。一般婚礼当天的换妆时间大概只有十分钟或者几分钟，这其中有时还包括换服装的时间，所以我们在打造第一个造型的时候，就要考虑第二个造型如何在第一个造型的基础上加以变化，以便用最短的时间达到最佳的效果。如果妆容的色彩需要改变的话，一般采用加色的形式，也就是说在上一个妆容上适当添加一些色彩，形成第二个妆容。这些都需要在试妆的时候就考虑并明确的，这样婚礼当天的工作才能顺利地完成。

新娘跟妆师应具备的素养

售货员在将货物卖给客户的时候，都要与客户进行沟通，最终达到成功销售的目的。比较低端的销售形式就是不停地介绍自己的产品有多好，这样的销售形式往往会让客户产生抵触心理，不容易成功。而作为新娘化妆造型师，自身的技能就是一种商品，如果能让新娘去接受、信任自己，就是有力证明。

作为一名专业的化妆造型师，只有技术是不够的，个人形象、语言表达能力、修养都是关键要素。

得体的个人形象

曾经有这样一件事，一个化妆技术不错的化妆师，因为非常不注意自身的形象，被客户要求更换化妆师。客户的意思是她自己都打扮不好自己，我怎么能放心让她为我设计形象呢？这虽然是个例，但不得不说，在当今社会，尤其是服务行业，个人形象是非常重要的。所以如果谈到与新娘的沟通技巧，首先就是注意个人形象，如果第一印象难以被客户接受，何谈继续深入地沟通呢？说到个人形象，关键的问题不是长相的好坏，而是个人穿着及仪态是否得体，是否起到了扬长避短的作用，是否适合自己的形象。

丰富的阅历

化妆造型师对专业知识的掌握是分内的事情，在面对客户的时候不但要让客户信赖你的专业能力，还要通过自己对各方面的知识的了解来迅速地与客户成为朋友，这样才能更好地完成工作，甚至给自己带来更多的人脉。可想而知，完全的买卖关系和朋友关系得到的收获是不一样的，将客户变成朋友，这个免费的宣传员会给你带来更多的收获。要与客户成为朋友，投其所好是最好的方式，有共同感兴趣的话题才更有可能成为朋友。每个人的爱好都不一样，时尚、美容、汽车……我们要做的不是精通，只要有所了解就足够了。这听起来也许很难，网络是一个很好的平台，只要业余时间多关注各类资讯即可。

良好的修养

修养是长时间养成的个人品德与气质，我们要给人诚实可靠、值得信赖的感觉。客户当然不会想更深入地去了解你，她们只需要考虑是否应该把自己的妆容托付于你。婚礼对新娘来说是至关重要的，其被重视程度可想而知，新娘怎么会将其托付于不值得信任的人呢？

能给出指导性建议

化妆造型师对新娘来说是专业的，大部分新娘希望得到化妆造型师的建议，而我们应该做的是给新娘专业的指导性建议。一般新娘试妆都是在婚礼前几个月，我们可以对婚礼前的护肤、形体、头发护理、微整形方法，以及婚纱、婚鞋的选择给出建议。这些看似与自己的工作关系不大，但会让客户对我们更加信赖。

懂得赞美

不可否认，每个人都喜欢听夸奖的话。“忠言逆耳利于行”的道理不适合用在交往不够深入的关系上，所以在试妆时，我们要学会赞美别人。赞美别人要有方法，如果一个人长得本来就很漂亮，那么你去夸她漂亮，在她心中并不会留下比较深的印象，可以从品位、气质等方面侧面夸奖她。如果一个人本身不漂亮，夸她漂亮就会显得很虚伪，不但没有效果，还会被别人认为不够真诚。也许她的身材比较好，眼睛比较漂亮等，可以在这些方面对其进行赞美……做作、夸张、不切实际的夸奖是得不到共鸣的，直白的夸奖又会给人阿谀奉承的感觉，要做到巧妙而适度。

当日新娘华美端庄白纱妆容造型

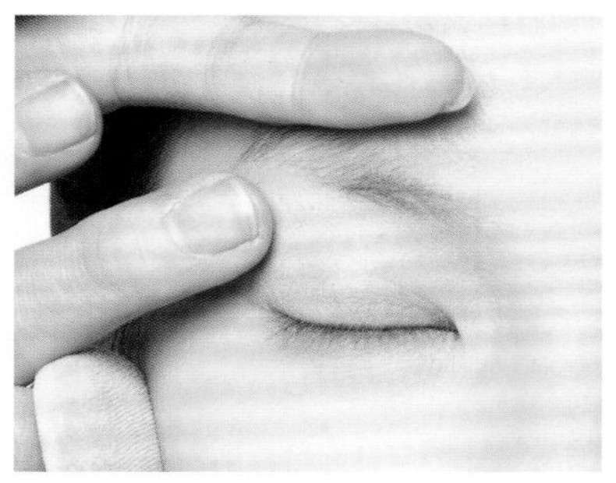

01 在上眼睑位置用珠光白色眼影进行提亮。

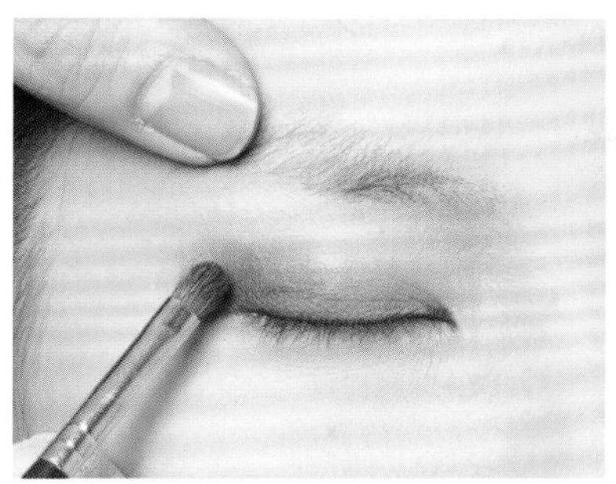

02 在上眼睑晕染金棕色眼影。

03 对眼尾位置重点晕染。

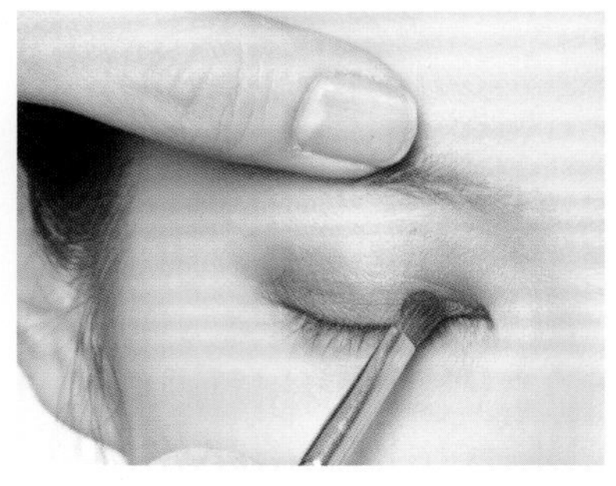

04 在上眼睑眼头位置用金棕色眼影晕染。

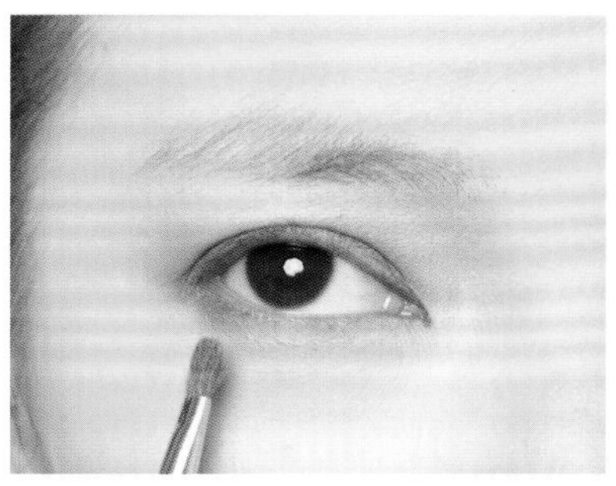

05 在下眼睑靠近眼尾的位置晕染金棕色眼影。

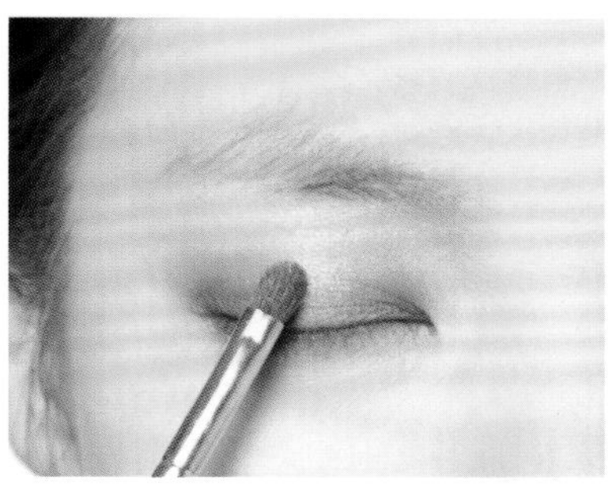

06 在上眼睑中间位置晕染珠光白色眼影，使眼妆更加立体。

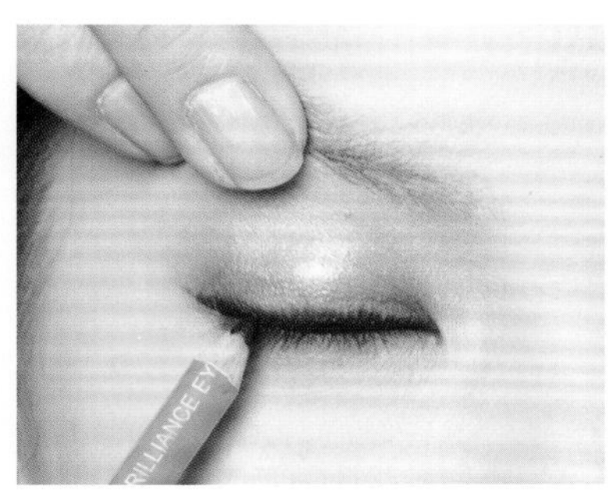

07 提拉上眼睑皮肤，用铅质眼线笔描画眼线。

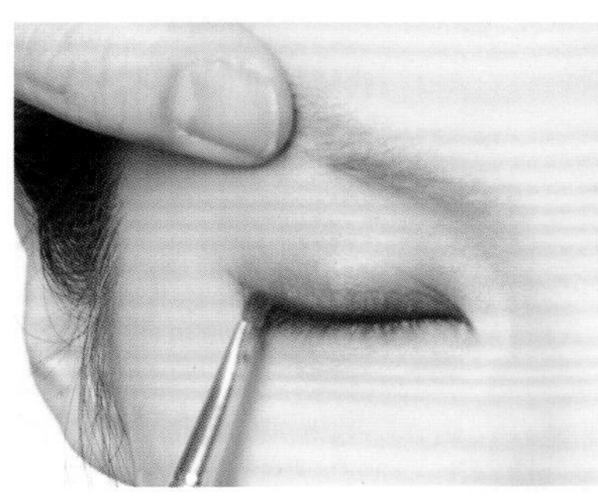

08 用小号眼影刷将眼线晕染开。

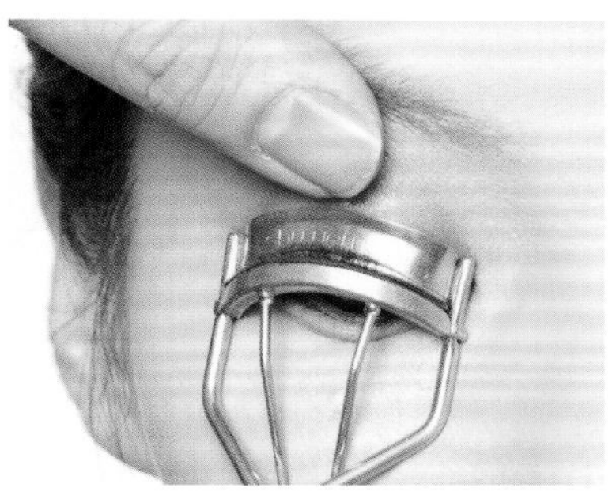

09 提拉上眼睑皮肤，将睫毛夹翘。

10 提拉上眼睑皮肤，涂刷睫毛膏。

11 在上眼睑睫毛根部粘贴较为浓密的假睫毛。

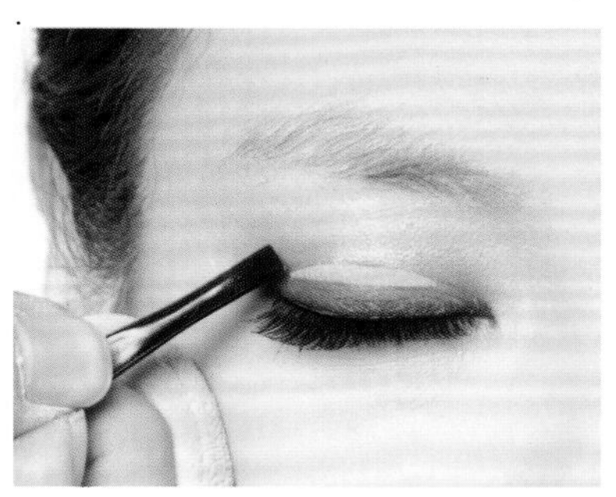

12 粘贴美目贴，加宽双眼皮。

13 在眼尾位置用少量黑色眼影加深晕染。

14 用棕色眉粉涂刷眉毛，确定眉形。

15 用棕色眉笔描画并加深眉毛。

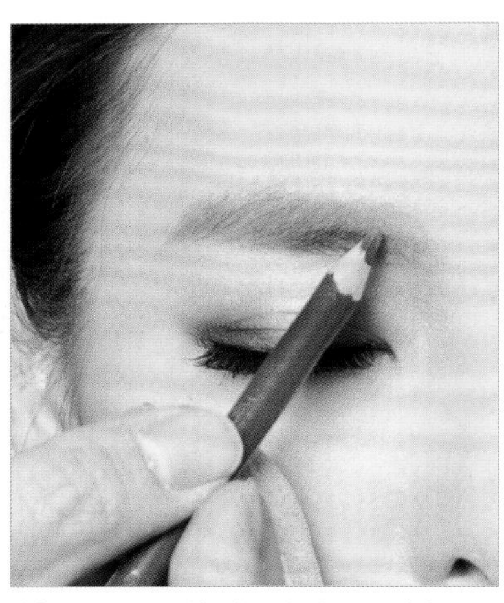

16 用棕色眉笔对眉头位置重点描画，使眉形更加完整自然。

17 在唇部涂刷透明色唇彩，使唇色自然润泽。

18 斜向晕染棕色腮红，提升妆容的立体感。

19 妆容完成后睁眼的效果。

20 妆容完成后向下看的效果。

21 在头顶佩戴皇冠。

22 将左侧发区的头发向后扭转并固定。

23 将右侧发区的头发向后扭转并固定。

24 在后发区右侧取一片头发，继续向上扭转并固定。

25 从后发区右侧取一片头发，向上打卷。

26 将打好的发卷在后发区的右侧固定。

27 在后发区左侧取一片头发，向上打卷。

28 将打好的发卷在后发区的左侧固定。

29 将后发区的部分头发进行三股辫编发。

30 将编好的发辫向后发区左侧打卷并固定。

31 将后发区剩余的头发向后发区右侧打卷。

32 将打好的发卷固定。

33 对后发区的头发进行细节固定，喷胶定型，并取下暴露在外的发卡。

学习要点：在处理此款妆容的时候，注意用色不要过重，妆容应保持一种清透感。在发型的处理上，造型基本对称。发量较多的情况下要用多个发卡固定，喷胶定型后可以取下暴露在外的发卡，然后进行细致的调整，以隐藏发卡。

当日新娘简约气质白纱妆容造型

01 在上眼睑位置用珠光白色眼影进行提亮。

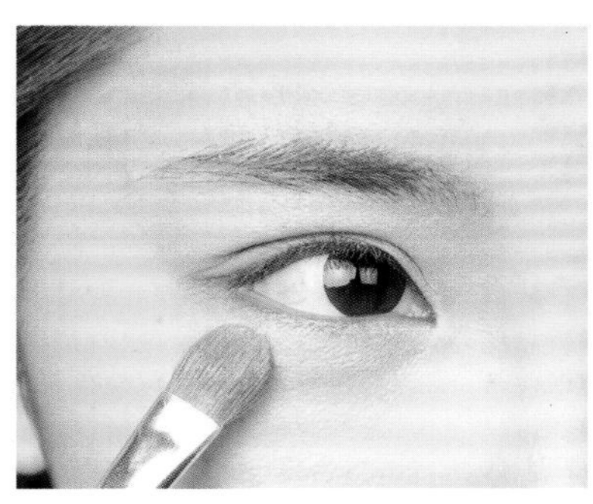

02 在下眼睑位置用珠光白色眼影进行提亮。

03 在上眼睑靠近眼尾处晕染少量灰色眼影。

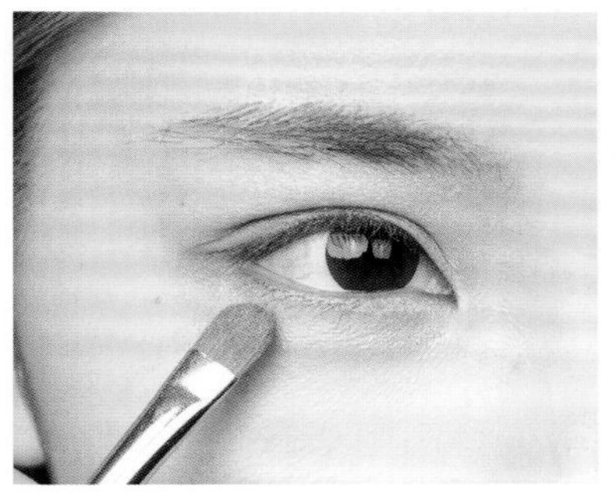

04 在下眼睑晕染灰色眼影。

05 在上眼睑靠近眼尾处用少量紫色眼影加深晕染。

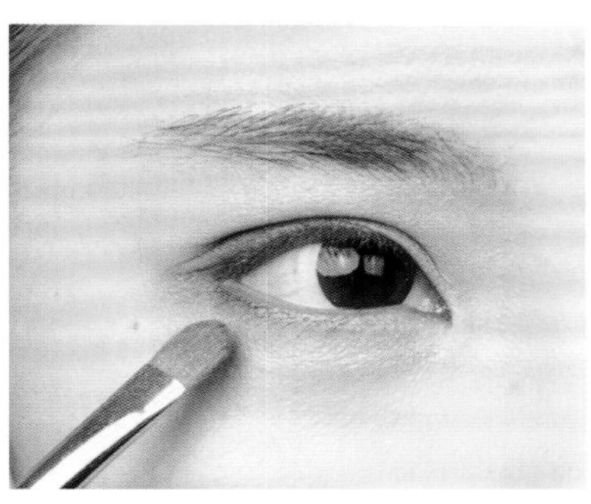

06 在下眼睑用紫色眼影晕染。

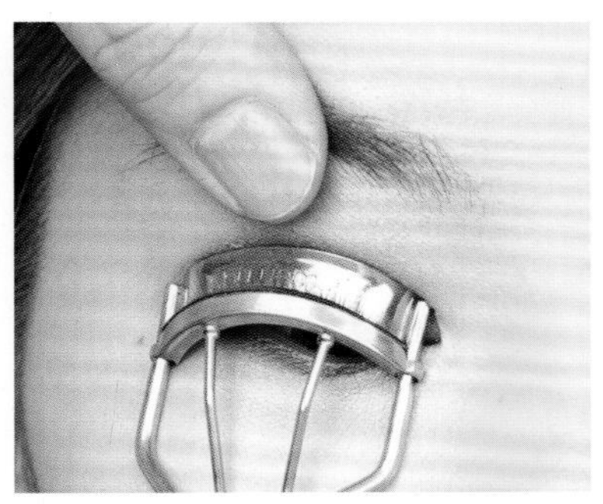

07 提拉上眼睑皮肤，用睫毛夹夹翘睫毛。

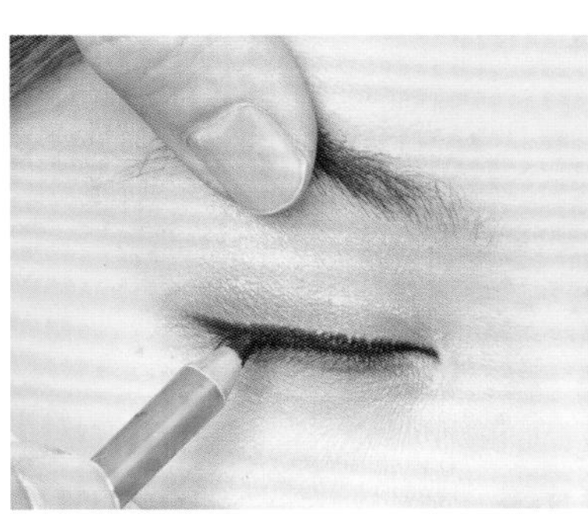

08 提拉上眼睑皮肤，用铅质眼线笔描画眼线。

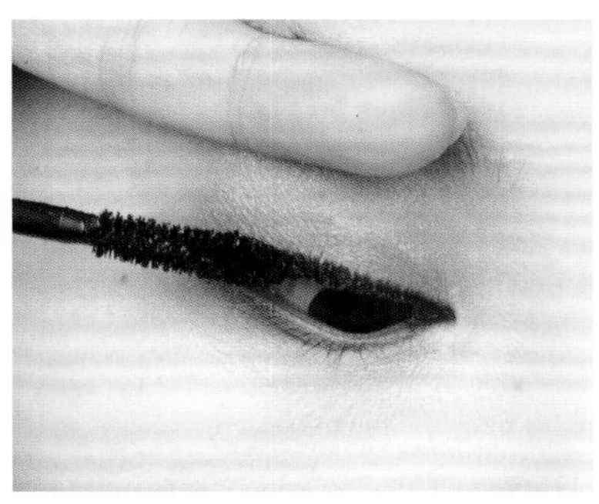

09 提拉上眼睑皮肤，涂刷睫毛膏。

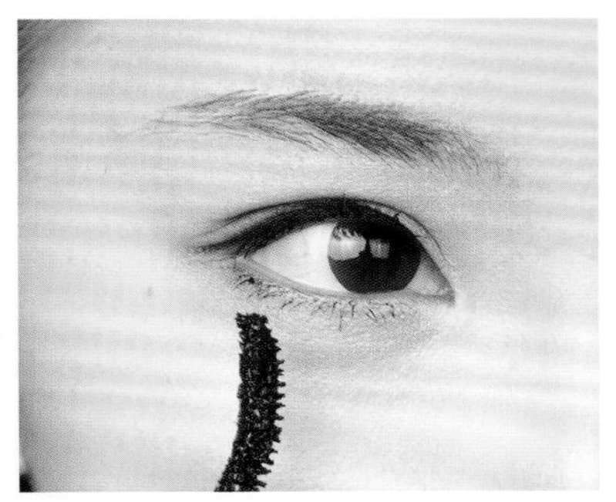

10 涂刷下睫毛。

11 提拉上眼睑皮肤，在睫毛根部粘贴自然款假睫毛。

12 用镊子对假睫毛头尾处轻按加固。

13 用灰色眉笔描画眉形。

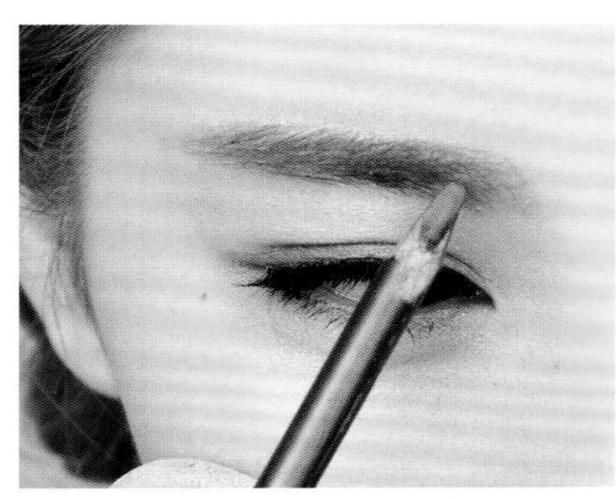

14 用灰色眉笔对眉头进行自然描画。

15 用眉粉刷涂刷眉毛，使眉形更加自然。

16 用粉嫩色唇彩涂刷唇部，使唇色自然红润。

17 斜向晕染粉嫩感腮红，使肤色自然红润。

18 妆容完成后睁眼的效果。

19 妆容完成后向下看的效果。

20 用电卷棒将头发烫卷。

21 用尖尾梳将头发中分。

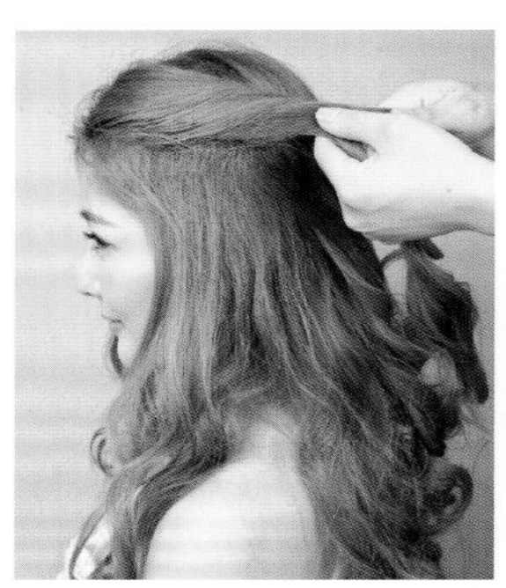

22 从左侧发区取一片头发，进行两股辫续发编发。

23 将头发编至后发区右侧并固定。

24 从右侧发区取一片头发，进行两股辫续发编发。

25 将两侧发区的编发固定在一起。

26 在头顶佩戴饰品，装饰造型。

学习要点： 此款妆容非常淡雅，眼部的灰色眼影起到了冲淡紫色眼影色彩的作用。造型的处理采用自然的散发，适当的编发增加了造型的纹理感。

当日新娘时尚大气白纱妆容造型

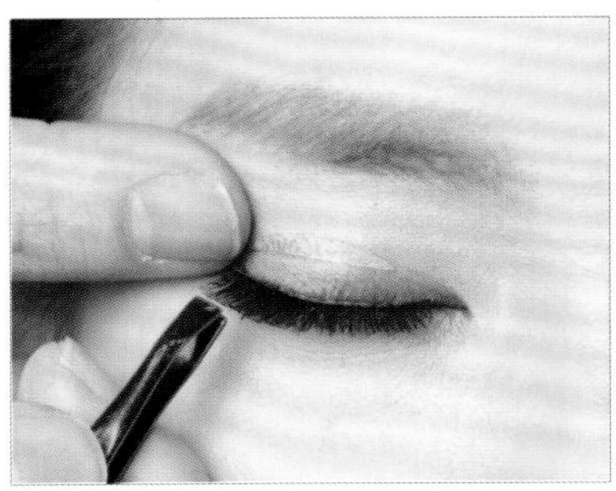

01 粘贴好美目贴，处理好真睫毛后，在上眼睑粘贴较为浓密的假睫毛。

02 用水溶性眼线液笔在上眼睑描画眼线。

03 眼尾眼线呈自然上扬的感觉。

04 用水溶性眼线液笔描画内眼角眼线。

05 在上眼睑眼尾处用黑色眼影加深晕染。

06 将眼影边缘晕染自然。

07 在下眼睑位置用黑色眼影晕染。

08 用棕色眉粉涂刷眉毛，确定眉形。

09 用亚光红色唇膏描画轮廓清晰饱满的唇形。

10 斜向晕染棕色腮红，提升妆容的立体感。

11 妆容完成后睁眼的效果。

12 妆容完成后向下看的效果。

13 用尖尾梳分出顶区的头发。

14 将顶区的头发扎马尾并固定。

15 将马尾中的头发进行三股辫编发。

16 将编好的头发适当抽出层次，盘绕并固定在头顶。

17 在头顶佩戴皇冠。

18 将右侧发区的头发扭转并倒梳。

19 倒梳后使头发具有自然的层次。

20 将倒梳好的头发在后发区固定。

21 将左侧发区的头发倒梳。

22 用尖尾梳调整倒梳后头发的层次。

23 将倒梳好的头发在后发区固定。

24 将后发区的头发倒梳。

25 梳光头发的表面。

26 将梳理光滑的头发向上打卷。

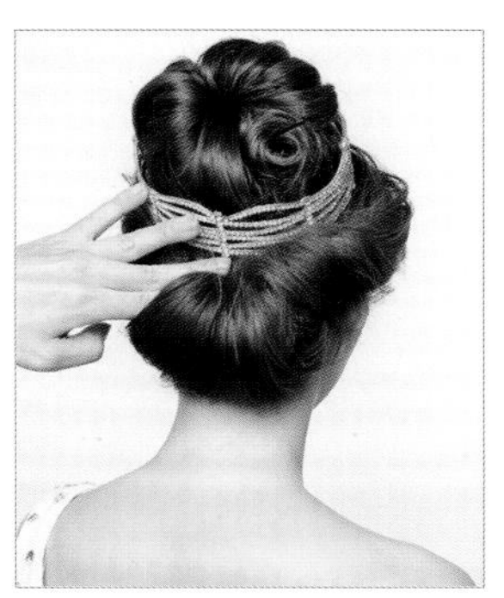

27 将打卷上方收紧并固定。

学习要点：在妆容的处理上突出妩媚时尚的眼线与红唇，眼妆不必用过于明显的眼影处理。此款造型看似简单，但并不是很好处理，操作时注意最后对造型轮廓的调整。

当日新娘浪漫唯美白纱妆容造型

01 在上眼睑位置用珠光白色眼影进行提亮。

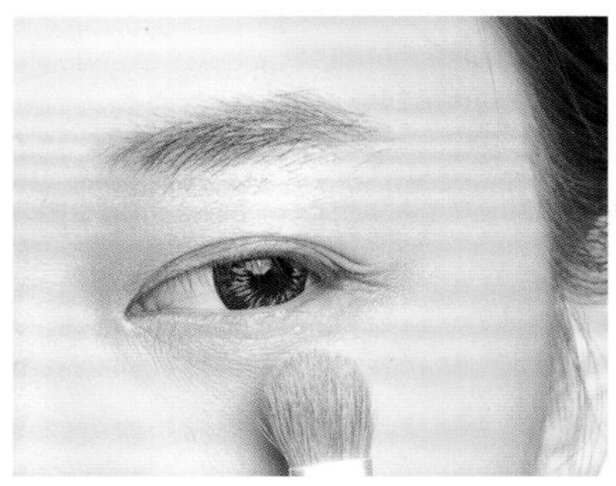

02 在下眼睑位置用珠光白色眼影进行提亮。

03 在上眼睑用金棕色眼影晕染。

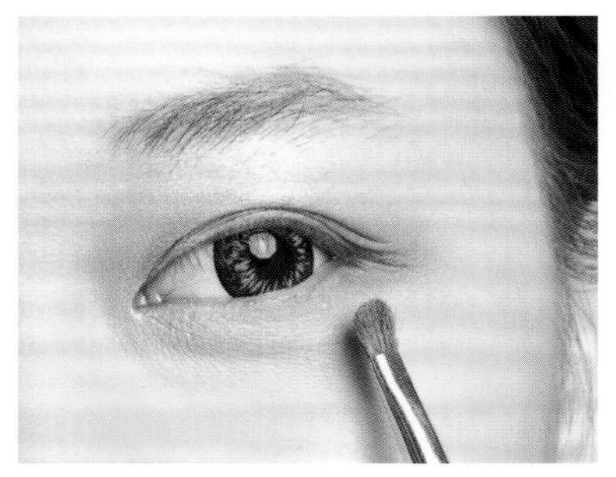

04 在下眼睑晕染金棕色眼影。

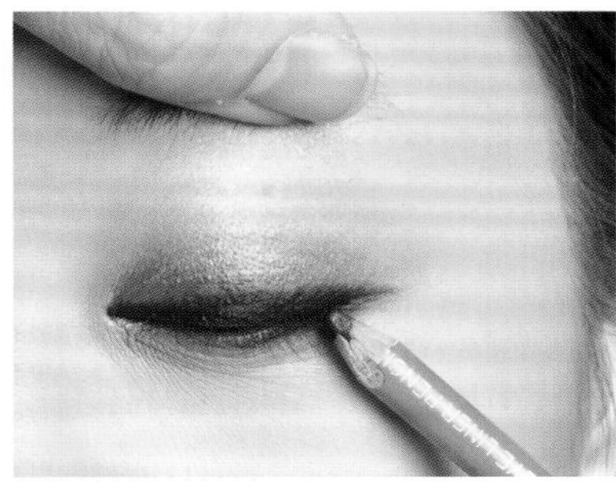

05 提拉上眼睑皮肤，用铅质眼线笔描画眼线。

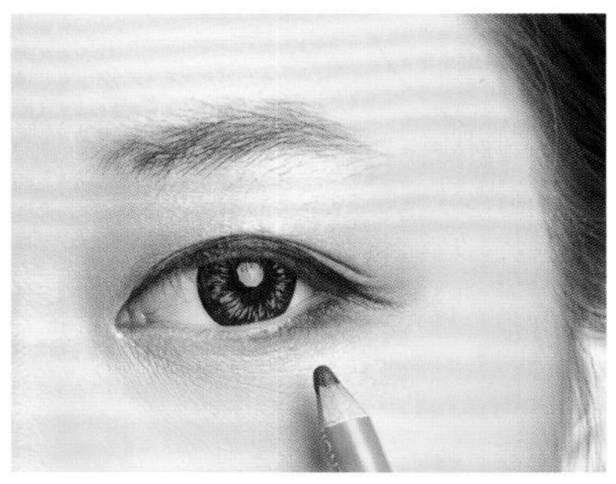

06 在下眼睑位置用铅质眼线笔描画眼线。

07 继续在上眼睑晕染金棕色眼影，将眼线晕染开。

08 在上眼睑粘贴美目贴，加宽双眼皮。

09 在美目贴的位置晕染金棕色眼影，遮盖美目贴。

10 在上眼睑的睫毛根部粘贴前短后长的假睫毛。

11 在下眼睑靠近眼尾位置粘贴一段下假睫毛。

12 继续向前分三段粘贴下假睫毛。

13 在每两段下睫毛中间粘贴一簇下假睫毛。

14 用咖啡色眉笔描画眉毛，使眉形自然，眉色淡雅。

15 在上眼睑晕染金色眼影。

16 在唇部描画玫红色唇膏，使唇形饱满。

17 斜向晕染粉嫩感腮红，使肤色亮泽。

18 妆容完成后睁眼的效果。

19 妆容完成后向下看的效果。

20 在头顶佩戴花环。

21 调整右侧发区发丝的层次。

22 将右侧发区的头发在后发区扭转并固定。

23 将左侧发区的头发在后发区扭转并固定。

24 将右侧发区散落的发丝烫卷。

25 将左侧发区散落的发丝烫卷。

26 在后发区右侧取一片头发，用电卷棒烫卷。

27 继续在后发区取头发，进行烫卷。

28 在后发区左侧取一片头发，进行烫卷。

29 将后发区的头发横向向上烫卷。

30 继续从后发区取头发，横向向上烫卷。

31 将后发区两侧的头发斜向上烫卷。

32 将剩余散碎的头发向上烫卷。

33 将头发用发卡固定在一起，喷胶定型。

学习要点：在妆容的配色上，玫红色唇妆会让肤色呈暖色，更具浪漫唯美的感觉。分段的下假睫毛粘贴方式能使睫毛的弧度更加自然，整段下假睫毛粘贴会有不自然和粘贴不牢固的问题。在发型的处理上，后发区的烫发很关键，要根据需要调整烫卷角度，使造型更加饱满自然。

当日新娘高贵简约白纱妆容造型

01 在上眼睑位置用亚光白色眼影进行提亮。

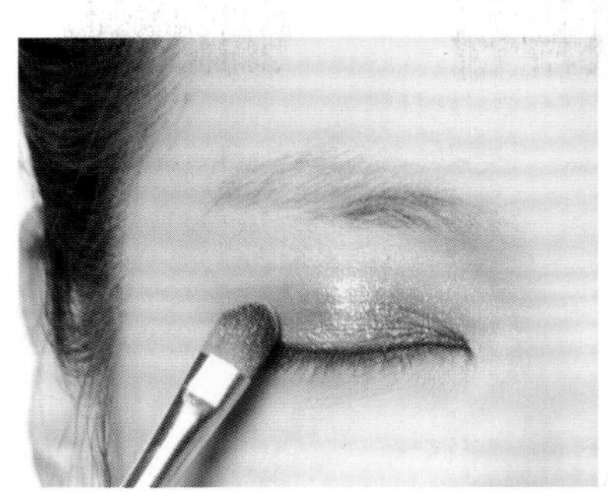

02 在上眼睑位置用金棕色眼影晕染。

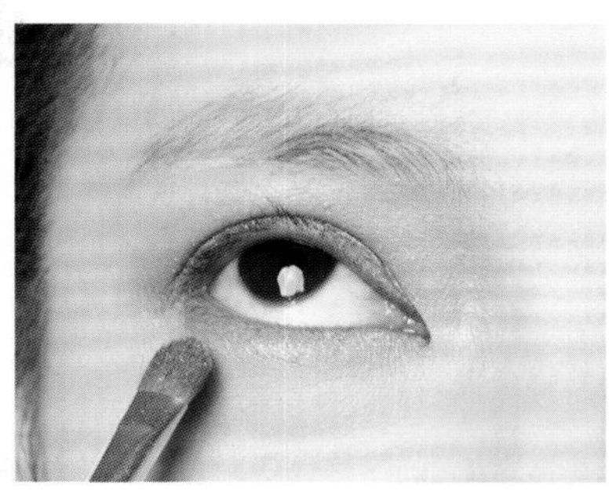

03 在下眼睑位置用金棕色眼影进行晕染。

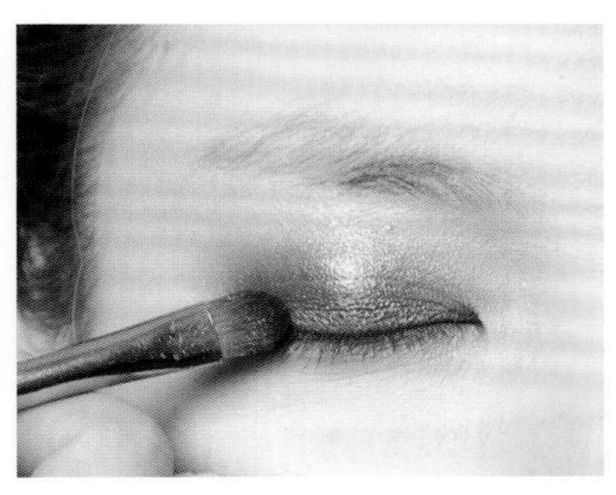

04 在上眼睑位置用深咖啡色眼影加深晕染。注意面积小于金棕色，以使眼妆更具有层次感。

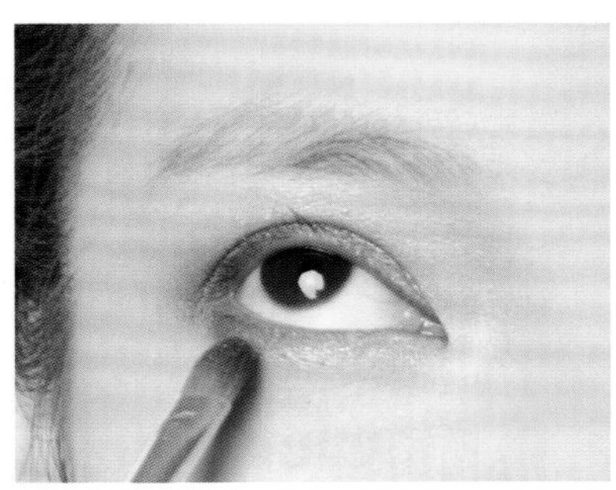

05 在下眼睑用深咖啡色眼影晕染。

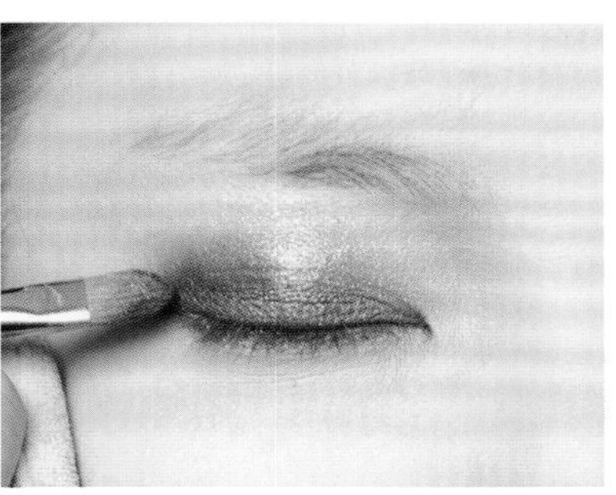

06 在上眼睑眼尾的位置用黑色眼影加深晕染。

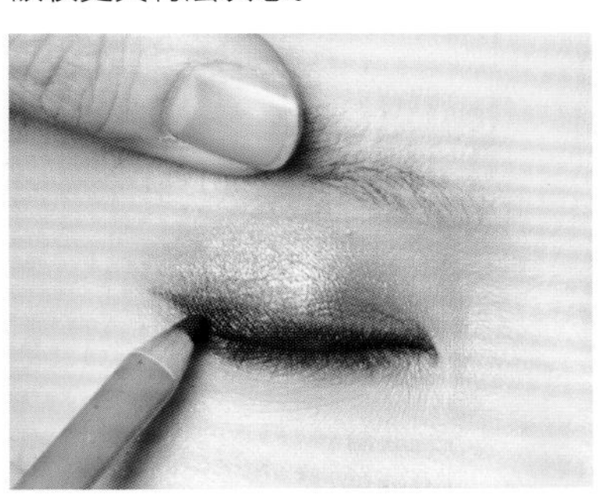

07 提拉上眼睑皮肤，用铅质眼线笔描画眼线。

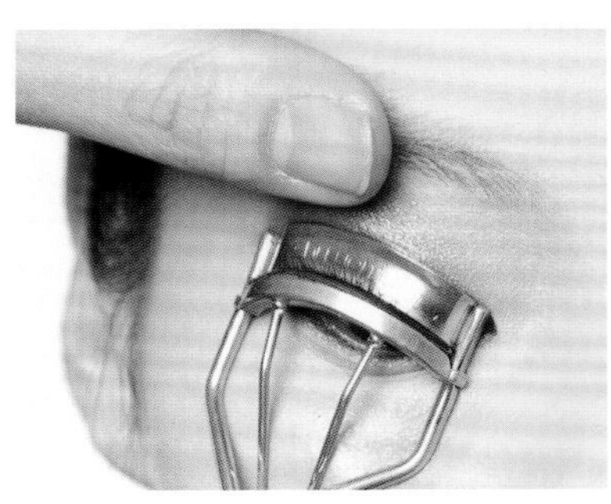

08 提拉上眼睑皮肤，将睫毛夹翘。

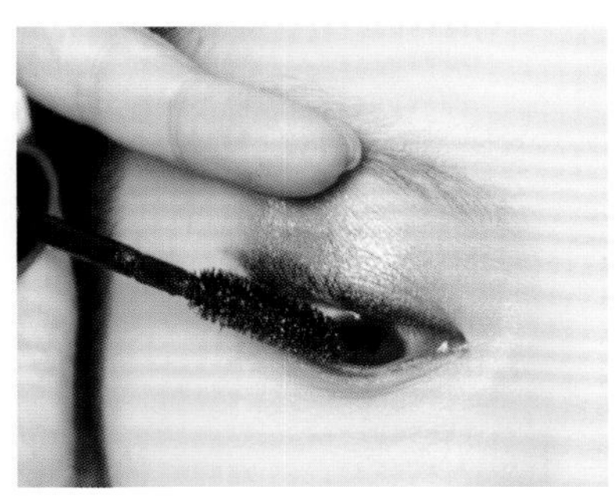

09 提拉上眼睑皮肤，涂刷睫毛膏。

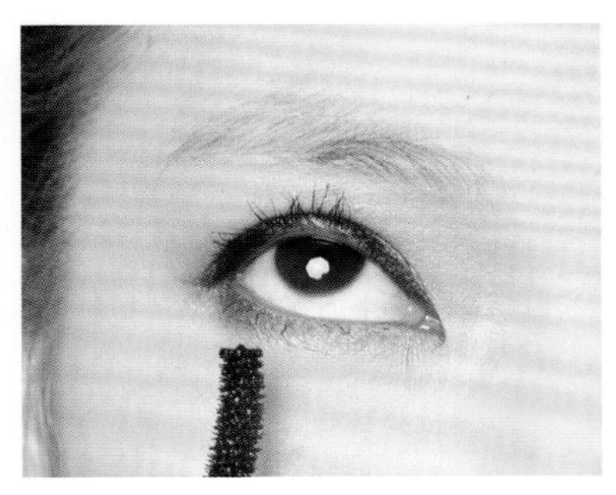

10 纵向涂刷下睫毛。

11 在上眼睑后半段粘贴一段假睫毛，假睫毛要选择前短后长型睫毛。

12 用棕色眉粉涂刷眉毛，确定眉形。

13 用棕色眉笔描画眉形，使眉形更加自然。

14 用粉嫩色亮泽唇膏描画唇形，使唇色红润、自然。

15 斜向晕染粉嫩感腮红，调整肤色。

16 妆容完成后睁眼的效果。

17 妆容完成后向下看的效果。

18 将刘海区的头发向上提拉并倒梳。

19 将头发扭转并适当向前推，使其隆起一定的高度并固定。

20 将剩余的发尾收起并固定。

21 将左侧发区的头发向上提拉并扭转。

22 将扭转好的头发固定。

23 将右侧发区的头发向上提拉，扭转并固定。

24 将固定好的头发剩余的发尾在头顶收起并固定。

25 将后发区的部分头发向上提拉，扭转并固定。

26 将固定好的头发剩余的发尾进行两股辫编发并固定。

27 将剩余的头发向上提拉并扭转。

28 将发尾在头顶固定，调整造型的整体轮廓。

29 在头顶佩戴皇冠，装饰造型。

学习要点：此款妆容的色彩非常淡雅，重点是睫毛的处理既不夸张又可以使眼妆显得自然妩媚。在发型的处理上，注意刘海区的头发一定要饱满，这样才能使造型显得简约高贵。

当日新娘优雅气质白纱妆容造型

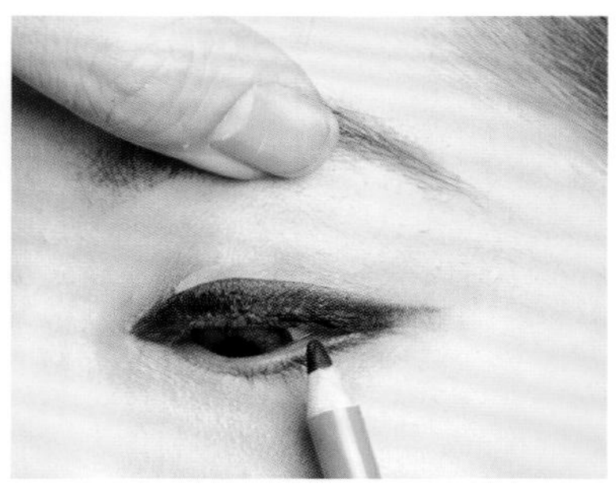

01 在上眼睑位置用铅质眼线笔描画眼线。

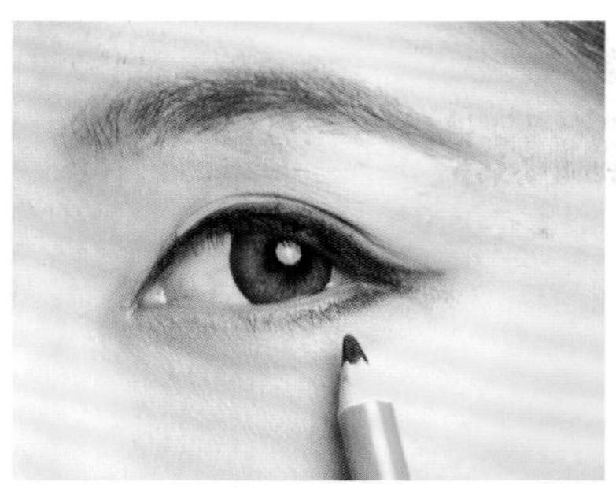

02 在下眼睑后三分之一的位置用铅质眼线笔描画眼线。

03 在上眼睑位置用珠光白色眼影进行提亮。

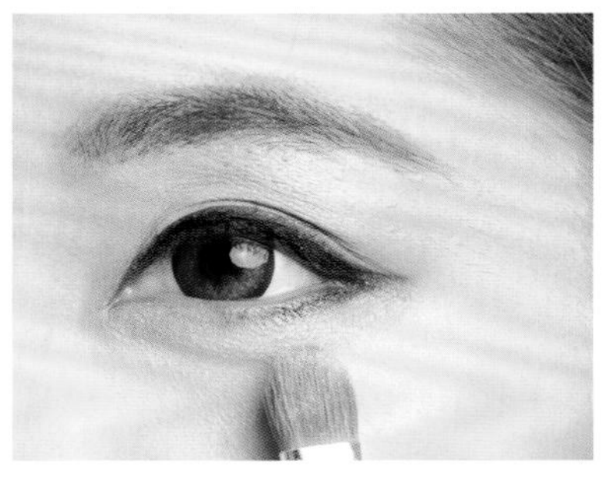

04 在下眼睑位置用珠光白色眼影进行提亮。

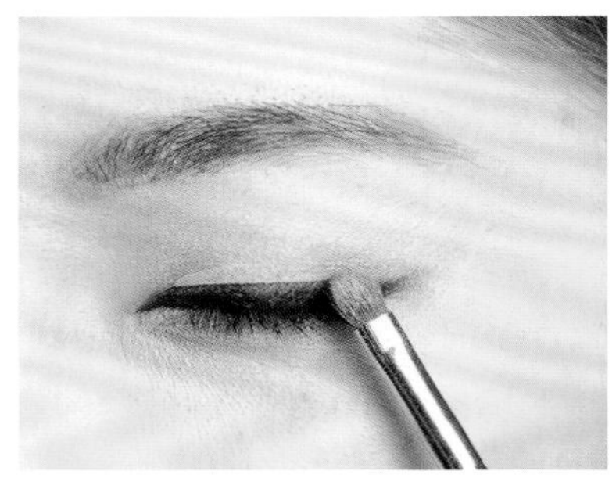

05 在上眼睑位置小面积晕染淡淡的珠光紫色眼影。

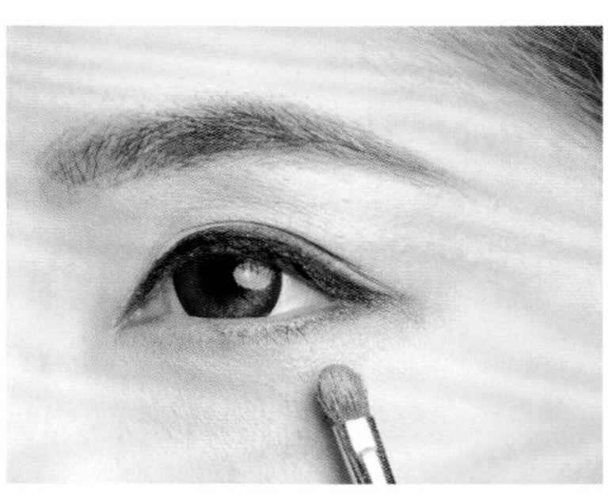

06 将下眼睑位置用淡淡的珠光紫色眼影进行晕染。

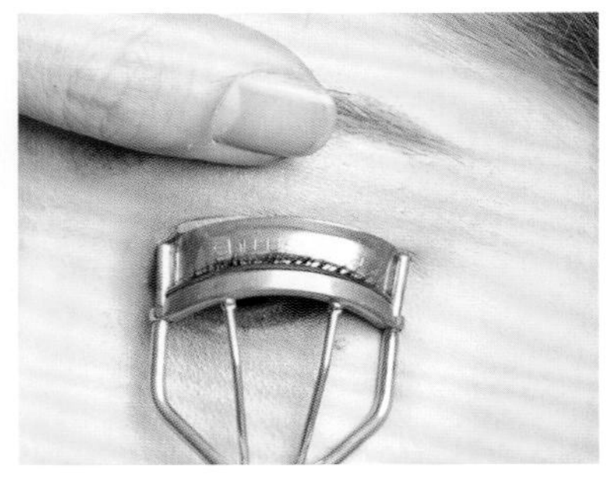

07 提拉上眼睑位置的皮肤，用睫毛夹夹翘上睫毛。

08 提拉上眼睑皮肤，涂刷上睫毛。

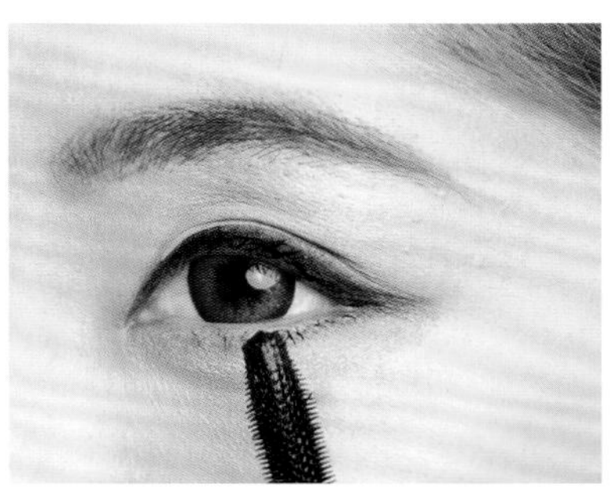

09 用睫毛膏涂刷下睫毛。

10 在上眼睑睫毛根部粘贴纤长型假睫毛。

11 在下眼睑位置呈簇状粘贴假睫毛，越靠近内眼角位置越短。大约粘贴到下眼睑后二分之一处。

12 用棕色眉笔描画眉毛，使眉形自然清晰。

13 用粉色唇釉描画轮廓饱满唇形。

14 用粉嫩色腮红斜向晕染，调整肤色。

15 妆容完成后睁眼的效果。

16 妆容完成后向下看的效果。

17 用尖尾梳在右侧发区压在刘海区头发上。

18 将头发扭转后在后发区固定。

19 将左侧发区的头发在后发区扭转并固定。

20 在后发区佩戴水钻饰品，装饰造型。

21 在后发区左侧取一片头发，向后发区右侧打卷。

22 将打好的发卷在后发区右侧固定。

23 将后发区右侧的头发向上打卷。

24 将打好的发卷调整好轮廓并固定。

25 在后发区下方取一片头发，向上打卷。

26 将打好的发卷固定。

27 将后发区剩余的头发向上打卷并固定。

学习要点：此款妆容整体色彩淡雅，唇色使肤色呈现偏暖的效果。在造型的处理上，先佩戴饰品，后进行后发区的打卷造型，这样更有利于发卷的相互结合，并且可以更好地确定后发区的造型轮廓。

当日新娘时尚冷艳晚礼妆容造型

01 粘贴好假睫毛后提拉上眼睑皮肤，用水溶性眼线液笔描画眼线。

02 用铅质眼线笔描画下眼线。

03 在下眼睑涂刷珠光紫色眼影。

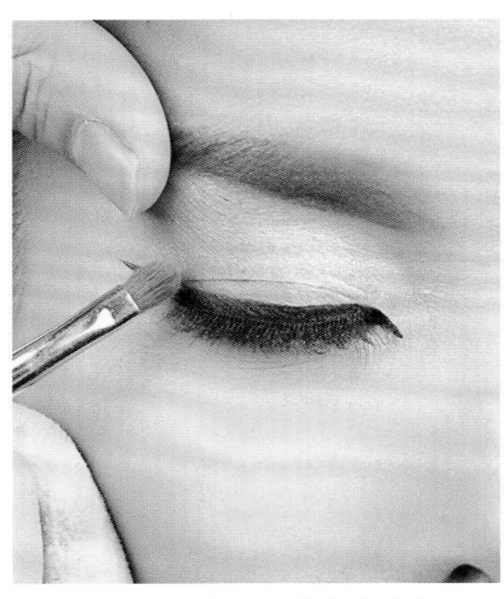

04 在上眼睑位置用珠光浅金色眼影提亮后，在眼尾位置晕染少量棕红色眼影。

05 用棕色眉笔描画眉形，使眉峰微挑，用黑色眉笔对眉峰局部加深，以增加眉毛的立体感。

06 用亚光红色唇膏描画出轮廓饱满的唇形，用金色光泽唇彩点缀在嘴唇中部。

07 斜向晕染棕色腮红，提升妆容的立体感。

08 将刘海区的头发盘绕并适当前推，使其隆起一定的高度并固定。

09 从顶区取一片头发，带至刘海区头发前方，在右侧发区上方扭转，使其呈现出一定的蓬松感并固定。

10 将右侧发区的头发进行提拉，扭转并固定。

11 将固定后的发尾打卷，在头顶固定。

12 将左侧发区的头发向上提拉，扭转并固定。将剩余的发尾在顶区打卷并固定。

13 将后发区的部分头发向上提拉，扭转并固定。

14 将剩余的发尾在顶区打卷并固定。

15 将后发区左侧的头发向后发区右侧提拉，扭转并固定。

16 将剩余的发尾在顶区打卷并固定。

17 将后发区剩余的头发以同样的方式进行操作。

学习要点：在婚礼上并不是不可以穿黑色礼服，抛开过于传统的观念，黑色礼服会给人一种时尚的明星感。此款妆容通过眼线和眼影的局部修饰，塑造冷艳感眼妆，搭配亮泽的红唇，呈现时尚魅惑的感觉。在造型的处理上，刘海区的造型轮廓最为重要，切忌将头发梳理得过于死板，而是要呈现一定的饱满度，使整体造型饱满而简洁。

当日新娘端庄喜庆晚礼妆容造型

01 在上眼睑后半段粘贴前短后长型的假睫毛。

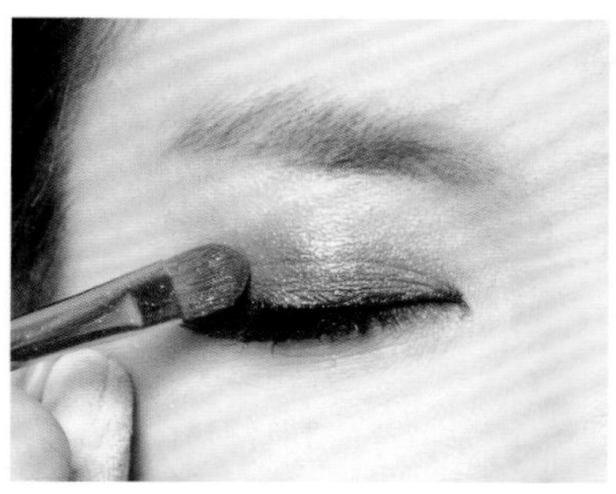

02 在上眼睑位置晕染金棕色眼影。

03 在下眼睑位置晕染金棕色眼影。

04 在上眼睑位置叠加晕染金棕色眼影，晕染面积要小于第一层。

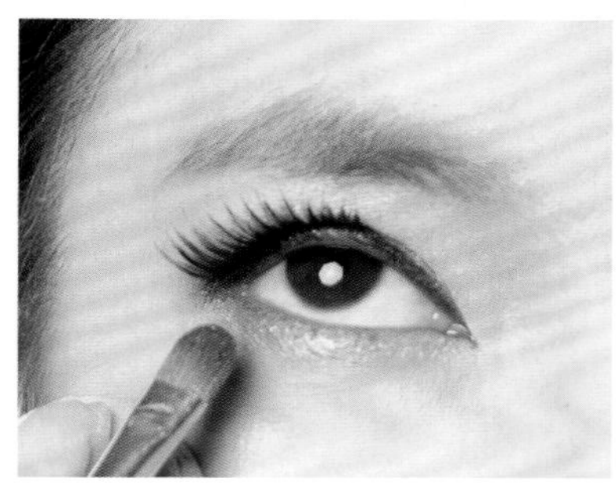

05 在下眼睑位置叠加晕染金棕色眼影，晕染面积要小于第一层。

06 用少量白色眼影将眼影轮廓边缘晕染开。

07 提拉上眼睑皮肤，用水溶性眼线液笔描画眼线。

08 眼线在眼尾处呈自然上扬的感觉。

09 勾画内眼角的眼线，拉长眼形。

10 在下眼睑靠近眼尾处粘贴假睫毛。

11 从后向前呈后长前短的形式粘贴假睫毛。

12 用棕色眉笔描画眉形。

13 用亚光红色唇膏描画唇部。

14 斜向晕染棕色珠光腮红，提升妆容的立体感。

15 妆容完成后睁眼的效果。

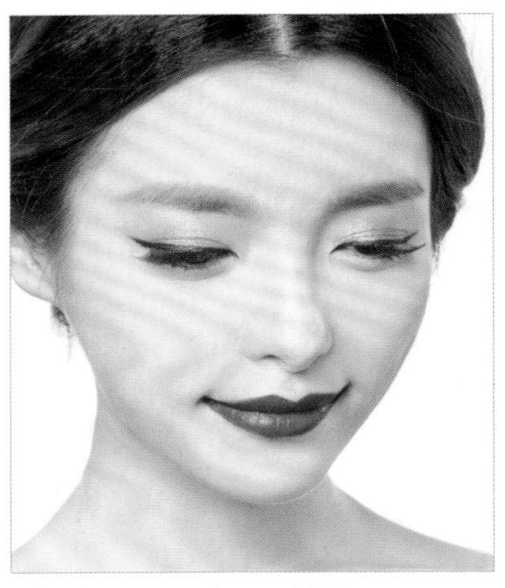

16 妆容完成后向下看的效果。

17 在头顶佩戴红色水钻皇冠。

18 在右侧发区取一片头发，进行两股辫编发。

19 将编好的头发在后发区固定。

20 将右侧发区剩余的头发进行两股辫编发。

21 将编好的头发扭转后，在后发区进行固定。

22 在左侧发区取一片头发，进行两股辫编发。

23 将编好的头发在后发区固定。

24 将左侧发区剩余的头发进行两股辫编发。

25 将编好的头发在后发区固定。

26 将后发区左侧的部分头发进行三股辫编发。

27 将编好的头发向上打卷。

28 将打好的发卷固定。

29 将后发区剩余的头发进行三股辫编发。

30 将编好的头发在后发区右侧向上打卷并固定。

学习要点：眼妆的重点在上眼睑后半段，眼尾上扬的眼线搭配局部粘贴的上下假睫毛，这样相互结合处理，凸显了眼睛的妩媚感觉。搭配红唇，使妆容呈现一种喜庆感。发型的处理较为端正，使整体妆容造型更显大气高贵。

当日新娘性感妩媚晚礼妆容造型

01 在上眼睑位置粘贴前短后长的假睫毛。

02 在上眼睑位置用水溶性眼线液笔描画眼线。

03 将眼尾的眼线拉长，使其上扬。

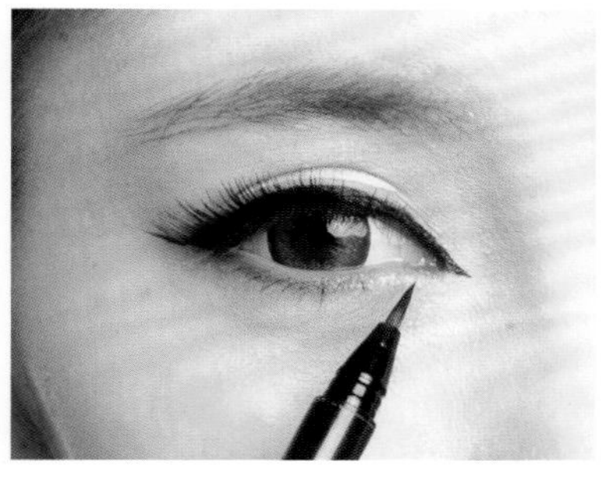

04 用水溶性眼线液笔勾画内眼角眼线，拉长眼形。

05 用铅质眼线笔描画下眼线，在眼尾处与上眼线相互衔接。

06 在上眼睑后半段用亚光紫色眼影进行晕染。

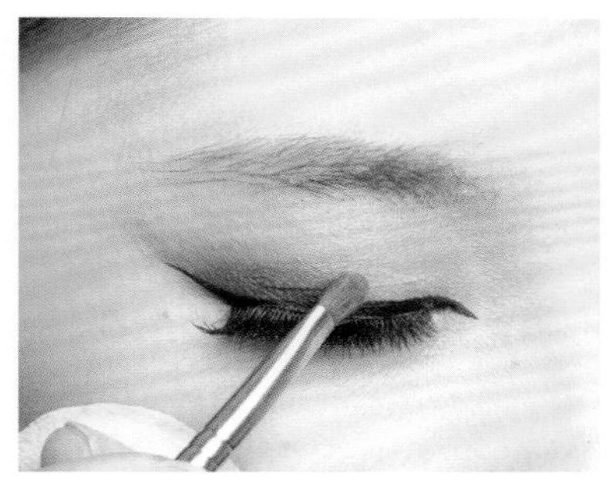

07 用少量灰紫色眼影将亚光紫色眼影的边缘晕染开。

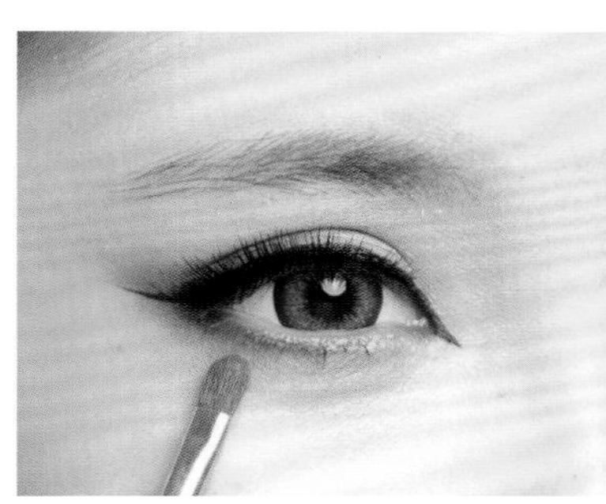

08 在下眼睑晕染灰紫色眼影。

09 在上眼睑位置用珠光白色眼影进行提亮。

10 用棕色眉笔描画眉毛。

11 用棕色眉笔描画眉尾，注意使眉形较平缓。

12 用亚光红色唇膏描画轮廓饱满的唇部。

13 斜向晕染红润感腮红，协调妆容色彩。

14 妆容完成后睁眼的效果。

15 妆容完成后向下看的效果。

16 将左侧发区的头发在后发区扭转并固定。

17 在后发区左侧取头发，向右侧提拉，扭转并固定。

18 在后发区左侧取头发，向右上方扭转并固定。

19 将后发区下方的头发向上打卷。

20 将打好的发卷固定。

21 在后发区右侧取头发，向上打卷。

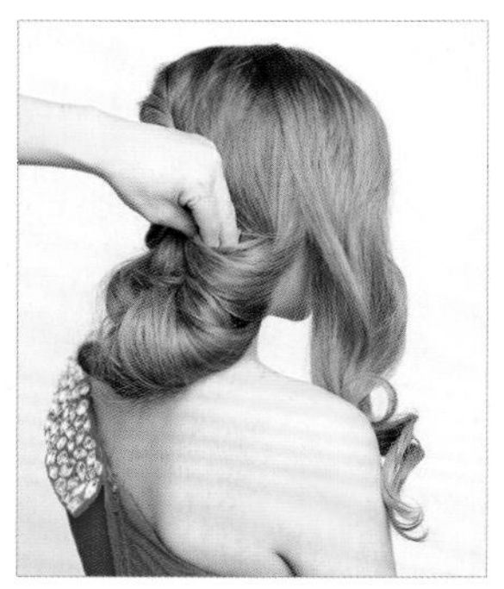

22 将打好的发卷在后发区右侧固定。

23 将右侧发区的头发向上打卷。

24 将打好的发卷在后发区固定。

25 将刘海区的头发向上进行打卷。

26 将打好的发卷在右侧发区固定。

27 将饰品佩戴在左侧发区及刘海区，装饰造型。

学习要点：偏向一侧的盘卷发造型搭配修长的眼妆、性感的唇形，使妆容造型呈现妩媚大气的感觉。采用灰紫色眼影晕染是为了不让紫色眼影显得过于突兀，也可以用少量灰色眼影与紫色眼影调和后进行晕染。

当日新娘唯美优雅晚礼妆容造型

01 在上眼睑位置粘贴浓密纤长型假睫毛。

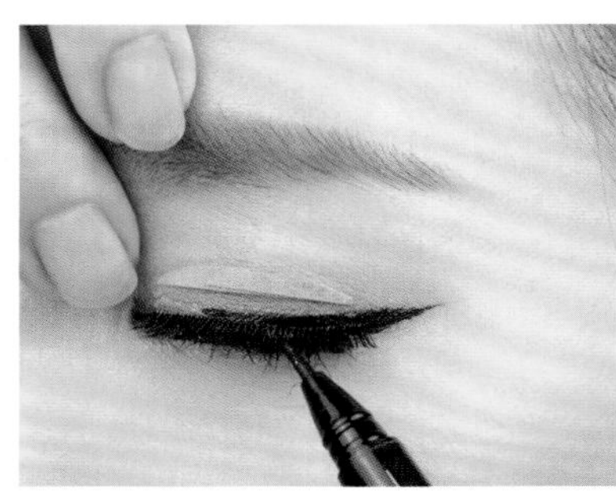

02 用水溶性眼线液笔描画上眼线，使眼尾眼线上扬。

03 用水溶性眼线液笔补齐眼线。

04 细致描画上眼线，使其上扬的弧度更加自然。

05 勾画内眼角眼线，拉长眼形。

06 在上眼睑位置用珠光浅金色眼影进行提亮。

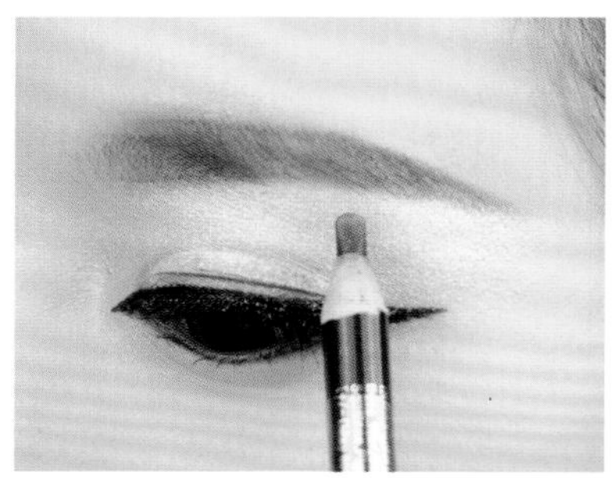

07 用棕色眉笔描画眉形。

08 用亚光红色唇膏描画轮廓饱满的唇部。

09 斜向晕染棕色腮红，提升妆容的立体感。

10 将刘海区头发向前梳理后向后打卷。

11 将调整好的头发隆起一定的高度并固定。

12 将左侧发区的头发向上提拉，扭转并固定。

13 将右侧发区的头发向上提拉，扭转并固定。

14 从后发区右侧取一片头发，向上提拉，扭转并固定。

15 将剩余的发尾打卷后在头顶固定。

16 在后发区取一片头发，并向上打卷。

17 将打卷的头发隆起一定的高度并固定。

18 将后发区剩余的头发倒梳。

19 将倒梳好的头发的表面梳理光滑。

20 将发尾向下打卷，收起并在头顶固定。

21 在头顶佩戴饰品，装饰造型。

22 继续在右侧发区佩戴饰品，装饰造型。

学习要点：优雅的妆容搭配光滑而简约的造型，体现出整体的优雅感。刘海区头发的轮廓及后发区头发的饱满度都很重要，在固定之前首先要调整好角度及饱满度。

当日新娘优雅复古晚礼妆容造型

01 用铅质眼线笔在上眼睑描画眼线。

02 在上眼睑位置用白色眼影提亮，使皮肤更加干净。

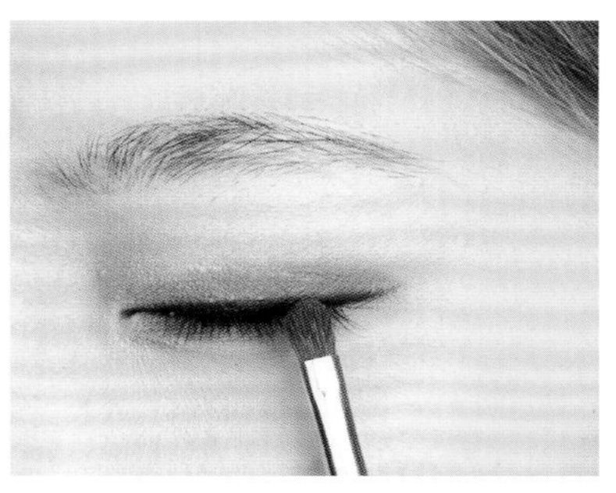

03 在上眼睑晕染亚光咖啡色眼影。

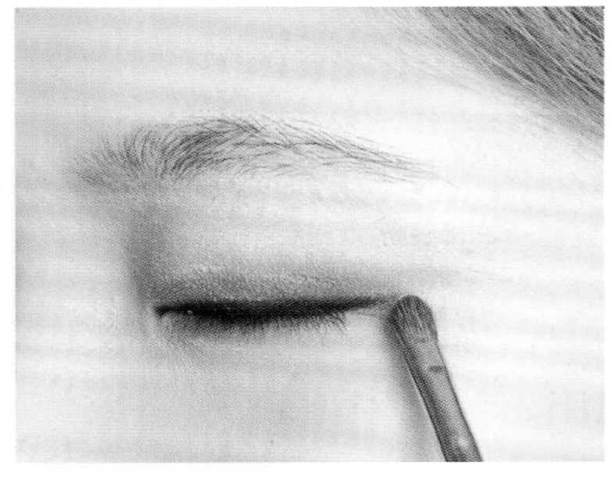

04 眼影边缘用眼影刷轻扫，使其更加柔和。

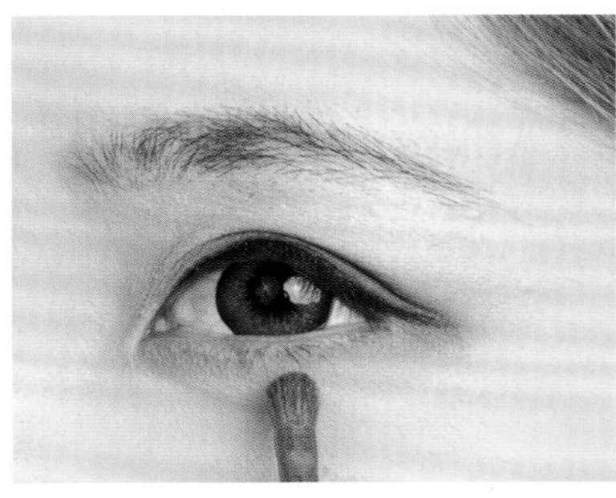

05 在下眼睑位置用亚光咖啡色眼影进行晕染。

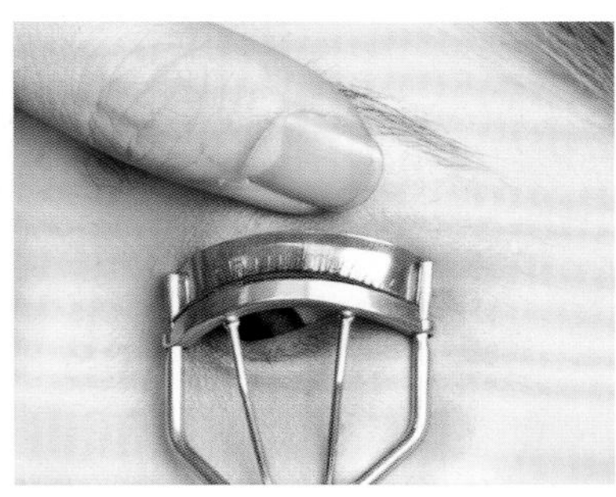

06 提拉上眼睑皮肤，用睫毛夹将睫毛夹翘。

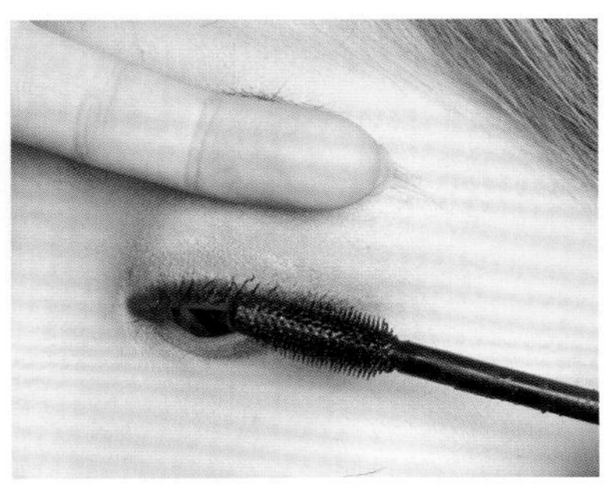

07 提拉上眼睑皮肤，涂刷睫毛膏。

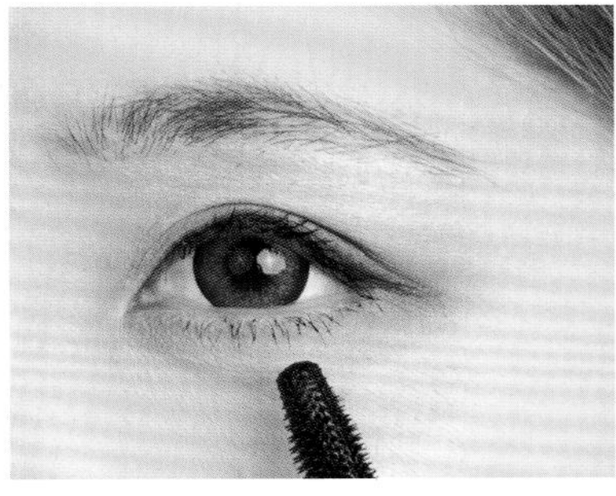

08 纵向涂刷下睫毛。

09 在上睫毛根部粘贴较为浓密的前短后长型假睫毛。

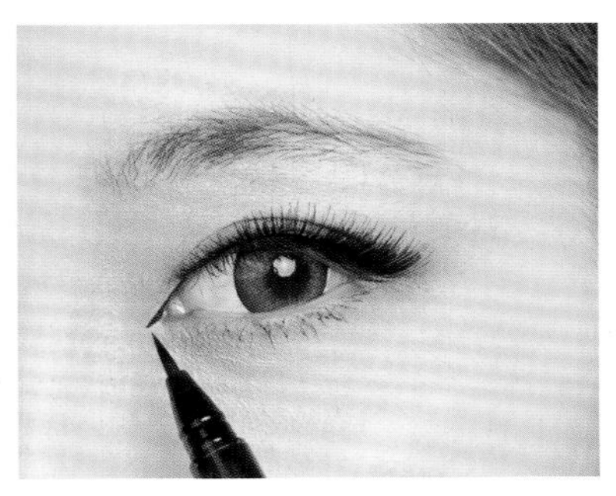

10 勾画内眼角眼线，拉长眼形。

11 描画眼尾位置的眼线并适当上扬。

12 用棕色眉笔描画眉毛。

13 对眉毛的描画要淡雅自然。

14 用亚光红色唇膏描画立体感唇形，使唇峰棱角分明。

15 斜向晕染棕色腮红，提升妆容的立体感。

16 妆容完成后睁眼的效果。

17 妆容完成后向下看的效果。

18 在头顶佩戴红色水钻皇冠。

19 以尖尾梳为轴，将刘海区的头发向上翻卷。

20 将翻卷好的头发固定。

21 固定好之后将发尾打卷。

22 将打好的发卷固定。

23 将左侧发区的头发向后扭转。

24 将扭转好的头发固定。

25 在后发区下联排发卡，以固定头发。

26 将后发区右侧的头发用尖尾梳适当倒梳。

27 用尖尾梳将头发表面梳理光滑。

28 将头发向上打卷并固定。

29 对固定好的头发的轮廓进行调整。

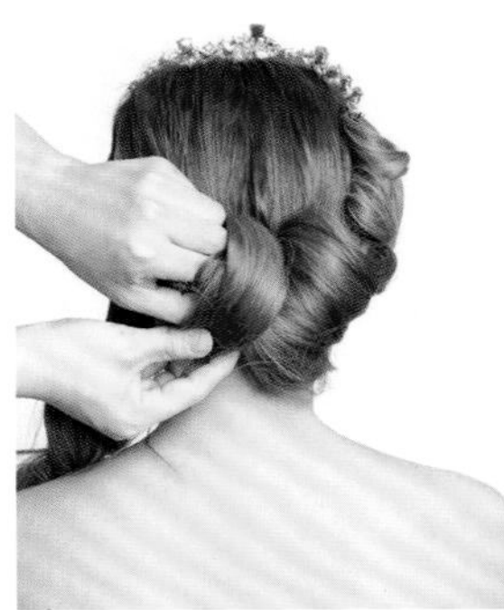
30 在后发区左侧取部分头发，向上打卷。

31 将打好的发卷固定。

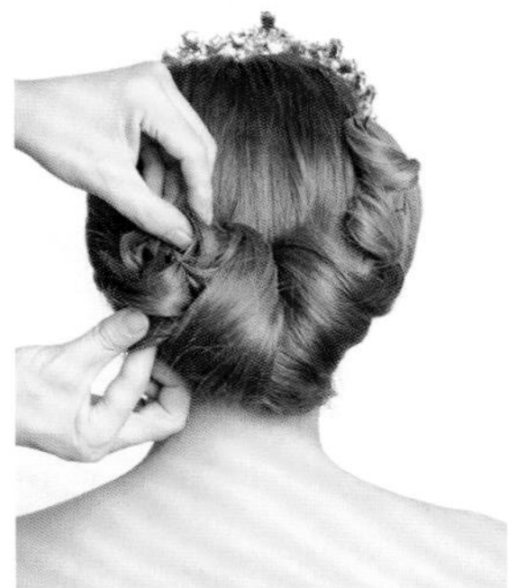
32 将后发区剩余的头发向上打卷并固定。

学习要点：此款妆容主要突出唇妆，所以眼影不要晕染得过于复杂。在处理造型的时候，注意后发区发卷之间结合的角度，要使后发区的造型轮廓饱满。

当日新娘灵动美艳晚礼妆容造型

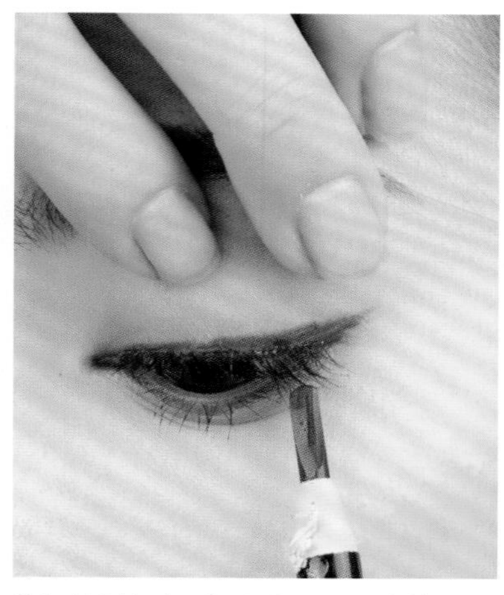
01 粘贴好假睫毛后，用眼线笔描画眼线。

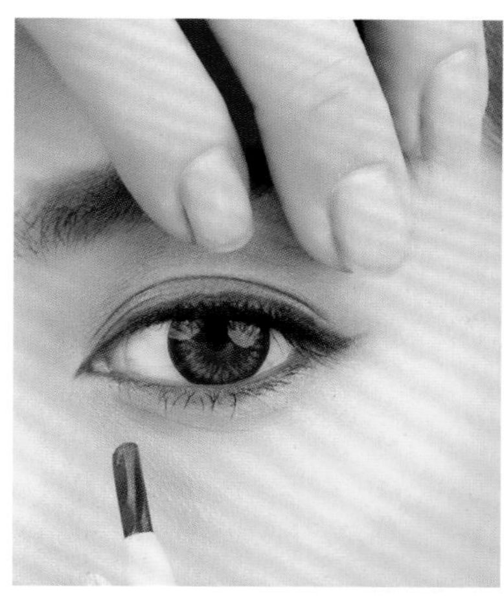
02 适当勾画内眼角眼线，不要画得过于夸张。

03 用眼线笔描画下眼线，注意眼线应前窄后宽。

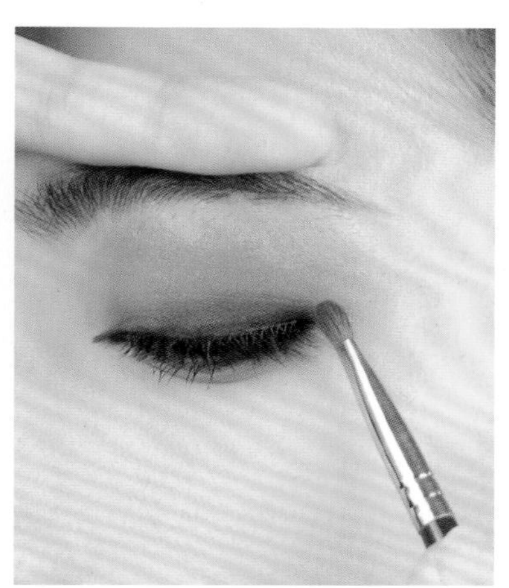
04 在上眼睑位置晕染咖啡色眼影。

05 在下眼睑位置晕染咖啡色眼影。

06 用黑色眉笔补充描画眉形。

07 用黑色眉笔轻柔地描画眉头。

08 在唇部涂抹玫红色唇膏，点缀透明唇彩。

09 斜向晕染红润感腮红，提升妆容的立体感。

10 将刘海区及右侧发区的头发向上打卷并调整出层次。

11 调整好层次后将头发固定。

12 将后发区右侧的头发向上提拉，扭转并固定。

13 调整好发尾层次，将头发在头顶固定。

14 将左侧发区的头发向上提拉，扭转并固定。

15 固定好之后，调整剩余发尾的层次，将其与刘海区的头发固定在一起。

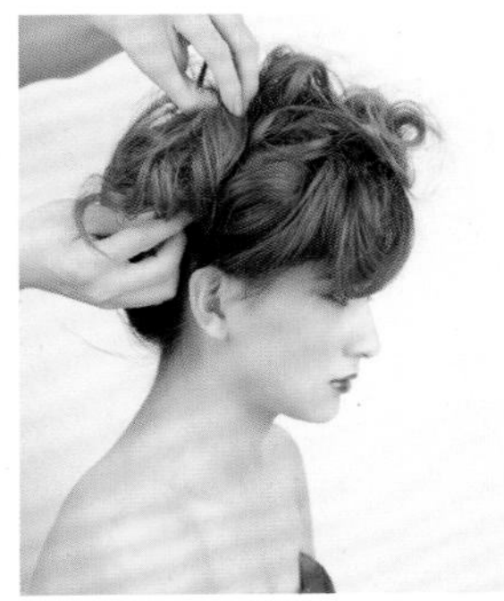
16 将后发区剩余的头发提拉，扭转并固定。调整剩余发尾的层次。

17 调整好层次后，将其在右侧固定。

18 在右侧发区的下方佩戴饰品，装饰造型。

19 在刘海区佩戴饰品，装饰造型。

学习要点：因为模特本身眉毛颜色较深，此款妆容以用黑色眉笔补充描画的方式进行调整，处理起来有一定难度，下笔的力度要轻柔。用发丝遮挡一部分饰品，让造型与饰品的结合更加自然。

当日新娘甜美可爱晚礼妆容造型

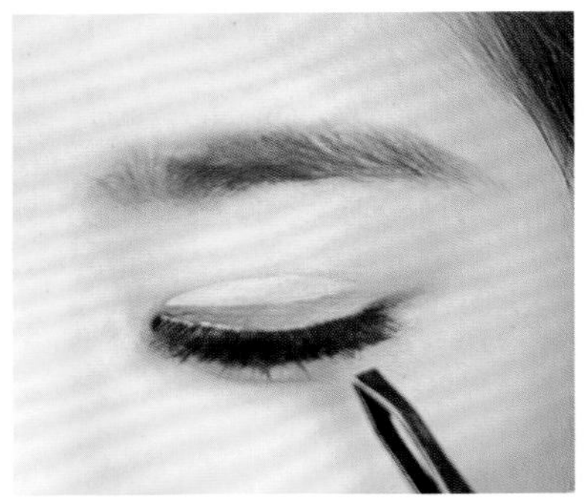

01 粘贴好美目贴后，粘贴较为浓密的上假睫毛。

02 在上眼睑位置用珠光白色眼影进行提亮。

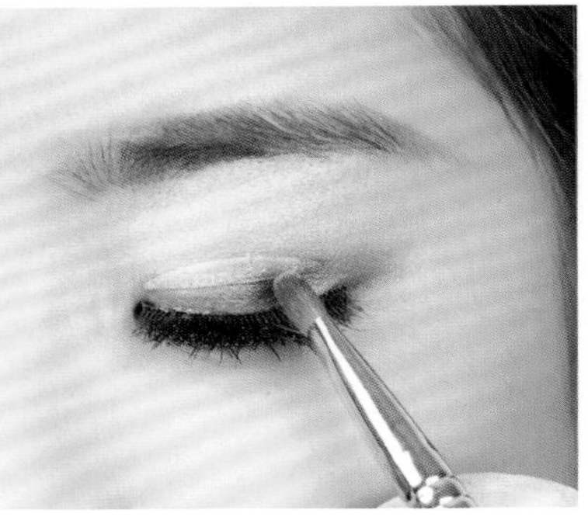

03 在上眼睑眼尾处用少量暗紫色眼影加深晕染。

04 在下眼睑位置用白色眼线笔描画眼线。

05 在上眼睑位置用水溶性眼线液笔描画眼线。

06 在眼尾位置拉长眼线。

07 描画眼线，将眼线下方画平。

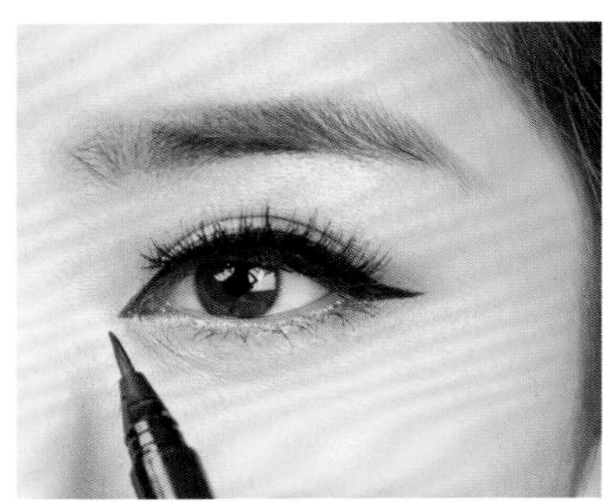

08 勾画内眼角的眼线。

09 用棕色眉笔描画眉毛，使眉形平缓，注意不要拉得太长。

10 轻柔地补充描画眉头位置的眉毛。

11 在唇部涂抹亮泽感玫红色唇膏。

12 晕染粉嫩感腮红，以柔和肤色。

13 将刘海区的头发用电卷棒烫卷。

14 将剩余部分的头发用电卷棒烫卷。

15 将顶区的头发打卷后，在后发区固定。

16 将后发区左下方的头发向上打卷并固定。

17 将后发区剩余的头发向上打卷并固定。

18 在右侧发区佩戴饰品，装饰造型。

19 用刘海区的头发遮盖住部分饰品并将其固定。

20 继续佩戴造型花，装饰造型。

21 将右侧发区的部分头发向上提拉，扭转并遮挡住部分饰品后将其固定。

22 将右侧发区剩余的头发向上提拉，扭转并固定。

23 将左侧发区的头发向上提拉，扭转并固定。

24 对头发喷胶定型，调整层次。

学习要点：在处理造型的时候，注意后发区的头发要呈现出饱满的轮廓，不要将头发收得过紧而使后发区不够饱满。另外在婚礼当天，饰品可以用鲜花代替，也可以不佩戴饰品，使造型呈现简洁的层次感。在妆容的处理上，注意眼尾的眼线不要过于上扬，否则会显得妆感过于妖媚。

04 古典妆容造型

本节中，笔者将对古典妆容造型中的秀禾服、旗袍、清代宫廷服、唐代宫廷服、汉代宫廷服这些妆容造型进行讲解。每一类妆发都会以案例解析的形式阐述具体的操作过程，希望大家将理论与实践相结合，更好地学习古典妆容造型的实战技巧。

秀禾服妆容造型

格格服是秀禾服的雏形，早期是宽宽大大的，后来才有腰身，在旗服外面再加上一件坎肩。秀禾服的上半身几乎照搬了格格服的样式，而下半身则把格格服的长袍截短，再把裤子去掉，改成裙子。秀禾服的基本样式就是旗服圆领，两至三层假袖口，上衣长度在臀部到大腿之间，下身是裙子。秀禾服从假袖口到上衣，再到裙子，一层层连接起来，加强了整体服饰的层次感，也增加了服装华丽的效果。秀禾服多绣以花鸟图案，女子在这种服装的衬托下显得秀气且大方得体，亭亭玉立又不乏羞涩的美感。秀禾服作为清朝中晚期至民国初期的一种服装形式，并不为人所熟知，这种服装真正为人所认识，是作为一部红遍大江南北的影视作品《橘子红了》中的服装样式，设计师叶锦添在服装中融入新的元素，让大家在欣赏电视剧的同时，对秀禾服有了更深的了解。秀禾服也正是因为片中秀禾这一角色而得名。我们要学习的秀禾服的妆容造型也正是以此为基本原型。

秀禾服的化妆也在中国古典妆容的范畴之内，只是在这里我们要考虑它所处的历史阶段，是新旧文化交替的时期，在妆容上没有传统唐代宫廷妆容那么夸张，它相对比较自然，在保留年代感的同时也要考虑现代的审美因素。传统的秀禾服的颜色大多比较深沉内敛，常用的秀禾服的色彩还是喜庆的“中国红”，一般作为婚礼服使用。

作为古典妆容，在肤质的处理上以白嫩为美，可以选择细腻白嫩的粉底液作为底妆。平涂、渐层、局部修饰都是处理古典妆容比较合适的眼妆表现形式，其他类型的眼妆表现形式很难与这种服饰达到和谐的美感。在穿着红色秀禾服的时候，可以选择咖啡色、棕红色、金棕色的眼影。眼妆不宜过重，眼形适当拉长。眉形自然，眉毛不宜过粗。在穿着红色秀禾服的时候，唇妆可以处理成喜庆的红唇，唇形不宜过大，将唇色处理得自然红润更显柔美自然。

秀禾服的造型不会像格格服那么夸张，也不像唐代宫廷造型那样高高盘起，饰品也相对比较典雅精致。秀禾服的造型是在格格服造型的基础之上加以变化，以低矮的盘发为主，摒弃了“朝冠”的装饰，而将顶区的头发盘起，同时更注重后发区的造型结构。搭配的发饰为发钗、珠花等，作为婚礼服的装饰会相对华丽些。值得一提的是特别的刘海造型，刘海可以是桃心式、正三角式、倒三角式、短齐式、窄平式等，可以根据新娘额头的饱满程度以及脸形特点来选择合适的刘海样式。现在更多的是使用假发来表现刘海的形式。

以下是对一些比较常见的秀禾服妆容造型样式所做的具体介绍。通过观察可以发现，秀禾服的造型一般不会处理得过大、过于夸张，妆容也是一样，会体现出一种古典与现代交融的感觉。在处理秀禾服妆容造型的时候，尺度的拿捏要准确。

刘海区的环状打卷要弧度优美，对额头起到修饰的作用，搭配华贵的金色头饰，整体造型华美而古典。妆容中，眉形要处理得较为平缓，以突出温柔的气质。

光滑的编发造型与弧度圆润的假刘海结合，配合古典流苏头饰，以呈现出古典华丽的美感。在唇妆的处理上，唇部轮廓饱满，红而不艳，使整体妆容更加喜庆、柔美。

向上简洁盘起的头发及刘海区头发的弧度增添了造型的古典美。搭配华丽的中国古典头饰和耳饰，精致饱满的红唇，妩媚的眼妆，整体妆容造型展现出新娘古典而精致的美。

饱满端庄的高盘发搭配妩媚喜庆的妆容，整体妆发大气而端庄，使新娘展现出典雅的气质。

斜向上盘起的光滑打卷造型，用古典饰品装饰，再搭配自然柔美的妆容，整体呈现出古典的清新与妩媚。

自然柔美的妆容，后发区棱角分明的盘发，搭配条形假刘海，整体妆发呈现出清纯灵动的古典美。

桃心形刘海给饱满端正的盘发增添一些柔美感，佩戴华丽的古典头饰，结合柔美自然的妆容，整体妆容造型端庄而不老气。

斜梳向一侧的刘海配合饱满的低盘发，妆容柔美自然，整体妆容造型呈现仪态大方、端庄娴静的古典美。

01 处理好基础睫毛后，粘贴一段较为浓密的假睫毛。

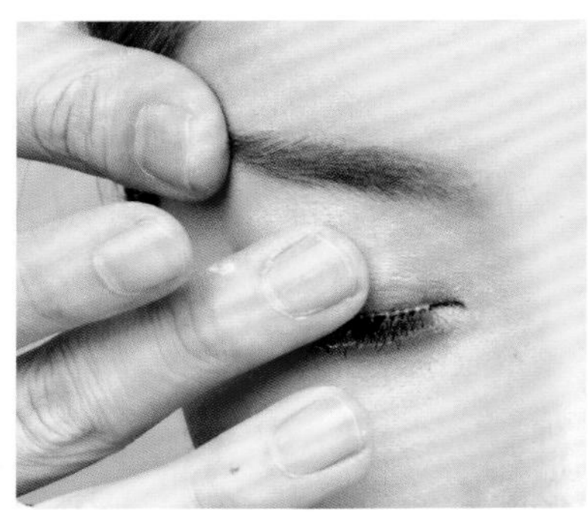

02 在上眼睑位置用白色眼影提亮，调整肤色。

03 用铅质眼线笔描画眼线，在眼尾处自然上扬。

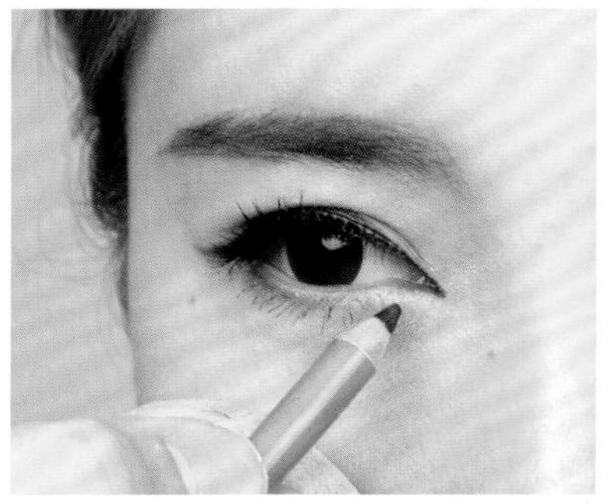

04 描画眼头位置的眼线，拉长眼形。

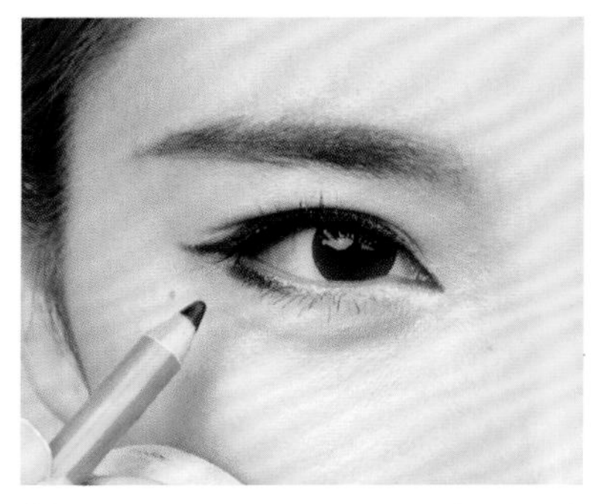

05 在下眼睑后三分之一处用铅质眼线笔描画眼线。

06 在上眼睑后半段小面积晕染红色眼影。注意眼尾处的眼影要自然向上晕染开。

07 在上眼睑前半段晕染金色眼影。

08 在下眼睑眼线位置晕染金色眼影。

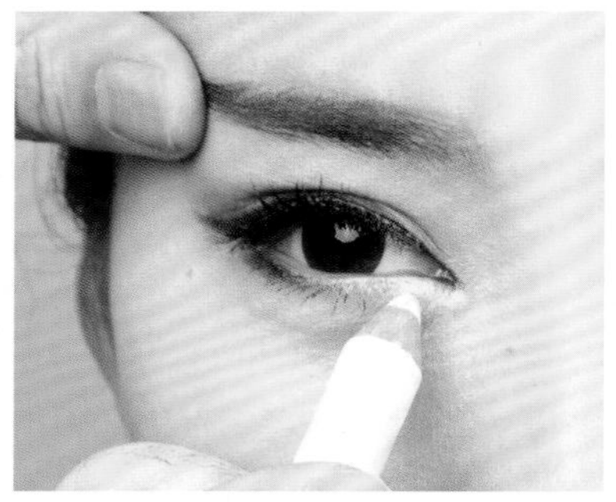

09 用白色眼线笔描画下眼睑没有眼线的位置。

10 用灰色眉笔描画自然的眉形，注意眉形应偏细。

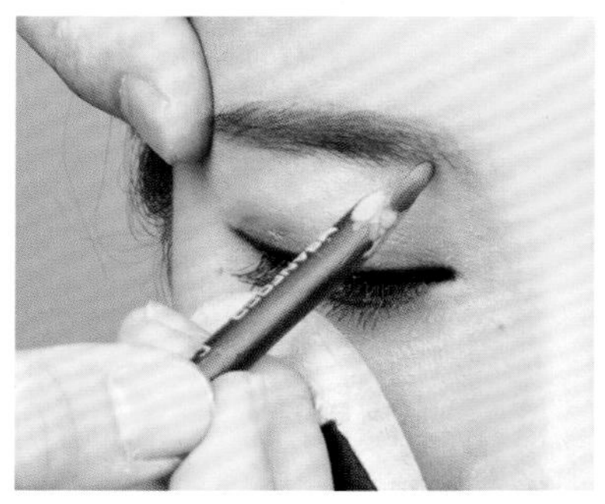

11 用灰色眉笔轻柔地描画眉头，使眉形更加完整自然。

12 用亚光红色唇膏描画饱满的唇形。

13 斜向晕染粉嫩感腮红，使五官更加立体。

14 从额头上方取一片头发，向后进行三带二编发。

15 用三股辫编发形式收尾。

16 将编好头发向上收起并固定。

17 将左侧发区的头发向上提拉，扭转并固定。

18 将右侧发区的头发向上提拉，扭转并固定。

19 将两侧发区剩余的发尾向上收起并固定。

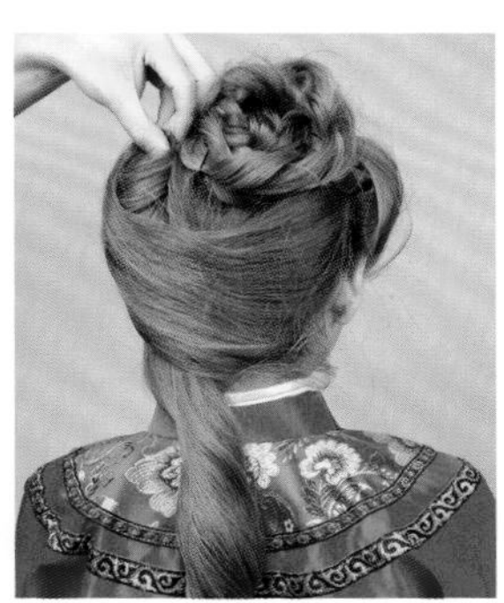
20 将后发区右侧的头发向左上方提拉，打卷并固定。

21 将后发区剩余的头发向右上方提拉，打卷并固定。

22 在头顶固定中国结饰品，装饰造型。

23 在后发区两侧固定中国结饰品，装饰造型。

24 在头顶佩戴古装饰品，装饰造型。

学习要点：此款妆容用红色与金色相互结合，是一种比较喜庆的色彩搭配方式。在处理造型的时候，后发区头发的轮廓应基本对称，同时要注意造型的饱满度。

旗袍妆容造型

旗袍兴起于清末民初时期，是从旗服演变而来的一种服装，是东方典雅美的代表，直到现在，旗袍的魅力依然经久不衰。旗袍的种类很多，在款型、色彩上差别很大。旗袍修身的设计对身材要求比较高，所以选择穿旗袍的时候，一定要把身材作为重要的考虑因素，如果穿上之后像“粽子”一样，也就谈不上美感了。

可以根据身材特点选择合适的旗袍。脖子较短的人，可以选择无领或者鸡心领的旗袍；脖子较长的人，选择高领旗袍可以让脖子看起来没那么长，并且提升气质；胳膊较粗的人，选择连袖或者半袖的旗袍可以很好地修饰胳膊；腿粗的人，选择长款旗袍可以很好地遮挡大腿的缺陷。

旗袍的色彩种类很多，而不同的色彩能带给人不一样的心理感受。应根据想要表达的感觉以及个人特点选择合适的色彩。红色旗袍呈现喜庆、吉祥之美，一般比较适合作为新娘的结婚喜服，红色绸缎面料上最常见的是用金线刺绣点缀。蓝色旗袍给人的感觉是优雅端庄，适合表现知性的柔美感，蓝色旗袍上一般会有彩线和钉珠的刺绣。粉色旗袍给人的感觉是可爱甜美，适合表现年轻的小家碧玉的感觉，粉色旗袍作为短款旗袍样式出现得比较多。金银色旗袍呈现华丽富贵的感觉，适合表现有一定身份的阔太的气质，一般比较适合年龄略大的人穿。黑、白、灰色旗袍比较肃穆，适合的场合比较少，在参加葬礼的时候适合穿。但是现今也有在生活中穿着改良的黑色旗袍的人，不但体现气质，更具有时尚感。

除以上所说的旗袍色彩之外，还有很多其他色彩的旗袍，在这里不做赘述。而我们最常接触的就是喜庆的红色旗袍，因为红色旗袍不管是用于拍摄婚纱照还是作为结婚当日穿的服装，都受到很多新娘的青睐。

旗袍的面料一般分为丝绸、软缎、绒面等。

在旗袍妆容的处理上要体现一些柔“媚”的感觉，主要通过眼线、眉形加以表现。在处理唇妆的时候，唇形可以处理得薄一些。当然并不是所有的妆容都要遵循这一规律。在穿浅淡色彩的旗袍的时候，如粉色、淡蓝色，可以将妆容处理得自然柔和一些，主要通过造型来体现旗袍的古典美。眼妆可以采用平涂法、渐层法。想表现出眼妆的结构感的时候，可以用欧式画法来处理眼妆，一般会在搭配颜色比较深且比较典雅的旗袍时使用。

与旗袍搭配的造型一般都以盘发为主，表现古典的美感。刘海区采用波纹式的表现形式最能体现妩媚感。也有将头发梳起，在后发区佩戴罗马卷假发的形式，只是与盘包发相比，表现力比较弱。造型可以是复杂的连环卷、层次卷，也可以是光滑的包发。包发比较大气，打卷的手法显得柔美。饰品有插珠、发钗、绢花等。在表现可爱甜美的女性形象的时候，也有齐耳短发、麻花辫这样的表现形式，只是比较适合搭配颜色浅淡、表现年轻柔和感的旗袍。手推波纹和手摆波纹是旗袍造型中刘海处理的经典手法，它们的区别是手推波纹是立体地制造刘海的曲线美，而手摆波纹是在相对平面的空间内制造刘海的曲线美。

以下是我们对一些常见的旗袍妆发表现形式做的具体解析。不难发现，旗袍的发型大多呈现干净饱满的感觉，并且非常注意刘海区头发的造型。另外，在做旗袍妆容造型之前，要先观察旗袍本身所呈现的感觉，然后用妆容造型使旗袍本身的美感得到烘托。

偏细挑的眉形、妩媚的眼线、红润的唇色，使妆容呈现出古典美。刘海区头发的波纹弧度自然、不夸张，与妆容搭配，整体呈现古典端庄的美感。

刘海区及后发区造型均采用下扣卷及打卷的手法完成，在造型表面不会呈现过多的打卷痕迹。光滑饱满的造型结合古典的妆容，使新娘具有古典优雅的美感。

利用手摆波纹手法使造型呈现更丰富的层次，整体造型精致饱满，搭配细挑的眉形、妩媚的眼线，使妆容造型呈现古典柔美之感。

刘海区及两侧发区用打卷与手摆波纹手法相互结合，使造型饱满，并对额头起到修饰作用。搭配柔美的妆容，整体呈现精致柔美的古典感。

整体造型用打卷的手法来完成，刘海区的发卷使发型更显典雅妩媚。搭配上挑眼线，妆容造型呈现妩媚的古典之美。

刘海区及两侧发区头发的打卷使造型更显立体饱满，配合自然唯美的暖色调妆容，整体呈现柔和娴静之美。

光洁的盘发、高挑的眉形更显古典大气之美。需要注意的是，这种类型的发型不适合额头过高的人，眉形的表现形式也不适合脸形过长的人。

妆容淡雅自然，用妩媚的眼线突出妆容的古典韵味。用光滑干净的低位后盘发搭配光洁的翻卷刘海，整体妆发呈现古典的简约美。

01 在上眼睑位置晕染珠光白色眼影，进行提亮。

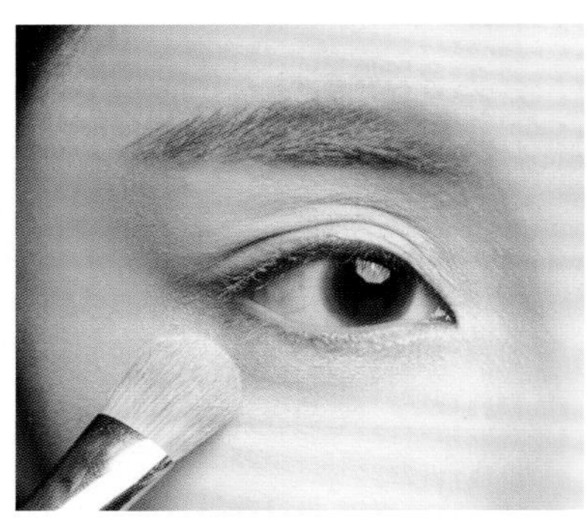

02 在下眼睑位置涂刷珠光白色眼影，进行提亮。

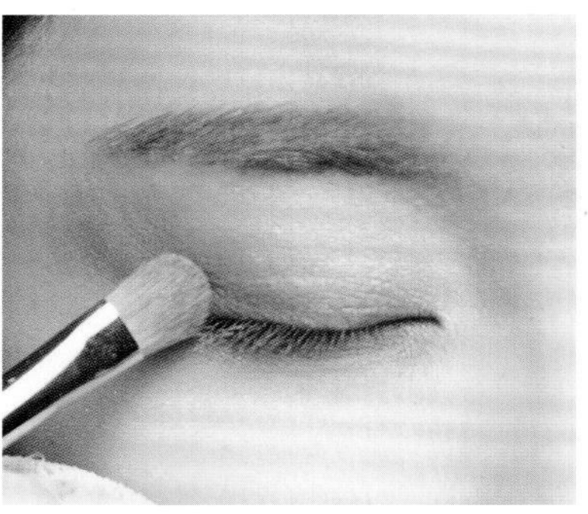

03 在上眼睑后半段斜向晕染金棕色眼影。

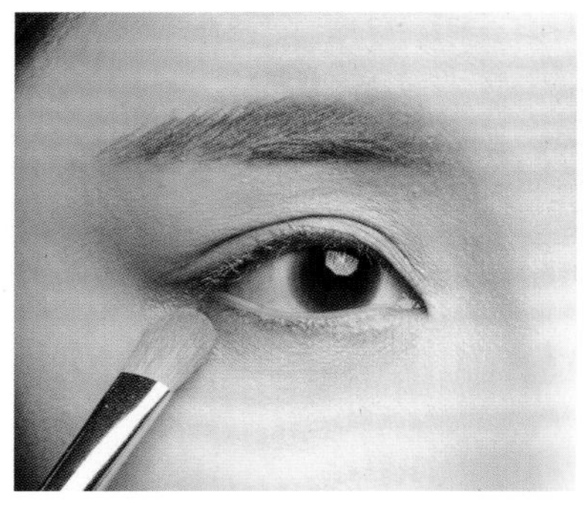

04 在下眼睑后半段晕染少量金棕色眼影。

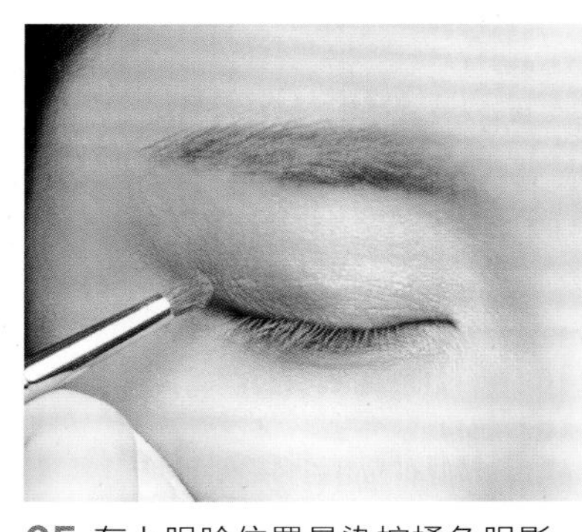

05 在上眼睑位置晕染棕橘色眼影，与之前的金棕色眼影相互融合。

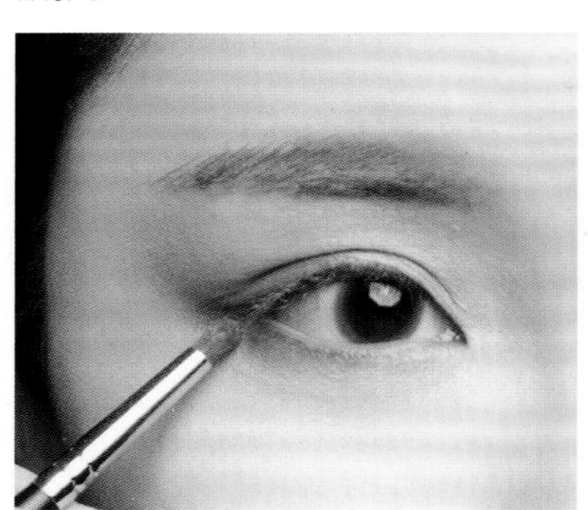

06 在下眼睑位置晕染棕橘色眼影，面积大于金棕色眼影。

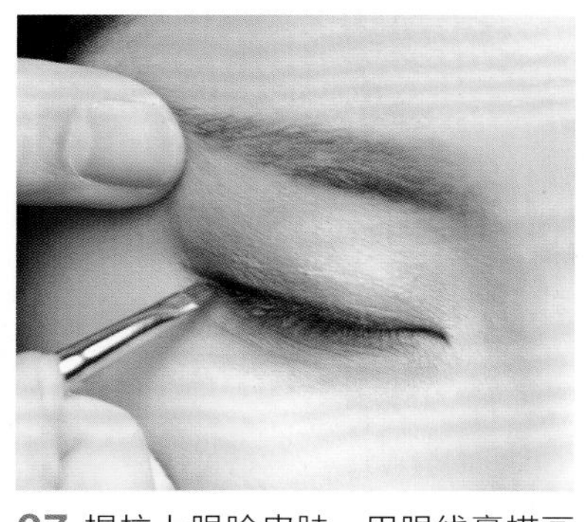

07 提拉上眼睑皮肤，用眼线膏描画眼尾处自然上扬的眼线。

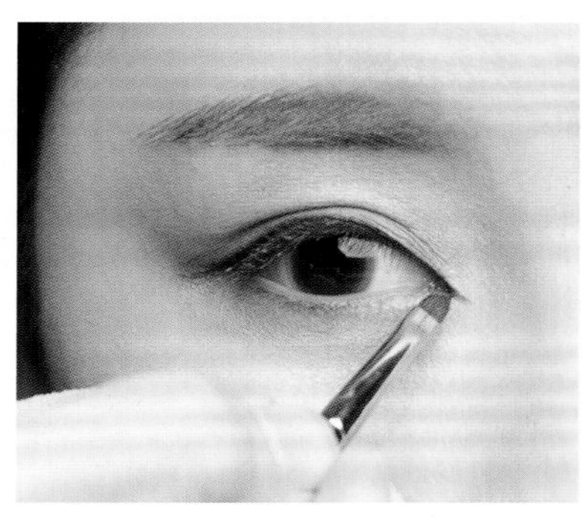

08 勾画内眼角眼线，拉长眼形。

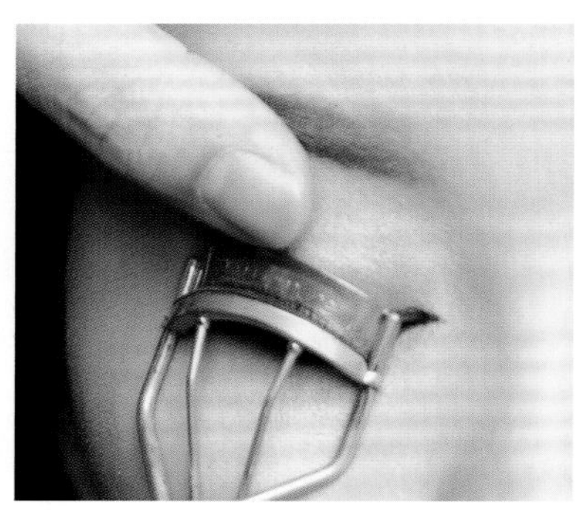

09 提拉上眼睑皮肤，夹翘上睫毛。

10 涂刷上下睫毛，使睫毛更加浓密卷翘。

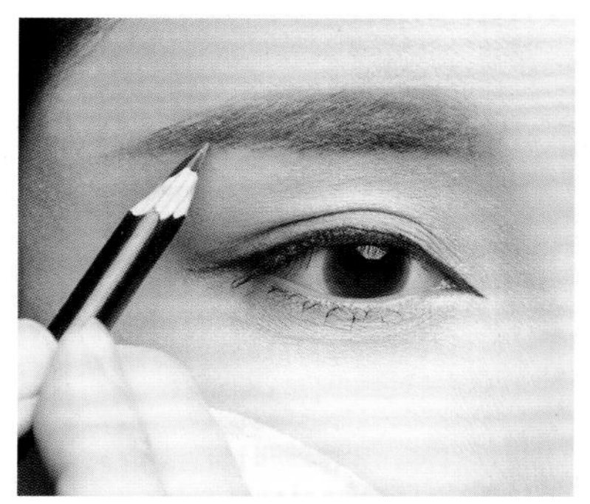

11 用黑色眉笔描画眉毛。

12 在唇部涂抹玫红色唇膏，使唇形饱满。

13 斜向晕染棕橘色腮红，提升妆容的立体感。

14 将后发区的头发进行三股辫编发。

15 将编好的头发向下扣卷并固定。

16 用黑色眉笔描画鬓角。适量喷胶定型。

17 将右侧发区的头发用波纹夹固定。

18 将发尾向耳后位置固定。

19 喷胶定型，待发胶干透后取下波纹夹。

20 将刘海区的头发用波纹夹固定。

21 用尖尾梳将刘海区的头发推出弧度。

22 将推出的弧度用波纹夹固定，继续推头发。

23 将弧度固定好之后，将发尾向上扭转并固定。

24 分出刘海区左侧的头发，将左侧发区的头发进行两股扭转并固定。

25 将刘海区左侧的头发用波纹夹固定后推出弧度，用波纹夹固定好弧度。

26 将发尾固定，调整波纹的弧度。喷胶定型，待发胶干透后取下波纹夹。

27 佩戴饰品，装饰造型。

学习要点：在妆容的处理上，用眼线膏描画眼线，塑造修长的眼形，使妆容更加古典。在发型的处理上，将右侧发区、刘海区右侧及刘海区左侧三片头发进行手推波纹，注意刘海区右侧及右侧发区造型结构之间的衔接要自然。

清代宫廷服妆容造型

我们对清代宫廷服的了解大部分是从影视剧中获取的，而大家最熟悉的就是格格服。格格为满语的音译，为小姐、姐姐、姑娘之意。在满语中，格格原来是对女性的一般称呼，现在受清宫剧的影响，则成了皇家贵族之女的代名词。我们现在在影视剧中所看到的清代宫廷服的化妆造型多以现代审美为标准，而在清代，每个等级的妃嫔、公主在服装的色彩、纹样以及所佩戴饰物的规格上都有所区别，但是现在我们看到的影视形象大多没有完全遵从历史。而这也是一个必然现象，因为在尊重历史的情况下，现代人的审美也是需要考虑的重要因素。那么我们在打造清代宫廷服的妆容造型时都需要注意哪些因素呢？

在化妆的时候要综合考虑服装、发饰、发型样式这些因素。如果是作为舞台形象或影视的话，也需要将人物的性格考虑在内。一般情况下，清代宫廷服的妆容不会过于浓艳。在影视剧中，清代宫廷服的妆容在表现一些比较正面的角色时，甚至只是略施粉黛，淡雅自然。在表现地位高的角色和反面角色时，妆容会比较浓艳一些。作为平面拍摄或者表现年代特点时，可以有一些特色的表现。

在打底的时候要选择适合肤色的粉底，用清透的散粉定妆，定妆粉以亚光感为上佳选择。肤色应自然白嫩，而非苍白无血色。眼妆的色彩主要根据服装的色彩来决定：一般会用比较淡雅的色彩，如蓝色、粉色等，可以选择比服装主色调略淡的颜色作为眼影的色彩；对于颜色较深的服装，可以选择暖棕色、棕红色眼影。眼影的晕染面积不宜过大，一般平涂、渐层、局部修饰这样的表现形式比较适合清代宫廷服的眼妆。眼线不宜太宽，要细致自然，眼尾可以上扬一点，以体现古典美感。眉形微挑，眉色不要太深。腮红柔和淡雅，淡淡的桃红色腮红是首选，既能体现出柔美感，还能增加皮肤的细腻感。

唇妆要淡雅。如果服装是冷色系的，可以选择淡淡的金色、橘色光泽的唇彩；如果服装是暖色系的，可以选择粉嫩些的唇彩。唇彩光泽要自然，不能反光严重。在表现非常喜庆的感觉时，也有将嘴唇处理成红唇的情况。注意在这种时候唇形要处理得精致一些，不要出现性感大红唇，以免与塑造的形象不符。

清代宫廷服的造型看起来相对比较简单，其中一种是由钿子、燕尾、自身头发相互结合打造的造型。造型的方法是将燕尾用真发包裹，固定于后发区偏下的位置，然后将钿子佩戴于头顶。例如，《甄嬛传》中皇后的造型。钿子又称朝冠，是布面材质的，上边会装饰孔雀、花卉、珍珠、垂绦等饰物，体积较大，样式比较庄重。燕尾即后发区凸出的造型结构。清代宫廷服造型也有用真发盘起的，留出小辫子，佩戴珠花等简单饰品，一般用于表现青春正茂的女孩或者级别比较低的人物形象。还有两把头、大拉翅等。

以下是我们对一些清代宫廷服的妆容造型进行的具体介绍。通过观察欣赏图，我们会发现，服装颜色浅淡的在造型和妆容上都相对柔美，而服装色彩深暗的则相反。所以在搭配妆发之前要看服装的色彩，同时考虑服装是否具有一定的隆重感。在设计妆发前将这些因素考虑其中，整体造型就会更加协调。

简洁干净的古典造型与华贵的钿子头饰相互搭配，可呈现出端庄古典的美感，绢花的佩戴使造型更显雍容之美。妆容上，降低了唇妆的饱满度，以显出庄重感。

简洁干净的盘发搭配大拉翅饰品，整体造型简洁、端庄、古典。处理此款造型要注意从顶区向前带头发，做刘海造型时注意拉头发的角度，而且要保持头发干净伏贴。唇妆采用亚光红唇，可提升古典气质。

这是一款端庄的清代宫廷服钿子头造型，整个造型表面要光滑、伏贴，以体现古典美。此款造型给人的感觉华丽而大气，比较适合打造皇后、贵妃的形象。眼妆中晕染一抹淡淡的红色，使妆容更显华美。

这是一款清代宫廷服两把头造型。刘海区的手摆波纹效果同样要光滑干净，并且呈现对称感。此款造型的感觉精致、大方，适合打造年轻的妃嫔、格格形象。妆容上，自然上扬的眼线凸显了古典美感。

这是一款清代宫廷大架子头造型。此款造型端庄高贵，适合打造喜庆高贵的嫔妃形象，也可以作为影楼特色服造型及中式婚礼造型使用。整体妆感较为立体，唇妆偏暗红色，这会呈现一种心机之美。

这是一款大拉翅造型。此款造型的饰品华丽端庄，刘海区的发卷使造型更加柔美。此款造型适用于打造皇后或贵妃的形象。唇妆处理得较淡雅，可以突出眼妆。眼线呈现出了较为妩媚的感觉。

在打造此款高髻燕尾造型时，注意两边的发片打卷要有高低起伏感，这样会显得比较年轻、温婉。此款造型清雅秀丽，可以用来打造清纯的格格形象。妆容较为淡雅，与造型配合，可呈现柔美、温婉的美感。

这是一款高髻造型，具有一定的生活气息，可以用来打造清代的女性平民形象及奴婢形象。妆容上，眉形的处理平缓自然，眉尾略低垂，可呈现柔美而文雅的美感。

01 在颞骨、上眼睑后半段及颧骨位置晕染棕橘色腮红。

02 对颧骨进行斜向重点晕染。

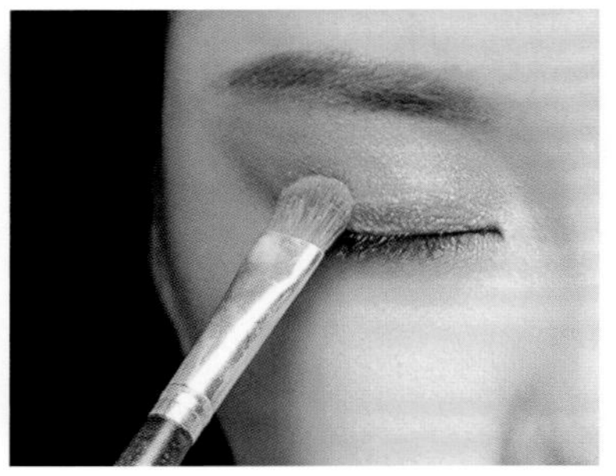

03 在上眼睑位置晕染金橘色眼影。

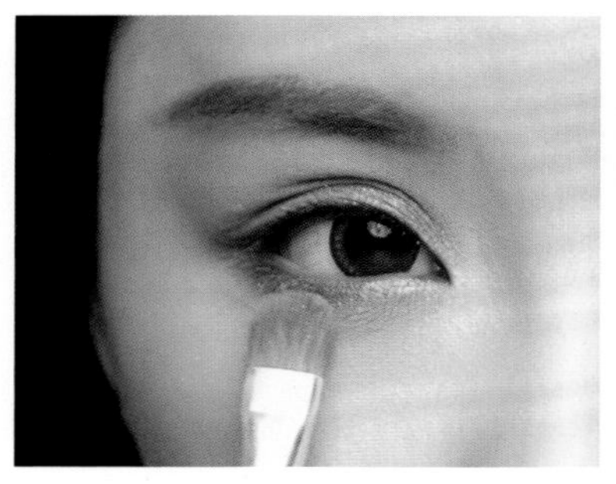

04 在下眼睑位置晕染金橘色眼影。

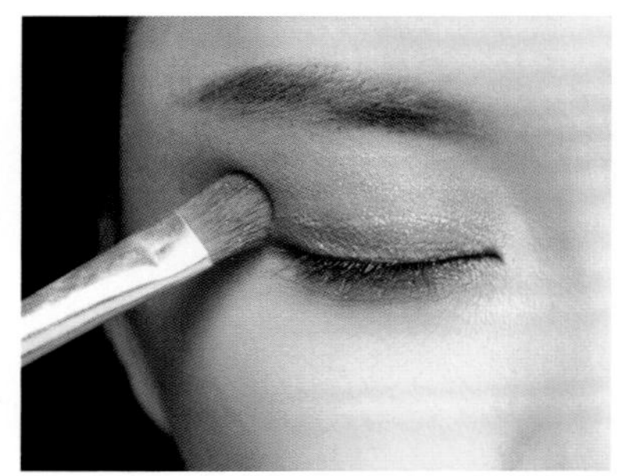

05 在上眼睑后半段用橘色眼影加深晕染，使其过渡自然。

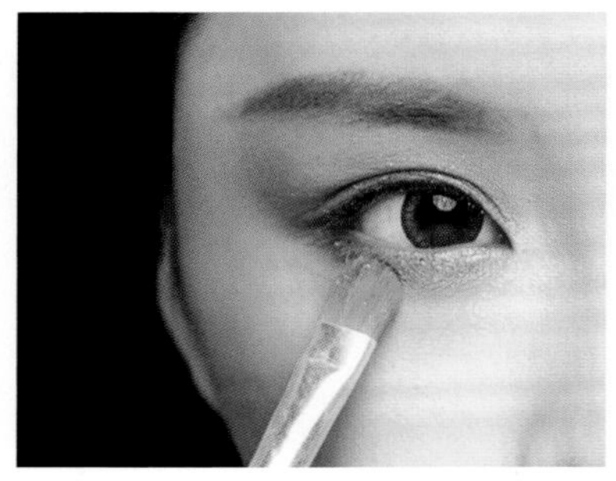

06 在下眼睑位置用橘色眼影进行加深晕染。

07 用水溶性眼线液笔描画上眼线，使眼尾自然上扬。

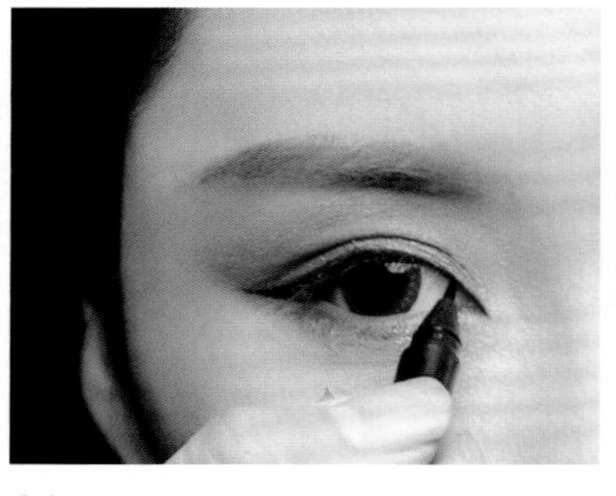

08 细致地描画眼头位置的眼线，适当拉长眼形。

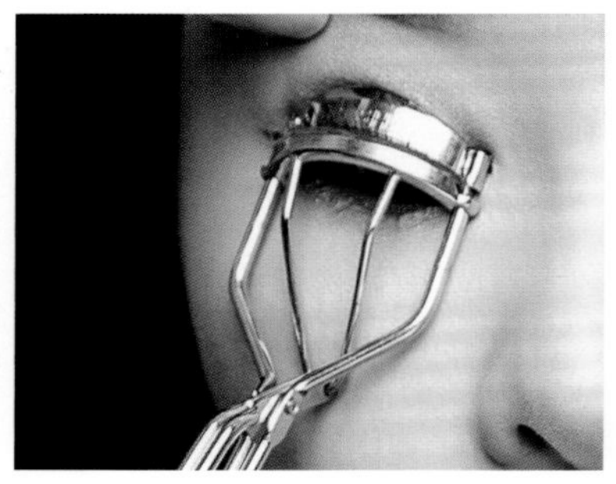

09 提拉上眼睑的皮肤，夹翘睫毛。

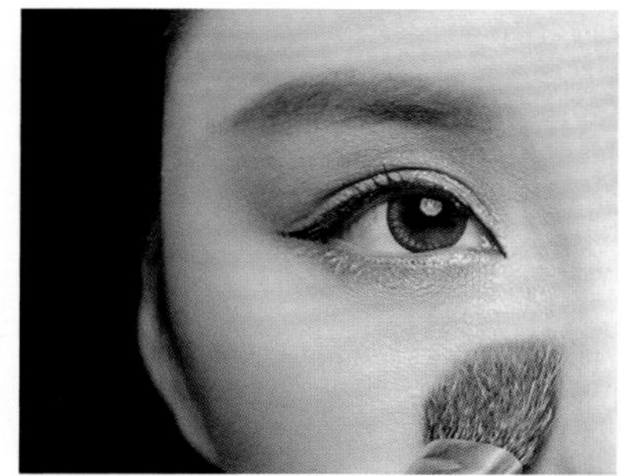

10 将下眼睑位置进行适当提亮，使妆容更显干净。

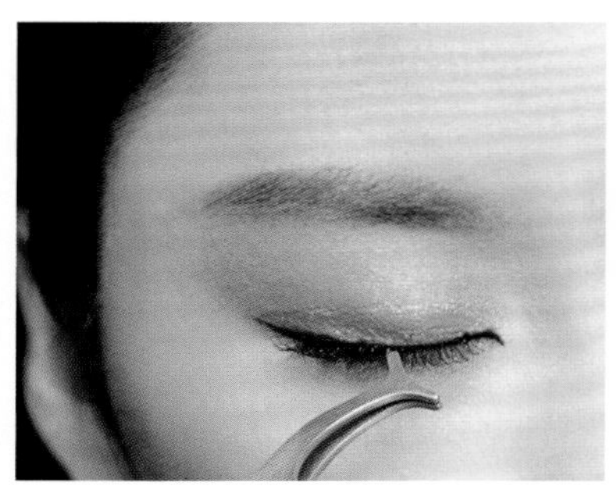

11 粘贴自然款上假睫毛。

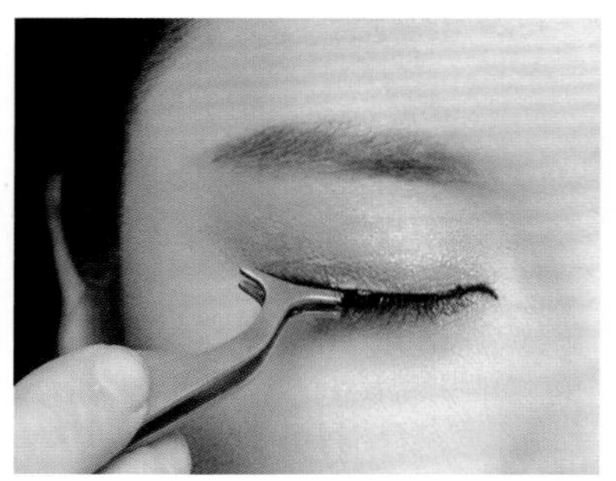

12 取半段假睫毛，粘贴在上眼睑后半段，使睫毛更加浓密。

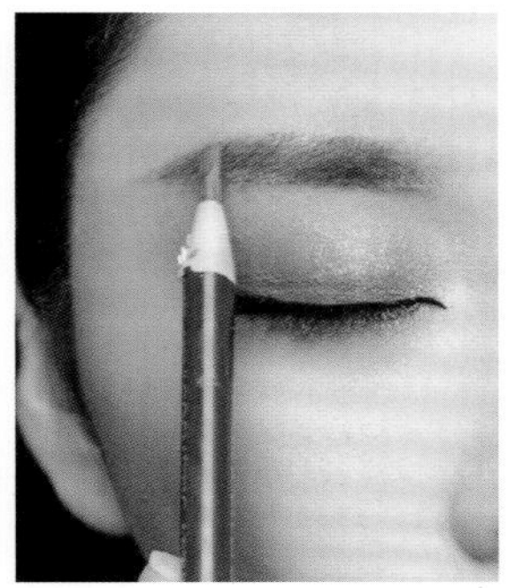

13 用咖啡色眉笔描画眉毛，使眉形自然平缓。

14 描画唇形，将唇峰处理得高一些，使唇形饱满。

15 将金色眼影粉点缀在唇上，使唇形更加立体。

16 用黑色眉笔描画鬓角。

17 将顶区的头发扭转，收拢并固定。

18 将后发区中间部分的头发向上收拢并固定。

19 在后发区佩戴燕尾假发。

20 将后发区右侧的头发向左上方提拉，扭转并固定。

21 将后发区左侧的头发向右上方提拉，扭转并固定。

22 将右侧发区的头发用尖尾梳向后梳理干净后固定。

23 将左侧发区的头发向后梳理干净并固定。

24 将刘海区左侧的头发梳理出弧度，在后发区固定。

25 将刘海区右侧的头发梳理出弧度，使其光滑伏贴，在后发区固定。

26 在头顶佩戴旗头饰品，装饰造型。

27 在燕尾上方佩戴饰品，在后发区佩戴造型花，装饰造型。

学习重点：处理此款妆容的时候要注意对眼形的塑造，使其具有古典大气的感觉。眼妆的重点在上眼睑后半段，要晕染出自然上扬的感觉。刘海区的头发要尽量光滑、伏贴，不能毛糙。

唐代宫廷服妆容造型

唐代是我国古代的鼎盛时期，无论是文化水平还是物质水平都达到了历史的高峰。唐代服饰除了使用传统的龙凤图案外，还会用花、草、鱼、虫图案进行装饰。这时服饰图案的设计趋向于表现自由、丰满的艺术风格。在唐代开胸衫盛行，但不是什么人都能穿着，只有有身份的人才能穿开胸衫，公主可以半露胸，歌女可以半露胸，而平民百姓家的女子是不允许的。唐朝半露胸的裙装有点类似于现代西方的晚礼服，只是不准露出肩膀和后背。

面部化妆有敷白粉、抹胭脂、画黛眉、贴花钿、点面靥、描斜红、涂唇脂等诸多方法。化淡妆时可以选择两三种手法，化浓妆时一般每一种手法都会用到。

敷白粉：白粉色泽洁白，质地细腻，施于面、颈、胸部，类似于现在的粉底、粉饼。

抹胭脂：胭脂为提取的红蓝花汁配以猪脂、牛髓制成的膏状颜料，类似于现在的腮红膏。

画黛眉：女子眉式花样百出，有蛾眉、小山眉、倒晕眉等。初唐一般都画得较长，盛唐以后开始流行短眉。

贴花钿：花钿是一种额饰，以金箔片、黑光纸、云母片、鱼鳃骨等材料来剪制成各种花朵之形，以梅花最为多见。现代在打造唐代宫廷装妆容的时候，多用手绘的方式描画花钿。花钿的描画或温婉，或大气，可以体现人物的性格及心理状态。

点面靥：面靥可以于面颊酒窝处以胭脂点染，也可以像花钿一样，用金箔等物粘贴。

描斜红：斜红是于面颊太阳穴处以胭脂染绘两道红色的月牙形纹饰，工整者形如弦月，繁杂者状似伤痕，是中晚唐妇女一种时髦的打扮。

涂唇脂：唐代女子的唇妆一般分为扁平形、棱角形、花瓣形等。

女子发式以梳髻为主，或绾于头顶，或结于脑后，发髻的形式有几十种之多。初唐时发髻简单，多数较低平；盛唐以后高髻流行，髻式纷繁。发上饰品有簪、钗、步摇、花等，多以玉、金、银等材料制成，工艺精美。簪钗常成对使用，用时横插、斜插或倒插。唐中后期还盛行插梳，以精致美观的小花梳饰于发上。

唐代宫廷服的配饰种类很多，项饰有项链、项圈、瓔珞等，臂饰有臂钏、手镯等，腰饰有玉佩、香囊等。瓔珞其上半部为一个半圆形金属颈圈，下半部为珠玉宝石组成的项链，有的在胸前还悬挂一个较大的锁片形饰物，整体华贵晶莹。臂钏是以金属丝盘绕多匝，形如弹簧，或以多个手镯合并而成的饰物，套于手臂之上，在宫女和仕女中流行。

以上是我们对一些唐代妆发及配饰的历史特点所做的介绍。结合现代人的审美观，唐代宫廷服的妆容一般的表现形式为眉形清新微挑，眼妆妩媚，眼线自然上扬，唇形处理得偏小巧精致，腮红红润。在造型方面大多处理得华丽大气，饰品佩戴得比较多。现在在打造唐代宫廷服化妆造型的时候，会保留更符合现代审美的精华部分，如眉心位置花钿的装饰，同时抛弃一些不符合现代审美的元素，但基本的基调及风韵是有所保留的。

下面我们对一些唐代妆发的现代表现形式做具体介绍，以便让读者对唐代宫廷服妆发有一定的了解。通过观察，大家会发现服装、发型、妆容之间的关系，或柔美，或庄重，都要形成统一的风格。

此款高髻造型是端庄大气的唐代宫廷服造型，所以饰品的佩戴要端正，风格要华丽。在打造造型的时候要注意假发片的光滑度，以及造型各个角度的饱满度。眼妆采用多种色彩结合晕染的方式，使妆容更显妖媚。

此款造型的坠马髻偏向一侧，所以假发的每一层固定一定要牢固，否则会产生脱垂感。偏向一侧的造型增加了造型的妩媚感，整体的感觉雍容娇媚。在妆容的处理上，用眼线拉长眼形，使模特更显妖媚。

这是一款簪花高髻造型，发髻具有威严感，而饰品的佩戴又具有年轻感，适合用来打造得宠的年轻贵妃形象，也可以用作中式婚礼造型。在妆容的处理上，要对眉尾位置做淡化处理，以使妆容更显大气、古典。

这是一款云朵髻造型。在打造造型时，注意刘海的翻转弧度及表面的光滑度，可以适当利用啫喱膏对头发进行处理。此款造型棱角分明，冷艳个性，比较适合打造唐代有心计的妃嫔的形象。唇妆处理得小巧精致、娇艳欲滴，更显古典之美。

在打造此款飞天髻造型时，假发髻佩戴的位置要刚好在真发的发髻固定位置，这样可以使真假发结合得更加自然。此款造型比较具有仙女的气质，适合作为唐代宫廷歌姬的飞天舞造型。在眼妆处理上采用了饱和度较高的色彩叠加晕染，更显古典气质。

这是一款平峰髻造型。打造造型时，不管是真发还是假发，表面都要梳理得光滑干净，这样更具有古典韵味。造型的对称结构让其呈现出端庄的感觉，适合用来打造柔美端庄的贵妃形象。眼妆自然而妩媚，用唇妆的色彩使整体妆感更加古典、雅致。

这是一款步摇高髻造型。高耸的发髻使造型呈现威严感，饰品的佩戴增加了造型的华丽感。此款造型适合用来打造母仪天下的皇后形象。此款妆容较为隆重，暗红的唇色与夸张的眼妆相互结合，更显大气、高贵。

此款环高髻造型的饰品非常简洁，造型也相对简单。高耸的发髻呈现威严冷酷的感觉，比较适合打造地位高、内心狠毒的妃嫔形象。在妆容的处理上要着重刻画眼线，拉长的眼线可使妆容更显妖媚。

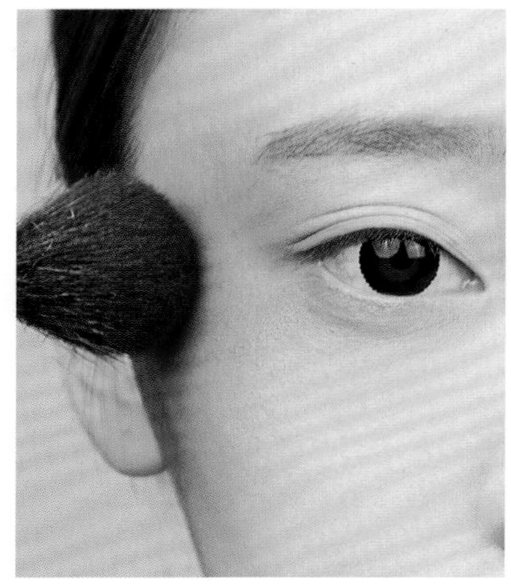
01 用棕红色腮红晕染颞骨位置。

02 用刷子将上下边缘晕染开。

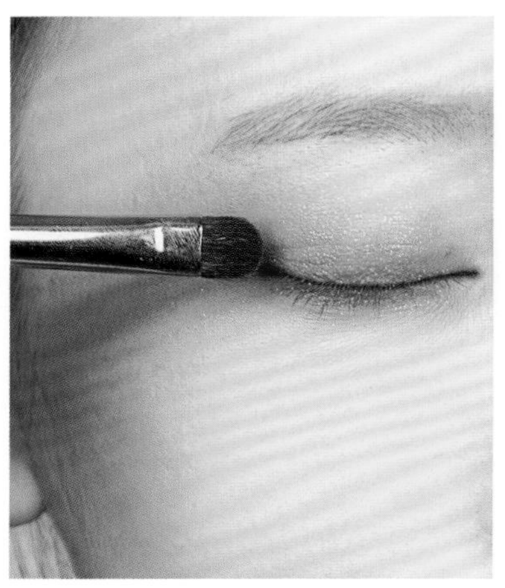
03 在上眼睑位置晕染金橘色眼影。

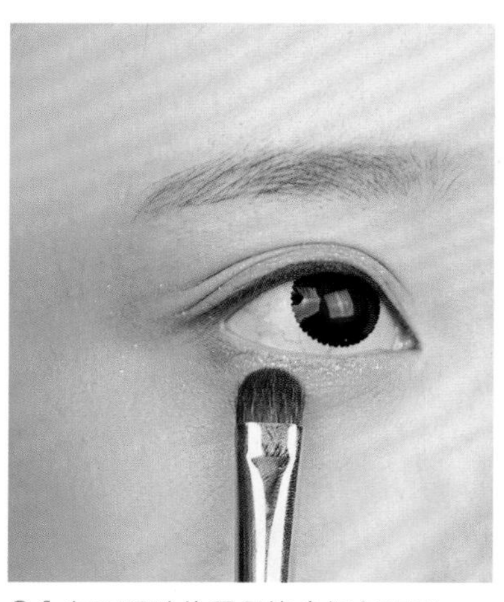
04 在下眼睑位置晕染金橘色眼影。

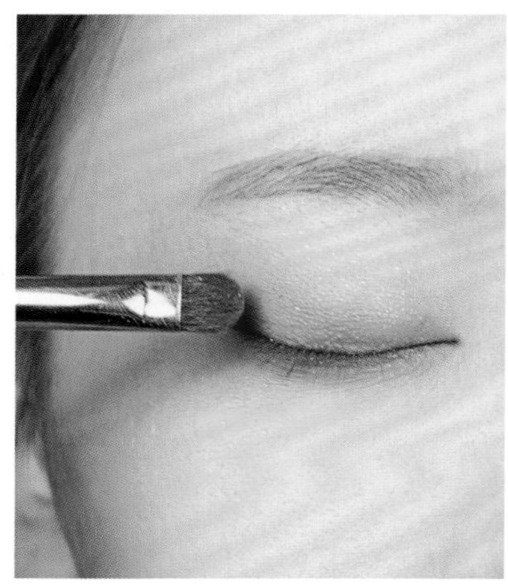
05 用少量橘色眼影对上眼睑进行晕染，使眼影的色彩更加柔和。

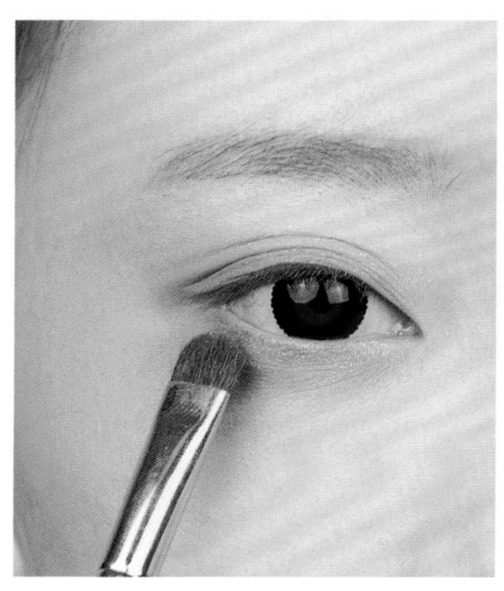
06 用橘色眼影对下眼睑进行晕染。

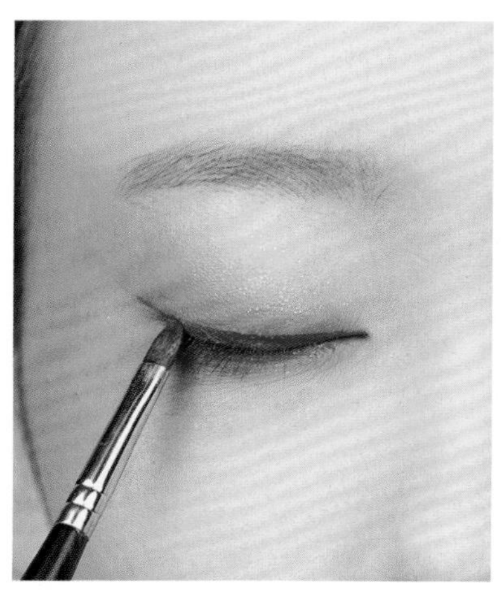
07 用红色水溶性油彩在上眼睑描画一条在眼尾上扬的眼线。

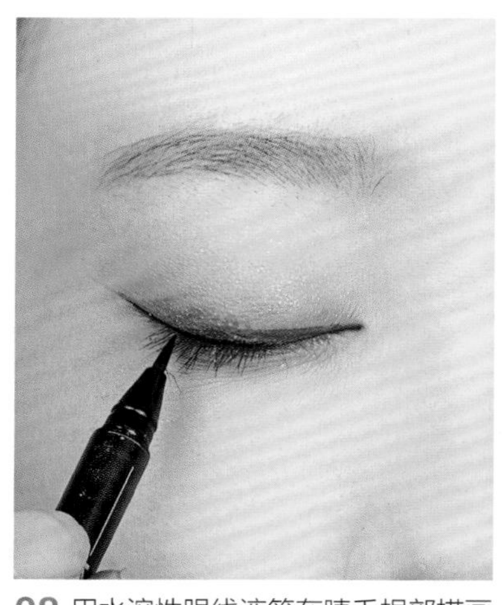
08 用水溶性眼线液笔在睫毛根部描画一条自然上扬的眼线。

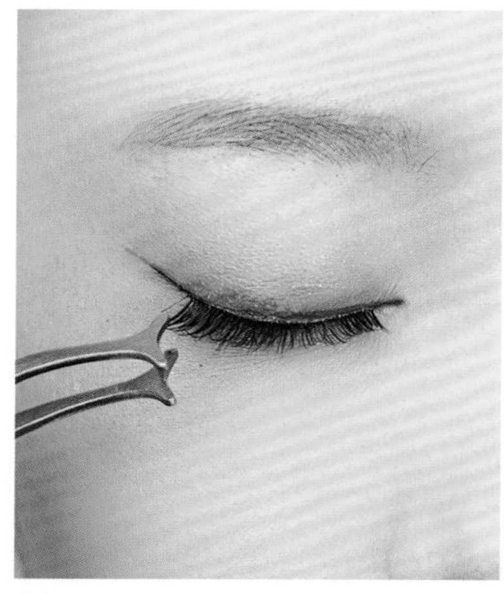
09 处理好真睫毛后粘贴假睫毛，对上眼睑后半段进行局部双层重点粘贴。

10 用黑色眉笔描画眉毛，注意眉形的特殊弧度，眉尾位置要晕开。

11 用红色水溶性油彩在眉心位置描画花钿。

12 用亚光红色唇膏描画出花瓣感的唇形效果。

13 将后发区的头发收拢后在头顶垫假发。用真发将假发包裹好，梳理光滑并固定。

14 在后发区的下方佩戴假发包并固定。

15 在头顶位置佩戴发髻并固定。

16 在头顶位置固定假发片。

17 从假发片中分出一片头发，包裹在发髻上，然后将其在右侧发区固定。固定之后将发片剩余的发尾收至后发区下方并固定。

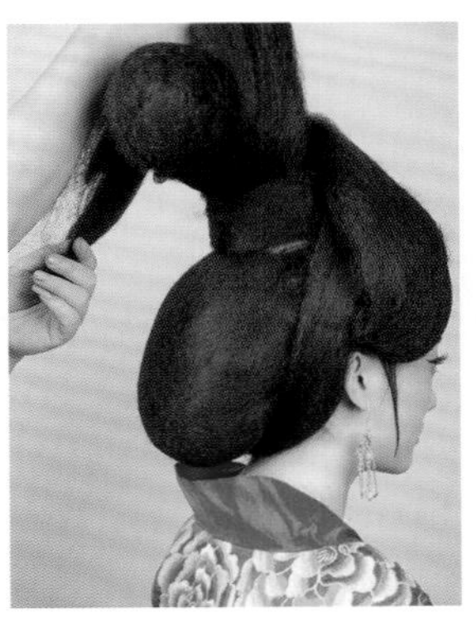

18 继续将发片中的头发包裹在发髻上，将其收尾并固定好。

19 在头顶佩戴饰品，装饰造型。

20 在发髻上佩戴饰品，装饰造型。

学习要点：这款妆容在处理上，花钿、眉形和眼线的描画都非常重要。造型利用了很多假发来完成，利用假发完成造型时，如何让真假发很好地结合非常关键。

汉代宫廷服妆容造型

这里所指的汉服仅针对汉代宫廷服。汉服的基本特点是交领、右衽，用绳带系结，也兼用带钩等，又以盘领、直领等为其有益补充。一套完整的汉服通常有三层：小衣（内衣）、中衣、大衣。汉族服饰几千年来的总体风格是以平易淡雅为主。汉族古代的袍服最能体现这一风格，这种袍服的主要特点是宽袍、大袖、褒衣博带。形制虽然简单，但一穿到人的身上便各有风采，可塑性很强。朴素平易的装束能给人增添一种天然的风韵。袍服充分体现了柔静安逸、娴雅超脱、泰然自若的特征，以及平淡自然、含蓄委婉、典雅清新的审美情趣。

汉代的妆容中，“红妆”已经慢慢盛行。但与唐代的妆容相比，面妆还是以白、素为主。整体妆容素净，在有些妆容表现上与唐代妆容有相似之处。在造型方面，这个时期大多流行平髻，将头发向左右两侧平分梳平，类似于现代的平分刘海效果。高发髻是贵族女子的发饰，也是一种权力与地位的外在展现。下面介绍一下这个时期比较盛行的发髻种类。

九鬟髻：自秦代开始，在贵族女子中盛行。“鬟”有环形发髻、九鬟之意，指环环相扣、以多为贵，受当时的贵妇所青睐，被奉为高贵华丽的发式之一。

垂云髻：垂云髻因头发中分微隆后绾，犹如行云流水而得名，是西汉前期最常见的发髻。这种发髻以简洁易打理为女性所喜爱，是日常生活中最普遍的发型。

盘桓髻：是汉代一种贵族已婚妇女常用的发型，其特点是高盘发髻搭配垂云髻，与垂云髻相比更显庄重之美。

双丫髻：形制如同现代的小女孩扎的对称牛角辫，只是呈发髻状，通常作为贵族年轻女子的发型。

灵蛇髻：头顶位置如灵蛇盘绕，大多数情况下呈双环或者三环效果，颇有仙女之风。

高髻：顾名思义，将发髻高盘于头顶，与后发区底端盘发髻呼应。一般会搭配发饰进行装饰。

步摇高髻：“步摇”在这个时期产生，是一种附在簪钗上的装饰物。上有垂珠，步则动摇也，由此而得名。“步摇”一出现就风行开来，唐代、清代的步摇沿袭其特点而加以发扬。步摇高髻即将头发梳成高髻，同时配以步摇，产生高贵的摇曳生姿之感，是华丽的贵族女子发型。

垂髻：将头发从头顶位置向后高盘，两侧及后发区头发呈下扣状，形成垂落的感觉，线条优美。

髻发簪花：将头发梳成高盘发髻，在发髻上点缀簪花。

除以上有代表性的造型外，将各种发髻结合并加以演变，可以呈现出更多的发髻表现形式。

在处理汉服妆容造型的时候，我们要注意现代审美与古典美的交融，不管是在影视剧还是在平面拍摄中，用到汉代妆容造型的时候要建立正确的观念。首先要适应现代人的审美标准，有些太过夸张的妆容造型表现形式已经不能满足现在的需求，可以在传统古典的表现手法上加以变化，但又不能改变其特有的历史风貌。

以下是汉代宫廷服妆容造型在现代应用的介绍。在设计及打造造型的时候要考虑到一些现实因素，根据运用方向的不同来调整妆发感觉，使其达到更加理想的效果。

这是一款步摇垂髻。造型呈现的是一种端庄的大气之美，搭配清淡柔和的妆容，可以用来表现沉稳的母仪天下的气质。

这是一款盘桓髻。此款造型是汉代已婚妇女的一种造型形式，适合用来打造皇后、太后的造型。妆感素雅，仅将眼线作为重点突出部分。

这是一款步摇后绾垂髻。造型的打卷及垂髻效果可以体现出人物的地位比较高，性格比较柔和。点缀华丽的饰品，可体现高贵感。在妆容上，唇形的轮廓饱满，要注意降低唇色的饱和度。

这是一款高盘流云髻。流苏饰品与花朵搭配偏向一侧，在华美中体现生动，适合作为年龄感偏小的汉代宫廷服造型。在妆容的处理上，下眼影的修饰使眼妆更加立体，但不夸张。

这是汉服妆发在现代婚礼中的一种应用，造型简洁大气。在对刘海倒梳时，要根据打卷想要摆放的位置来确定头发的提拉角度，这样更有利于打卷，能使打卷呈现更加完美的效果。妆容的重点是用红唇突出喜庆之美。

华丽的金冠凸显造型高贵雍容之美。光滑的盘发搭配金冠与红唇妆容，整体妆容造型简洁大气且高贵喜庆。眼妆刻画成自然立体的效果，着重在眼尾处加深晕染。

这是汉服妆发在现代婚礼中的应用，光滑伏贴的刘海、饱满的包发、后垂的头发增加造型的时代感，搭配华丽的金色步摇饰品，更显古典喜庆。在妆容的处理上，要淡化眉形，使妆容不会显得过于夸张。

发辫对两侧发区进行修饰，为造型增添柔美感，搭配喜庆的饰品，使整体造型简洁大方，非常适合作为汉代主题婚礼的造型使用。在妆容的处理上，采用偏棕色腮红，可以使妆容立体而不红艳。

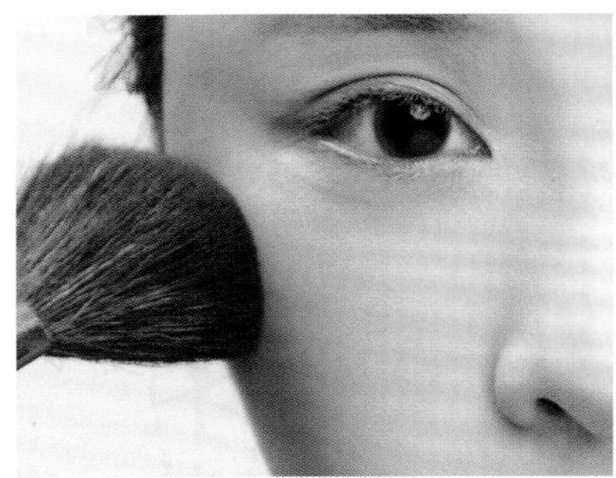

01 斜向晕染棕橘色腮红。

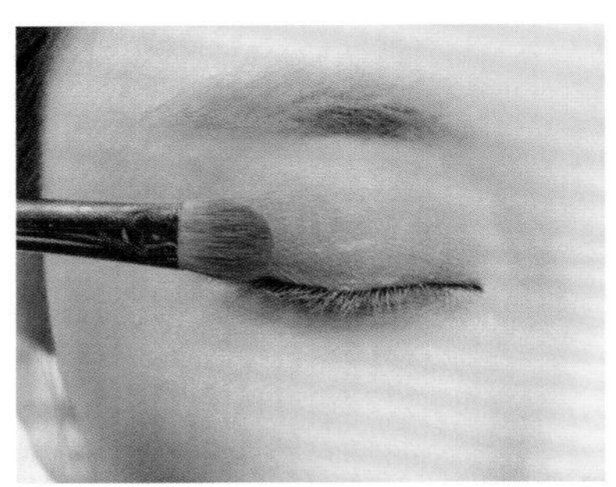

02 选择与腮红同样色彩的眼影，在上眼睑晕染，重点晕染上眼睑后半段。

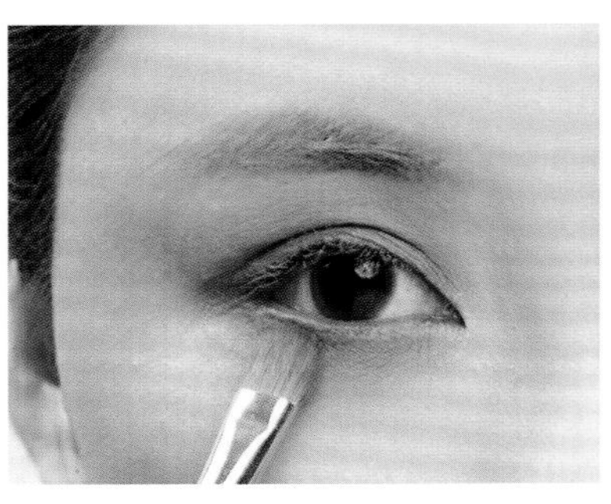

03 用棕橘色眼影在整个下眼睑位置进行晕染。

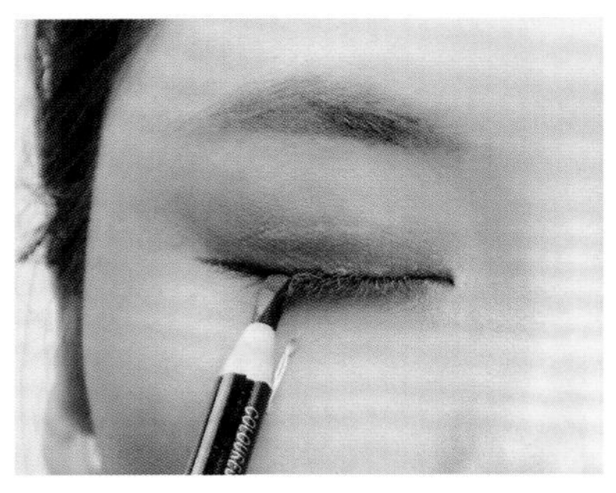

04 用黑色眼线笔在上眼睑后半段描画眼线。在眼尾位置眼线要拉长。

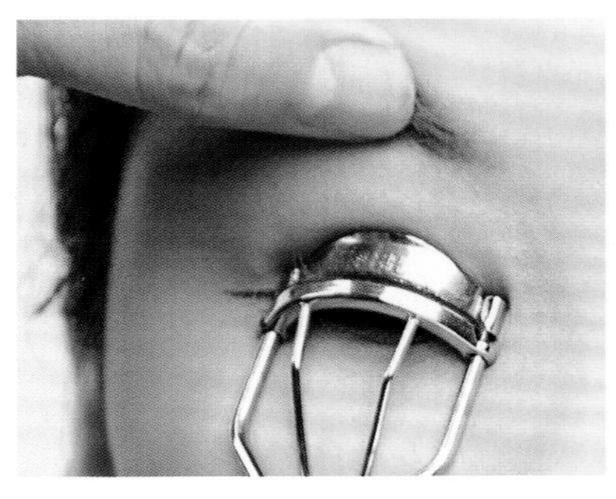

05 提拉上眼睑皮肤，将睫毛夹翘。

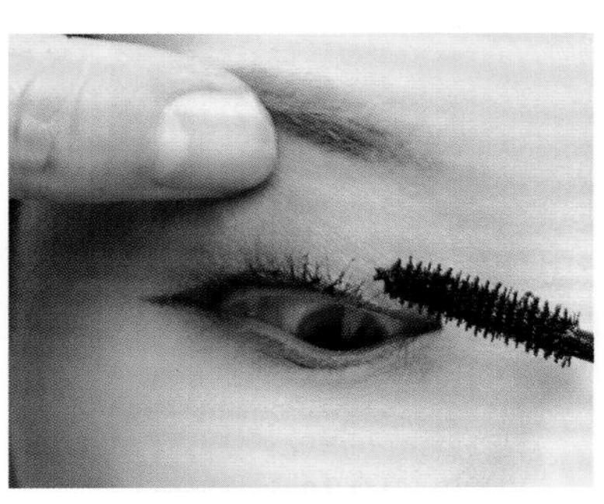

06 提拉上眼睑皮肤，涂刷睫毛。

07 涂刷下睫毛。

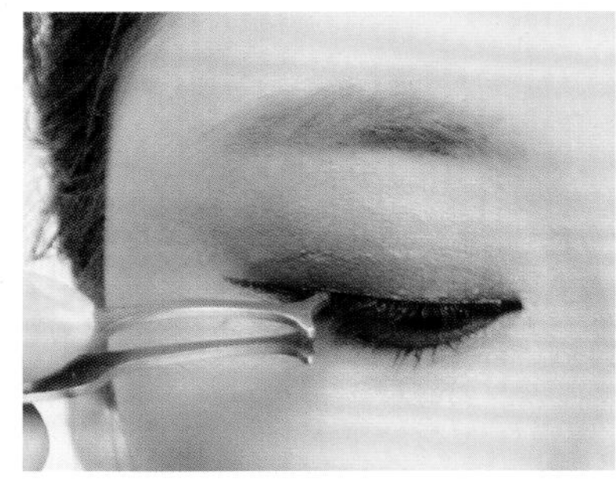

08 在上眼睑紧贴睫毛根部粘贴自然款假睫毛。

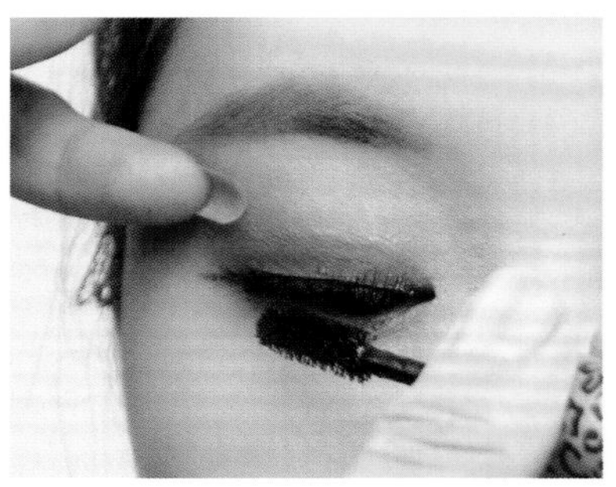

09 提拉上眼睑皮肤，涂刷睫毛膏，使真假睫毛结合得更好。

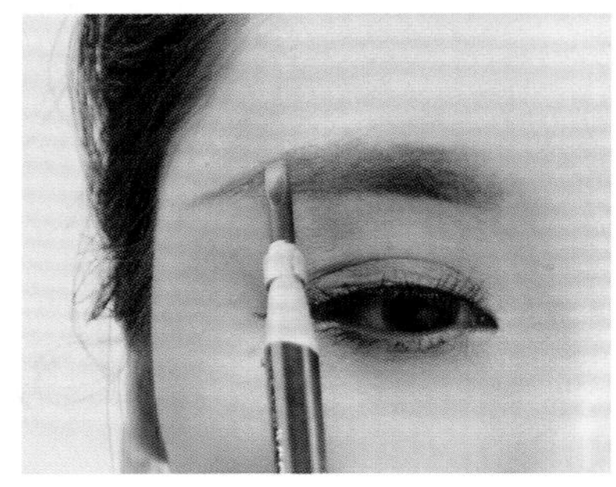

10 用棕色眉笔描画眉毛，使眉形自然。

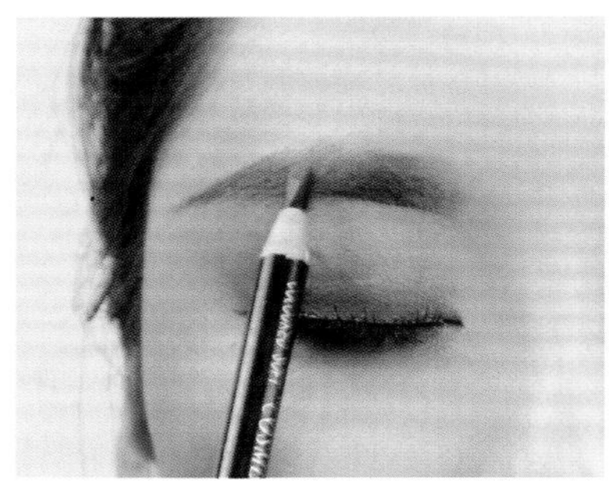

11 用黑色眉笔局部描画眉毛，使眉形更加完整、立体。

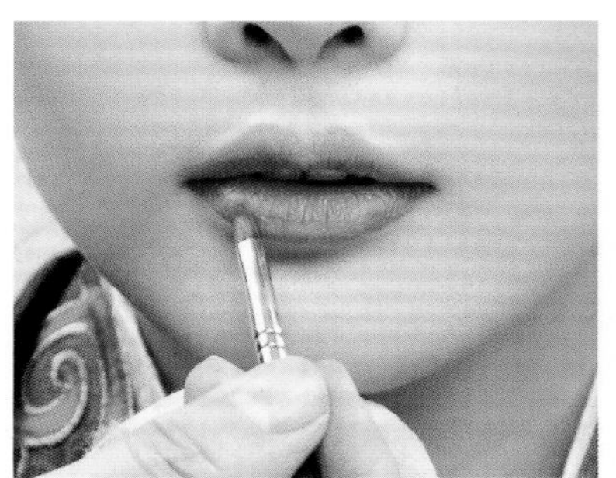

12 用偏枣红色的唇膏描画唇形。

13 使唇形轮廓饱满、清晰。

14 点缀少量金棕色唇彩，使唇形更加立体。

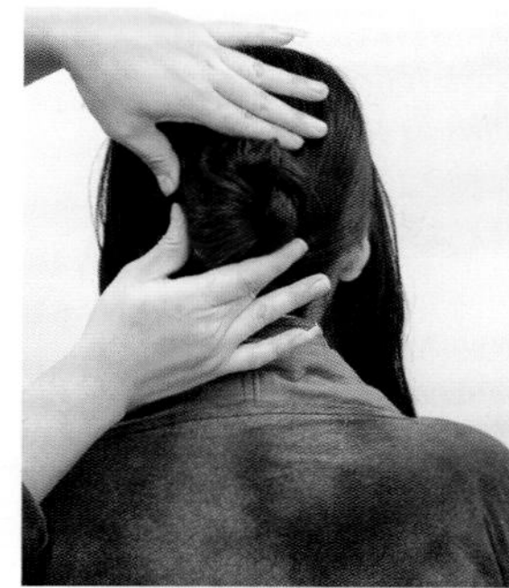
15 将后发区的头发收拢并固定。

16 将左侧发区的头发梳理光滑后，在后发区固定。

17 将右侧发区的头发梳理光滑后，在后发区固定。

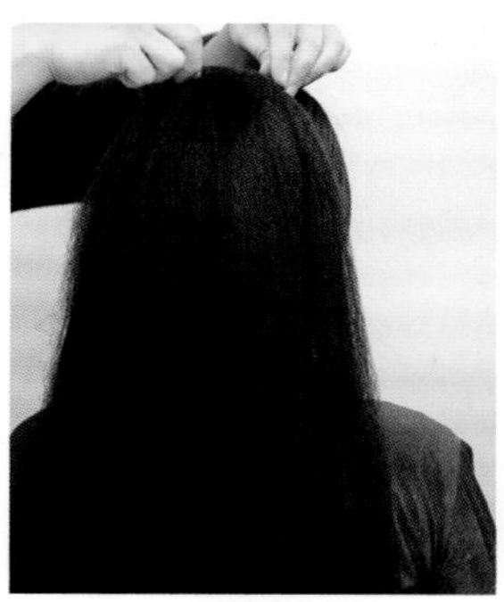
18 在头顶佩戴假发片。

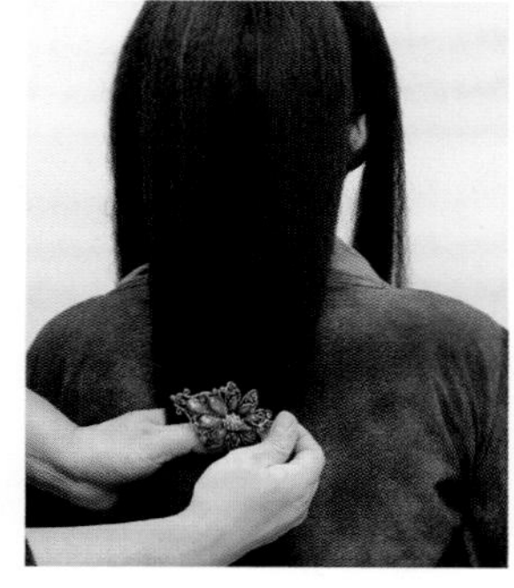
19 将假发片中间部分用饰品固定。

20 在头顶佩戴假发发髻。

21 在发髻后方固定假发。

22 在假发的基础之上继续固定假发，增加造型的高度。

23 将左侧预留的假发片从后向前包裹并固定。

24 将右侧预留的假发片以同样的方式操作。

25 在头顶佩戴假发及饰品，装饰额头。

26 在左右两侧佩戴假发，装饰造型。

27 在头顶发髻上佩戴饰品，在造型两侧佩戴发钗，装饰造型。

学习要点： 在处理妆容的时候不要使用饱和度过高、过于艳丽的色彩。在发型的处理上，注意不要将造型处理得过宽，并且发丝要光滑干净，造型整体应给人一种紧致的感觉。

05 时尚创意妆容造型

时尚创意妆容造型运用的领域很广泛，而针对不同领域的运用，我们在化妆造型中需要考虑的不单单是化妆造型本身，还应该结合使用方向和环境等因素进行综合的考量。

以下是对一些时尚创意妆容造型做的具体介绍。通过图片，大家会发现有时在一种类型的时尚妆发中会渗透其他风格的元素。时尚妆发一般没有明确的界定，只要具有大胆的创意和强烈的视觉冲击力，可以相互渗透，不必拘泥于理论的框架。

时尚杂志妆容造型

杂志充斥着我们的生活，各个行业基本上都有与之相关的杂志。在这些杂志中，时尚类的杂志占据报刊亭的半壁江山，而在时尚类杂志中，经常会刊登一些妆容主题的大片，这些妆容大片的作用不仅可用于欣赏，很多情况下都会以广告的形式出现。

另外一种时尚杂志的妆容造型是以配合服装拍摄为目的的化妆造型，是为服装产品拍摄而服务的。在以人物为重点表现对象的时候，如个人写真，我们在化妆造型的时候以将人表现得足够完美为核心；而在拍摄服装的时候，模特是为了体现服装的美感，而不是压住服装的风头。

以黑色为主题的时尚妆容搭配夸张的耳饰，发型采用简洁光滑的处理手法，是为了增添妆容的时尚感。在这款妆容造型中，任何复杂的发型都会冲淡妆容的视觉表现力。

遮在眼部的发丝增添了造型的时尚感，凌厉的眼妆和酷酷的黑红色唇妆呼应了时尚感十足的金黄色服装。

亚光玫红色唇妆与色彩丰富的包布造型相互呼应，整体妆发呈现绚丽多彩的时尚感。

时尚 T 台妆容造型

T 台妆容造型在现今的化妆造型中占的比率非常高，因为 T 台化妆造型涉及的范围比较宽泛。T 台妆容造型不单单可以在 T 台上用来展示服装，而是泛指某一种形式的化妆造型。例如，本书中所介绍的时尚 T 台妆容造型是对 T 台上的概念型妆发的一种表现。下面对其中一些妆发表现形式做一下介绍。

黑色调的妆容设计搭配夸张的牛角饰品，呈现概念型的 T 台感觉。

用硬网纱增加造型的空间感，整体妆发呈现唯美而又极具后现代风的 T 台感觉。

用中国风饰品装饰收紧的盘发，搭配时尚冷艳的妆容，整体呈现中国风的时尚感。

时尚创意彩绘妆容造型

在打造这种类型的妆容造型时，首先将抽象的线条以及具象的图案结合，描绘于面部，增强妆容的时尚感，同时合理地搭配造型，体现妆容造型的时尚感。下面我们以图文解析的形式对一些时尚创意彩绘妆容造型加以介绍。

用黑色油彩描绘如天鹅翅膀一样的眼妆，裸色唇妆使眼妆更加突出，整体妆容造型呈现出冷艳高贵的时尚感。

在面部描绘的抽象线条仿佛一幅图腾。要注意的是，描绘的抽象线条笔法要流畅且具有整体感。造型是自然盘起的，表现随意的纹理。

面部的玫红色油彩如一条丝带飘过，成为整个妆容造型的点睛之笔，注意时尚感妆容的彩绘不要处理得过于复杂。造型光滑简单，可凸显妆容。

时尚创意贴片妆容造型

将一些附属物装饰在妆容上，就是拼贴感主题的创意。拼贴的材料有很多，蕾丝、花瓣、水钻、羽毛等，而各种材料之间也可以相互结合。拼贴不是随意粘贴，需要注意渐进层次、色彩的主次、空间感的塑造、轮廓感的呈现等因素。另外，还要注意拼贴材料要与妆容造型表达的主题一致。

将中国风剪纸贴于眉部及下眼睑位置，搭配饱满的暗红色唇妆，使整体妆容时尚而具有东方美。造型表面光滑干净，将刘海推出弧度，以增添东方美感。

将半切面珍珠、水钻等装饰于眉毛处，妆容采用极裸的色彩来突出贴饰，彰显时尚感。造型表面干净，白色网纱发饰与妆容相互衬托。

将亮片装饰于眉毛及颞骨位置，与深邃的眼妆形成强烈对比，增强妆容的时尚感。用夸张的发包和孔雀毛配饰凸显妆容的妖媚时尚感。

时尚色彩大片妆容造型

时尚色彩大片妆容造型主要是通过色彩的视觉冲击力来设计妆型，如大面积的色彩叠加、色彩之间的对比、色彩形成的轮廓感、色彩的渐进关系等。在将色彩作为创意的主题时，注意色彩的饱和度要高，混合次数过多的色彩一般很难有强烈的视觉冲击力。红色、蓝色、绿色等是这种妆容造型中最常用的颜色；黑色、白色能够配合艳丽的色彩，强调妆容的结构感；黄色能调和其他色彩之间的关系；经过一次混合的色彩也可以用来表现色彩主题的妆容，如紫色。

黄绿色相互结合的晕染、红唇、红色饰品与红色服装之间形成强烈的视觉对比。夸张的色彩搭配使妆容造型具有妩媚之感。

用橘色大面积晕染眼部及颧骨至眼尾下方，用玫红色在眼部晕染出层次。搭配黄色唇妆及烟熏眼妆，整体妆容凸显出大胆的时尚色彩创意。将头发梳理干净，用少量发丝呼应妆容的时尚感。

将黑色、红色、墨绿色这些色彩相互结合，需要注意的是，打造色彩创意妆容时，要处理好层次变化及主次关系，这样可以使妆容更具有立体感和时尚感。用高耸的发包及夸张的配饰来整凸显造型的时尚感。

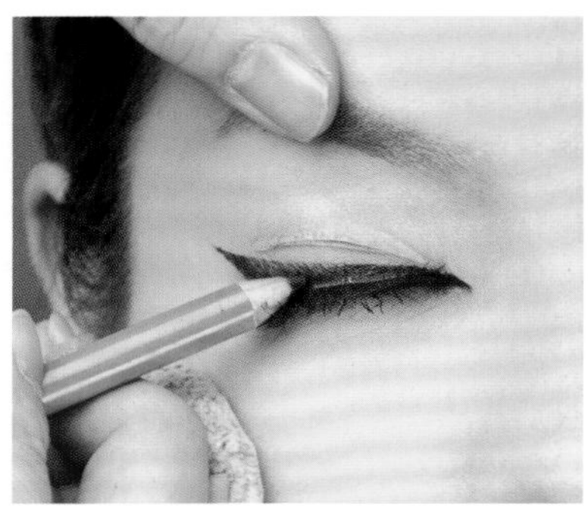

01 粘贴假睫毛后，在上眼睑用铅质眼线笔描画眼线，使眼尾处自然上扬。

02 用铅质眼线笔描画下眼线，在眼尾处与上眼线相互衔接。

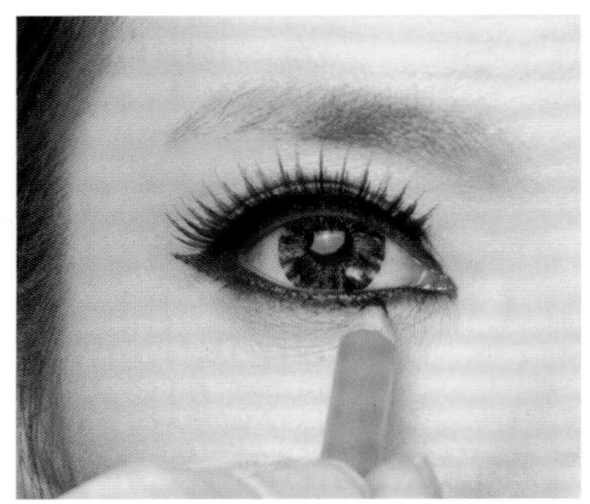

03 继续向前全框式描画下眼线。

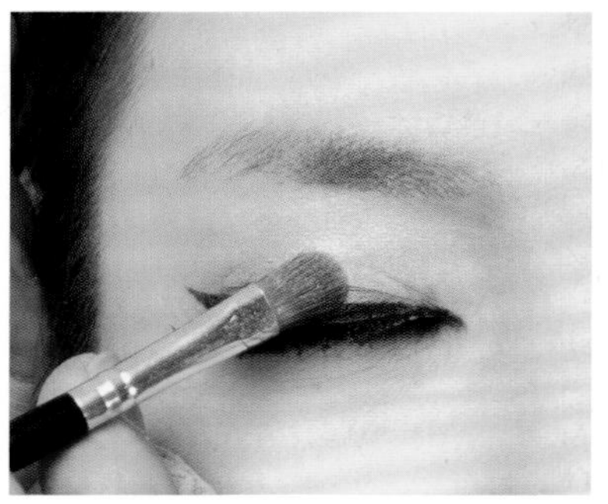

04 在上眼睑位置用少量珠光白色眼影进行提亮。

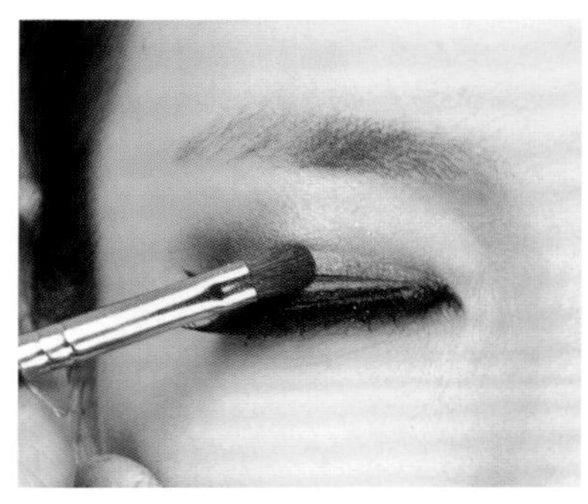

05 在上眼睑晕染黑色眼影，注意边缘过渡要柔和。

06 在下眼睑晕染黑色眼影，注意边缘过渡要自然。

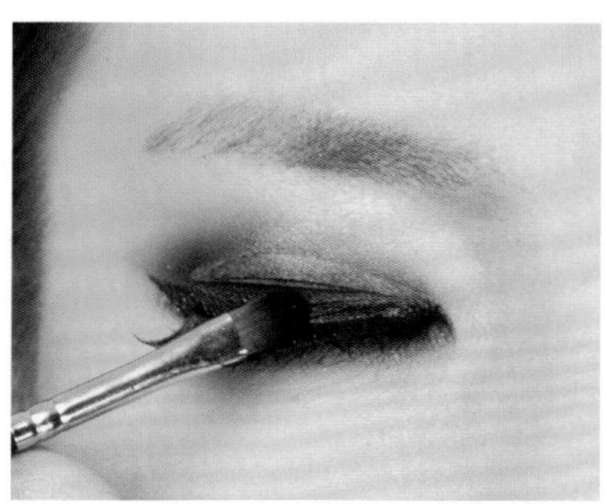

07 继续在上眼睑加深晕染黑色眼影。

08 在下眼睑加深晕染黑色眼影。

09 用睫毛膏将下睫毛涂刷得自然浓密。

10 在眉骨位置用珠光白色眼影进行适当提亮。

11 用灰色眉粉晕染眉形，使眉头更加柔和。

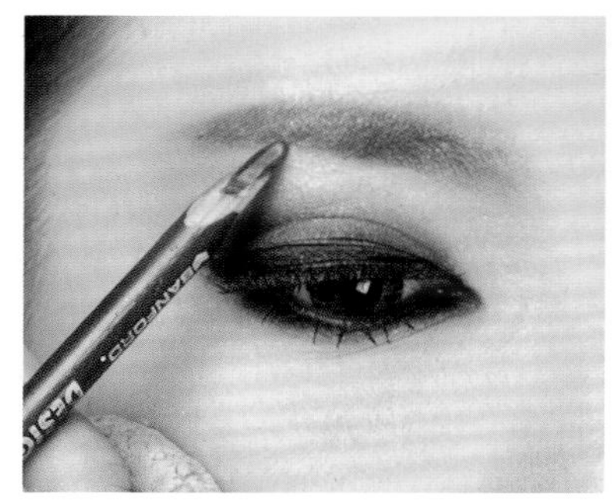

12 用灰色眉笔描画眉毛，使眉形更加平直。

13 斜向晕染棕色腮红，提升妆容的立体感。

14 在唇部用裸色唇膏涂抹，调整唇色。

15 在唇部涂抹少量金棕色唇彩，增加唇妆的质感。

16 将刘海区之外剩余的头发用尖尾梳在后发区收拢。

17 用皮筋将头发固定牢固。

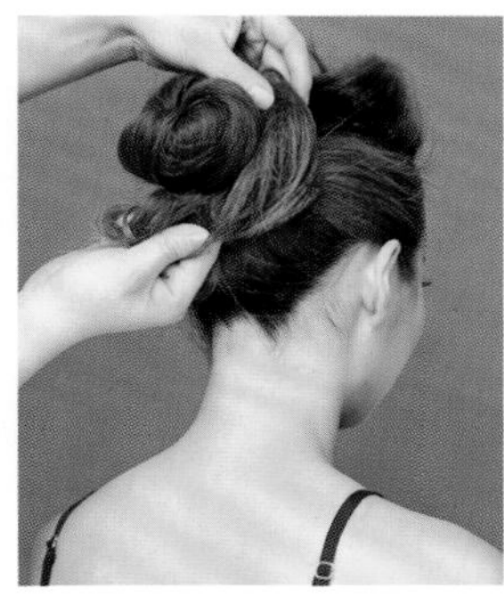

18 将固定好的头发盘绕并收拢。

19 将收拢的头发收紧后，用发卡固定。

20 将刘海区的头发倒梳，增加发量，增强衔接度。

21 用尖尾梳将头发的表面梳理干净。

22 将梳理干净的头发向上提拉并打卷。

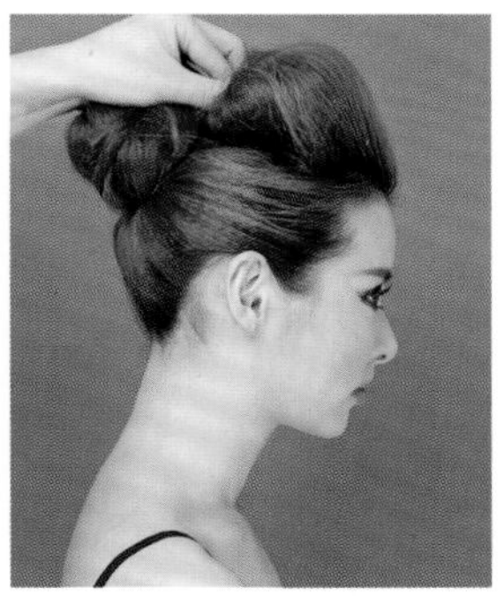

23 将打好卷的头发在顶区固定。

学习要点：妆容呈现黑色调的质感。在处理眼妆时，用少量珠光白色眼影调和，使黑色眼影晕染得更加自然；裸色的唇部及面部的棕色腮红都是为了使眼妆更加突出。此款妆容呈现时尚大气的风格，适合作为杂志拍摄、写真及服装画册拍摄的妆容。在造型的处理上，采用了以刘海区的头发塑造饱满造型的方式，在凸显妆容的同时提升了气质。

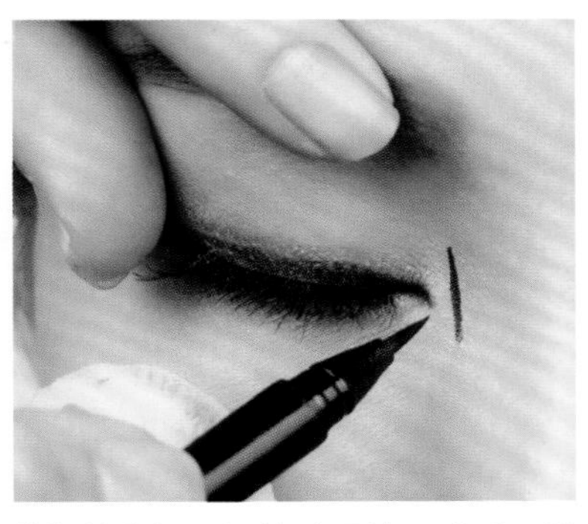

01 首先处理好基础眼线和睫毛，然后在内眼角前用水溶性眼线液笔描画一条竖线。

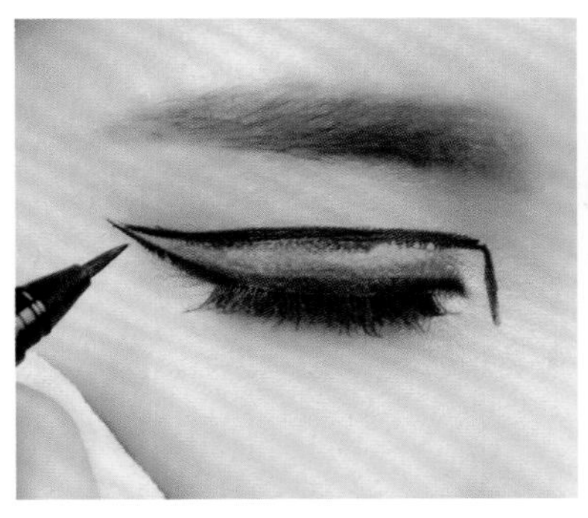

02 向后描画，框出眼线范围。

03 顺着内眼角走向描画一条线。

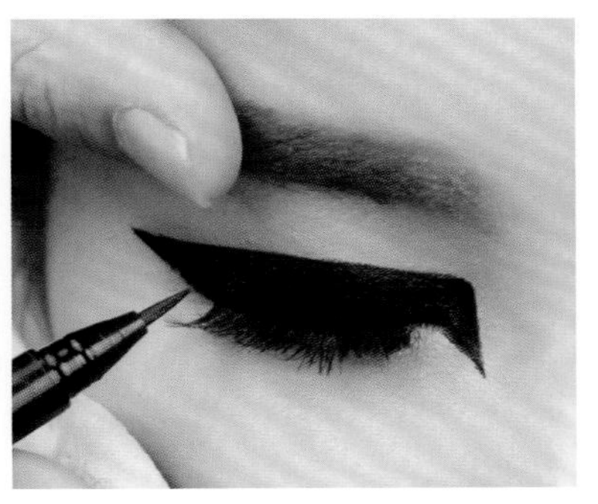

04 将框内用水溶性眼线液笔填满颜色。

05 用金色水溶性油彩在下眼睑描画。

06 用黑色眼线笔描画下眼线。

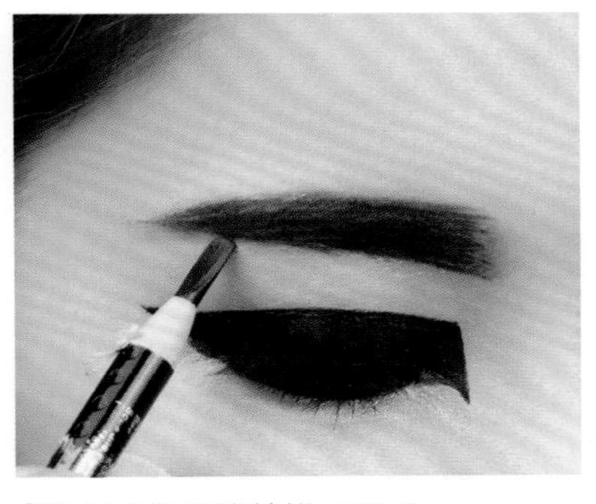

07 用黑色眼线笔描画眉毛。

08 描画轮廓饱满的唇形，然后在中间用金色水溶性油彩点缀。

09 将顶区的头发收起并固定。

10 在头顶佩戴牛角假发。

11 将刘海区及两侧发区的头发包裹在假发上并固定。

12 将后发区所有的头发收起并固定。

学习要点：此款妆容造型是一款创意的时尚 T 台妆容造型。在处理眼妆的时候，注意眼线要棱角分明，突出锐利的眼神。处理发型时，要注意使其呈饱满的扇形轮廓。

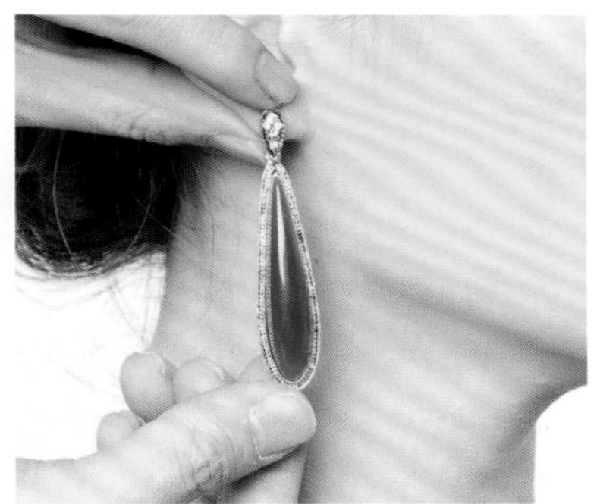

01 佩戴耳饰。

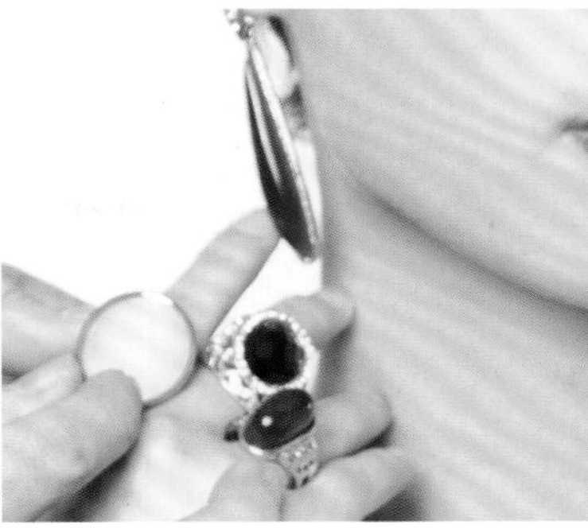

02 佩戴戒指。

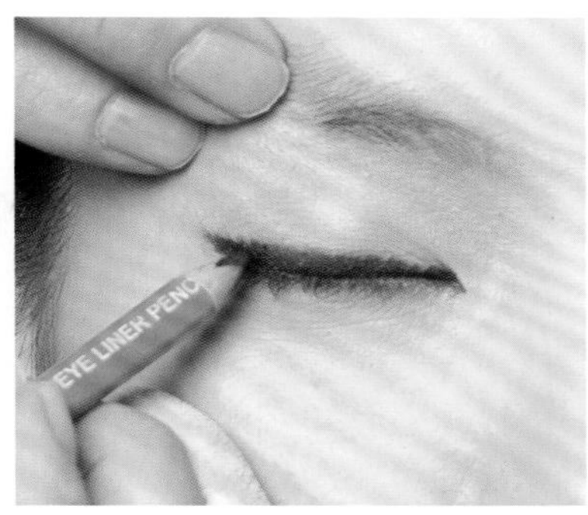

03 在上眼睑位置用铅质眼线笔描画眼线。

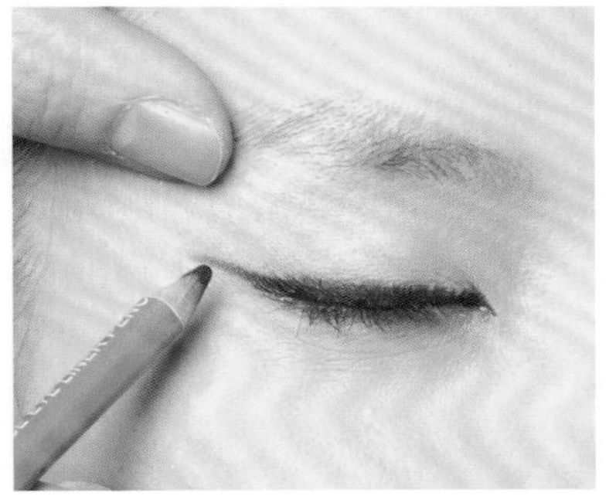

04 眼线在眼尾位置拉长。

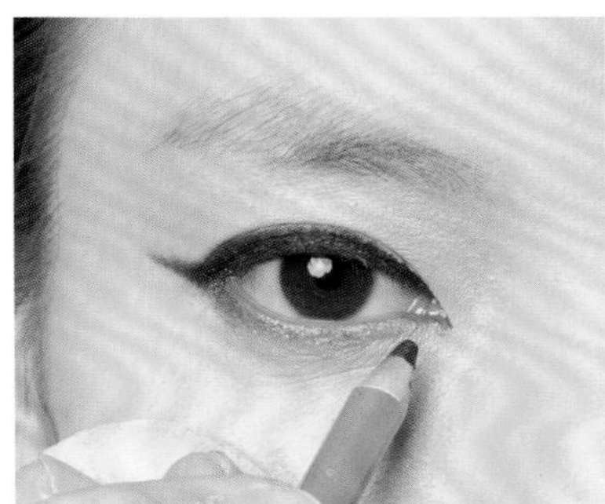

05 在内眼角描画眼线。

06 在下眼睑用金棕色眼影晕染。

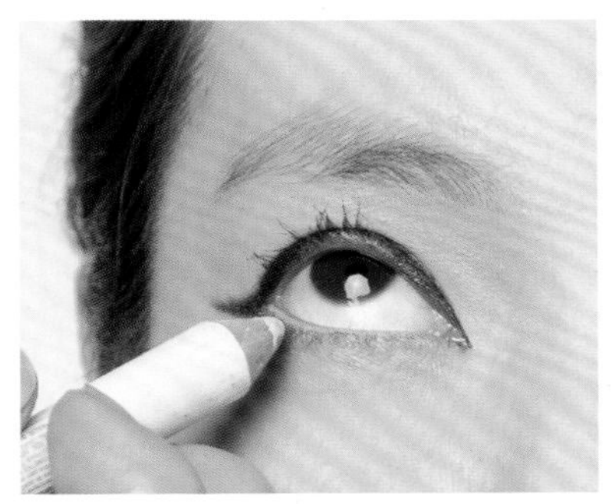

07 用白色眼线笔描画下眼睑内侧。

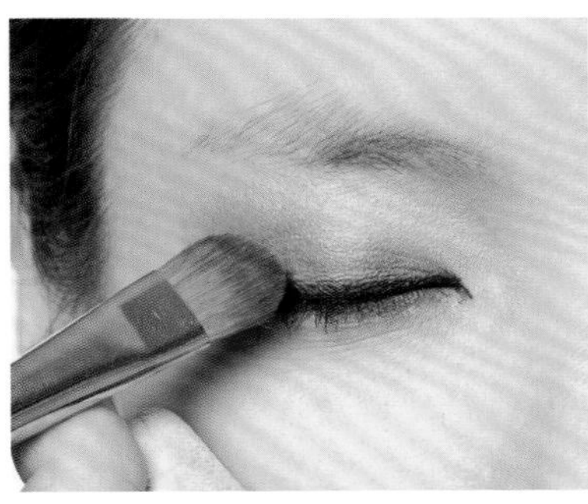

08 在上眼睑位置用棕红色眼影晕染。

09 用金色眼影大面积晕染眼影边缘，使其过渡自然。

10 夹翘睫毛，涂刷上下睫毛膏。

11 在上眼睑后半段粘贴前短后长的假睫毛。

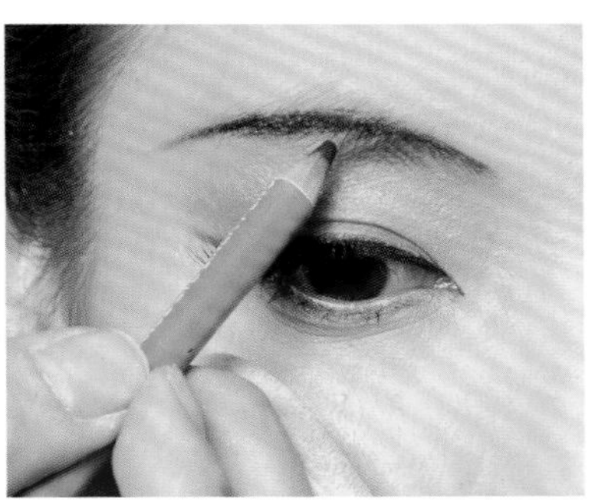

12 用眉笔描画细细的弧形眉。

13 用红色唇膏描画唇形，使唇部轮廓饱满。

14 晕染自然的淡棕色腮红，调整肤色，提升妆容的立体感。

15 将顶区及两侧发区的头发在后发区扎马尾。

16 将后发区右侧的头发向上提拉并固定在马尾处。

17 将后发区左侧的头发向上提拉并固定在马尾处。

18 用尖尾梳梳理马尾中的头发。

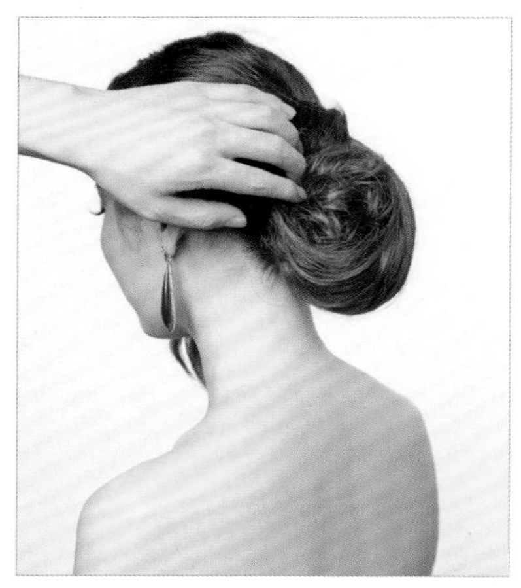

19 将梳理好的头发向下打卷后固定。

20 用尖尾梳将刘海区的头发梳理光滑。

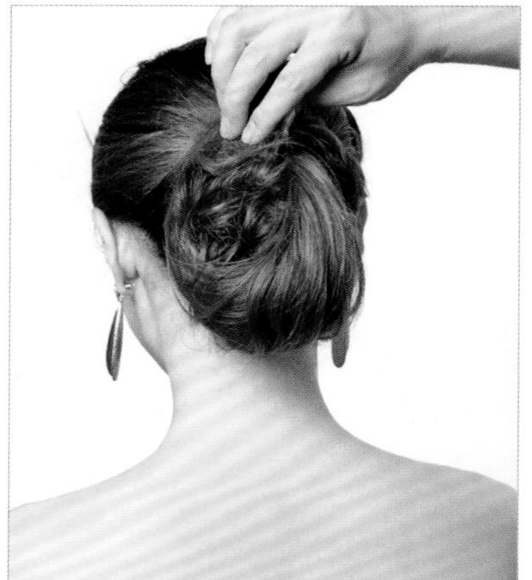

21 将刘海的发尾在后发区收拢并固定。

学习要点：在处理此款妆容的之前先佩戴好饰品，这是为了让妆容更好地与饰品相互搭配。为配合饰品风格，在妆容的处理上会带有时尚的古典韵味；为突出饰品，发型采用简单干净的处理手法。

明星红毯秀妆容造型

01 在上眼睑用铅质眼线笔描画在眼尾处上扬的眼线。

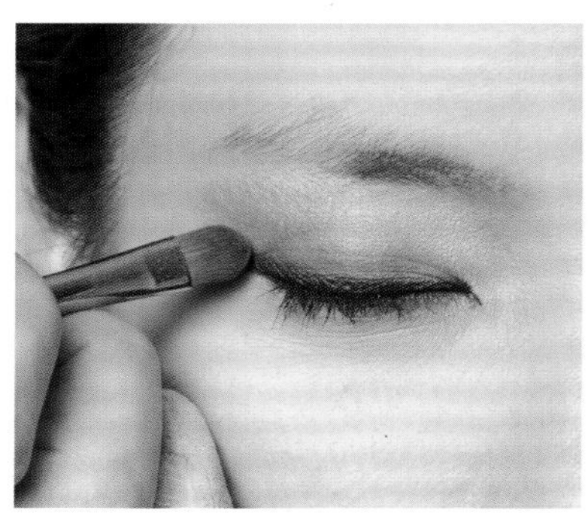

02 在上眼睑用金棕色眼影进行晕染，在眼尾处要斜向上晕染。

03 在下眼睑位置用金棕色眼影进行晕染。

04 夹翘睫毛，提拉上眼睑皮肤，涂刷睫毛膏。

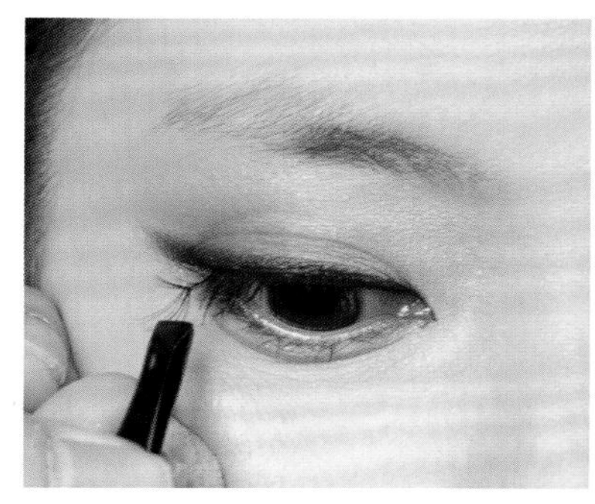

05 在上眼睑从后向前粘贴簇状假睫毛，睫毛大概粘贴到眼球中轴线的位置。

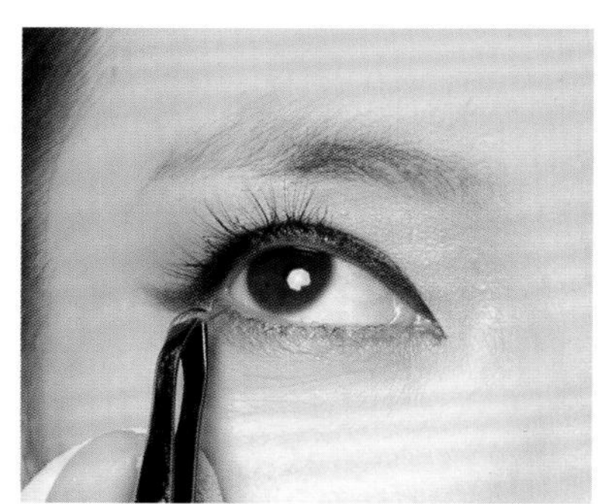

06 在下眼睑粘贴簇状假睫毛。

07 粘贴到下眼睑后三分之一处。

08 用咖啡色眉笔描画眉毛，使眉形自然，色彩淡雅。

09 用亚光红色唇膏描画唇部，使唇形饱满。

10 斜向晕染淡棕色腮红，提升妆容的立体感。

11 用电卷棒将头发烫卷。

12 用气垫梳将发卷梳通。

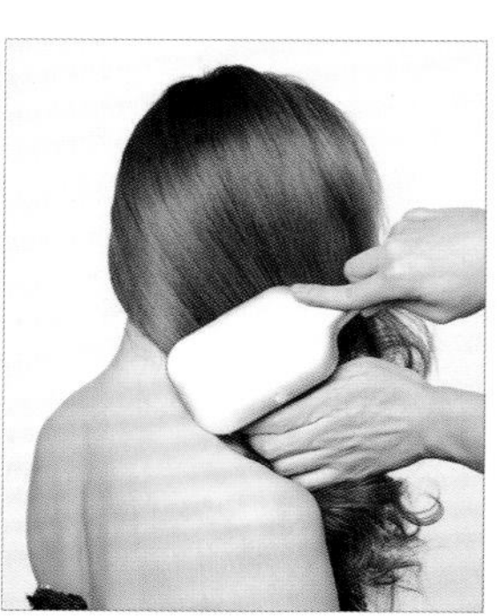

13 用气垫梳将全部头发梳理至右侧。

14 梳理额头位置的头发。

15 将发尾梳通。

16 在刘海区固定波纹夹。

17 调整好刘海区头发的弧度后，继续固定波纹夹。

18 向前用波纹夹固定头发。

19 向后用波纹夹固定头发。

20 调整好头发的弧度，继续用波纹夹固定。

21 用气垫梳梳理发尾，使其呈现自然的卷度。

22 对头发喷胶定型。

23 定型好之后取下波纹夹。

24 取下最后一个波纹夹，调整头发的细节，使其干净伏贴。

学习要点： 这款妆容的重点是体现唇妆，所以眼妆的处理要精致自然。在打造造型时，首先要用气垫梳将头发梳理到位。在用波纹夹固定头发时，首先要调整好发丝的弧度，使自然的散发呈现优美的弧度。

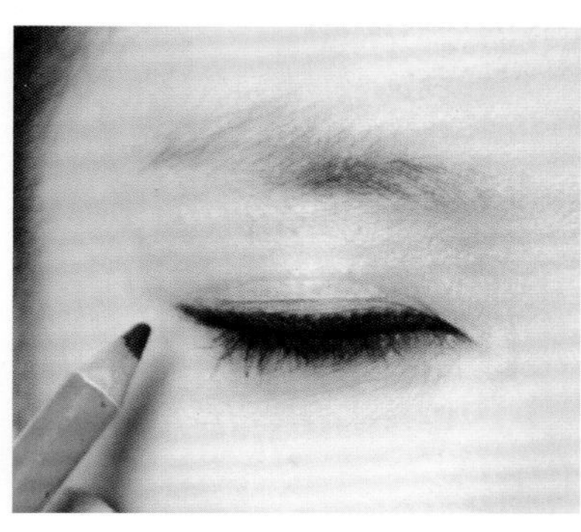

01 用铅质眼线笔在上眼睑位置描画眼线。

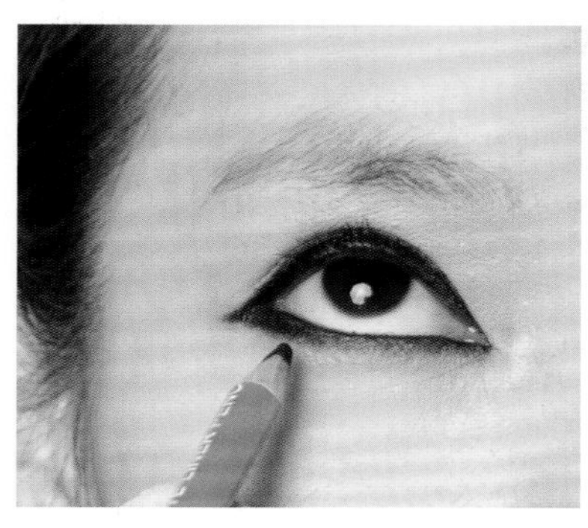

02 用铅质眼线笔在下眼睑描画眼线，在眼尾处与上眼睑眼线自然衔接。

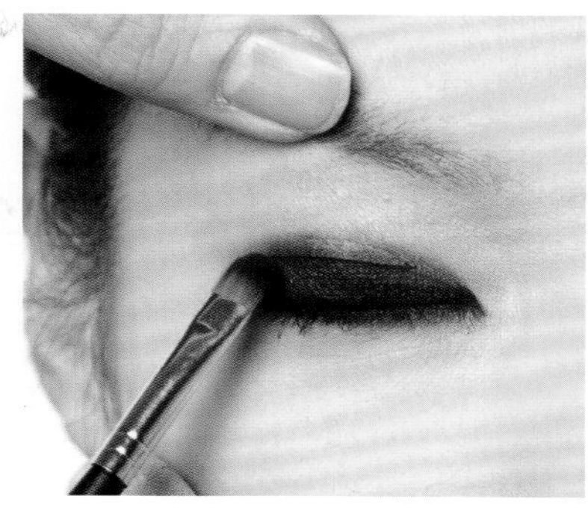

03 在上眼睑位置用黑色眼影晕染。

04 在下眼睑位置用黑色眼影晕染。

05 用灰色眼影将上眼睑黑色眼影的边缘晕染柔和。

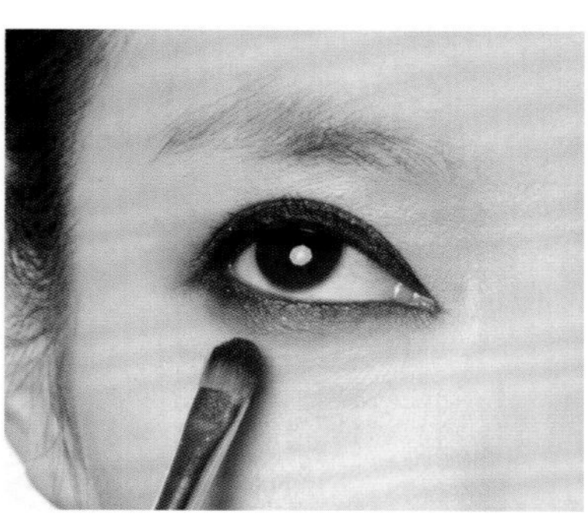

06 用灰色眼影将下眼影的边缘晕染柔和。

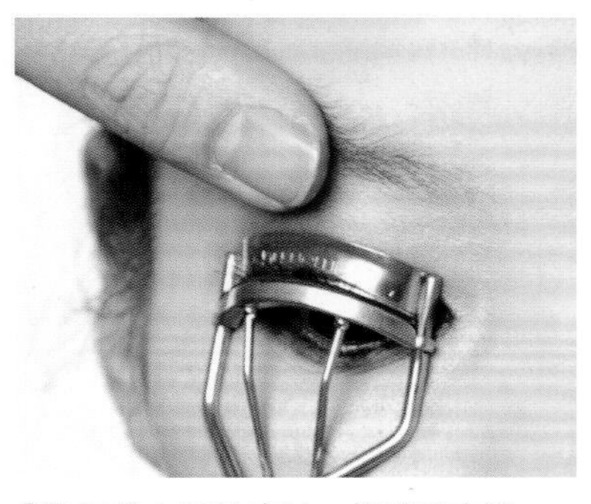

07 提拉上眼睑皮肤，将睫毛夹翘。

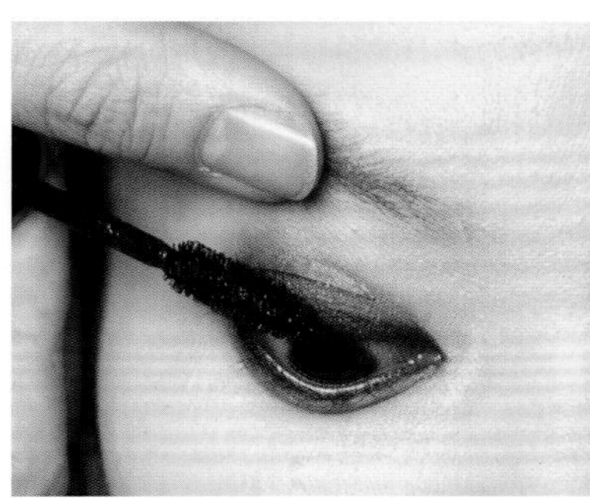

08 提拉上眼睑皮肤，涂刷睫毛膏。

09 用睫毛膏涂刷下睫毛。

10 用眉粉涂刷眉毛，确定眉形。

11 用咖啡色眉笔描画眉毛，使眉形更加自然。

12 用红色唇膏描画唇形，使唇形饱满。

13 斜向涂刷棕色腮红，提升妆容的立体感。

14 用电卷棒将头发烫卷。

15 提拉右侧发区的头发，进行倒梳。

16 将头发倒梳出层次后梳理光滑，使造型轮廓饱满。

17 喷胶定型。

18 将头发收拢至后发区左下方，扭转并固定。

19 调整下垂头发的发丝的弧度。

20 适当扭转头发后倒梳。

21 使头发呈现自然灵动的层次。

22 喷胶定型。

23 用手托住发尾，喷胶定型。

学习要点：黑色与红色是经典的明星感妆容搭配。黑色与灰色结合，形成魅惑的烟熏妆效果。在处理发丝时，注意不要处理得过于光滑干净，要让发丝呈现一定的灵动感。

01 粘贴假睫毛后，在上眼睑用水溶性眼线液笔描画眼线。

02 用水溶性眼线液笔描画下眼线，下眼线与上眼线相互衔接。

03 用水溶性眼线液笔勾画内眼角，勾画眼角时注意上下眼线自然衔接。

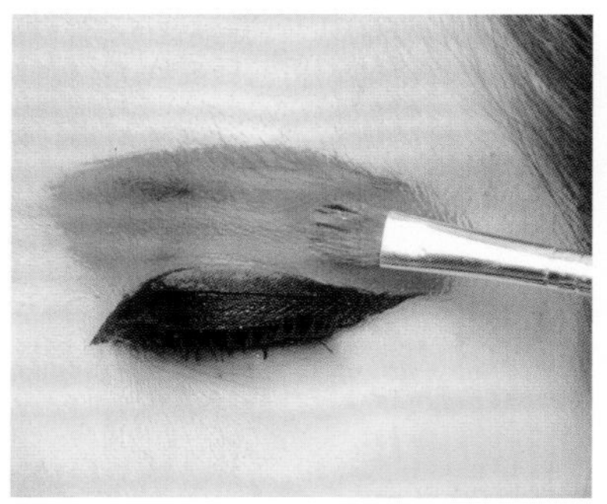

04 用红色水溶性油彩在上眼睑涂刷，使其遮盖住眉毛。

05 继续向前涂刷红色水溶性油彩。

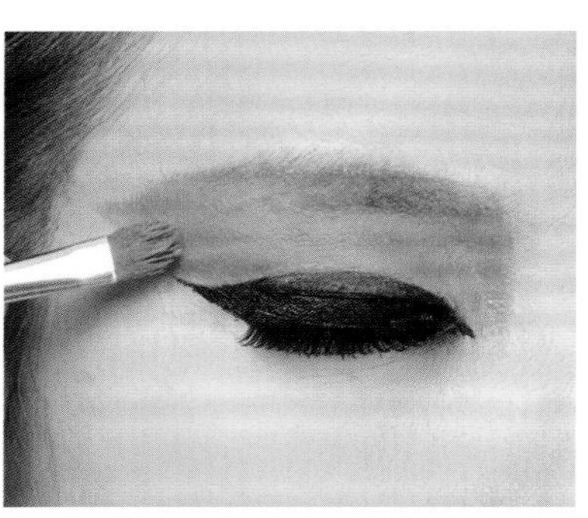

06 向后涂刷红色水溶性油彩，注意在眼尾位置要上扬。

07 在鼻根位置晕染紫色眼影，以增加眼妆的立体感。

08 在下眼睑晕染亚光蓝色眼影。

09 在上眼睑晕染浅玫红色眼影，将其边缘过渡得柔和自然。

10 将过渡的面积扩散至颞骨位置。

11 在眼尾下方晕染浅玫红色眼影，使其与蓝色眼影边缘过渡得柔和自然。

12 在下眼睑晕染亚光黄色眼影，使眼妆过渡自然。

13 晕染时注意色彩之间的衔接要自然。

14 在上眼睑粘贴彩色羽毛假睫毛。

15 斜向晕染橘色腮红，与眼妆衔接。

16 在唇部涂抹深玫红色唇膏，使唇部轮廓饱满。

17 用尖尾梳将头发全部梳理至左侧。

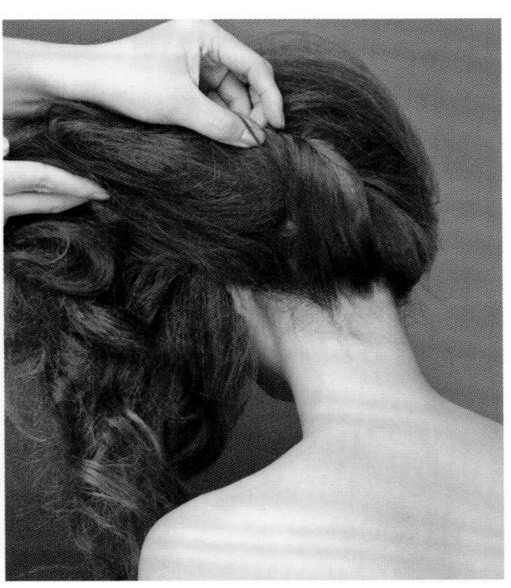

18 将后发区下方的头发向上扭转并固定。

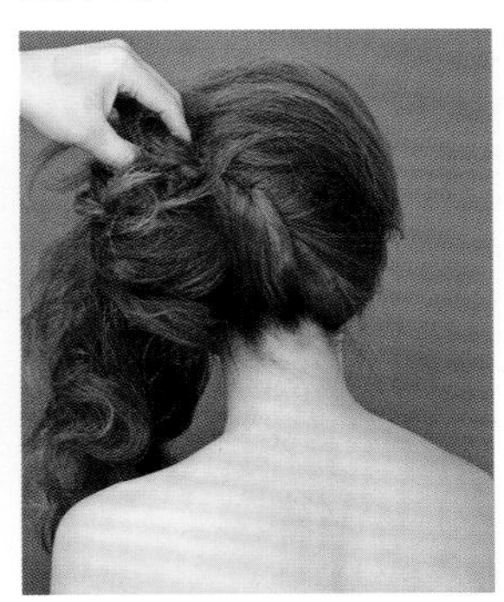

19 固定好之后，继续向上扭转头发并固定。

20 将部分头发在左侧向上提拉，扭转并固定。

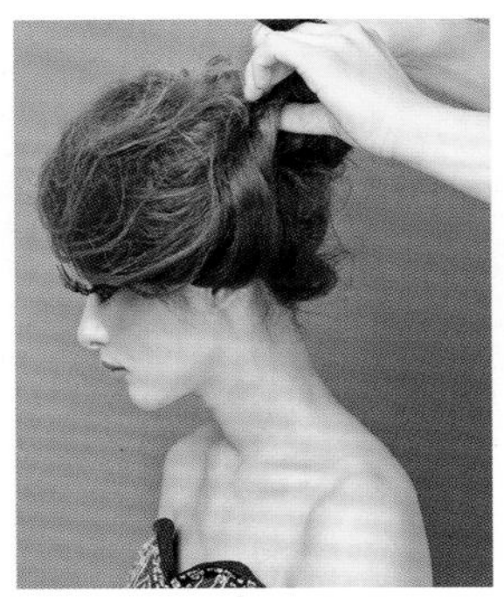

21 将剩余的头发向上提拉并扭转，使其隆起一定的高度并固定。

22 用尖尾梳调整发丝的层次，喷胶定型。

学习要点：眼妆采用红色、蓝色、浅玫红色、紫色、黄色完成了夸张的色彩碰撞，彩色的夸张羽毛假睫毛使眼妆的效果更加绚烂，橘色的腮红和深玫红色唇妆使妆容的整体色彩感更加强烈。此款妆容比较适合作为美容片及创作片妆容使用。在造型的处理上，将发丝梳至一侧，并塑造飞扬的层次，使这款色彩夸张的妆容更显张扬。

CHAPTER

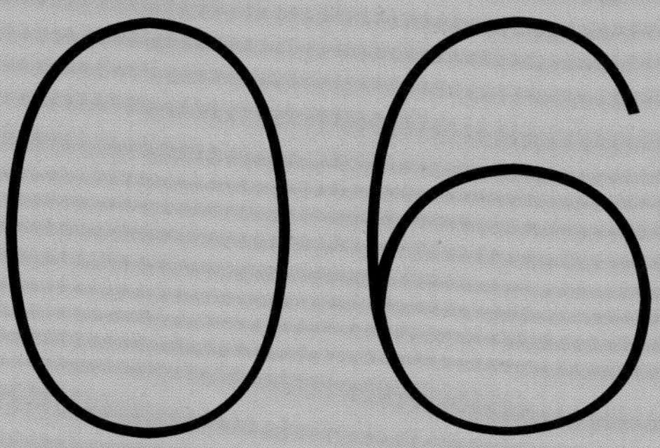

饰品制作与佩戴

饰品在妆容造型的整体搭配中起到很大的作用。一款合适的饰品可以将一款造型的美感提升一个层次，一款不合适的饰品则可以将一款本来不错的造型毁得美感全无。在本章中，笔者将对饰品制作和佩戴方法做具体介绍，让大家对饰品有更多的了解。

01 饰品制作简介

近年来，饰品制作在化妆造型师的圈子里慢慢盛行起来。很多化妆造型师都在尝试自己制作饰品，有些还将发展方向转移到饰品的设计制作方面，成立个人的饰品制作品牌。要做成一件事情，很多时候并不像我们想象的那么容易，在其中要投入很多的物力和精力。一般我们所用到的饰品都是消耗品，不太具有收藏价值，价格大部分不会太高，如果制作那些市面上已经有的饰品，花费的时间往往比付出的金钱更有价值。想要做好一件事情，努力、坚持和具有相关方面的天分都是很重要的因素。作为化妆造型师，不一定要在这方面投入过多的精力，但是可以对其有一定的了解，并且通过自己的设计改造让饰品与众不同，使其搭配在造型上更显新意。

个人饰品制作的好处

（1）个人完成饰品制作，可以把自己的设计创意融入饰品中，让饰品更符合自己设计的造型。

（2）在不考虑时间投入的情况下，个人设计制作饰品可以降低购买饰品花费的金钱，只需要原材料的成本投入。当然前提是要有足够的时间。

（3）饰品制作可以将一些已经破旧的饰品重新设计组合，使其焕发新的生命力，减少浪费。

（4）饰品制作可以培养自己的耐心，并且在一定程度上提高自己的审美水平。

饰品制作的工艺

一般饰品制作会有很多种制作方法。以下是一些比较常见的饰品制作工艺，其中有些制作工艺相对来说是比较复杂的，有些则很容易上手操作。其实饰品制作的设计很重要，并不是说工艺复杂，做出来的饰品就一定会好看。大家可以先从简单的做起，再慢慢深入钻研。

串、缝

串、缝是用针线将布艺等材料缝合起来，用针线将珍珠等串联起来，再缝合固定，以及在饰品上钉珠等。

裁剪

裁纱等操作都会用到裁剪工艺，如裁剪花瓣的形状。

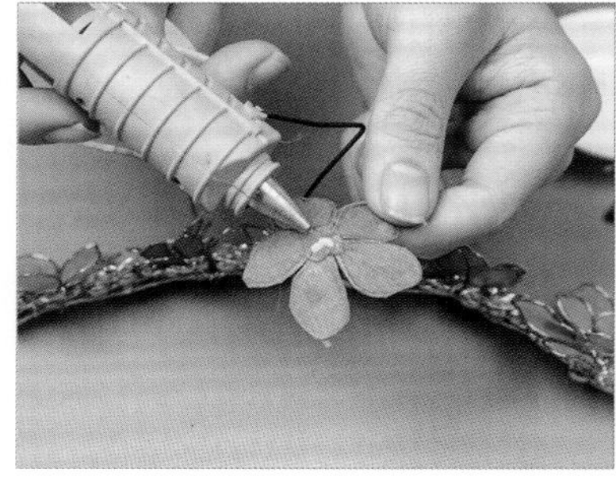

粘贴

粘贴是用胶枪、点钻胶等将饰品部件与其他部件粘贴在一起。

烫花器烫花

用烫花器将裁剪出花形的纱或布烫出花瓣弧度。

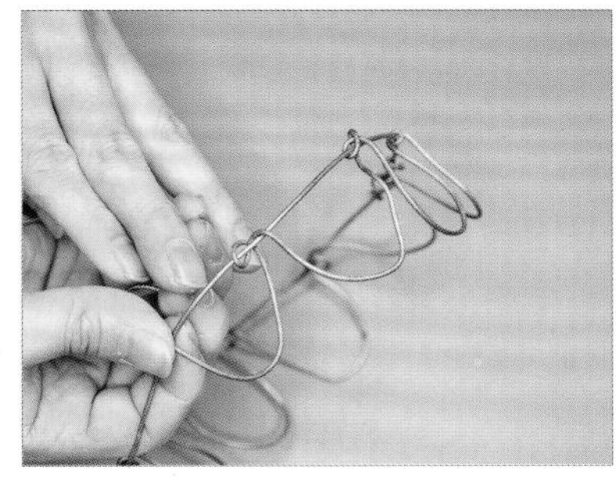

制作支撑

制作支撑时，一般会用铁丝等材料做出框架，然后用其他工艺材料对其进行装饰，完成饰品制作。

手工烫花

手工烫花不借助烫花器，用蜡烛或打火机将剪成花形的纱或布烫出花瓣弧度。

串、缠、扭

用细铁丝将珍珠和其他饰物串联缠绕在一起并固定，这种工艺一般是以牢固为目的的，与之前用针线串、缝不同。

打孔

用打孔钳将金属辅料打孔，这样有利于串入铁丝等并进行固定。

熨烫

将布熨平或将布与其他材料黏合在一起时，需要用熨斗加热熨烫。

染色

用染料将布进行染色，使其呈现其他色彩。上图是将裁剪成花形的白布用染料进行染色。

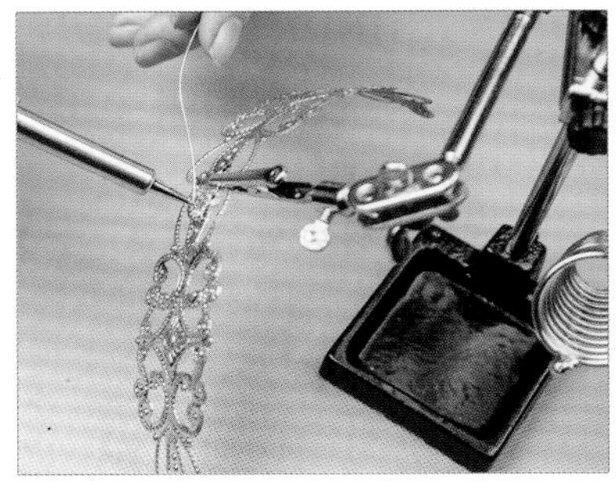

焊接

焊接是用电烙铁将焊丝融化，将金属固定在一起，这种方法一般只能固定一些比较轻盈的材料。这是制作皇冠等饰品时使用的手法。

拓模

这种手法一般运用在制作帽子类型的饰品上，如上图所示。在蕾丝布下边有拓帽子形状的木头模型，用熨斗或烫花器沿其周围加热熨烫，可以使蕾丝布呈现模型的弧度。（图片中的蕾丝布是用双面胶衬将其与马尼拉麻黏合在一起的，单独的蕾丝布硬度不够，是不能做帽子的。）

02 经典饰品

蕾丝花发带饰品：这款饰品主要使用了裁剪、串、缝等工艺。

绢花饰品：这款饰品主要使用了裁剪、串、缝等工艺。

蕾丝皇冠饰品：这款饰品使用了粘贴、制作支撑等工艺。

金叶子饰品：这款饰品使用了粘贴、串、缠、扭等工艺。

绢花发卡饰品：这款饰品使用了手工烫花、缝、缠等工艺。

太阳花发箍：这款饰品使用了串、缠等工艺。

复古发卡：这款饰品使用了打孔、缝、缠等工艺。

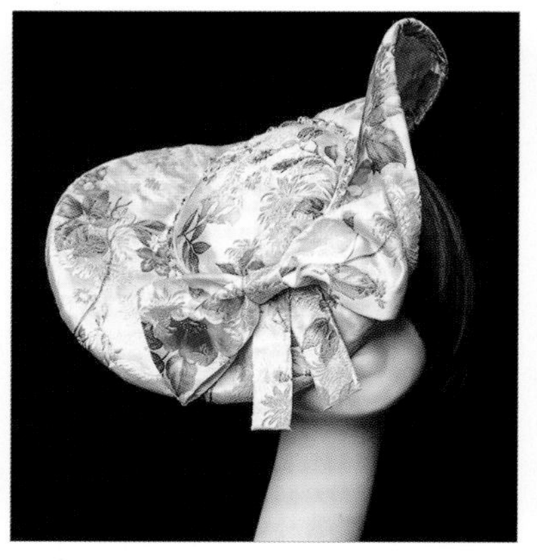

曲沿礼帽：这款饰品使用了拓模、粘贴、缝、裁剪、熨烫等工艺。

复古小圆帽：这款饰品使用了拓模、缝、裁剪等工艺。

秀禾饰品： 这款饰品使用了打孔、粘贴、缠等工艺。

清代钿子头： 这款饰品使用了裁剪、缝、粘贴、串、缠等工艺。

复古皇冠： 这款饰品使用了手工烫花、缠、粘贴等工艺。

十字架皇冠： 这款饰品使用了焊接、粘贴、缝、手工烫花等工艺。

绢花花簇饰品： 这款饰品使用了手工烫花、串、缝等工艺。

花环饰品： 这款饰品使用了染色、烫花器烫花、粘贴、缝等工艺。

创意牛角帽： 这款饰品使用了制作支撑、缝、裁剪等工艺。

以上是运用饰品制作工艺制作的饰品，当然这只是非常小的一部分。本书对饰品制作进行介绍的目的是让大家对饰品制作有一个初步的了解。在进行实操案例解析的时候，选择了三款制作材料相对比较容易找到，比较好上手的饰品。饰品的制作工艺和方法在笔者的《饰品制作与发型设计实用教程》一书中有详细的介绍。

03 饰品制作案例解析

丝羽烫花饰品制作

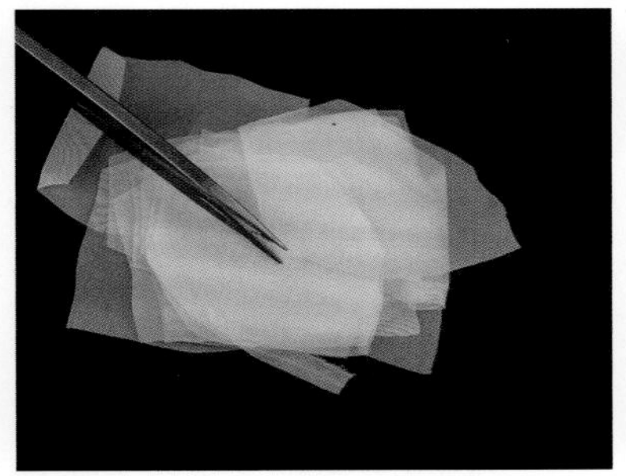

01 将纱料布用剪刀剪出很多块大小不一的形状。

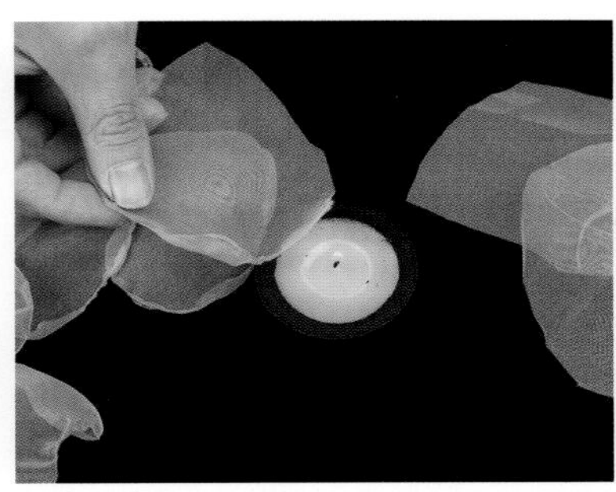

02 用香熏蜡烛对布料进行烫边，使其边缘卷曲，呈现花瓣效果。

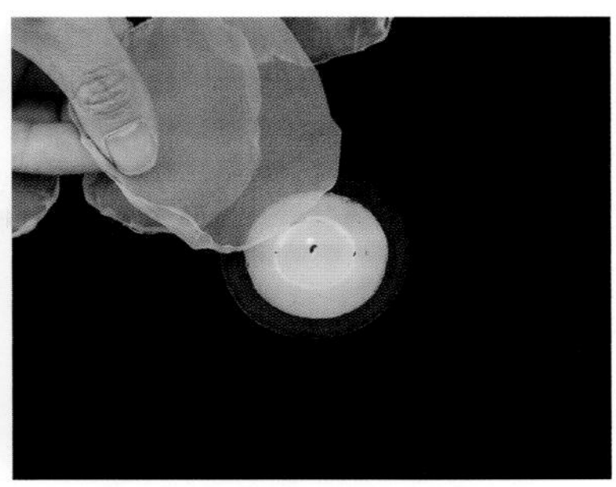

03 烫边的时候不要把布料离蜡烛火苗过近。

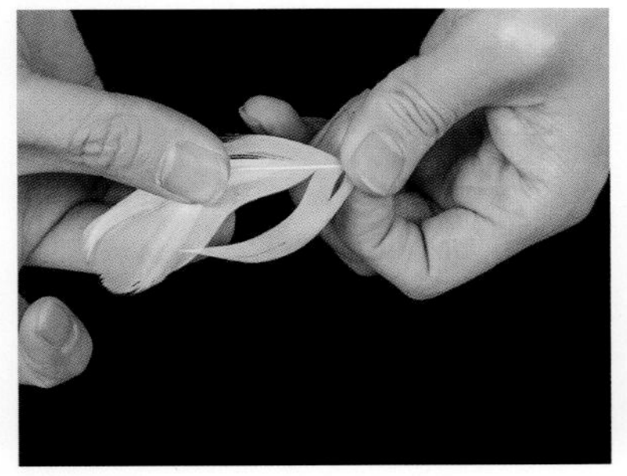

04 取一片羽毛，先用手将中间的梗抽软。

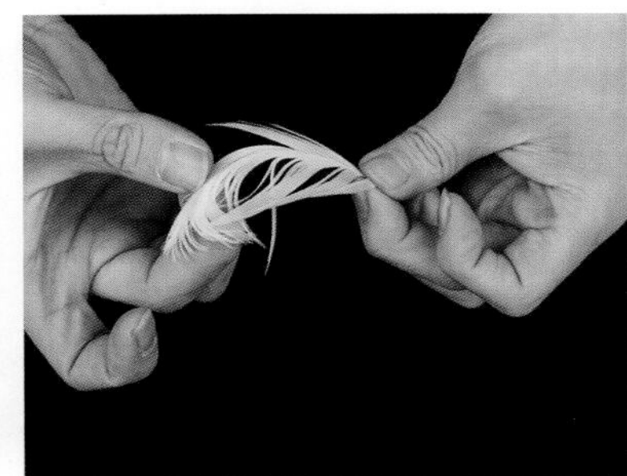

05 将羽丝抽出弯曲度。

06 细致地抽羽丝，使其呈现自然的卷曲度。

07 羽毛抽丝完成的效果。

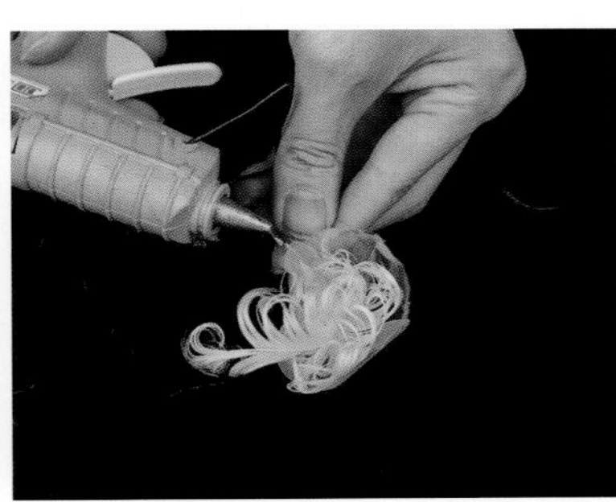

08 用花瓣将两到三片羽毛包裹在中间，用胶枪固定。

09 将花瓣用针线缝合在羽毛做的花蕊周围。

10 调整花瓣的造型感并进行缝合。

11 丝羽花制作完成。

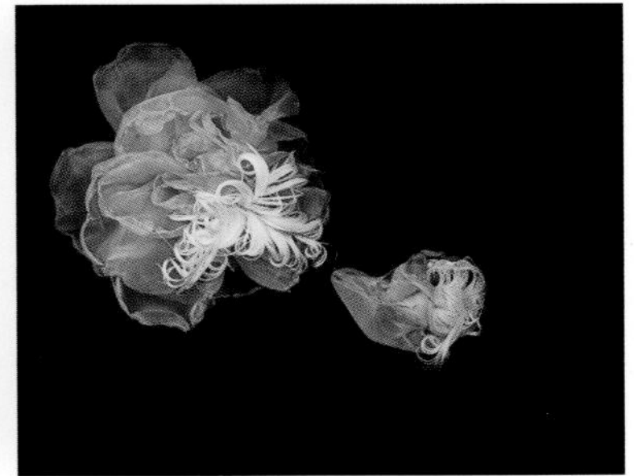

12 丝羽花制作完成效果。

学习要点：香熏蜡烛烫边不但可以使布料呈现花瓣一样的卷曲度，并且可以防止脱丝。用手抽羽毛的时候注意力度要适中，太轻羽毛不易卷曲，太重又容易将羽毛弄断。

旧物改造唯美复古皇冠制作

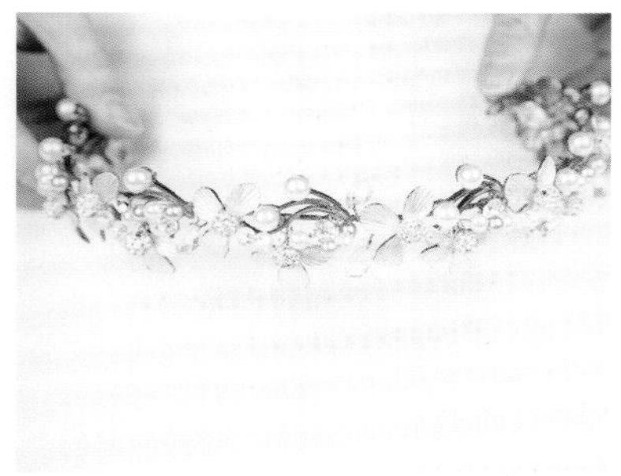

01 选择一个不用的金属发箍或皇冠，作为饰品的支撑。

02 将一片金属叶子用铜丝缠绕在发箍上。

03 继续将叶子有一定间隔地分别缠绕在发箍上。

04 叶子固定完成后效果。

05 在叶子后面用铜丝将羽毛缠绕在发箍上。

06 在叶子的前后分别错开固定羽毛。

07 固定好羽毛后的效果。

08 在饰品的左右两侧将水钻饰品用铜丝缠绕并固定。

09 继续将水晶饰品用铜丝缠绕并固定在发箍左侧。

10 将不用的废弃项链拆解开。

11 用胶枪分别将其粘贴在饰品上，对发箍进行装饰。

12 饰品制作完成。

学习要点：有些读者可能会说，制作这个饰品的材料自己一样也没有，其实旧物改造是将我们手中现有的那些过时和坏掉的饰品组合在一起，制成新的饰品，不需要和案例中的配件一样，只要将类似的废弃材料合理组合即可。

古装发钗制作

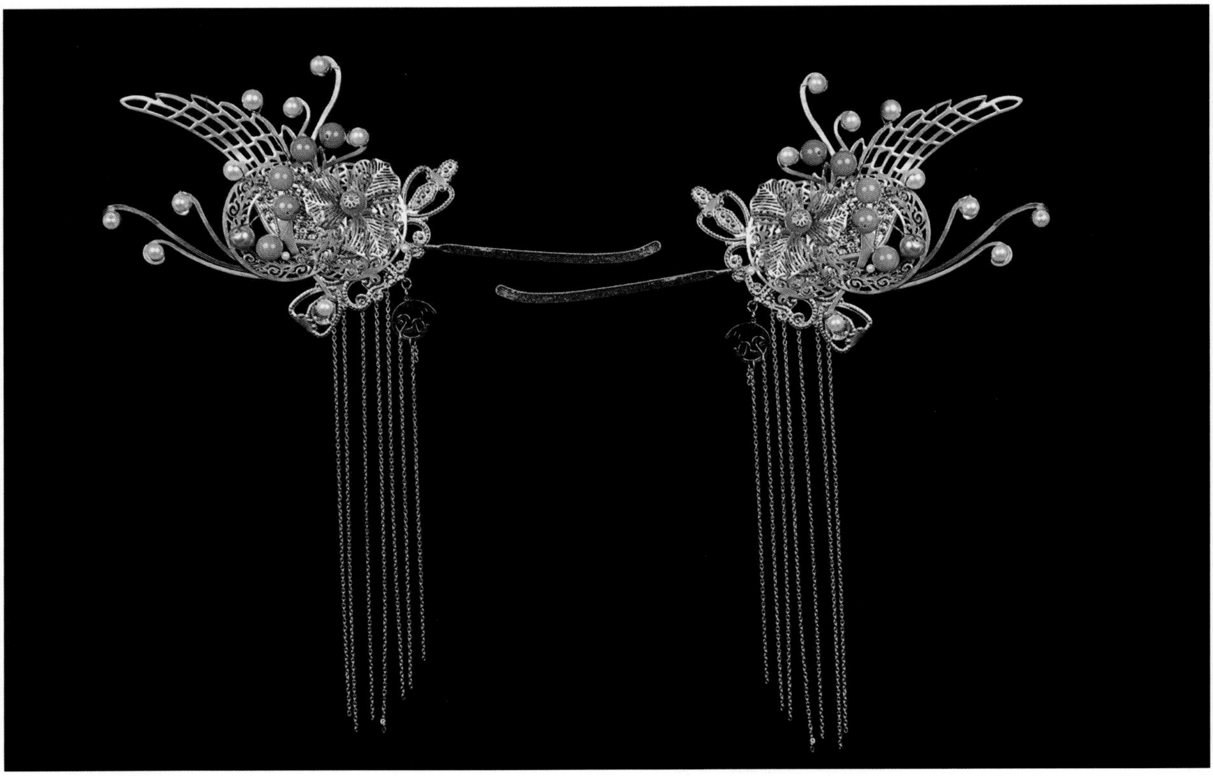

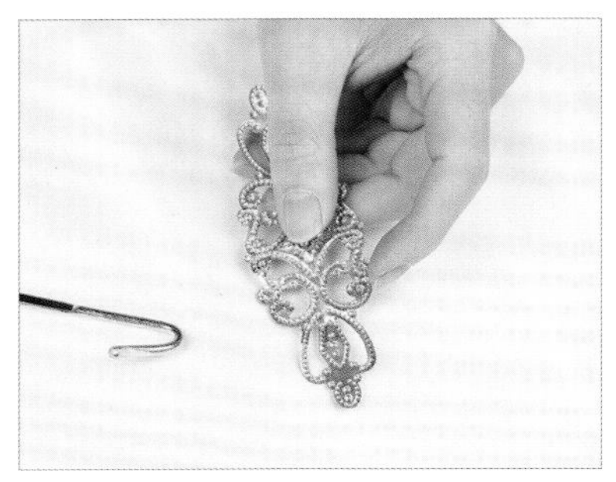

01 取一片铜片和一根发钗基座。

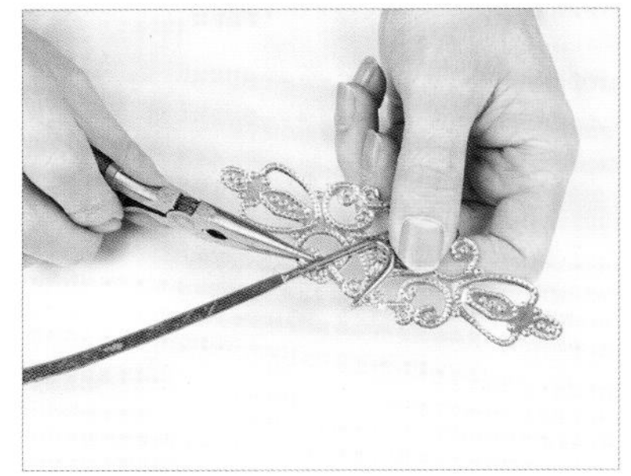

02 用铜丝将它们缠绕并固定在一起。

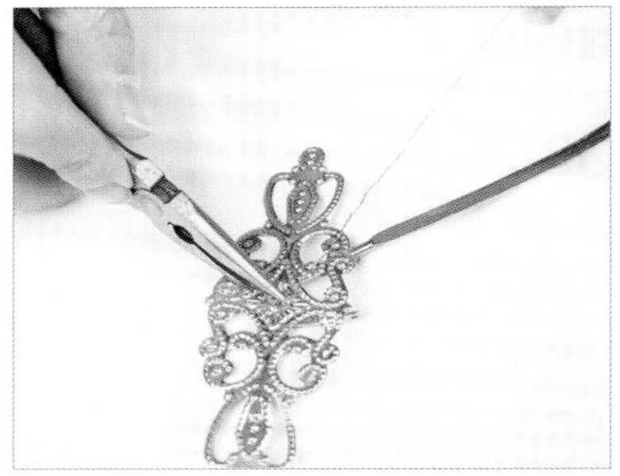

03 两者作为整个发钗的基础，要固定牢固。

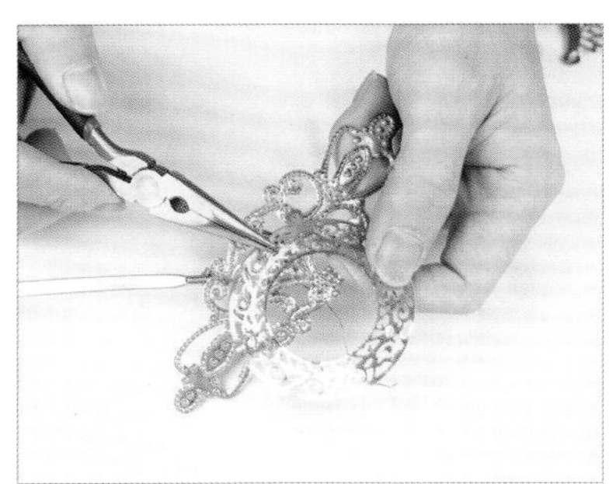

04 将环形铜片用铜丝固定在上边。

05 固定要牢固，拉紧铜丝。

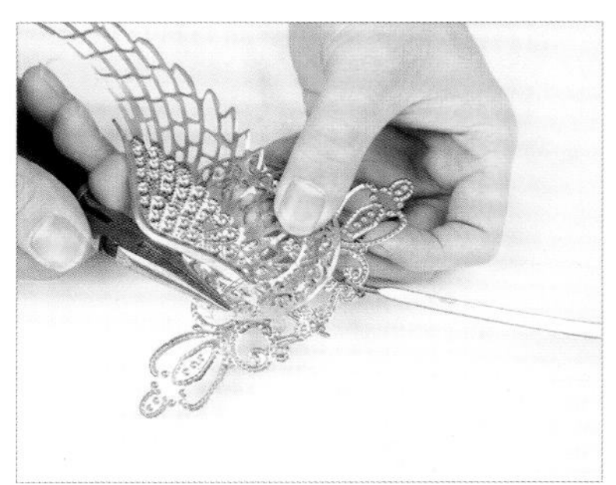

06 将翅膀形铜片与环形铜片用铜丝固定在一起。

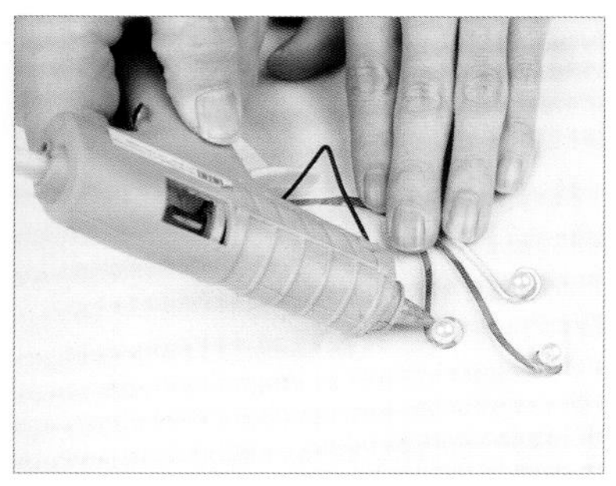
07 在铜片凹槽位置用胶枪粘贴珍珠。

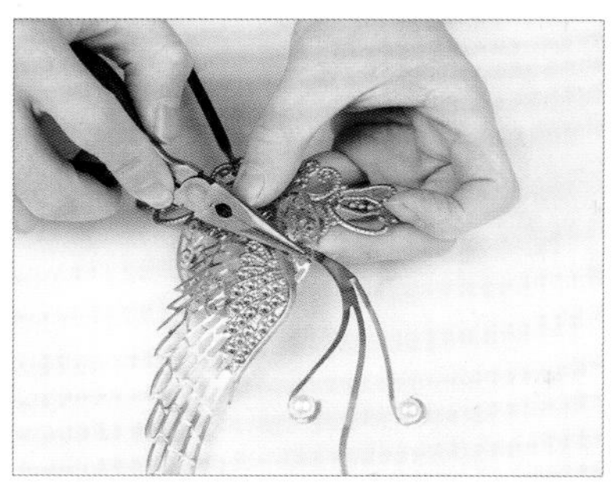
08 将铜片用铜丝缠绕并固定在发钗上。

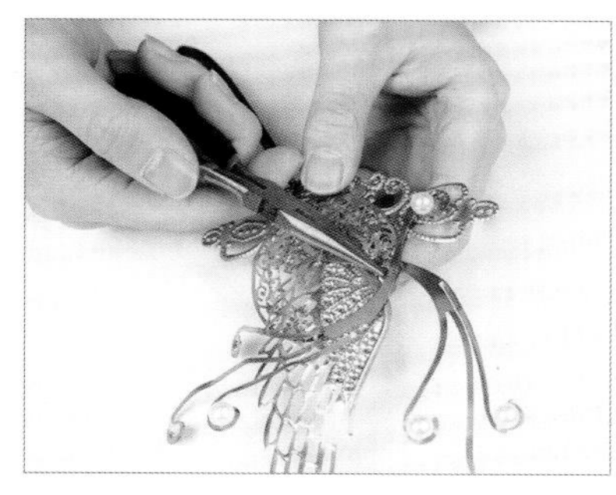
09 继续将铜片固定在发钗上。

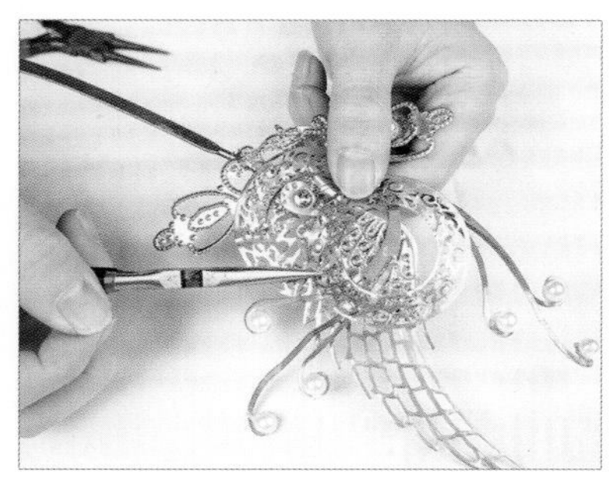
10 将另一片环形铜片用铜丝缠绕并固定在发钗上。

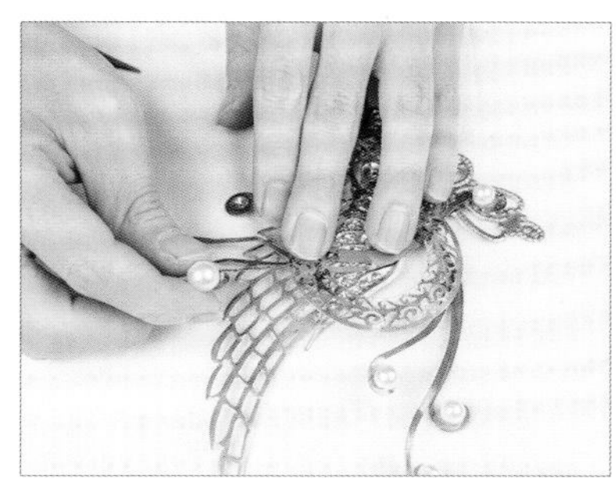
11 用铜丝串上珍珠，将其固定在发钗上并扭紧。

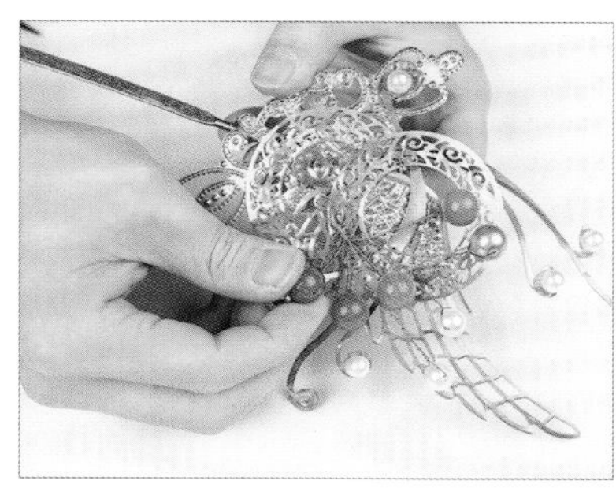
12 以同样的方式将玉珠固定在发钗上。

13 将一个花瓣形基座铜片用铜丝缠绕并固定在发钗上。

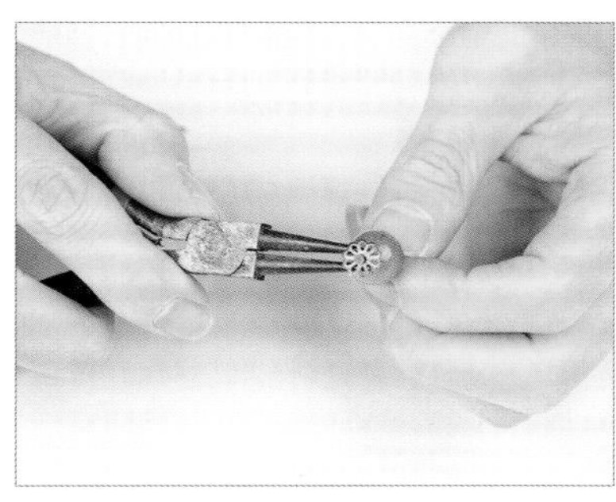
14 将一个玉珠安装上顶托。

15 将安装了顶托的玉珠固定在花瓣形基座上。

16 在发钗上固定流苏。

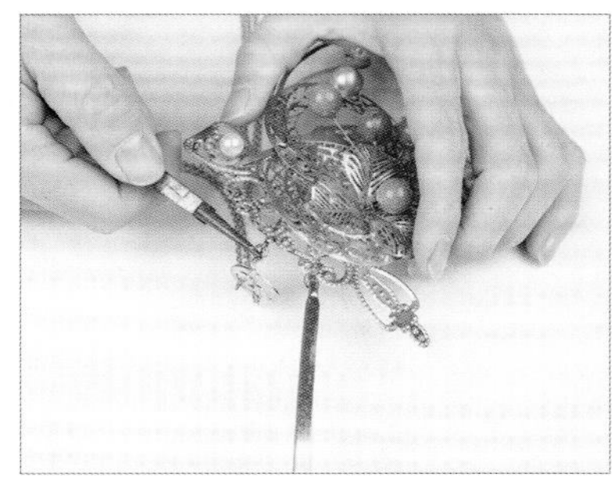
17 固定好流苏后，用钳子将圆环收紧，以防脱落。

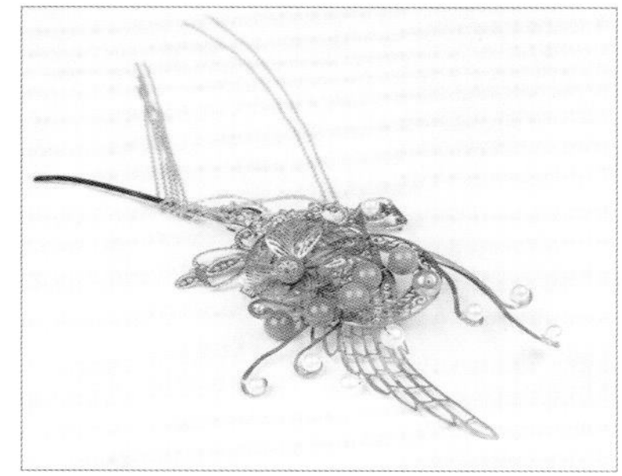
18 发钗制作完成。

学习要点：制作发钗的辅料在相关购物网站都可以购买，而且售价不高。根据自己想要的感觉搭配辅料，做出自己喜欢的发钗样式即可。

04 头饰佩戴技巧

头饰的佩戴对造型来说非常重要，头饰的样式种类非常多。同样的头饰在不同人手里会搭配出不同的感觉，发挥不同的作用。而一款造型单单做好头发还不够，恰到好处的头饰佩戴可以使造型趋于完美，而不合适的头饰会使原本很好的造型变成一个没有亮点的造型。这里很难将所有头饰的佩戴方法一一介绍，在本节中，我们对一些常见的佩戴头饰的方法以图文对照的形式展示给大家，让大家在佩戴头饰的时候达到更加理想的效果。

这是具有概念性和抽象感的造型表现，花朵呼应妆容的色彩，肩上的纱冲淡了脖子上花饰的突兀感。大家可以通过图片了解，如果没有纱的装饰，花朵会变得很生硬。在很多造型中，纱都起到协调柔和的作用。

不要让“月亮”太孤单，用“星星”来点缀。有主有辅的饰品佩戴让造型层次更丰富。头顶的花枝就是所谓的“月亮”，而点缀的小花就是“星星”。

这是比较硬的妆感与造型，永生花饰品使整体造型更加柔和，并且填补了造型上比较空的区域。如果没有永生花装饰，则大面积的头发遮挡眼部会显得造型很空，整体看上去也会很生硬。

柔和感的饰品让妆容与造型更加协调。妆容是比较柔美的，搭配比较光滑的盘发，再结合饰品，使整体造型更加协调。

饰品起到了平衡造型并使轮廓饱满的作用。这款造型用绢花修饰了不饱满的位置，在拉宽造型的同时使轮廓更饱满。

用发丝对面部进行随意的修饰，搭配饰品，使整体造型具有动感。蝴蝶和花朵都具有灵动柔美感，使整体造型更加协调。

饰品的佩戴使造型轮廓更加饱满，同时修饰了颧骨处。羽毛饰品的修饰增加了造型的柔和度。

用饰品对波纹进行修饰，让复古的感觉轻柔一些，同时饰品对波纹起到了加固和遮挡缺陷的作用。

用柔和的饰品修饰过于明显的发际线和比较光滑的、大体积的造型，以提升造型的美感。

用有层次感的发丝对饰品进行适当修饰，会使造型更加协调、不生硬。

质感较硬的饰品需要搭配柔和的发丝。用头发适当对饰品进行遮挡，可以展现局部美感。

这款帽子向上延伸的角度对脸形有一定修饰作用，可以使脸形显得更小。

尽量发挥饰品的作用，使其呈现更多的生命力。此款造型主要利用饰品之间的搭配作为造型的主体。

用混搭饰品打造造型轮廓时，要注意轮廓感、层次感以及平衡感。

用蜻蜓饰品平衡偏向一侧的帽子，整体造型的协调感很重要。

在佩戴饰品的时候，要考虑饰品相互结合的层次及个体的大小和摆放位置。蝴蝶与花在色彩和大小上都要穿插开，以形成跳跃感。

永生花、鲜花、绢花可以相互搭配，以弥补彼此的不足。此款造型采用了永生花与鲜花搭配。其实很多造型都可以用各种材质的花朵混搭，一般鲜花会更富有生命力。

佩戴饰品时，需要考虑前后纵深感和点睛之笔的效果。这款造型的点睛之笔就是刘海区的蝴蝶，如果没有这个蝴蝶，饰品都佩戴在头顶的一个平面上，会缺少纵深感。

别让造型太偏。在不改变造型走向的同时，用饰品柔和地调整造型的平衡。注意此款造型佩戴的饰品是在一点点调整造型的平衡。

多种饰品混搭形成一个整体，饰品衔接造型，使其更加协调。这款造型中，刘海区与其他发区之间存在很大空缺，可以用饰品对其进行很好的修饰。

造型轮廓边缘的发丝使发型与帽子的结合不再那么生硬。如果盘发过于光滑，会使帽子和造型之间脱节，也不符合妆容和饰品的整体风格。

以上是对一些头饰佩戴方式的讲解。大家不要完全按照图片中饰品和发型的样式搭配，而是应该通过学习，再结合个人的技术和拥有的饰品，合理发挥，达到更好的效果。

05 头饰、颈饰、耳饰的搭配

正确佩戴饰品能为我们的妆容造型加分，并不是饰品越多越华丽就越好，一件饰品再漂亮也不会适合所有的妆容造型，恰当的搭配才能有绝佳的效果。下面以新娘的几大造型风格为例，来具体分析一下各种风格的造型适合搭配的配饰。大家可以将其运用到更多的搭配中。

端庄高贵风格

不管流行风格怎么变化，总有一些风格一直被大部分人所接受，这是因为这些风格的适用范围广泛，所以才能一直立于不败之地。端庄高贵风格新娘造型就属于这种类型。随着流行趋势的变化，会在造型细节和饰品的选择上加以变化，但基本的风格走向是不变的。

白钻皇冠：白钻皇冠是很常见的皇冠类型，端庄高贵风格的新娘造型一般会选择中号、大号的皇冠，太小的皇冠会有可爱俏皮的感觉，不适合端庄高贵风格的新娘造型使用。

彩色皇冠：彩色皇冠庄重而带有一些浪漫色彩，如果在端庄高贵风格新娘造型中运用彩色皇冠，应选择比较硬朗的材质，如彩色玻璃或金属质感的皇冠比较合适。

复古皇冠：复古皇冠是近两年比较流行的皇冠样式。复古皇冠一般会点缀仿宝石的装饰，非常华美，可以用来作为端庄高贵新娘造型的装饰品，能让造型显得更加奢华大气。

复古夸张耳饰：复古夸张耳饰较为夸张大气，一般配合复古华丽的皇冠一起使用。

宝石耳饰：它是指镶嵌大颗的仿宝石的耳饰，这种耳饰会增加造型的高贵感。

珍珠耳饰：珍珠耳饰一般会将珍珠镶嵌在金属底座上，这样的饰品在柔美中不失高贵，非常适合用于端庄高贵风格新娘造型。

钻石耳饰：钻石耳饰一般会选择大颗钻石镶嵌，比较常见的是偏长、流线感比较好的耳饰。偏长的耳饰有拉长脸形的作用，选择这种感觉的耳饰会使脸形显得更瘦、更立体。

钻石项链：钻石项链与钻石耳饰一般作为端庄高贵造型的配套饰品使用。在搭配端庄高贵风格新娘造型的时候，可适当选择一些较为大气的款式。注意过细的链子会弱化高贵感。

珍珠项链：端庄高贵风格新娘造型的珍珠项链一般会将珍珠镶嵌在金属底座上，这样的项链非常适合用于端庄高贵风格的新娘造型。

浪漫唯美风格

我们首先从浪漫唯美这个词来初探一下这种类型的新娘造型所呈现的造型感觉。浪漫，一定是随性不刻板的，而过于光滑的发丝可以是复古的、高贵的、优雅的，却不够浪漫；唯美，从佩戴饰品的角度去分析，唯美的饰品给我们的感觉是质感柔软的，表现形式灵动而精巧的。

蕾丝饰品：蕾丝的设计感和材质都具有柔和的质感。蕾丝质地的饰品会给人柔软、温馨的感觉，用在浪漫唯美的新娘造型中会增添造型的唯美感。

发带、发卡饰品：有些饰品本身质感并不柔和，但换一种表现形式就会柔和很多。将发带和发卡饰品装饰在造型上，很容易形成浪漫唯美的感觉，同时又具有可爱感。

网纱饰品：网纱镂空的设计会冲淡造型的生硬感，增加层次感，所以很多浪漫唯美风格的造型都会搭配网纱。网纱也可以单独作为饰品，用在造型中。

花材饰品： 花材饰品分为很多种，绢花、鲜花、永生花、布艺花、塑胶花等花材饰品都可以用在浪漫唯美风格的新娘造型中。大多数花材饰品都具有浪漫唯美的特点，这和人的心理有很大关系，长久以来花都能给人很多美丽的遐想。

珍珠饰品： 珍珠柔和的光泽和质感会给人恬淡柔美的感觉，珍珠饰品一般会作为插珠或搭配在其他材质的饰品中。试想一下，一款全是水钻的饰品和一款水钻与珍珠搭配的饰品相比，显然水钻与珍珠搭配的饰品会显得更加柔和。

花形项链： 花形项链是指有很多花朵装饰的项链。选择这种项链的时候，可以选择稍微夸张一些的款式，这主要为了使项链的视觉效果与造型相互呼应。

珍珠耳饰： 精巧的珍珠耳饰与造型搭配，会增添造型的柔和感，使造型的唯美浪漫感得到更好的体现。

花形耳饰： 花形耳饰是指花瓣、花朵形状的饰品，材质没有限制。一般浪漫唯美风格的新娘造型会选择较为精致小巧或线条感好的花形耳饰。

彩钻耳饰： 彩钻耳饰是指用彩色的钻石设计制作的耳饰，彩钻的质感相对于白钻会柔和很多，也更能体现柔美感。

复古风格

复古风格是近几年比较流行的一种表现形式，复古风格更多的是欧式风格的一种复古，但在现在的一些复古风格中也融入了中式元素。复古风格适合气质比较端庄沉稳的人；如果气质过于甜美可爱，使用这种造型会显得老气，与本身的气质不符。其实不管是哪种风格，都有它美的地方和亮点。

帽饰：复古的帽饰表现形式多种多样，除了样式的不同还有材质的区别，蕾丝、布艺、羽毛、珍珠、网纱等都是可以用来制作复古帽饰的材料。将各种元素用不同的形式加以组合，可达到不同的效果。

软网眼纱：软网眼纱主要是在造型时协调帽饰饰品与造型之间的关系，并且可以适当对面部进行遮挡，使造型与妆容的搭配更加柔和。球球网纱是在软网眼纱上点缀小珍珠等饰物，但不适合遮挡眼部。

硬网眼纱：硬网眼纱的支撑力比较好，主要起到使造型轮廓更加饱满的作用。

宝石耳饰：宝石耳饰的色彩很多。用于复古风格新娘造型的宝石耳饰中，宝石一般都比较大，色彩也较深，如墨绿、宝蓝等，一般不会选择过于艳丽的色彩。

珍珠项链：复古风格新娘造型在选择珍珠项链的时候可以选择一些比较大气的款式，这不仅可以使整体造型更加复古，大面积的珍珠还会使造型更显大气。

肩链：以蕾丝为底，用珍珠和复古色泽的水钻点缀的肩链搭配在造型中，不但能起到装饰肩颈的作用，还能使整体造型显得复古、奢华。

时尚简约风格

时尚简约风格的造型变化比较多样，但一般会遵循一个原则，即没有过多的结构。结构简单并不等于造型简单，往往越简单的造型越需要细节的精致到位。较多的结构会分散我们的注意力，而简单的造型会让我们更加关注细节，这就需要我们对饰品的佩戴有比较好的把握能力。佩戴合适的饰品可提升造型的美感，但如果饰品佩戴得不恰当，不但会降低造型的美感，而且会有画蛇添足的感觉。

头纱： 在时尚简约风格的新娘造型中，可以佩戴头纱，以凸显造型的简约之美。

发箍： 发箍的表现形式有很多种，应根据妆感和造型的需要选择合适的发箍。例如，打造唯美时尚简约的感觉可以选择有绢花和纱的发箍；打造时尚感更强的造型时可选择水钻发箍。

羽毛： 羽毛饰品质感柔和，适合用来打造有浪漫气息的时尚简约的新娘造型。

钻饰： 钻饰可以用来装饰时尚简约的新娘造型，在呼应主题的同时，还能起到点缀和修饰发型的作用。

流苏饰品： 流苏饰品的表现形式可以增加造型的灵动感，在发丝灵动的造型中使用，会使造型的表现力更强。

蕾丝饰品： 蕾丝饰品质感柔和，表现形式也比较多样。用蕾丝蝴蝶点缀造型，会让造型显得更加生动。蕾丝也可以充当发带。

钻石耳饰：钻石耳饰的表现形式很多，可根据新娘的脸形选择合适的款式。一般头饰是钻石质感的可以选择钻石耳饰来进行搭配。

珍珠耳饰：珍珠耳饰或含有珍珠材质的耳饰比较适合搭配佩戴头纱的时尚简约风格的新娘造型。

时尚耳饰：时尚耳饰是指比较具有时尚感的耳饰。在搭配时尚简约风格新娘造型时，可酌情选择，但要注意符合造型特点，不要过于夸张。

花朵耳饰：时尚简约风格新娘造型中也有比较有层次的唯美造型，花朵形耳饰可以起到很好的点缀作用。这种耳饰一般需要与造型上的头饰协调；如果造型没有头饰，耳饰刚好可以起到点缀作用。

钻石项链：时尚简约风格新娘造型的钻石项链不管其材质如何，在设计方面一般会选择比较简约的样式使用。

宝石项链：设计感古朴内敛的宝石项链比较适合搭配时尚简约风格的新娘造型，可以在时尚中体现经典之美。

甜美可爱风格

甜美可爱风格的新娘造型对年龄有一定的要求，一般适合年龄比较小的人，而长相过于成熟、五官棱角过于分明的人不太适合这种感觉的造型，会给人一种怪异的感觉。所以，选择这种造型的时候首先要观察新娘是否能够驾驭这种感觉的造型。可以从五官、脸形、肤质、气质等层面做细致的观察。

发箍、发带饰品：发箍和发带呈环形或半环形，常用于甜美可爱风格新娘造型。小女生戴发带、发箍会显得可爱。

纱质饰品：纱质饰品的种类很多，它们有一个共同的特点，就是质地柔软，比较适合用来作为装饰，与其他饰品一同打造甜美可爱的造型。

花环饰品：花环是非常少女的饰物，将其作为甜美可爱风格新娘造型的饰品，会在很大程度上削弱年龄感，使人看上去更年轻。

花朵饰品：色彩绚丽的绢花或鲜花点缀在甜美可爱风格的造型上，会给人一种比较暖的感觉，可以使新娘甜美可爱的气质得到提升。

彩色花朵耳饰：将色彩比较亮丽的花朵形耳饰点缀在甜美可爱的造型中，会增加整体造型的跳跃感，使造型显得更加可爱俏皮。

珍珠项链：甜美可爱的造型选用的珍珠项链以比较精致的偏细的款式为主。也可以选择珍珠与蕾丝相互结合的具有设计感的项链。

优雅大气风格

优雅大气风格的造型适用的人群较为广泛，虽然没有过多的亮点，但也不容易出错。优雅大气风格造型介于端庄高贵与浪漫唯美之间，同时还带有一些复古的造型感，是一种综合性较强的造型。

造型礼帽：优雅大气风格新娘造型的礼帽要在简约中有一些浪漫气息。这种礼帽不会像搭配浪漫唯美和甜美可爱风格造型的礼帽的颜色那么跳跃，但也不能过于庄重。

金属发饰：造型灵动的金色的金属发饰在近两年大行其道，搭配优雅大气风格的新娘造型，会增添造型的大气感，同时具有时尚气息。

简约个性皇冠：款式过于庄重和质感过于沉重的皇冠不适合优雅大气风格的新娘造型。可以选择一些质感较为轻盈、造型感较为特别的皇冠佩戴，既有优雅感又不会显得过于庄重。

珍珠发饰：将多个珍珠质感的发饰组合点缀在优雅大气风格的新娘造型上，会更显造型的优雅感，并且可以使造型更加柔和。

绢花发饰：优雅大气风格的新娘造型选择的绢花发饰可以是白色的、米色的，不要选择过于鲜艳的颜色，否则会使饰品偏离造型风格。

花形耳饰：优雅大气风格的新娘造型的耳饰要简约精致，不论在色彩上还是在造型上都不要过于夸张。

珍珠耳饰：珍珠耳饰可以是大颗的珍珠造型的耳饰，也可以是金属底座点缀珍珠的耳饰。珍珠给人的心理感受与优雅大气风格的新娘造型非常协调。

宝石耳饰：宝石耳饰适用的范围很广泛，搭配优雅大气风格的新娘造型会在优雅中展露出复古的气息。

钻石耳坠：钻石耳坠是指在简约的金属链上装饰小颗钻石。这种简约形式的耳饰搭配优雅大气风格的新娘造型，可以起到很好的点缀作用。

以上是对配饰与造型的搭配以图文对照的形式做的一个大致的归类，当然这只能让我们对搭配有一个初步的认知。搭配是一门艺术，除了一些基本规律外，个人的审美和创意也是非常重要的，好的搭配可以为妆容造型加分。我们在对搭配不太熟练的时候，可以先掌握基本的方法，再从实践中积累经验，去尝试完成更多的搭配。

06 头纱的佩戴及选择

如何佩戴头纱

在拍摄婚纱照和婚礼当天，新娘一般都会佩戴头纱，头纱代表着纯洁和快乐。头纱一般选用洁白如雪的白纱裁剪而成。白纱十分轻盈，新娘戴上后，显得格外圣洁美丽。头纱上一般会用蕾丝、珍珠、水钻、绢花、花瓣等饰物进行点缀，以增加美感。一般头纱的基本佩戴位置是枕骨的位置，但因造型的不同，佩戴位置也会有所区别。另外，在婚礼当天，佩戴头纱要考虑新娘和新郎的身高差，头纱佩戴的位置低会拉低新娘的身高，如果新娘身高较矮，可适当抬高头纱的佩戴位置。

挑选头纱的方法

(1) 选择合适的长度与形状。大多数新娘会在行礼之后一直把头纱揭开并挂于头后。轻盈舒适的短头纱十分适合非传统经典设计的婚纱，如贴身剪裁、鱼尾形婚纱。长度到达指尖的头纱十分受欢迎，有拉长身形的效果，能搭配任何款式的婚纱。长度到达手肘的头纱种类繁多，佩戴方便，能搭配大部分婚纱，雍容华贵而不落俗套。 拖地头纱效果虽然夸张，但只有这种头纱能表达婚姻一辈子一次的神圣感觉。遮脸的头纱一般都呈方形，短头纱和到手肘的头纱多为鹅蛋形，到指尖的头纱多数呈一个泪滴的形状。新娘要根据自己的脸形和婚纱的样式选择合适的头纱。

（2）选择合适的花纹及装饰。婚纱的风格各不相同，也可以根据婚纱的风格及妆容造型的感觉选择合适的花纹及装饰的头纱。如装饰绢花珍珠的头纱会显得比较柔美，装饰水钻和亮片的头纱会显得华丽。在选择的时候要考虑到与妆容造型及婚纱搭配的效果。

（3）选择能与头纱完美搭配的头饰。在选择头饰搭配头纱的时候，首先从头纱的款型和质感上考虑，如拖地的头纱可以搭配较为华丽大气的皇冠等饰物。也可以从主次的角度去选择头饰：如果想主要体现头纱的美，那头饰可以简单自然；而如果想突出头饰，头纱可以选择简约风格的。

头纱的类型

肘长式头纱

肘长式头纱的长度到新娘胳膊肘处，这是一种非常普遍的新娘头纱，可以使新娘显得优雅又不会弱化新娘造型，也不会掩盖婚纱的光芒。

指长式头纱

指长式头纱的长度在手自然下垂的时候指尖的位置。这也是一种很常见的新娘头纱，可以和大多数婚纱搭配。

蔓帝拉式头纱

将这种西班牙风格的蕾丝材质的蔓帝拉式头纱悬挂在头部，可以增加婚礼的神秘气氛。这种新娘头纱的长度可以变化，而且不需要将其固定在头发上。

小教堂式头纱

小教堂式头纱从头部开始下垂，覆盖在新娘的婚纱上。这种头纱适合比较庄严的婚礼。

华尔兹式头纱

华尔兹式头纱从头部一直延伸到脚踝。这种新娘头纱比较适合想佩戴长头纱又不想穿拖尾式婚纱的新娘使用，婚纱与头纱的搭配会比较协调。

多层式头纱

多层式头纱是有两层或两层以上的头纱，而且每层长度不一样。由于多层式头纱往往比单层式头纱的空间大一些，注意不要因为头纱过于抢眼而冲淡了婚纱的美感。